论中国农田氮素良性循环
Views on Improved Nitrogen Cycling in Chinese Cropland

邢光熹　赵　旭　王慎强　著

科学出版社

北京

内 容 简 介

本书简述氮循环的常用术语、基本过程及当代热点，论述氮肥对农业增产、人类和社会发展的贡献，以及活化氮过量和管理不善对生态环境造成的负面影响，在此基础上，讨论推动中国农田氮素良性循环的科学策略，最后总结近一二十年来国际在氮循环研究方法学的重要突破，并对未来氮循环研究领域关注的重点课题发表一点浅见。本书中的数据一部分是作者团队从事土壤氮素研究长期积累的成果，一部分是吸纳汇编了国内外同行专家的优秀成果，具有综合性、系统性和应用性。本书有助于读者全面认识农田氮素循环及其农学与环境效应，并为寻求减少农田氮素对环境不利影响提供思路和对策。

本书内容涉及生态环境、土壤、生物、大气化学和海洋化学等诸多学科，可供相关研究人员使用，也可供氮肥生产及农业技术推广人员，农业及环境部门的决策、管理人员阅读和参考。

图书在版编目（CIP）数据

论中国农田氮素良性循环 / 邢光熹，赵旭，王慎强著. —北京：科学出版社，2020.11

ISBN 978-7-03-065429-8

Ⅰ. ①论… Ⅱ. ①邢… ②赵… ③王… Ⅲ. ①土壤氮素－氮循环－研究－中国 Ⅳ. ①S153.6

中国版本图书馆 CIP 数据核字（2020）第 096161 号

责任编辑：周 丹 沈 旭 石宏杰／责任校对：杨聪敏
责任印制：张 伟／封面设计：许 瑞

斜 学 出 版 社 出版

北京东黄城根北街 16 号
邮政编码：100717
http://www.sciencep.com

北京建宏印刷有限公司印刷
科学出版社发行 各地新华书店经销

*

2020 年 11 月第 一 版 开本：787×1092 1/16
2021 年 1 月第二次印刷 印张：20 3/4
字数：500 000

定价：199.00 元
（如有印装质量问题，我社负责调换）

序

氮循环是维系地球生命生生不息的一个自然过程。氮素是影响作物生长发育最重要的营养元素，施用氮肥是作物增产最有效的措施之一。

自从出现了农业生产，人类就不同程度地介入了氮循环过程。迄今对氮循环的研究已有 150 多年的历史，不同时代，侧重点也不同。从 19 世纪中期至 20 世纪中期，全球氮循环研究主要围绕农业开展。自 20 世纪 60～70 年代起，生物地球化学氮循环及其对全球和区域生态环境的影响成为新的关注点。氮循环研究领域拓展的推力是 20 世纪中后期以来全球人为活化氮量迅速增加并超过了自然过程活化的氮量，化学合成氮肥成为人为活化氮的主体。

近几十年来，中国化学合成氮肥的增长速度远超世界平均增长速度。1949 年中国只有 6000 t 合成肥料氮，至 2010 年增至 3199 万 t，61 年增加了约 5331 倍，中国用于农业的化学氮肥量约占全球化学氮肥总消费量的 30%。化学氮肥使用量的增加，保证了农产品的增长，对全球和中国粮食安全做出了不可替代的贡献。然而，全球自 20 世纪 60 年代、中国自 80 年代以来，在一些地方由于化学氮肥的不合理施用，以及忽视有机肥料的农业利用，引发了一系列生态环境问题，中国的情况尤为严重。农业生产中科学合理的氮素管理是农业可持续发展的基本保障。如何实现化学氮肥的农学效应与环境效应相协调，已成为近 20 年来全球关注的议题之一。2004 年在中国南京召开的第三次国际氮素大会通过的《氮素管理南京宣言》集中阐述了这一主旨。该书的主要内容与国际关切的问题相一致。

我国人多地少，人均耕地面积很小，保障粮食安全和农产品供应的压力很大，解决这一问题的根本出路是努力提高作物的单位面积产量，同时保护好生态环境，既要高产高效又要生态环保。如何达到这一目标，将是中国农业和环境研究中一个倍加关注的热点议题，也是我国相关学科的科技人员所面临的挑战。我们需要对我国农田氮素循环在深度和广度上继续加强研究，对化学氮肥的使用中可能产生的正面影响和负面影响做进一步研究与评估，为我国农业中氮素科学管理策略和措施制定提供理论依据。

50 多年来，中国在农田氮素循环方面做了大量研究工作，但出版的专著不多。《中国土壤氮素》（中文版：朱兆良、文启孝主编，1992；英文版：朱兆良、文启孝、J. R. Freney 主编，1997）和《中国旱地土壤植物氮素》（李生秀等著，2008），以及即将出版的《论中国农田氮素良性循环》（邢光熹、赵旭、王慎强著，2020）一书，体现了不同时期或区域研究的关注点，各具特色。乐见有更多的中国农田氮素循环专著出版，从而共同推动中国农田氮素循环的研究，为中国农业和环境可持续发展做出贡献！

中国科学院院士、中国科学院南京土壤研究所研究员

2020 年元月于南京

前　　言

本书定名为《论中国农田氮素良性循环》，分四篇共十四章。

第一篇介绍氮循环的一些常见术语、基本概念及主要过程，简述中国农业过分依靠化学氮肥，忽视有机肥管理和利用，造成活性氮过量进入环境产生严重负面影响的事实，指出重新审视中国农田氮素循环议题势在必行。

第二篇论述包括绿肥在内的有机肥在养分平衡、粮食增产、维持人口增长中的历史贡献，指出重拾有机肥在当前以作物高产、资源高效与环境保护为目标的农业生产背景下的重要意义。

第三篇从国情出发，讨论中国主要农业区实现农田氮素良性循环的可行性方略。首先，介绍循环农业理念和实施思路，提出以中国不同农业生态区小流域作为构建农业产业链的设想。其次，考虑稻田活性氮损失低于旱地、磷有效性高于旱地，其环境影响相对较小，提出保护稻田的主张。再次，根据中国南北方农田不同耕作种植制度，介绍适合于不同农作区的氮肥适宜施用量推荐原理与方法。最后，结合中国气候、地理和土壤条件，阐述缓控释氮肥专用化、规模化农田应用及在北方旱地土壤发展液体氮肥（氮溶液、液氨）的意义和前景。

技术方法进步是发现科学规律、孕育科学理论的先导。因此，第四篇介绍氮循环研究的方法学及其应用，主要总结了氮、氧稳定性同位素技术在研究氮循环，尤其在 N_2O 和 NO_3^- 中取得的新进展。例如，利用 N_2O 分子内同位素分馏（SP）和非陆地生物源 N_2O、NO_3^- 的 $\delta^{17}O$ 不正常富集揭示自然界存在非质量差异的同位素分馏效应，以及 SP、$\Delta^{17}O$ 值在 N_2O 产生机制、水体 NO_3^- 源解析研究中的使用；激光红外光谱、光声红外光谱技术在地基和空基原位观测大气 NH_3 和 N_2O 中的应用等。

在一些章节末尾，作者对相关内容做了评述，并提出了需要进一步研究的问题。由于作者水平有限，不可避免存在观点的局限性和片面性，敬请评论。本书涉及多学科、多专业，对所引用的一些内容理解不深，或不准确之处在所难免，恳请指正。

邢光熹　赵　旭　王慎强

2020 年元月于南京

目　　录

第一篇
工业化以来全球生物地球化学氮循环的
变化及其对生态环境的负面影响

第1章 氮 循 环

1.1 氮循环的基本概念

1.1.1 氮

氮（N）是一种化学元素，位于元素周期表的第V族。氮的原子构造使它可以形成从 -3 价到 $+5$ 价的氮化物如 NH_3、N_2H_2、N_2O、NO、NO_2^-、NO_3^- 等。目前，生物地球化学家把氮与氢和氧的化合物称为 NH_x（$NH_3 + NH_4$）和 NO_x（$NO + NO_2$）。现在又出现了 NO_y 这个名词，它是 $NO_x + HNO_3 + NO_3 + N_2O_5 + HO_2NO_2 + HONO + 气溶胶 + 其他含氧氮化物$ 等的总称，但不包括 N_2O。两个 N 原子构成了零价的分子氮（N_2），以气体状态存在于大气圈。分子氮（N_2）由共价三键（$N\equiv N$）结合，高度稳定，只有在高温高压条件下才能把它打开与氢结合形成 NH_3，这是合成 NH_3 的基本条件之一。在常温常压下，目前只有固氮微生物的固氮酶才能把它打开与氢结合形成 NH_3，这是生物固氮的基本原理。

1.1.2 氮在自然界中的分配

表 1.1 可以帮助我们从宏观上了解地球系统氮素分配。氮素主要分布在由火成岩组成的地幔中，96.73% 的氮素以 Fe、Ti 和其他重金属氮化物存在。这些氮化物已在火山喷出物和陨石中被发现，基岩中的氮是不是大气氮源还不清楚。N_2 在大气圈中虽然占 78.1%，但在地球系统中只占 2.30%，在陆地土壤和生物圈所占比例很小。

表 1.1 氮在地球 4 个圈层的分配（Stevenson and Cole，1999）

圈层	氮含量/10^{16} kg
1. 地圈	16 360
（1）火成岩	
a. 地壳	100
b. 地幔	16 200
（2）地核	13
（3）沉积物（化石氮）	35~55
（4）煤	0.007
（5）海底有机化合物	0.054
（6）陆地土壤	
a. 有机质	0.022
b. 黏土矿物固定态 NH_4^+	0.002
2. 大气圈	386

续表

圈层	氮含量/10^{16} kg
3. 水圈	
（1）溶解 N_2	2.19
（2）结合态氮	0.11
4. 生物圈	0.028～0.065

1.1.3 惰性氮

在现代文献中可经常见到惰性氮、活化氮和再循环氮这些名词。惰性氮也就是零价的分子氮（N_2），除豆科植物和一些非豆科固氮植物外，其他植物都不能直接利用，对生态环境也不产生不利影响。

1.1.4 活化氮

活化氮（reactive nitrogen，Nr）是自 20 世纪 60 年代起常见于文献中的一个名词，也有人称活性氮，其相对于惰性氮，是指所有具有生物活性、光化学反应活性和产生辐射效应的含氮化合物，主要包括无机氮氢化物（如 NH_3、NH_4^+）和氮氧化物（如 NO_x、HNO_3、N_2O、NO_3^-）以及有机含氮化合物。其概念广于大气化学中所说的 NO_y。

活化氮又分自然活化氮和人为活化氮。自然活化氮一般是指自然界的固氮生物，而非人为栽培的豆科作物，在固氮酶催化下由其共生的微生物把惰性 N_2 转化为 NH_3。自然界雷电过程也可以把 N_2 活化，转变为 NO_x，但数量很少，其中一部分沉降到陆地或海洋。生物固定的氮又可以分为豆科植物或一些非豆科植物与微生物的共生固氮、固氮微生物的自生固氮及微生物与作物联合固定的氮。人为活化氮主要是指工业合成 NH_3 和工业化以来化石燃料燃烧排放的 NO_x，以及人工栽培的豆科作物与微生物共生固定的氮和水稻等作物扩种导致的土壤微生物自生固定的氮。

1.1.5 再循环氮

再循环氮也是活化氮，是指与碳、氢、氧结合于作物体和人畜排泄物中的氮与大气干湿沉降氮。这些活化氮以不同途径再次进入氮循环，称为再循环氮。再循环氮再利用是一个重要议题。其若不能回归农田，直接排入水体或大气，就成为氮污染源。

1.1.6 氮循环

氮循环是自然界许多元素循环之一，如碳循环、硫循环和磷循环等。然而，什么是氮循环？至今还很难下一个完整的、准确的定义。人们一般用一个氮循环图式来表达（Stevenson and Cole，1999），即把自然界氮素的各个转化和迁移过程集合在一起形成一个概念示意图（图 1.1）。

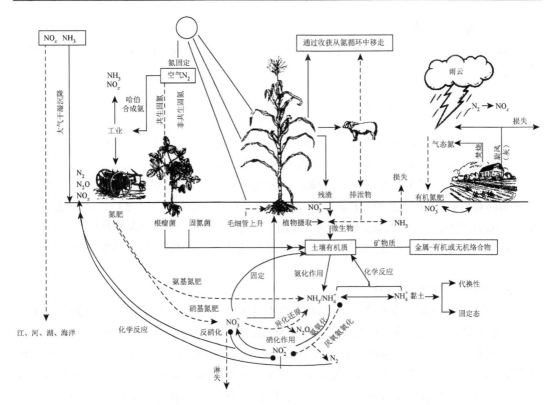

图 1.1　自然界氮素循环（Stevenson and Cole，1999；略作修改）

　　自然界的氮循环并不是按图 1.1 来运行的，这个图式实际上是不存在的，因为一个特定氮原子从一种形态转换到另一种形态的反应是随机的。例如，气态分子 N_2 中的一个氮原子被生物或化学合成固定为 NH_3 后，这个原子并不是必定要参加图 1.1 所示的所有转化过程，并最终通过硝化-反硝化转化成 N_2 重返大气圈。生物固定的 NH_3 和化学合成的 NH_3 进入土壤后也可直接通过硝化-反硝化过程转化成 N_2 等含氮气体。NH_3 进入植物体转化成有机氮，有机氮进入土壤，经过矿化转化成铵态氮，再经过硝化、反硝化转化成 N_2 等含氮气体进入大气。

　　综合现有相关著作和文献，可从下列几个方面来解读氮循环。

1）农田氮平衡

　　农田氮平衡也就是农田氮收支（常用 balance 或 budget 表示），这是一百多年前就在文献中出现的一个名词，农田氮平衡的理论基础是德国科学家 Justus von Liebig 的植物营养归还学说，即为了满足作物增产对营养物质的需求，必须把作物带走的营养物质归还给农田土壤。现在，在农田氮平衡项中，收入部分包括投入的化学氮肥、各种有机氮肥，雨水和灌溉水中的氮，生物固氮以及种子带入的氮。支出部分既包括作物收获带走的氮，也包括了 NH_3 挥发和硝化-反硝化过程气态损失的氮、径流氮，以及土壤中残留在根区以外无法被作物直接吸收利用的氮或淋溶带走的氮。研究农田氮平衡，目的是保持土壤肥力稳定和增加作物产量。

2）土壤氮内循环

Stevenson（1986）提出了土壤氮内循环（the internal N cycle in soil）的概念，可由下式表示：

$$土壤有机氮 \xrightleftharpoons[\text{固持（immobilization）}]{\text{矿化（mineralization）}} NH_3, NO_3^-$$

他认为土壤微生物驱动的有机、无机氮库周转（turnover）过程是土壤氮内循环的核心，它不同于氮素地球化学循环，但在界面上与之交接。

而土壤有机质对无机氮（NH_3、NO_3^-）和土壤矿物对 NH_4^+ 的固定（fixation）对土壤氮内循环有重要作用，是一种化学反应过程，不易释放（朱兆良，1963）。这一反应机制操控（manipulate）土壤无机氮的挥发、淋溶和反硝化损失，有利于保护环境。

对土壤氮内循环及转化过程的深入研究是解读土壤的供保氮能力和农田氮素损失的关键。

3）生物地球化学氮循环

生物地球化学氮循环是 20 世纪 60 年代以来相关专著和文献中出现最频繁的一个术语。生物地球化学氮循环，也有人称为"全球氮循环"或"全球生物地球化学氮循环"，尽管说法不一，但内涵都相同，它不同于农田氮平衡，也不同于土壤氮内循环。生物地球化学氮循环着眼于全球和区域尺度氮的源和汇，不同氮库氮素迁移过程及储量和通量研究，目的在于阐述人为活动影响下过量的活化氮对大气、陆地和水体带来的种种不利影响。

1.2　氮循环的基本过程

1.2.1　生物固氮

生物固氮是指自然界中不同微生物种群将空气中的分子态氮（N_2）转化为 NH_3 的生物化学过程。在地球表面即土壤和水体,主要是土壤中广泛分布着具有固氮能力的微生物,并由这类微生物与一些植物组成了各种类型的生物固氮体系,可分为共生固氮、自生固氮和联合固氮三大体系。

1. 共生固氮

1）豆科植物-根瘤菌固氮体系

1888 年, 荷兰科学家 M. W. Beijerinck 通过培养, 成功分离出了根瘤菌, 才证实了豆科植物能固氮是由于根瘤中的根瘤菌。根瘤菌的种类很多, 豆科植物是它们的寄主。根瘤菌把空气中的氮气转化为氨, 供给豆科植物氮素营养, 豆科植物把部分碳水化合物供给根瘤菌, 作为它工作的能量。几种主要豆科植物-根瘤菌固氮体系固定 1 mg 氮需要 4～7 mg 碳水化合物中的碳。

2）非豆科植物-放线菌固氮体系

自然界有些非豆科植物也能结根瘤, 它们分属于桦、木麻黄、马桑、蔷薇、胡颓子和杨梅等科的 13 个属。已发现有 138 个种能结根瘤,其中 54 个种的根瘤已确定能固氮。与放线菌共生结瘤的多数植物为野生林木,适宜于瘠薄环境,对提高森林土壤和干旱地区土壤的氮素营养具有重要意义。沙棘是一种适于在干旱瘠薄地区生长的林木,对于 10 年树龄的沙棘林,每年每公顷可固氮 180 kg(姚惠琴,1992)。

3)萍-藻固氮体系

藻类植物与绿萍(红萍)共生在一起,构成萍-藻共生体,且具有固氮作用。共生固氮在共生体的异形胞内进行,异形胞的多少关系着固氮强度。鱼腥藻生长在萍叶的叶腔内,虽然萍和藻都能进行光合作用,但鱼腥藻固氮所需的能量还是由寄主——绿萍(红萍)来供给。

2. 自生固氮

自生固氮一般是指自然界中一类微生物不需要同其他生物共生,而能独立进行固氮作用。土壤中自生固氮的细菌有 19 个属(姚惠琴,1992),按照它们对生存环境中氧的依赖和敏感程度分为三类:好氧型(如固氮菌)、兼性厌氧型(如克氏杆菌)、厌氧型(如巴氏梭菌)。按其营养生活方式,固氮细菌又可分为自养与异养两大类。自养型细菌能以 CO_2 为碳源自制有机碳化物供养自己,不需要外界供应有机碳化物。自养型细菌也称无机营养型。根据它们合成有机碳化物时所利用的能源来源,可分为光能自养型和化能自养型。顾名思义,光能自养型利用光能,而化能自养型利用有机物代谢时释放的化学能。异养型细菌只能利用现成的有机碳化物为营养,也称有机营养或化能异养。但是这些类型的划分不是绝对的,不少微生物是兼性的。例如,有一种嗜酸红假单胞菌在光照下能自养,在黑暗中则营化能自养生活。自生固氮细菌虽能在氮素贫瘠、碳源丰富的环境生活,但其固氮量比共生固氮细菌的固氮量低得多。据估计,自生固氮细菌每年每公顷固氮量为 15~45 kg。

除上述几类自生固氮细菌外,还有固氮蓝藻,它是既能进行光合作用,又能进行固氮作用的自养型固氮生物。固氮蓝藻的固氮作用是在异形胞的细胞结构中进行的。固氮蓝藻能在陆地、淡水和海洋环境中生长,远在 35 亿~20 亿年前就在地球上出现了,是地球氮循环的最早启动者之一。目前已知的固氮蓝藻有 120 多种,它比自生固氮细菌分布更广。固氮蓝藻最适宜生长的环境条件是温热潮湿,因此在热带沼泽、淡水湖和海滨都有广泛的分布,水田也适宜蓝藻的生长。据估计,水田中放养蓝藻每年每公顷能固氮 25~100 kg。在水田中引入固氮蓝藻作为作物生长有效氮素肥源研究值得关注。

3. 联合固氮

联合固氮由一群有固氮能力的细菌集居于植物的根际、根表,甚至部分进入根表细胞。集居的细菌利用植物的根系分泌物,而植物则利用细菌固定的氮素或某些生理活性物质。植物与根际的细菌虽有某种形式的联合,但不能形成共生结构。

联合固氮作用广泛存在于自然界。在许多禾本科植物(如玉米、甘蔗、高粱、水稻、小麦等)的根际都检测到了联合固氮细菌和联合固氮作用。能进行联合固氮的细菌有:拜叶林克氏菌、固氮菌、产碱菌、固氮螺菌、克氏杆菌和芽孢杆菌等。联合固氮细菌虽然在自然界广泛分布，但并不是任何一种固氮细菌和任何一种作物都可以联合。固氮细菌与某种植物根际的联合是有专一性的。联合固氮作用在非豆科作物的氮素营养中起着一定作用，是非豆科植物中氮素的一种来源。但由于目前缺乏测定联合固氮量的有效方法，人们对这种固氮作用的贡献还难以做出定量评价。

随着现代科学技术的发展和对生物固氮及固氮机制认识的深入，人们又进行了新的思考——能不能利用转基因技术，把固氮基因从一个生物转移到不能固氮的生物，产生新的固氮生物种，扩大固氮范围，以此充分地利用自然的恩赐？甚至也有人提出，能不能把豆科植物的共生固氮基因转移到禾本科植物？因为人们目前种植的生产食物的农作物（如水稻、小麦、大麦、玉米、高粱等）大都是禾本科植物。

对固氮基因转移的研究已经取得了一些进展。1972 年英国科学家将肺炎克氏杆菌（$K.\ pneumoniae$）中的固氮基因 nif 成功引入不能自然固氮的大肠杆菌（$Escherichia\ coli$）（Dixon and Postgate，1972），用来在缺氧环境中固定氮素。分离和提纯固氮酶，以及在固氮酶的相对分子质量、空间结构及活性中心结构方面取得的进展，又极大地鼓励了科学家对化学模拟生物固氮方面的执着追求。

1.2.2　土壤无机氮的植物同化

生物和化学工程把空气中的 N_2 转变为 NH_3。只有实现了这一转变，氮才能被植物同化，才能进入生物地球化学循环。植物对土壤无机氮的同化也是氮生物地球化学循环的一个重要环节。因为无机氮被植物同化后，形成了植物蛋白质，植物蛋白质进入食物链后，一部分转变为动物蛋白，成为动物躯体的组成部分，一部分作为动物排泄物。动物死后的尸体及其排泄物经微生物分解后又进入氮的再循环。

植物从土壤中吸收的氮主要是 NO_3^- 和 NH_4^+。虽然植物也可以吸收某些可溶性的有机态氮化合物（如氨基酸等），但数量有限，对植物营养意义不大。

植物氮同化和碳同化在植物体内是合流同步进行的，因此植物的光合作用和呼吸作用都影响植物对氮的同化及转化。NH_3 进入植物体内，与植物的光合作用产物先合成氨基酸和酰胺，然后合成蛋白质和植物生理功能所必需的其他各种氮化合物。

有许多种氨基酸可作为氨基的供体，其中最主要的是谷氨酸。通过转氨基作用，谷氨酸可形成 17 种不同氨基酸。例如，谷氨酸与草酰乙酸起反应，形成 α-酮戊二酸和天门冬氨酸。其他的氨基酸，如天门冬氨酸、丙氨酸，也可产生转氨基作用，这样，氮在植物体内就可形成多种氨基酸，如甘氨酸、丝氨酸、缬氨酸、组氨酸、亮氨酸、异亮氨酸、苯丙氨酸、酪氨酸等。氨态氮吸收较多时，氨就与谷氨酸和天门冬氨酸合成酰胺。在大多数植物体内，发现有较高浓度的谷氨酰胺和天门冬酰胺。酰胺的形成在植物体内具有重要的意义，它不仅是各种含氮物质合成时的氮源，而且可消除游离氨积聚过多的毒害作用。

在植物体内 NH_3 同化并通过转氨基作用形成各种氨基酸后进一步合成植物蛋白质。蛋白质是由各种氨基酸结合而成，组成蛋白质的氨基酸一般有 20 种。一种氨基酸的氨基同另一种氨基酸的羧基结合，形成的链状化合物叫作肽。许多氨基酸以这种方式结合为多肽。植物的蛋白质一般由 300～3000 个氨基酸分子结合而成。

植物体内不仅有蛋白质的合成，还存在蛋白质的分解。在幼小的组织中，蛋白质的合成大于分解。在老的组织中，蛋白质的分解大于合成。

1.2.3 土壤中 NH_4^+ 的吸附和矿物固定

NH_4^+ 是自然界特别是土壤中最重要的一种活性氮的形态。NH_4^+ 不仅是植物可以直接吸收利用的氮素营养，而且是土壤氮素气态损失的共同源，氨挥发和硝化反硝化都是从 NH_4^+ 开始的。土壤中 NH_4^+ 的转化与氮循环关系密切。

1）土壤中 NH_4^+ 的吸附

土壤液相中铵离子（NH_4^+）的活度以及土壤对 NH_4^+ 的缓冲能力，决定于土壤对 NH_4^+ 的吸附和解吸特性。植物根系从土壤中摄取铵态氮的数量、速率及持续时间，土壤对施入的化学肥料中 NH_4^+ 的保持能力，都受土壤对 NH_4^+ 的吸附和解吸特性的制约。土壤对 NH_4^+ 的吸附和解吸，还影响土壤中无机氮素转化的各个过程、无机氮的迁移及有机氮的矿化速率。

土壤对 NH_4^+ 的吸附，是指土壤体系中固相与液相界面上的 NH_4^+ 浓度大于整体溶液中 NH_4^+ 浓度的现象，属于库仑力吸引，可为中性盐溶液所提取。它是土壤能够保持 NH_4^+ 的重要化学行为。

土壤对 NH_4^+ 的吸附与土壤胶体表面类型和性质有关。土壤中矿质组分颗粒的大小也影响 NH_4^+ 的吸附量，它随粒径的增大而急剧下降，土壤有机质减少和土壤交换量降低等都使 NH_4^+ 吸附量下降。几乎所有土壤组分及其活性的变化都能影响土壤对 NH_4^+ 的吸附量。

2）NH_4^+ 的土壤矿物固定

NH_4^+ 被固定在土壤层状硅酸盐矿物的晶格中，被称为固定态 NH_4^+。NH_4^+ 固定和释放是土壤氮循环中不可忽视的过程之一。黏土矿物是一些由硅氧四面体片和铝氧八面体片相结合构成的晶质层状硅酸盐。按两种晶片的配合比例，可分为 1∶1 和 2∶1 两大类型。2∶1 型矿物的晶片中，由于同晶置换作用而产生的负电荷，由晶层间和晶片外的各种阳离子，包括 Ca^{2+}、Mg^{2+}、K^+、NH_4^+ 等来平衡。由于 NH_4^+ 和 K^+ 一样，它的离子大小同上下两层晶片上的 6 个氧围成的复三方网眼的大小很符合，它与晶片上负电荷间的静电引力大于其水合能，易脱去水化膜而进入网眼中，即被固定，其他阳离子或者由于离子半径较小，或者由于其水合能比它与晶片上负电荷之间的静电引力要大，因而不能被固定。固定态 NH_4^+ 不能被中性盐提取，而必须经氢氟酸（HF）处理后才能释放。土壤中吸附态 NH_4^+ 与固定态 NH_4^+，在一定条件下可互相转化。土壤干燥可使吸附态 NH_4^+ 转化为固定态 NH_4^+；淹水条件下固定态 NH_4^+ 可因晶格膨胀而部分转变为吸附态 NH_4^+。原来固定在矿物晶格中的 NH_4^+ 亦可与新进入的 NH_4^+ 进行交换。

影响 NH_4^+ 固定的因子很多，包括黏土矿物类型、土壤质地、土壤 pH、NH_4^+ 的浓度、其他阳离子和有机质等。在这些因素中，最重要的是黏土矿物类型。只有 2∶1 型矿物才能固定 NH_4^+，高岭石、埃洛石等 1∶1 型矿物不固定 NH_4^+。不同 2∶1 型矿物固定 NH_4^+ 的能力也各不同。一般来说，蛭石的固铵能力最强，蒙脱石次之，伊利石的固铵能力取决于其风化度或钾的饱和度。不同土壤的固铵能力也因其黏土矿物组成不同而不同。同一种土壤中，2∶1 型矿物越多的，其固铵能力将越强。黏土矿物一般主要集中在黏粒和细粉砂中，因而黏粒和细粉砂含量越多的土壤，其固铵能力越强。

土壤的固铵能力随 pH 的升高而增大，pH 低于 5.5 时，其固铵能力一般很低。NH_4^+ 的固定量一般随溶液中 NH_4^+ 浓度的增大而增多，而固定率则随 NH_4^+ 浓度的增大而减小。NH_4^+ 浓度对土壤 NH_4^+ 的固定量的影响还因土壤不同而不同，对固铵能力大的土壤影响大，对固铵能力小的土壤影响小。

1.2.4　土壤无机氮的微生物固持和有机氮的矿化

土壤无机氮的微生物固持（无机氮同化过程）是指进入土壤的或土壤中原有的铵（或硝态氮）被微生物转化成微生物体的有机氮。因此，它不同于土壤铵的矿物固定，也不同于铵和硝态氮被高等植物的同化。土壤有机氮的矿化，是指土壤中原有的或进入土壤中的有机肥和植物、动物残体中的有机氮被微生物分解转变为氨，这一过程又称为氨化过程。

有机氮的矿化和矿质氮的微生物固持是土壤中同时进行的两个相反方向的过程，它们的相对强弱受许多因素特别是可供微生物利用的有机碳化物（即能源物质）的种类和数量的影响。当易分解的能源物质过量存在时，矿质氮的生物固持作用就大于有机氮的矿化作用，从而表现为矿质氮的净生物固持。微生物生物量氮（microbial biomass nitrogen）是土壤氮素的重要储备库和最为活跃的有机氮组分，其含量是土壤微生物对氮素矿化与固持作用的反映。据估算，土壤中这种微生物生物量氮一般不超过土壤全氮的 3%，但对土壤氮转化过程有重要的调节作用。随着能源物质的消耗，固持速率逐渐降低。至转折点时，矿质氮的生物固持速率跟有机氮的矿化速率相同，此时既不表现出矿质氮的净生物固持，也不表现出有机氮的净矿化。此后，随着能源物质的进一步消耗，有机氮的矿化速率即转为大于矿质氮的生物固持速率，从而表现为净矿化。

一般情况下，微生物对无机氮的固持利用以铵态氮为主。但当土壤铵态氮含量不足以满足微生物需求时，硝态氮的微生物同化作用也有可能发生。据有关报道，旱地土壤上，高碳氮比的有机物料施入后能通过调节碳源进而提高微生物对硝态氮的同化，一定程度上有利于土壤氮的保持和避免硝态氮土壤过度积累造成的淋溶和损失风险（Zhang et al.，2013；Romero et al.，2015）。但是关于该过程的发生规律、作用大小及影响因素仍有待于深入研究。

土壤有机氮的矿化具有重要的农业意义。即使在大量施用氮肥的情况下，农作物中积累的氮素约有 50%来自土壤，在某些土壤中甚至在 70%以上。土壤有机氮的微生物矿化和固持决定了在作物生长期间土壤能供应多少氮。对土壤供氮能力有比较确切的了解，是科学施肥的理论依据之一。不同国家和地区，土壤对不同农作物生长季节供应的氮量有很大的不同。土壤对水稻和小麦等主要作物的供氮量一般为每公顷 75～150 kg。这还不包括旱地作物和水稻从表土层以下吸收的氮量。然而，因为土壤供氮量是以不施肥区作物从土壤吸收的氮量计算的，其中包含非土壤来源的氮（如水田土壤微生物自生固定的氮量和通过雨水、灌溉水及种子带入的氮）。因此，真正由土壤提供的氮要比根据作物含氮量计算出的数值小。

1.2.5 土壤氮的腐殖化

有机氮是土壤氮素的主要存在形式，占表层土壤全氮量的 90%左右。土壤氮库实际上是以有机氮为主体的，是土壤无机氮（NH_4^+、NO_3^- 及某些含氮气体）的源和汇。

有机残体腐解及其矿化释放出无机氮（NH_3 和 NO_3^-），被微生物利用结合到微生物体，构成土壤微生物生物量氮。一部分微生物生物量氮在死亡后可进一步转变成无机氮和较稳定的有机态氮，后者可通过腐殖化过程进一步转变成稳定的腐殖质氮。

施肥和通过其他途径进入土壤的无机氮，一部分被植物利用，一部分以气态逸出和淋溶分别迁移到大气与水体，剩下的部分在土壤中经过一系列的转化过程，以有机氮形态存在于土壤中，最终通过腐殖化过程形成土壤腐殖质。根据 ^{15}N 稳定性同位素示踪的研究结果，施入农田的化学氮肥在第一季作物生长后有 20%～40%的肥料氮以有机氮的形态存在于土壤中，通过一系列的转化过程最终变成了腐殖质氮而相对稳定地储存在土壤中，构成了土壤氮库。

有机氮是表层土壤氮素的主要存在形式。到目前为止，还没有一种方法可以不破坏土壤有机氮的组分而把不同化学形态的氮分离出来。在区分土壤有机氮时，只好借用酸水解的方法。通常用 6 mol/L HCl 加热水解，把它分成酸水解氮和酸不可水解氮两部分。能被 6 mol/L HCl 水解的氮称为水解氮，将其进一步分为氨基酸态氮、氨基糖态氮、酰胺态氮和未鉴定态氮等形态。但是，这些形态的有机氮的生物分解性仍不明确。不能被 6 mol/L HCl 水解的氮，因为它不能被酸水解，所以无法研究它的形态，因此，酸解液中的未鉴定态氮和不可酸解的氮都属于"未知态氮"。土壤中大约 50%的氮到底以什么形态存在还是一个未解之谜。

1.2.6 硝化和反硝化

硝化和反硝化过程是自然界氮循环的两个非常重要的环节。这两个过程既各自独立，又互相关联。反硝化过程的起始物质是硝态氮，硝态氮是硝化过程的产物。又因为硝化过程的起始物是氨，所以硝化-反硝化还关系到土壤有机氮的矿化过程。当土壤中硝化过程形成的硝态氮积累过量时，硝态氮可随水迁移到地下水中。土壤反硝化过程形成 N_2、N_2O、NO 和 NO_2 等含氮气体则迁移到大气。因此，硝化和反硝化作用涉及陆地氮向大气和水体的迁移。

如果把固氮生物将大气的惰性 N_2 转变为活性氮 NH_3 看作自然界氮生物地球化学循环的起点，那么硝化作用把氨转变为硝态氮，反硝化作用又把硝态氮转变为 N_2 和其他含氮气体而重新进入大气圈，就可以看成是在硝化-反硝化作用的推动下实现了一次氮循环过程。

1）硝化作用

什么是硝化作用？最早的定义是化能自养微生物将氨氧化为硝酸根的过程，亚硝酸根是这一过程的中间产物。后来发现，一些异养微生物能够把除氨以外的还原态氮氧化成亚硝酸根和硝酸根。因此美国土壤学会于 1987 年提出建议，把硝化作用定义为：微生物把氨氧化为亚硝酸根和硝酸根，或微生物引起的氮的氧化态的增加。这个定义比较全面地概括了土壤的硝化过程。

自养型硝化微生物将氨氧化为硝酸根，并从中获得生存所需的能量。它由两个连续而又不同的阶段构成。第一阶段是由亚硝酸细菌将氨氧化为 NO_2^-（亚硝酸），第二阶段是由硝酸细菌将 NO_2^- 氧化成 NO_3^-。亚硝化单胞菌属和硝化杆菌属，是土壤中最主要的硝化细菌。硝化细菌具有自养性的生理特点，它们不利用有机碳化物作为碳源和能源，而从 CO_2、碳酸或重碳酸得到碳素，还原 CO_2 所需的能量从氧化 NH_4^+ 或 NO_2^- 获得，同时由 CO_2 及 NH_4^+ 或 NO_2^- 合成自身细胞的全部成分。在硝化作用的第一阶段，即把氨氧化为 NO_2^- 的反应可用下列反应式来表示：

$$NH_3 \longrightarrow NH_2OH \longrightarrow HNO? \longrightarrow NO \longrightarrow NO_2^-$$
$$\downarrow$$
$$N_2O + H_2O$$

式中，NH_2OH 为羟胺，是 NH_3 氧化成 NO_2^- 的中间产物。硝化过程也可产生 N_2O（氧化亚氮）。然而在这一反应中，N_2O 是否通过式中的 HNO（硝酰）产生还不清楚。因为 NH_2OH 进一步氧化是不是形成了 HNO 这样的中间产物还没有最后确定。

硝化作用第二阶段，即 NO_2^- 氧化成 NO_3^- 的反应：

$$NO_2^- + H_2O \longrightarrow NO_3^- + H^+$$
$$H^+ + O_2 \longrightarrow H_2O$$

硝酸菌将 NO_2^- 氧化为 NO_3^-，使氮从 +3 价变为 +5 价，每个 N 原子失去 2 个电子。O_2 在此只作为电子受体而不结合到产物中去。这一转化过程是 NO_2^- 与水结合成水化亚硝酸分子，从中移走 H^+，产生硝酸，不需要氧的参与，然后 H^+ 与 O_2 结合生成 H_2O。在一般情况下，亚硝酸氧化成硝酸的速率远大于氨氧化成亚硝酸的速率。因此，土壤中亚硝酸态氮的含量不高，且不稳定。

除了化能自养型硝化细菌外，自然界中的一些真菌、细菌和放线菌等异养微生物也可进行硝化作用。它们不需从氨的氧化过程中获得能量。多种异养细菌能在含铵盐的培养基上产生微量的 NO_2^-，某些真菌在培养基中氧化 NO_2^-，还有少数细菌，如节杆菌和真菌、黄曲霉及一些其他曲霉，能在铵盐作唯一氮源时产生硝酸。异养菌氧化还原态含氮有机物转化成氧化态或 NO_2^- 或 NO_3^- 的途径，有别于自养硝化细菌，有人提出其反应式为

$$RNH_2 \longrightarrow R\text{-}NHOH \longrightarrow RNO \longrightarrow R\text{-}NO_2 \longrightarrow NO_3^-$$

异养菌的氧化能力虽然大大不如自养菌，但土壤中它们的数量很多，因此其对土壤硝化作用所起的积极贡献也是不能忽视的。

土壤硝化作用受许多因素的影响，通气状况是首要因素，但也不是所有通气好的土壤都能进行硝化作用。土壤酸度对硝化作用的影响也至关重要，一般来说，在酸性环境中自养型硝化菌很少存在，硝化作用极其微弱。自养型硝化细菌适宜的 pH 范围为 6.6～8.0，然而亚硝酸菌中的亚硝化杆菌的适宜 pH 为 8.6～9.2。在较强的碱性条件下，亚硝酸态氮的硝化受阻，从而土壤中可能有暂时性的亚硝酸态氮的积累。总之，硝化微生物更适宜中性和碱性的环境条件。

　　土壤水分状况是影响硝化作用的又一重要因素。土壤水分含量过高或过低都不利于硝化微生物的生命活动。硝化作用适宜的土壤水分含量为田间持水量的 50%～70%。因为硝化细菌是好气微生物，硝化作用是在通气良好条件下进行的氮素转化过程。如果土壤氧化还原电位低于 250 mV，则自养型微生物进行的硝化作用就会受到阻碍。在厌氧条件下，即氧化还原电位低于 –85 mV 时，只有异养型微生物能进行硝化作用。

　　传统观点一直认为生物硝化过程主要是由上述亚硝酸细菌将 NH_3 氧化为 NO_2^- 和由硝酸细菌将 NO_2^- 氧化成 NO_3^- 两个阶段完成。但从吉布斯自由能角度，一个微生物细胞同时含有这两套基因，在一个细胞内完成整个硝化过程（即直接从 NH_3 到 NO_3^-），必将获得更多的能量，因此科学家很早就推测很可能存在"完全"硝化微生物（Costa et al., 2006）。2015 年，欧洲科学家在地下热水管道生物膜上和废水处理池中同时发现完全硝化细菌（Comammox），使得这一推测得到证实（Daims et al., 2015；van Kessel et al., 2015）。目前已发现 Comammox 广泛存在于自然环境和人工系统，包括稻田、森林、湿地、湖泊、污水处理和自来水厂等（徐建宇和毛艳萍，2019）。Comammox 的发现将极大提高人们对硝化过程的认识，其对土壤氮转化的影响以及如何正确应用和管理这一新过程正在受到越来越多的关注和研究。

　　2）反硝化作用

　　土壤中的反硝化作用，包括生物反硝化作用和化学反硝化作用，其中生物反硝化作用是主要的。农田土壤中，由化学反硝化作用引起的肥料氮素损失不大。生物反硝化作用是在厌氧条件下，由兼性好氧的异养微生物利用同一个呼吸电子传递系统，以 NO_3^- 作为电子受体，将其逐步还原成 N_2 的硝酸盐异化过程。由反硝化微生物进行的反硝化作用不仅发生在土壤中，江河湖泊的淡水体系和海洋水体中也有发生。反硝化作用的化学反应式可用下式来表示：

$$NO_3^- \longrightarrow NO_2^- \longrightarrow NO \longrightarrow N_2O \longrightarrow N_2$$

　　从上列化学反应式可知，第一步硝酸（NO_3^-）还原成亚硝酸（NO_2^-）；式中的 NO、N_2O 是反硝化过程的中间产物，其最终产物是 N_2。反硝化作用的气态产物可从土壤或水体中直接排放到大气。

　　生物反硝化作用由反硝化细菌进行。然而，反硝化细菌不是细菌分类学上的名词，而是具有将 NO_3^- 还原为 NO_2^-、NO、N_2O 和 N_2 的微生物生理群的总称。土壤中已知的能进行反硝化作用的微生物有 24 个属，它们分别是不动杆菌属、葡糖酸杆菌属、微球菌属、假单胞菌属、螺菌属、噬纤维菌属、短棒菌苗属、产碱杆菌属、芽孢杆菌属、莫拉氏菌属、无色杆菌属、棒杆菌属、红假单胞菌属、硫杆菌属、黄杆菌属、根瘤菌属、盐杆菌属、生丝微菌属、副球菌属、固氮螺菌属、黄单胞菌属、弧菌属、色杆菌属和亚硝化单胞菌属（Focht and Verstraete，1977）。可以看出，反硝化细菌广泛分布于细菌的各属之中。绝大多数反硝化细菌是异养型细菌，但也有少数是自养型细菌。

　　由反硝化微生物引起的反硝化过程是由反硝化微生物分泌的酶系统来催化的。然而，反硝化细菌的酶系统极其复杂。根据将氮氧化物逐步还原成 N_2 的过程，可将其分为硝酸还原酶（$NO_3^- \to NO_2^-$）、亚硝酸还原酶（$NO_2^- \to NO$）、NO 还原酶（$NO \to N_2O$）和 N_2O 还原酶（$N_2O \to N_2$）。多数反硝化菌具有还原 NO_3^- 至 N_2 所必需的全部还原酶系统；但有些则缺乏 NO_3^- 还原酶，只能以 NO_2^- 为电子受体；而另一些又缺乏 N_2O 还原酶，N_2O 是其还原的末端产物；还有一些虽具有 N_2O 还原酶，但不能以 NO_3^- 或 NO_2^- 为电子受体产生 N_2O。

在反硝化研究中，从土壤中分离出的一些反硝化细菌，如蜡质芽孢杆菌、地衣芽孢杆菌、梭菌和脱硫弧菌等，能把 NO_3^- 还原成 NH_4^+，这一过程称为硝酸盐异化还原为铵（dissimilatory nitrate reduction to ammonium，DNRA）。进一步搞清楚这种硝酸盐的还原机制，并找到调控的措施，不仅可以有效地减少农业中氮素的损失，而且可以缓解施用氮肥对环境造成的压力。

农田土壤硝化-反硝化过程损失了多少氮？这一直是人们关心的问题。但到目前为止，还没有满意的田间直接观测方法。国内外常用表观差减法来计算。该方法的计算基础是质量平衡，即将 ^{15}N 标记肥料施入种植作物的微区，用施入土壤中的肥料氮扣除作物吸收的氮、残留在土壤中的氮和通过各种可测途径损失的氮（氨挥发、淋溶和径流氮）后，余下的部分作为硝化-反硝化损失氮。

曾有人尝试在田间利用直接测定反硝化气体产物（$N_2 + N_2O$）的 ^{15}N 肥料示踪方法来观测反硝化氮损失量，但结果往往偏低，在水田一般仅占施入氮的 0.1%～0.8%。该方法的主要问题是对采样罩气密性要求较高，采样罩长期静置扰动大无法代表田间真实情况，未考虑滞留在土壤、水以及通过植物通道的反硝化全部气体产物溢出等。

近年来，随仪器分析技术的进步，陆续建立了实现旱地和水田反硝化气体产物高精度观测的土壤气体自动采集-分析技术（robotized continuous flow incubation system）（Molstad et al.，2007）、膜进样质谱仪（membrane inlet mass spectrometer，MIMS）（Li et al.，2014）分析技术。这些新技术可以结合田间原状土柱采集与模拟培养等来定量反硝化速率，开展反硝化过程的发生规律及其影响因素研究，但距离真正走向田间应用于反硝化通量的直接准确观测仍有完善空间。

就目前而言，基于 ^{15}N 示踪和质量平衡的间接表观差减法仍是农田反硝化损失量化的有效方法。该方法具有能够反映田间真实环境状况，操作相对简便，结果直观、可比等优点。

1.2.7　氨挥发

氨挥发是地球表面，包括陆地土壤、动物排泄物及水体中的氨向大气的排放。氨挥发是氮循环的一个重要界面迁移过程。进入大气的氨一部分又可以通过干湿沉降途径返回地表。过去对氨挥发后果的认识一直局限于农业中的氮素损失。然而，氨挥发与氮沉降和环境问题关系密切。进入大气中的氨是大气中气溶胶的成分之一，而大气中的气溶胶又同气候变化有关。虽然煤烟对地表增温产生影响，但人为活动形成的气溶胶对气候影响的净效应使地表趋冷。进入大气的氨在光化学反应的驱动下与大气中的羟基（—OH）反应，消耗羟基，而大气中的温室气体甲烷（CH_4）主要通过与羟基的光化学反应被去除。因此，氨挥发影响大气甲烷的氧化。排放到大气的氨也是 $PM_{2.5}$ 形成的重要前体，可与酸发生中和反应形成颗粒态的铵盐，在雾霾污染中起着极其重要的作用。沉降到地面的氨虽然可增加土壤有效态氮，对植物有利，但又成了 N_2O 的二次源，增加了 N_2O 排放量。沉降到水体的氨将增加水体富营养化。因此，氨挥发和沉降受到了更多的关注。

农田土壤氨挥发的进程和速率取决于土壤固、液、气三相之间 NH_4^+ 和 NH_3 的平衡状态，以及近土面或水面的氨与大气氨的平衡，可用下列概念平衡式来清楚地表达：

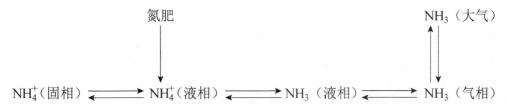

因为影响这个化学式中浓度平衡的最主要因素是能产生 NH_4^+ 的氮肥的施用，因此在平衡式的上方标上了氮肥，包括铵态氮肥、氨基氮肥和各种有机氮肥等。从这一化学平衡式可以看到，凡是能使化学反应式向右进行的因素，都可促进氨挥发。上列化学平衡式中标出的液相和气相对于水田和旱地的含义是不同的。对旱地土壤而言，液相是指土壤溶液，气相是指土壤空气，氨挥发直接通过土面进行。在水田，液相是指田面水，气相是指紧接田面的水表面空气，氨挥发发生在田面水与大气的界面处。常用下式表达氨挥发速率（F）：

$$F = K \times (C_0 - C_z)$$

式中，K 为交换系数，它是风速的函数；C_0 为土面（或水面）气态氨的浓度；C_z 为高度 Z 处空气中氨的浓度。因此，氨的挥发速率主要取决于土面（或水面）与空气之间的氨浓度差和风速这两个因素。氨浓度差越大，驱使氨挥发的牵引力就越大。风速越高，土面或水面上方大气中的氨被带走得越快，从而促使反应式向右进行；较大的风速搅动水层或表层土壤空气，从而使得与大气相平衡的水、土表面中已被耗竭的氨能迅速得到补充，从而使氨挥发得以持续进行。

氨挥发受许多因素的影响，不同土壤、肥料类型、环境因素下，其排放有很大的不同。总结我国已有的研究结果，得到了一个总的结论：氨挥发损失，水田高于旱地；碳酸氢铵高于尿素；表施高于深施。因此，从农业中的氮素损失和减少氮肥施用对环境造成的影响来看，寻求有效的控制农田氨挥发的对策是一个重要课题。

1.3 氮循环研究领域的科学突破和热点

纵观 150 多年来，氮循环研究领域值得浓墨书写的有两大科学突破：一为生物固氮，二为哈伯法合成 NH_3。二者均为西欧科学家的功绩。自 20 世纪 60 年代起，欧美科学家又点燃了生物地球化学氮循环这一全球性热点，吸引了全球生态环境、农业、地学等相关领域科学家的密切关注。

1.3.1 生物固氮的发现

虽然中国早在 2000 多年前的春秋战国时期就已经知道种植豆科植物能肥田，但并不知道豆科植物为什么能肥田。1838 年法国科学家 J. B. Boussingault 在豆科植物与其他作物的轮作中，也观察到有豆科植物——三叶草的处理，作物产量高于无三叶草的处理。他进行了豆科植物在轮作制中作用的试验，发现有豆科植物（三叶草、豌豆、苜蓿）的处理中收获作物含氮量和轮作中土壤氮盈余量都超过了非豆科植物，甚至超过施用厩肥的处理。但当时并未揭示种植豆科植物增加土壤供氮和作物增产的原因，因此未能引起人们的重视。1880～1890 年，法国科学家 H. Hellrigel 和 H. Wilfarth 确定了豆科植物形成的根瘤能

固定大气中的 N_2，开创了生物固氮的新纪元。与此同时，荷兰科学家 M. W. Beijerinck 在 1888 年首次从根瘤中分离获得了根瘤菌的纯培养，奠定了豆科植物固氮的科学基础。豆科植物的根瘤及与之共生的根瘤菌能把空气中的 N_2 还原为 NH_3 的发现，为生物固氮机制特别是固氮酶的研究打开了大门，并引发人们将豆科植物的固氮基因转移到非豆科植物的探讨。也有人从化学角度出发，试图通过模拟固氮酶，在常温常压下把 N_2 转变为 NH_3。这些探索，目前虽然还未取得实质性突破，但对这一研究方向，科学家追梦依旧。

1.3.2 合成 NH_3 的工业生产

1914 年德国科学家 F. Haber 和 C. Bosch 实现了工厂规模生产合成 NH_3，从此开创了哈伯法（Harber-Bosch 法）合成 NH_3 工业。以合成 NH_3 为原料生产硫酸铵和氯化铵等化学氮肥和目前普遍使用的高浓度氮肥——尿素，把化学氮肥的生产推到了一个新的高峰。

1.3.3 人为活动影响下的全球生物地球化学氮循环成为全球关注点

生物地球化学氮循环着眼于氮素在全球迁移转化的来龙去脉。生物地球化学氮循环这一全球性研究热点于 20 世纪 60～70 年代由欧美科学家点燃。这是因为人口增长驱动了化学合成氮肥的增加和化石燃料消耗量的增加，导致人为活化氮数量骤增（图 1.2）。

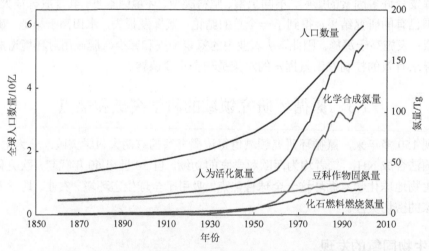

图 1.2　人为活化氮、化学合成氮、豆科作物固氮和化石燃料燃烧产生的氮的增长

Tg = terrogram，等于 10^9 kg 或 100 万 t；引自 Galloway（2005）

Galloway 等（2004）比较了从 1860 年到 20 世纪 90 年代初期的全球活化氮增长的情况，并预测到 2050 年，人口的增长将推动人为活化氮的进一步增长。1860 年，人为活动对氮循环最重要的影响是豆科作物、生物质燃烧和动物饲养。这三类人为活化氮相对于自然活化氮是一个很小的数量，也就是说，在 19 世纪中叶前，人为活动对自然界氮循环的影响很小。然而，到了 20 世纪 90 年代初期，人为活化氮已超过陆地生物自然活化的

氮，达到 156 Tg/a，相当于 1860 年的 10 倍。

人为活化氮快速增长，对陆地、海洋和大气产生了一系列负面影响。例如，扰乱了大气化学环境，破坏了臭氧层，引起全球气候变化；大气干湿沉降氮影响到生物多样性，酸雨使土壤酸化，也加剧水体富营养化。这些负面影响在全球范围内已明显加剧。据预测，到 21 世纪中期，全球人口将接近 90 亿，按北美人均消费 100 kg/a(N) 的生活水平计算，全球人为活化氮将增至 900 Tg/a，是 20 世纪 90 年代的 5.8 倍。人为活化氮快速增长产生的负面影响引起了全球的极大关注，人为活化氮的数量必须降低，否则后果难以预料。因此，有关氮循环研究的国际性活动频频。例如，1975 年在美国俄亥俄州（State of Ohio）召开了首次国际酸雨大会，之后每隔 5 年举行一次；1975 年在丹麦哥本哈根（Copenhagen）召开了国际水体氮污染大会，世界卫生组织（World Health Organization，WHO）制定了饮用水 NO_3^- 浓度标准；1990 年在荷兰瓦赫宁恩（Wageningen）召开了土壤和温室效应国际会议；国际氮素协会（International Nitrogen Initiative，INI）于 1998 年在荷兰举办的第 1 届国际氮素大会上成立，并在全球包括非洲、欧洲、南亚、东亚、北美以及南美在内的 6 个区域设立了中心，之后每 3 年在各大洲轮流举行会议；2004 年第 3 届国际氮素大会在中国南京举行，发表了《氮素管理南京宣言》，旨在强调化学氮肥使用和能源消耗给环境造成的消极影响和压力，呼吁世界各国为了全球的可持续发展，重视氮素循环对生态环境的影响，积极寻求既能增加食物生产和能源消费又能尽量减少活化氮对环境影响的对策；2016 年第 7 届国际氮素大会在澳大利亚墨尔本举行，发表了《墨尔本宣言》，主题是寻求提高全球氮素利用效率的解决方案。此外，由国际组织推动的全球和区域尺度氮收支及其对大气、海洋和陆地生态环境影响的评估也积极展开。例如，国际科学联盟理事会（International Council of Scientific Unions，ICSU）、国际科学联合会环境问题科学委员会（Scientific Committee on Problems of the Environment，SCOPE）资助了"北大西洋及其流域氮循环"（Nitrogen Cycling in the North Atlantic Ocean and Its Watersheds）和"从区域到全球尺度氮循环"（The Nitrogen Cycle of Regional to Global Scales）的国际性合作研究等。2011 年出版的《欧洲氮评估》（http://www.nine-esf.org/node/342/index.html）是第一个在大陆尺度上完成的活性氮对环境影响的评估工作的成果，这本书从多方面、多学科介绍了氮循环过程，评估了活性氮从农田和城市扩大到国家、陆地层面上对环境与社会的影响。

参 考 文 献

徐建宇, 毛艳萍. 2019. 从典型硝化细菌到全程氨氧化微生物: 发现及研究进展. 微生物学通报, 46（4）: 879-890.

姚惠琴. 1992. 生物固氮作用//朱兆良, 文启孝. 中国土壤氮素. 南京: 江苏科学技术出版社: 123-144.

朱兆良. 1963. 土壤中氮素的转化. 土壤学报, 11（3）: 328-338.

Costa E, Pérez J, Kreft J. 2006. Why is metabolic labour divided in nitrification? Trends in Microbiology, 14（5）: 213-219.

Daims H, Lebedeva E V, Pjevac P, et al. 2015. Complete nitrification by nitrospira bacteria. Nature, 528（7583）: 504-509.

Dixon R A, Postgate J R. 1972. Genetic transfer of nitrogen fixation from klebsiella pneumoniae to *Escherichia coli*. Nature, 237: 102-103.

Focht D D, Verstraete W. 1977. Biochemical ecology of nitrification and denitrification. Advances in Microbial Ecology, 1: 135-214.

Galloway J N. 2005. The global nitrogen cycle: Past, present and future. Science China Life Sciences, 48（2）: 669-678.

Galloway J N, Dentener F J, Capone D G, et al. 2004. Nitrogen cycles: Past, present, and future. Biogeochemistry, 70: 153-226.

Li X B，Xia L L，Yan X Y. 2014. Application of membrane inlet mass spectrometry to directly quantify denitrification in flooded rice paddy soil. Biology and Fertility of Soils，50（6）：891-900.

Molstad L，Dörsch P，Bakken L R. 2007. Robotized incubation system for monitoring gases（O_2，NO，N_2O，N_2）in denitrifying cultures. Journal of Microbiological Methods，71（3）：202-211.

Romero C M，Engel R E，Chen C，et al. 2015. Microbial immobilization of nitrogen-15 labelled ammonium and nitrate in an agricultural soil. Soil Science Society of America Journal，79（2）：595-602.

Stevenson F J. 1986. Cycles of soil carbon，nitrogen，phosphorus，sulfur，micronutrients. New York：John Wiley and Sons，Inc.：155-215.

Stevenson F J，Cole M A. 1999. Cycles of soil carbon，nitrogen，phosphorus，sulfur，micronutrients. New York：John Wiley and Sons Inc.：139-190.

van Kessel M A，Speth D R，Albertsen M，et al. 2015. Complete nitrification by a single microorganism. Nature，528（7583）：555-559.

Zhang J B，Zhu T B，Meng T Z，et al. 2013. Agricultural land use affects nitrate production and conservation in humid subtropical soils in China. Soil Biology and Biochemistry，62：107-114.

第 2 章　人为活动对氮循环的影响

2.1　工业化以来全球人为活化氮的增长及未来预测

为了满足快速增长的人口对食物的需求,要求化学氮肥的施用量快速增长,粮食的增加又促进了人口的增长,如此相互推动,使全球活化氮特别是合成氮肥急速增长。1850~1950 年,人口和活化氮都只是平稳增长,人为活化氮的急剧增长出现在近 60 年(图 2.1)。

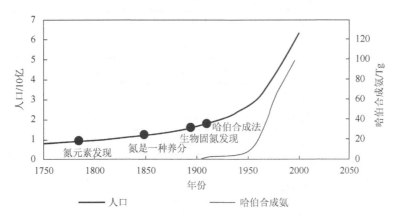

图 2.1　全球人口增长与哈伯合成氨增长的趋势(引自 Galloway and Cowling,2002)

Galloway 等(2004)对 1860 年至 20 世纪 90 年代初全球人为活化氮数量的增长(表 2.1)及其分配(表 2.2)做了估算,并对 2050 年人为活化氮可能达到的数量和分配做出了预测。

表 2.1　人为活动影响下人为活化氮数量的增长与预测　　　　　　(单位:Tg/a)

类型	活化氮	1860 年	20 世纪 90 年代初	2050 年
自然活化氮	雷电过程	5.4	5.4	5.4
	陆地生物固定的氮	120.0	107.0	98.0
	海洋生物固定的氮	121.0	121.0	121.0
	小计	246.4	233.4	224.4
人为活化氮	化学合成氮肥	0	100.0	165.0
	人工栽培的豆科作物固定的氮	15.0	31.5	50.0
	化石燃料燃烧产生的 NO_x	0.3	24.5	52.2
	小计	15.3	156.0	267.2
	合计	261.7	389.4	491.6

注:根据 Galloway 等(2004)论文中的数据制表。

表 2.2　陆地、海洋、大气之间活化氮的交换通量　　　（单位：Tg/a）

活化氮	陆地、海洋和大气圈人为活化氮的交换通量	1860 年	20 世纪 90 年代初	2050 年
大气排放 NO_x	化石燃料燃烧	0.3	24.5	52.2
	雷电过程	5.4	5.4	5.4
	其他排放源	7.4	16.1	23.9
	小计	13.1	46.0	81.5
大气排放 NH_3	陆地	14.9	52.6	113.0
	海洋	5.6	5.6	5.6
	小计	20.5	58.2	118.6
大气排放 N_2O	陆地	8.1	10.9	13.1
	海洋	3.9	4.3	5.1
	小计	12.0	15.2	18.2
大气沉降 NO_y	沉降到陆地	6.6	24.8	42.2
	沉降到海洋	6.2	21.0	36.3
	小计	12.8	45.8	78.5
大气沉降 NH_x	沉降到陆地	10.8	38.7	83.0
	沉降到海洋	8.0	18.0	33.1
	小计	18.8	56.7	116.1
	沉降到陆地的氮（$NO_y + NH_x$）	17.4	63.5	125.2
	沉降到海洋的氮（$NO_y + NH_x$）	14.2	39.0	69.4

注：根据 Galloway 等（2004）数据制表。

　　陆地生物固定的氮在 1860 年以前为 120.0 Tg/a，至 20 世纪 90 年代初降至 107.0 Tg/a（表 2.1），其原因是人为改变了土地利用方式，如由林地转变为草地或农田。这表明人为活动对自然活化氮也产生影响。人为活化氮从 1860 年的 15.3 Tg/a 上升至 20 世纪 90 年代初期的 156.0 Tg/a，约 100 年时间增加了 9.2 倍，其中合成氮肥从 0 增加到 100.0 Tg/a。1860 年以前人为活化氮主要由人工栽培的豆科作物产生，合成氮肥为 0，化石燃料燃烧产生的 NO_x 只有 0.3 Tg/a（表 2.1），主要来自煤的燃烧，当时还没有石油和天然气。20 世纪 90 年代初，化石燃料燃烧产生的 NO_x 从 1860 年的 0.3 Tg/a 增加到 24.5 Tg/a（表 2.1）。由于到 2050 年全球人口将增至 98 亿，预测自然陆地生物固定的氮将进一步降低，而人为活化氮将增至 267.2 Tg/a（表 2.1），将是 20 世纪 90 年代初期的 1.7 倍。对于至 2050 年全球活化氮的增长也有另外一种估算，如按人均产生的活化氮计算，20 世纪 90 年代初全球人为活化氮为 156.0 Tg/a，则全球人均活化氮为 24 kg/a。由于区域发展水平的不同，全球人均活化氮的数量存在很大差异，非洲为 7 kg/a，北美约为 100 kg/a。

2.2　人为活动影响下陆地-大气和陆地-水体的氮交换

　　人为活化氮的增加加快了陆地与大气、陆地与水体之间氮的交换，其交换通量大小可反映出对生态环境的影响强度。Galloway 等（2004）对陆地与大气、陆地与水体之间氮的交换通量做了估算（表 2.2）。

　　20 世纪 90 年代初，化石燃料燃烧排放到大气的 NO_x 由 1860 年的 0.3 Tg/a 增加到 24.5 Tg/a，增加了约 81 倍，陆地排放的 NH_3 由 14.9 Tg/a 增加到 52.6 Tg/a，增加了约 2.5 倍。陆地排放的 N_2O 由 1860 年的 8.1 Tg/a 增加到 20 世纪 90 年代初的 10.9 Tg/a。而沉降到陆地的氮（$NO_x + NH_x$）则由 1860 年的 17.4 Tg/a 增加到 20 世纪 90 年代初期的 63.5 Tg/a（表 2.2），增加了约 2.6 倍。

　　全球陆地输入河流的活化氮 1860 年为 69.8 Tg/a，20 世纪 90 年代初增加到 118.1 Tg/a（表 2.3），增加了约 69%。河流输入海岸带的活化氮也从 1860 年的 27 Tg/a 增加到 20 世纪 90 年代初的 47.8 Tg/a，增加了约 77%（表 2.3）。预测至 2050 年陆地输入河流的活化氮和河流输入海岸带的活化氮将分别增加到 149.8 Tg/a 和 63.2 Tg/a（表 2.3）。

表 2.3　陆地与水体之间活化氮的交换通量　　　　　（单位：Tg/a）

类型	1860 年	20 世纪 90 年代初	2050 年
陆地输入河流的活化氮	69.8	118.1	149.8
河流返回到内陆土地的活化氮	7.9	11.3	11.7
河流输入海岸带的活化氮	27	47.8	63.2

注：数据来自 Galloway 等（2004）。

2.3　人为活化氮增加对全球生态环境和人类健康的负面影响

　　人为活化氮主要由化学合成氮肥、化石燃料燃烧产生的 NO_x、人工栽培的豆科作物固定的氮和水稻、甘蔗种植增加的农田土壤自生固氮微生物固定的氮等组成。其中，化学合成氮肥和化石燃料燃烧形成的 NO_x 是主要的。这些人为活化氮在其循环过程中产生的氧化态氮化物（NO_x）和还原态氮化物（NH_x）对陆地生态和水生生态系统产生危害，对大气化学及全球气候变化产生影响。活化氮过量对陆地生态、水生生态系统和大气化学的影响是多方面的，不仅影响环境生态系统和大气化学，而且危害人类健康。以下从三个方面来叙述人为活化氮急剧增长引发的全球性生态环境后果。

2.3.1　对温室效应和大气化学的影响

　　N_2O 是氮循环过程中产生的一种氮氧化物，它同 CO_2、CH_4 一起被称为三种最重要的温室气体，它在大气中浓度一般低于 CO_2 和 CH_4，但它的增温潜能（单位时间内单位质量某种温室气体相对于 CO_2 的辐射潜力）和在大气圈中停留的时间（寿命）都大于和长于 CO_2 和 CH_4（表 2.4）。

表 2.4　主要温室气体的浓度、寿命及全球增温潜能

气体种类	大气中的浓度/(μL/L)			寿命/a	增温潜能	
	1750 年	1998 年	2005 年		20 年	100 年
CO_2	约 280	365	379	5~200	1	1
CH_4	约 0.700	1.745	1.774	12	72	25
N_2O	约 0.270	0.314	0.319	114	289	298

注：引自蔡祖聪等（2009）。

三种温室气体增温潜能的比较是以 CO_2 为基础，假设 CO_2 20 年和 100 年的增温潜能为 1，则 N_2O 的增温潜能分别为 289 和 298。因此在考虑温室气体的减排措施时，不仅要看它们的浓度而且要看它们的增温潜能。尽管作为全球工业设备（包括空调）使用的制冷剂氯氟烃化合物（氟利昂）也是一种重要温室气体，但随着人们对氯氟烃类排放的控制，氯氟烃造成的辐射强迫（单位面积大气顶层能量变化率；常用 W/m^{-2} 表示）呈逐年递减趋势。而 N_2O 辐射强迫呈现出逐年增加趋势。2005 年与 1998 年相比，N_2O 辐射强迫增加了 11%。随着这一趋势的发展，大气 N_2O 将取代卤烃成为第三大辐射强迫的贡献者（蔡祖聪等，2009）。

陆地排放的 N_2O 不仅是温室气体，还扰乱大气化学，使臭氧层变薄（Cruzen, 1971）。N_2O 在平流层的光学反应中充当了重要角色：$N_2O \xrightarrow{hv} N_2 + O$，进入平流层的 N_2O 约有 90%通过这一反应被"消化"，另外 10%的 N_2O 又与上列反应中形成的 O 反应生成 NO（$N_2O + O \longrightarrow NO$），新生成的 NO 又与 O_3 反应生成 NO_2 和 O_2，从而消耗了 O_3，使臭氧层变薄，破坏臭氧层。臭氧层变薄的后果是地表紫外辐射增加。紫外辐射的增加对于地球生命将呈多方面的伤害，不仅会导致人类皮肤癌的发病概率增加、对动物视网膜产生伤害，而且会使农作物减产。

2.3.2　对水体富营养化和饮用水质量的影响

陆地向水体迁移的氮来自多种源，包括农田过量施用化学氮肥淋溶到地下水中的 NO_3^- 和通过陆地径流迁移到水体中的 NO_3^- 与 NH_4^+，未经处理直接进入水体的人畜排泄物中的 NO_3^- 和 NH_4^+，各类工业或生活污水中的 NO_3^- 和 NH_4^+ 等。通过各种源进入水体中的 NH_4^+ 也可通过硝化作用转化为 NO_3^-。从水体富营养化角度出发，大气干湿沉降中的 NO_x 和 NH_4^+ 也是水体富营养化的源。水体富营养化的首要营养盐是磷，其次是氮，当水体磷酸盐（PO_3^-）的浓度达到 0.015 mg/L，无机氮（$NO_3^- + NH_4^+$）的浓度达到 0.2 mg/L 时，就达到了水体富营养化磷和氮的条件。在其他营养离子也有一定浓度时，藻类就异常繁殖，迅速地覆盖在河湖水面，称为藻华。在河口、海湾等近海水域则出现赤潮，赤潮是藻类颜

色的一种显示。早在 20 世纪 70 年代水体富营养化在欧美等发达国家或地区就成为一个严重的环境问题。据美国国家环境保护局的调查，70 年代中期，77% 的湖泊处于富营养化状态。自 70 年代以来，地表水和地下水，特别是地下水的硝酸盐浓度增加，引起了欧美国家或地区的注意。饮用水和食物中硝酸盐过量会导致高铁血红蛋白血症的发生，对婴儿的威胁特别大，死亡率可达 8%～52%。饮用水中硝酸盐过量还有致癌的危险，原因是硝酸盐进入体内可被还原成亚硝酸盐，亚硝酸盐再与仲胺、酰胺等氮化合物发生反应，形成致癌或致突变的亚硝基化合物，如亚硝胺等。

2.3.3　对陆地生态环境的影响

大气干湿沉降是一个既古老而又年轻的氮循环问题，之所以说它古老，是因为早在 18 世纪，李比希就认定植物氮营养来自雨水，这个说法对于植物氮营养来源来说虽然不确切，但他告知人们雨水中含有氮。20 世纪 80 年代以来，全球人为活化氮快速增加，并观测到大气干湿沉降氮中的 NO_x 和 NH_4^+ 对陆地生态系统特别是森林生态系统产生了重大影响。其中两个问题特别引人注意，一是干湿沉降氮的增加引起了生物多样性的变化（Dise and Stevens，2005），生物多样性改变会引起生态功能的改变；二是大量大气氮沉降引起森林生态系统"氮饱和"，导致氮输入超过植物氮吸收、影响土壤氮转化、养分淋失和土壤质量退化等问题（Aber et al.，1989）。

大气干湿沉降氮中的 NO_x 作为酸沉降的一个组分不仅伤害森林植被，严重时可以使林木枯死，这在北欧国家或地区都发生过。更为严重是沉降的 NH_4^+，不论是植物吸收过程还是 NH_4^+ 氧化为 NO_3^- 的过程，都释放 H^+，对土壤酸化比 NO_x 更为严重，土壤酸化后 K^+、Ca^{2+} 和 Mg^{2+} 淋出，导致营养不平衡，而且导致 Al^{3+} 释出，对林木产生毒害。

随着大气沉降氮数量的增加，其对农田氮素营养的供给也不容忽视。据报道，在长江下游地区稻田，年均接收的大气干湿沉降氮已占到投入氮肥的约 6%（Zhao et al.，2012），这还不包括植物直接吸收的沉降氮，对农田生态系统氮平衡也产生重要影响。

2.4　20 世纪 50 年代以来中国人为活化氮数量

在 2.1 节中，根据 Galloway 等（2004）的数据对 1860 年至 20 世纪 90 年代初全球人为活化氮增长做了一个比较，展示了约 130 年来人为活化氮的变化，大致代表了西方工业化初期至 20 世纪 90 年代初的变化。在中国选择 1949～2010 年，约 60 年来人为活化氮增长的变化，这段时间的变化大致可与西方国家工业化前后做一个比较，用以说明中国人为活化氮骤增的事实。

中国 1949 年人口为 5.41 亿，至 2010 年人口为 13.41 亿（引自《中国统计年鉴 2011》），其间增加了约 8 亿人。中国 1949 年的化学合成氮肥只有 6000 t（以纯氮计）（Xing and Zhu，2001），2010 年增加到 3199 万 t，增加了约 5331 倍。中华人民共和国成立初期化石燃料燃烧产生的 NO_x 为 7.8 万 t，2009 年升至 818.3 万 t，增加了约 104 倍。中国人为活化氮的增加为国内外所关注，因为中国化学氮肥的消耗量约占世界的 1/3，煤炭的消耗量居世界首位。

2.4.1　1949 年以来中国人为活化氮的数量变化

1）合成氮肥

中国合成氮肥在 1949～2010 年呈线性快速增长趋势，至 1980 年增长了约 1571 倍，1985 年产量上升到 1000 万 t 级，10 年后，1995 年上升至 2000 万 t 级。2010 年升至 3000 万 t 级（表 2.5）。

表 2.5　中国 1949～2010 年合成氮肥的增长

年份	合成氮肥/Tg
1949	0.006
1952	0.039
1957	0.32
1962	0.49
1965	1.33
1970	2.52
1975	3.40
1980	9.43
1985	12.58
1990	17.41
1995	22.23
2000	25.93
2005	28.42
2010	31.99

注：1949～1975 年数据引自 Xing 和 Zhu（2001）；1980～1995 年数据引自林葆（1998）；2000～2010 年数据作者根据《中国统计年鉴 2011》氮肥施用量数据，其中复合肥中的氮按 N：P_2O_5：K_2O 为 47：33：20 的比例计算得到。

2）化石燃料燃烧排放的 NO_x

化石燃料燃烧过程中 NO_x 排放量的计算是比较复杂的。为了尽可能简化，而又能得到不确定性相对小的数值，采取了以下步骤。

第一步，根据 1980～2010 年中国能源消耗总量（以标准煤计）和不同能源构成及其相对比率，确定在能源种类中只考虑煤炭和石油两项，占 91.9%～96.2%，其中煤炭占 71.9%～79.0%，不同年间有所不同（表 2.6）。煤炭在其燃烧过程中 NO_x 排放量高于其他化石能源。在计算化石燃料 NO_x 排放量时未考虑天然气，因为天然气在能源消耗中仅占 1.9%～4.6%，而且天然气中有一部分用作化工原料，只有一部分用作燃料，在能源消耗中所占比率就更小了。若以后天然气用作能源的比例有所增大，应予以考虑。

表 2.6　中国 1980～2010 年能源消耗总量及构成

年份	能源消耗总量 （以万 t 标准煤计）	煤炭/%	石油/%	天然气/%	水电/%	核电/%
1980	58 587	74.2	21.4	3.2	1.2	—
1985	74 112	78.5	17.7	2.3	1.5	—
1990	95 384	79.0	17.2	2.1	1.7	—
1995	123 471	77.0	18.6	1.9	2.4	0.1
2000	139 445	72.4	23.2	2.3	2.0	0.1
2005	225 781	74.1	20.7	2.8	2.1	0.3
2010	307 987	71.9	20.0	4.6	2.9	0.3

注：数据引自《中国能源统计年鉴 2011》；"—"表示无统计数据；2010 年能源消耗总量中除煤炭、石油、天然气、水电、核电外，还包括其他能发电消耗，占总量的 0.3%。

　　第二步，根据《中国能源统计年鉴 2011》，各行业石油和煤炭的消耗量的统计数据选择 7 个主要行业（表 2.7 和表 2.8）进行了计算。

表 2.7　中国 1990～2009 年主要行业石油消耗量　　（单位：万 t）

行业	年份				
	1990	1995	2000	2005	2009
农林牧渔水利	1 033.6	1 203.2	788.5	1 951.7	1 308.1
工业	7 321.6	9 349.3	11 248.5	14 245.1	15 692.9
建筑业	327.3	242.8	840.6	1 502.2	1 942.3
交通运输仓储和邮政	1 683.2	2 863.6	6 399.0	10 709.5	13 548.5
批发零售住宿餐饮	77.6	333.9	247.0	375.6	429.7
其他行业	757.8	1 390.3	1 635.9	1 969.2	2 296.3
生活消费	284.5	682	1 336.5	2 284.4	3 166.8

注：数据引自《中国统计年鉴 2011》。

表 2.8　中国 1990～2009 年主要行业煤炭消耗量　　（单位：万 t）

行业	年份				
	1990	1995	2000	2005	2009
农林牧渔水利	2 095.2	1 856.7	933.4	1 413.8	1 582.1
工业	81 090.9	117 570.7	127 806.7	215 493.3	279 888.5
建筑业	437.6	439.8	536.8	603.6	635.6
交通运输仓储和邮政	2 160.9	1 315.1	882.2	811.2	640.9
批发零售住宿餐饮	1 058.3	977.4	1 314.6	1 674.4	1 977.9
其他行业	1 980.4	1 986.7	1 161.0	1 715.9	1 986.1
生活消费	16 699.7	13 530.1	8 457.0	10 039	9 121.9

注：数据引自《中国统计年鉴 2011》。

第三步，参考王文兴等（1996）给出的不同行业使用的化石燃料的 NO_x 排放因子（表 2.9）做了选择和归纳。

表 2.9　各类化石燃料的 NO_x 排放因子　　　　　　（单位：kg/t）

部门	行业	煤炭	原油	汽油	煤油	柴油	残油
能源部门	炼油	—	0.24	—	—	—	—
	电力	9.98	—	16.7	21.1	27.4	10.06
	自用	7.50	—	16.7	2.46	9.62	5.84
工业部门	钢铁	7.50	—	16.7	7.46	9.62	5.84
	化工	7.50	—	16.7	7.46	9.62	5.84
	建材	7.50	—	16.7	7.46	9.62	5.84
	其他	7.50	—	—	—	—	5.84
交通部门	公路	—	—	31.7	27.4	27.4	27.4
	铁路	7.50	—	—	—	54.1	54.1
	其他	7.50	—	16.7	27.4	54.1	54.1
其他部门	生活	1.88	—	16.7	2.49	3.21	1.95
	商业	3.75	—	16.7	4.48	5.77	3.50

注：数据引自王文兴等（1996）（原作者注：各类参数选取国外 20 世纪 80 年代中期以前燃烧排放未加控制的排放因子）。

表 2.9 所列出的 NO_x 排放因子中煤炭比较简单，石油比较复杂，其分为原油、汽油、煤油、柴油和残油（渣油）5 类。在使用中分四大部门和 12 个行业。在 12 个行业中，不同的石油种类 NO_x 的排放因子不同，然而要取得不同年代、不同行业各类化石燃料消耗量的数据是困难的。因此，在计算 NO_x 排放量时对燃料种类和排放因子进行了简化，只计算煤炭和汽油的 NO_x 排放量。在排放因子方面，煤炭行业选择了 7.50，因为在 10 个使用煤炭的行业中有 7 个行业为同一排放因子 7.50，只有电力行业大于 7.50，生活和商业行业小于 7.50。在使用汽油的 9 个行业中，有 8 个行业的排放因子为 16.7，只有公路行业汽油的排放因子高于 16.7（表 2.9）。

这里计算的中国不同年代化石燃料燃烧排放的 NO_x 不是完整的，但与王文兴等（1996）的结果吻合。中国 1950～2009 年主要化石燃料 NO_x 排放量及增长趋势列于表 2.10。

表 2.10　中国 1950～2009 年主要化石燃料 NO_x 排放量及增长趋势　（单位：Tg）

年份	NO_x
1950	0.078
1955	0.229
1960	0.671
1965	0.519
1970	0.823
1975	1.220
1980	1.600
1985	1.980
1990	2.550
1995	3.350
2000	3.960
2005	6.170
2009	8.180

表 2.10 中 1950～1985 年的数据依据王文兴等（1996）的数据，其给出的数据是图的形式，本书通过计算数据点在纵横坐标的位置，把不同年份的数据点转换为数字。1990～2009 年的数据是笔者计算的。王文兴等（1996）的论文给出了 1990 年 NO_x 排放量数值为 841.8 万 t（NO_x），经单位换算后为 2.56 Tg（N），而笔者的计算数值为 2.55 Tg（N），两者十分接近。

从表 2.10 可以看到，由于中国工农业、交通运输业的迅速发展，化石燃料的消耗量逐年增长，中国 1950～2009 年化石燃料燃烧排放到大气的 NO_x 增加了约 104 倍，2009 年达 8.180 Tg（N）。

3）人工栽培的豆科作物固定的氮

人工栽培的豆科作物固定的氮也是人为活化氮的一部分。中国人工栽培的豆科作物包括大豆、杂豆（蚕豆、豌豆、红豆、绿豆等）、花生和绿肥。根据中国不同年代豆科作物的籽粒产量，以及 Zhu 等（1997）提供的不同豆科作物累积固氮量的参数可计算出不同豆科作物的固氮量（表 2.11）。

表 2.11　不同豆科作物固氮量

豆科作物	年固氮量
大豆	0.060 t/t(籽粒)
杂豆	0.050 t/t(籽粒)
花生	0.058 t/t(籽粒)
绿肥	0.35%（鲜重）

注：在计算绿肥在农业生产中总固氮量时，应按绿肥 80%回田计算，扣除 20%的绿肥用作饲料的部分。

朱兆良（1992）还总结了大量豆科作物共生固氮量的研究结果，考虑到中国豆科作物以一年生为主，建议以地上部累积氮量占全株累积氮量的 90%计，全株累积氮量中来自共生固氮作用的比例以 60%计，因此当以地上部分累积氮量为基础，估计共生固氮量的换算系数为 0.67。考虑到自 2000 年以后，国家统计数据中豆科作物不再分类统计，而是统归豆类。假定豆类中大豆为 2/3，其他豆类为 1/3，对表 2.11 的参数做了修正，按豆类（大豆＋杂豆）固氮量参数 0.056 t/t(籽粒)计算。根据不同年份统计年鉴或农业年报中豆类作物的产量和上述参数计算了中国 1949～2010 年农田豆科作物固氮量（表 2.12）。

表 2.12　中国 1949～2010 年豆科作物固氮量的变化

年份	固氮量/(Tg/a)
1949	0.55
1957	0.88
1962	0.80
1965	1.02
1970	1.50
1975	1.63
1980	0.57

续表

年份	固氮量/(Tg/a)
1985	0.79
1990	1.45
1995	2.20
2000	1.96
2005	2.04
2010	1.97

共生固氮整体虽呈增长趋势，但并非逐年递增，是因为不同年份绿肥种植面积有增加或减少的情况。2000 年后已无绿肥的全国性完整统计数据，1980 年后共生固氮量的减少是由于绿肥面积的减少，1990 年后共生固氮量的增加是由于以大豆为主的豆类和花生种植面积的扩大和产量的提高。

4）非共生固氮量

已知稻田和旱地非共生固氮量（主要包括异养固氮、联合固氮、光合固氮等）有很大差异，水田高于旱地（Watanabe et al.，1981；奚振邦，1986）。这是因为水稻种植会产生厌氧环境，促进氮的固定（Galloway and Cowling，2002）。中国是世界主要植稻国之一，水田面积占中国耕地的 25%，因此，在中国自生固氮微生物固定的氮也是活化氮的一个重要源。因为中国历年水田和旱地面积无系统的统计数据，所以这里仅计算了 1996 年水田和旱地的自生固氮量。中国 1996 年耕地面积为 13 003.9 万 hm^2，其中旱地为 9709.3 万 hm^2，稻田为 3294.6 万 hm^2（成升魁，2007）。计算自生固氮量所用的参数，引自朱兆良（1992），水田和旱地分别为每年每公顷 45 kg 和 15 kg。由 1996 年中国旱地和水田面积和相关参数计算得到 1996 年旱地和水田的自生固氮量分别为 1.50 Tg 和 1.34 Tg，合计 2.84 Tg。由于中国耕地面积（水田、旱地）呈递减趋势，往后农田自生固氮量不会增加，只会减少。段武德等（2011）对中国耕地面积未来的递减趋势做了预测，认为若按 1980~2008 年耕地面积减少的幅度进行下去，到 2020 年，中国耕地面积将减至 1.12 亿 hm^2。假定水田和旱地以同一比率相应减少，则水田占耕地面积的 25% 的比例也不会变化，至 2020 年中国的水田为 2838.08 万 hm^2，旱地为 8361.9 万 hm^2。按同样的参数计算农田自生固氮量，则旱地为 125.49 万 t（1.25 Tg），水田为 127.71 万 t（1.28 Tg），合计 2.53 Tg，比 1996 年减少 0.31 Tg/a。

2.4.2 中国不同人为活化氮的比率及历史变化

2010 年中国人为活化氮的数量与 1949 年相比有了很大的增加。中国各类人为活化氮的总量从 1949 年的 0.634 Tg 增加到 2010 年的 44.98 Tg，增加将近 70 倍。人为活化氮的增长主要来自化学氮肥的增长，与 1949 年相比，2010 年化学合成氮增加了 5331 倍。1949 年化学合成氮只占当年人为活化氮的 0.95%，而 2010 年化学合成氮占同年人为活化氮的 71.42%。1949 年中国人为活化氮中，豆科作物共生固定的氮占 86.75%，至 2010 年豆科作物共生固定的氮只占 4.38%（表 2.13）。

表 2.13　1949 年和 2010 年中国不同人为活化氮的变化及比较

人为活化氮	1949 年		2010 年		2010 年比 1949 年增加的倍数
	数量/Tg	占总量比重/%	数量/Tg	占总量比重/%	
（1）化学合成氮	0.006	0.95	31.99	71.12	5331
（2）化石燃料燃烧排放的 NO_x	0.078	12.30	8.18	18.19	104
（3）生物固定的氮					
①豆科作物共生固定的氮	0.55	86.75	1.97	4.38	2.58
②农田土壤自生固定的氮	—	—	2.84	6.31	—
合计	0.634	100	44.98	100	

注：化石燃料燃烧排放的 NO_x 按表 2.10 中 1950 年、2009 年估算数据计算。

2.5　20 世纪 50 年代以来中国陆地氮通量

2.5.1　陆地氮通量的概念

Galloway 等（1996）在"国际 SCOPE 氮项目"（The International SCOPE Nitrogen Project）——"北大西洋及其流域氮循环"（Nitrogen Cycling in the North Atlantic Ocean and Its Watersheds）研究中提出了"区域氮收支和河流排入北大西洋的 N 和 P 通量"的概念，首次确定了陆地氮通量的定义。陆地氮只包括国家和区域的两种氮源：合成肥料氮和人、畜、禽排泄物氮。人、畜、禽排泄物氮虽然是一种再循环氮，但同时也是活化氮，单位为 $kg/(km^2 \cdot a)$。用氮通量表示人为活动对水体和大气的影响是十分有用的。陆地上的这两种氮源可通过陆地直接迁移到水体，可通过 NH_3 挥发和 NO_x、N_2O 排放进入大气。陆地氮通量的大小可在一定程度上反映某一地区内人口密度、工农业和畜牧业的发展水平。通过计算国家和区域的陆地氮通量可以得到氮过量与否及其对生态环境潜在风险的信息。

2.5.2　1949 年以来不同年份中国陆地氮通量及区域陆地氮通量

1）不同年份中国陆地氮通量增长及两种氮源对陆地氮通量的贡献

根据中国不同年份化学氮肥消耗总量和人、畜、禽排泄物氮总量计算的陆地氮通量，反映了人为活动对中国陆地氮循环的扰乱程度和对环境产生的严重风险。1949~2010 年中国陆地氮通量几乎逐年增长（表 2.14），表明活性氮对中国生态环境的风险逐年增长。从 1949 年的 586 kg/km^2 增加到 2010 年的 6088 kg/km^2，62 年增加了 9 倍多，这是由中国人口增长、化学氮肥消耗量增长和农牧业的发展驱动的。1949~1970 年，陆地氮通量中人、畜、禽排泄物氮占 80%以上，合成氮肥占 20%以下；至 1985 年两种氮源对陆地氮通量的贡献约各占 50%；1990~2010 年，合成氮肥与人、畜、禽排泄物氮对陆地氮通量的贡献趋于稳定，分别约占 53.94%和 46.06%。这里提供了一个重要信息，即当前中国氮的生态环境风险不仅来自化学氮肥，也来自人、畜、禽排泄物，后者更为严峻。因为自 1995 年起，人、畜、禽排泄物回田率只有 10%～20%，特别是在人口密集的经济发达地区，人、畜、禽排泄物的回收率接近 0，直接进入水体，成为水体氮污染的主要源。

表 2.14　中国陆地氮通量

年份	合成氮肥/ Tg	人、畜、禽排泄物氮/ Tg	合计/ Tg	陆地氮通量/ [kg/(km²·a)]	两种氮源所占的贡献/%	
					合成氮肥	人、畜、禽排泄物氮
1949	0.006	5.62	5.626	586	0.11	99.89
1952	0.039	6.86	6.899	719	0.57	99.43
1957	0.32	8.17	8.49	884	3.77	96.23
1962	0.49	7.52	8.01	834	6.12	93.88
1965	1.33	9.00	10.33	1076	12.88	87.12
1970	2.52	10.15	12.67	1320	19.89	80.11
1975	3.40	11.33	14.73	1534	23.08	76.92
1980	9.43	12.18	21.61	2250	43.61	56.39
1985	12.58	12.96	25.54	1671	49.45	50.55
1990	17.41	14.88	32.29	3380	54.14	45.86
1995	22.23	17.91	40.14	4180	55.37	44.63
2000	25.93	23.78	49.71	5210	52.46	47.54
2005	28.42	25.22	53.64	5588	52.98	47.02
2010	31.99	26.45	58.44	6088	54.74	45.26

注：合成氮肥数据引自表 2.5；人、畜、禽排泄物氮数量根据《农村统计年鉴 2012》，换算因子见表 3.12。

2）中国区域陆地氮通量的差异

中国幅员辽阔，不同区域自然条件、社会和经济发展水平有很大不同，氮通量也有差异。为了解这种差异，利用 1995 年的基本统计数据，计算了中国不同区域氮通量（表 2.15）。

表 2.15　1995 年中国不同区域陆地氮通量

国家和地区	面积/ 万 km²	人口密度/ (人/km²)	合成肥料氮消耗量/ Tg	人、畜、禽排泄物氮/ Tg	陆地氮通量/ [kg/(km²·a)]
中国	960	123	22.23	17.91	4 187
长江流域	181	226	7.3	5.32	8 188
黄河流域	76	101	1.77	1.44	4 293
珠江流域	45	215	1.47	1.36	7 244
中国东部和南部沿海地区 [a]	103	426	8.94	5.68	14 262
太湖流域	3	1 080	0.72	0.18	30 000

续表

国家和地区	面积/ 万 km²	人口密度/ (人/km²)	合成肥料氮消耗量/ Tg	人、畜、禽排泄物氮/ Tg	陆地氮通量/ [kg/(km²·a)]
中国中西部地区 [b]	704	52	5.58	7.21	1 816
中国西部边远地区 [c]	406	10	0.77	2.53	622
西藏	122	2	0.000 89	0.39	327

注：引自 Xing 和 Zhu（2001）；a 包括辽宁、河北、山东、江苏、安徽、福建、广东、北京、天津和上海，未包括东北的黑龙江、吉林；b 包括江西、湖南、湖北、四川、重庆、云南、贵州、广西、陕西、山西、青海、甘肃、宁夏；c 包括新疆和内蒙古。

　　由表 2.15 可以看出，长江流域、黄河流域和珠江流域陆地氮通量是不同的，长江流域高于珠江流域，黄河流域又低于珠江流域。长江流域陆地氮通量约是全国平均陆地氮通量的 2 倍。东部和南部沿海地区陆地氮通量达到 14 262 kg/(km²·a)。太湖流域陆地氮通量更高达 30 000 kg/(km²·a)，比东部和南部沿海地区高出 1 倍多。而中西部地区为 1 816 kg/(km²·a)，低于全国平均水平，西部边远地区，新疆和内蒙古陆地氮通量为 622 kg/(km²·a)，远低于全国平均水平，西藏最低，只有全国平均值的 7.8%。

　　中国陆地氮通量高于世界其他国家。据 Galloway 等（1996）报告，欧洲黑海流域陆地氮通量只有 450 kg/(km²·a)。这一数值低于中国的全国平均值，远远低于中国东部和南部沿海地区。即使地处中国边远地区的西藏陆地氮通量也高于加拿大陆地氮通量最低的地区 [76 kg/(km²·a)]，表明从世界范围来讲，中国陆地氮通量的环境风险已达到严重程度。

参 考 文 献

蔡祖聪，徐华，马静. 2009. 稻田生态系统 CH₄ 和 N₂O 排放. 合肥：中国科学技术大学出版社：1-32.

成升魁. 2007. 中国可持续发展总纲（第 5 卷）–中国土地资源与可持续发展. 北京：科学出版社：31-58.

段武德，陈印军，翟勇，等. 2011. 中国耕地质量调控技术集成研究. 北京：中国农业出版社：1-59.

林葆. 1998. 我国肥料结构和肥效的演变、存在问题及对策//李庆逵，朱兆良，于天仁. 中国农业持续发展中的肥料问题. 南昌：江西省科学技术出版社：12-27.

王文兴，王玮，张婉华，等. 1996. 我国 SO₂ 和 NOₓ 排放强度地理分布和历史趋势. 中国环境科学，16（3）：161-166.

奚振邦. 1986. 农田生态系统中氮素循环的简析//我国土壤氮素研究工作的现状与展望——中国土壤学会土壤氮素工作会议论文集. 北京：科学出版社.

朱兆良. 1992. 我国农业生态系统中氮素的循环和平衡//朱兆良，文启孝. 中国土壤氮素. 南京：江苏省科学技术出版社：288-303.

Aber J D，Nadelhoffer K J，Steudler P，et al. 1989. Nitrogen saturation in northern forest ecosystems. Bioscience，39：378-386.

Cruzen P J. 1971. Ozone production rates in an oxygen-hydrogen-nitrogen oxide atmosphere. Journal of Geophysical Research，76：7311-7327.

Dise N B，Stevens C J. 2005. Nitrogen deposition and reduction of terrestrial biodiversity：Evidence from temperate grasslands. Science in China（Series C： Life Sciences），48（special issue）：720-728.

Galloway J N，Cowling E B. 2002. Reactive nitrogen and the world：200 years of change. AMBIO：A Journal of the Human Environment，31（2）：64-71.

Galloway J N，Dentener F J，Capone D G，et al. 2004. Nitrogen cycles：Past，present，and future. Biogeochemistry，70（2）：153-226.

Galloway J N, Howarth R W, Michaels A E, et al. 1996. Nitrogen and phosphorus budgets of the North Atlantic Ocean and its watershed. Biogeochemistry, 35: 3-25.

Watanabe I, De Guzman M R, Cabreta D A. 1981. The effect of nitrogen fertilizer on N_2 fixation in the paddy field measured by *in situ* acetylene reduction assay. Plant and Soil, 59: 135-139.

Xing G X, Zhu Z L. 2001. The Environmental consequences of altered nitrogen cycling resulting from industrial activity, agricultural production, and population growth in China. The Scientific World, 1 (s2): 70-80.

Zhu Z L, Wen Q X, Freney J R. 1997. Nitrogen in soils of China. Dordrecht/Boston/London: Kluwer Academic Publishers: 135-158.

Zhao X, Zhou Y, Wang S Q, et al. 2012. Nitrogen balance in a highly fertilized rice-wheat double-cropping system in Southern China. Soil Science Society of America Journal, 76: 1068-1078.

第3章　中国生态环境对人为活化氮增长的响应

1949~2010 年中国人口从 5.41 亿增加到 13.4 亿，增加了约 8 亿。为了满足人口对粮食的需求，合成化学氮肥消耗量快速增长，其间增加了 5331 倍。粮食产量也从 1949 年的 11 318 万 t 增加到 2010 年的 54 648 万 t，增加了 3.8 倍。合成氮肥对中国粮食增产的主导作用是毋庸置疑的，但粮食增产取得丰硕回报的同时，化学氮肥大量使用，以及有机肥源利用不足，导致大量冗余氮进入水体和大气，由此引起了一系列的生态环境问题，这些问题自20 世纪 80 年代开始，越来越突出，尤其是 90 年代末以来，备受关注。近十多年来，随着国家层面保护生态环境相关政策的陆续出台，以及在广大科技人员和全社会的共同努力下，解决这些问题的趋势稳中向好。

3.1　地表水体富营养化

3.1.1　淡水湖泊藻华频频发生

中国现行的大量使用化学氮肥、磷肥，有机肥很少使用的农田养分平衡模式，伤害最大的是水环境。尤其是东部地区，人口密集，产生的各类生活废弃物数量巨大，未经处理和合理利用就直接进入水环境，超过了水体自洁能力，污染了河湖水体、地下水和近海海域，使水体产生富营养化现象。

中国湖泊富营养化已达到比较严重的程度。据袁旭音（2000）对全国 131 个湖泊营养化程度的评价表明，61 个湖泊达富营养化，占 46.6%，54 个达中度富营养化，占 41.2%。安徽巢湖、江苏和浙江的太湖、云南的滇池等湖泊的富营养化已为人所共知。2007 年太湖蓝藻大暴发，时任国务院总理温家宝亲临实地视察。至今太湖蓝藻时有暴发，除机械打捞、工程疏浚等末端治理措施外，如何从源头上削减或切断污染物进入水体，仍是区域水体污染治理研究关注的重点。导致水体富营养化的氮、磷等营养盐主要来自各类废水。据李贵宝等（2001）报告，在所调查的 35 个主要湖泊中每天有 $5.646×10^6$ t 废水入湖。注入河流的废水中的氮和磷主要来自人、畜、禽排泄物和各类生活污水，以太湖、滇池和巢湖为例，这类废水对全氮的贡献分别为 59%、33%和 63%。这与笔者在太湖地区取得的结果相似，太湖地区河水氮、磷的浓度已达到严重污染程度。2000~2005 年，曾对苏州市辖区内的 7 条主要河流及其代管常熟市内的 12 条主要河流进行 GPS 定位调查研究，结果见表 3.1。

表 3.1　苏州市辖区及其代管常熟市内主要河流氮、磷平均浓度　（单位：mg/L）

地区	总氮	NH_4^+	NO_3^-	有机氮	可溶性磷
苏州	7.99±4.44	5.89±4.26	1.36±0.68	0.93±1.13	0.20±0.24
常熟	8.68±14.0	2.60±3.80	1.61±0.59	4.39±10.5	0.04±0.08

注：引自邢光熹（2007）。

关于当前地表水氮污染源问题，一般认为主要来自农田化学氮肥的施用。然而，很可能不同地区因经济发达水平、社会因素（人口）、耕作栽培制度的不同，导致地表水的污染源不尽相同。太湖地区是高氮肥投入区之一，据笔者的研究结果，该地区地表水氮污染并非主要来自农田化学氮肥，而是主要来自人、畜、禽排泄物和其他未经处理的生活污水。

通过调查，定点观测和利用各地区的基本统计资料计算，农村人、畜、禽排泄物，大气干湿沉降，以及农田淋溶和径流氮对地表水氮污染的数量及相对贡献见表 3.2。

表 3.2　不同氮源对苏州地区地表水氮负荷的贡献

氮污染源	数量/(t/a)	比重/%
人、畜、禽排泄物氮	22 918	60
大气干湿沉降氮	11 910	31
农田淋溶和径流氮	3 458	9
合计	38 286	100

注：引自邢光熹等（2010）。

从表 3.2 可以看出，除工业废水带入的氮未计算外，当前太湖地区水体氮污染源主要来自人、畜、禽排泄物氮，其次为大气干湿沉降氮，农田淋溶和径流对这一地区河、湖水体氮的贡献也是必须考虑的问题。对马立珊等（1997）1986~1987 年在苏州和无锡得到的田间观测数据进行计算，来自肥料氮的净径流氮量，即从实测径流氮扣除从雨水和灌溉水带入的氮后的数值，为每年每公顷 3.10 kg，约占当地当时平均施氮量的 1%左右，数量不高。这是因为该区稻田占耕地面积的 87%，水稻生长季为保持水层，筑有田埂，只有一次或连续降水达到 70~100 mm 的暴雨和水稻烤田排水才有农田径流出现。另外，稻田长期淹水，硝态氮形成量不多，淋溶到下层后因地下饱和层土壤存在反硝化过程（Xing et al.，2002a），导致硝态氮淋溶出的量很少。稻田径流氮和硝态氮淋溶主要发生在麦季，而麦季施氮量又低于稻季。不同研究者对于各种氮污染源对地表水氮污染的相对贡献的研究结果可能有所不同，但人、畜、禽排泄物和生活污水贡献居首位的结论基本一致。国家重点基础研究发展计划（973 计划）"土壤质量演变规律与持续利用"项目（1999~2004 年）在太湖地区的研究结果表明，人、畜、禽排泄物和生活污水对氮负荷的贡献分别为 34%和14%，两项合计为 48%，农田占 24%，工业生产占 22%，水产养殖占 6%（朱兆良等，2006）。

除统计数据外，在太湖地区典型地区河流的观测数据也支持人、畜、禽排泄物和生活污水未经处理直接进入河湖水体而成为主要氮污染源的结论。

　　笔者曾对苏州 7 条主要河流开展水质调查（表 3.3），结果发现，NH_4^+ 浓度是 NO_3^- 的 3.3 倍。对常熟 12 条主要河流和 3 个湖荡的调查结果也发现，NH_4^+ 浓度高于 NO_3^-，而且平均水溶性有机氮浓度达到 4.39 ± 10.51 mg/L，高于 NO_3^- 1.73 倍。一般来讲，土壤的吸附能力使 NH_4^+ 不易淋溶，只有 NO_3^- 易迁移。从同一地区河流丰水期和枯水期不同形态氮的浓度来看，无论是枯水期（冬小麦生长季）还是丰水期（水稻生长季），河水 NO_3^- 的浓度都不高，稻田地区淋溶出 NO_3^- 在河流氮污染中所占的比例也不会很高。

表 3.3　苏州和常熟枯水期、丰水期河水 NO_3^-、NH_4^+、N_2O、无机氮、有机氮和总氮浓度

地区	采样期	NO_3^-/ (mg/L)	NH_4^+/ (mg/L)	N_2O/ ($\mu g/L$)	无机氮/ (mg/L)	有机氮/ (mg/L)	总氮/ (mg/L)
苏州	枯水期（$n=23$） （2000 年 3 月）	1.36 ± 0.68	5.69 ± 4.26	2.35 ± 1.46	7.05 ± 4.10	1.04 ± 1.13	7.99 ± 4.44
	丰水期（$n=22$） （2000 年 7 月）	0.81 ± 0.37	5.06 ± 3.43	5.33 ± 2.66	5.87 ± 3.30	2.02 ± 1.21	7.85 ± 4.41
常熟	枯水期（$n=109$） （2004 年 7 月）	1.61 ± 0.59	2.65 ± 3.80	—	4.27 ± 3.93	4.39 ± 10.51	8.66 ± 14.00
	丰水期（$n=111$） （2005 年 1 月）	0.87 ± 0.75	2.18 ± 1.15	—	3.05 ± 1.31	3.39 ± 3.25	6.44 ± 4.01

注：引自 Xing 和 Zhu（2001）；邢光熹等（2010）；n 表示采样点数；"—"表示数据未观测。

　　^{15}N 自然丰度变异（用 $\delta^{15}N$ 表示）常用来指示水体氮污染源（见 12.3 节）。过去曾根据起源于化肥氮和动物排泄物氮的 $\delta^{15}NO_3^-$ 的不同来区分地下水中 NO_3^- 的来源，但地下水中 NO_3^- 的反硝化过程也可导致残留的 NO_3^- 的 $\delta^{15}N$ 值升高，使得利用 $\delta^{15}NO_3^-$ 指示氮来源受到限制。而根据起源于化学氮肥和人、畜、禽排泄物中 NH_4^+ 的 $\delta^{15}N$ 值来区分地表水中 NH_4^+ 来源有较好的指示作用。根据 2000 年 3 月苏州地区的河流水体分析结果，NH_4^+ 的 $\delta^{15}N$ 值为 6.416‰～25.694‰（表 3.4），远高于化学氮肥中 NH_4^+ 的 $\delta^{15}N$ 值，而接近于人、畜、禽排泄物氮的 $\delta^{15}N$ 值。猪粪、人粪和禽粪全氮 $\delta^{15}N$ 值分别为 7.47‰、13.30‰和 14.87‰，人粪中 NH_4^+ 的 $\delta^{15}N$ 值可高达 49.71‰（Xing et al., 2002a）。据对中国不同铵态（或酰胺态）氮肥的分析结果表明，尿素中 NH_4^+ 平均 $\delta^{15}N$ 值为 $-1.12‰\pm1.44‰$（$n=26$），硫酸铵和氯化铵中 NH_4^+ 的 $\delta^{15}N$ 值分别为 $-1.48‰\pm1.38‰$（$n=3$）和 $-1.35‰\pm2.28‰$（$n=7$）（Cao et al.，1991），与 Shearer 等（1974）报告的液态 NH_3、磷酸二铵、硫酸铵等铵态氮肥中 NH_4^+ 的平均 $\delta^{15}N$ 值为 $-0.51‰\pm1.18‰$（$n=26$）很接近。尽管导致河水中 NH_4^+ 的高 $\delta^{15}N$ 值的因素是多方面的，但是高 $\delta^{15}N$ 值的人、畜、禽粪便的大量排入应是主要原因之一。

表 3.4　苏州地区不同河流水体中 NO_3^- 浓度、NH_4^+ 浓度、$\delta^{15}NH_4^+$ 值及总氮浓度

水系	采样地点	NO_3^-/ (mg/L)	NH_4^+/ (mg/L)	$\delta^{15}NH_4^+$/ ‰	总氮/ (mg/L)
吴淞江	黄石桥	1.37 ± 0.42	5.21 ± 0.39	10.113 ± 0.379	7.21 ± 0.70
	斜塘莲香新村	1.55 ± 0.71	6.25 ± 1.05	15.43 ± 0.030	7.98 ± 0.45
	胜浦新胜浦大桥	2.14 ± 0.92	4.10 ± 1.12	—	11.56 ± 0.62

续表

水系	采样地点	NO_3^- / (mg/L)	NH_4^+ / (mg/L)	$\delta^{15}NH_4^+$ / ‰	总氮/ (mg/L)
娄江河	跨塘	1.37±0.28	16.43±4.08	7.496±0.085	18.8±1.35
	唯亭	1.43±0.49	3.20±0.97	7.186±0.417	5.79±0.67
元河塘河	平齐桥	1.19±0.11	9.06±2.35	21.861±0.313	10.75±1.02
	陆墓中桥	1.72±0.67	6.81±0.31	25.694±0.612	8.93±0.97
	里口里北大桥	1.72±0.53	3.85±0.01	—	6.39±0.71
	渭塘	1.81±0.47	2.19±0.60	—	5.70±0.25
胥江	横塘	1.20±0.62	5.40±1.40	7.996±0.659	7.52±0.95
	许家桥	3.00±0.97	0.20±0.01	—	3.40±0.13
	胥江口	0.75±0.35	0.21±0.03	—	1.14±0.07
西塘河	老龙桥	1.06±0.41	11.6±2.71	8.533±0.076	14.9±1.53
浒东河	东桥旺庄	1.40±0.21	8.91±3.15	—	10.93±0.78
浒光河	浒关	1.30±0.32	10.7±2.50	7.368±0.946	12.89±1.95
	通安新钱村	1.37±0.46	0.30±0.12	—	1.86±0.13
	东渚	1.05±0.17	0.36±0.14	—	1.71±0.17
	光福	2.70±0.85	0.40±0.06	—	3.31±0.26
京杭运河	觅渡桥	0.30±0.12	3.00±0.87	6.533±0.157	4.00±0.24
	枫桥	0.57±0.11	7.75±1.42	6.416±0.670	7.82±0.87
	吴县农科所	1.68±0.73	5.90±1.78	7.212±0.350	9.25±1.35
	望亭南桥	0.35±0.11	9.15±1.96	6.527±0.315	10.8±1.10
	望亭与新安间	0.35±0.09	9.27±2.21	7.724±0.775	11.10±0.96
平均		1.36±0.68 $n=23$	5.69±4.26 $n=23$	10.435±6.146 $n=14$	7.99±4.44 $n=23$

注：引自 Xing 和 Zhu（2001）；表中各点数据为 3 个平行水样的平均值；n 表示采样点数；"—"表示数据未观测。

河水中可被 XAD-8 吸附树脂分离出的可溶性有机氮（dissolved organic nitrogen，DON）的 $\delta^{15}N$ 值变动范围为–3.448‰～142.254‰（表 3.5），表明河水中有机含氮物质的组成也比较复杂，有些可能来源于工厂排放的废水。

表 3.5 苏州地区不同河流水体 DON 及其 $\delta^{15}N$ 值（2000 年 3 月采样）

水系	采样地点	DON/ （μg/L）	$\delta^{15}N$/‰
吴淞江	黄石桥	47.8	1.828
	斜塘莲香新村	47.9	3.658
娄江河	跨塘	38.3	31.384
元河塘河	平齐桥	33.8	5.266
	陆墓中桥	21.8	5.053

续表

水系	采样地点	DON/ (μg/L)	δ^{15}N/‰
胥江	横塘	39.1	2.448
西塘河	老龙桥	83.5	4.307
浒光河	浒关	33.9	−2.486
京杭运河	觅渡桥	33.9	8.891
	枫桥	67.8	−3.307
	吴县农科所	53.9	142.254
	望亭南桥	44.4	−3.448
	望亭与新安间	49.5	4.246

注：引自 Xing 和 Zhu（2001）。

苏州地区大气干湿沉降氮中 NH_4^+/NO_3^- 的平均比值为 1.48，表明该地区 NH_4^+ 高于 NO_3^-（Zhao et al.，2009a）。如前所述，大气沉降氮中的 NH_4^+ 主要来自人、畜、禽排泄氮和农田化肥氮挥发到大气中的 NH_3。挥发到大气中的 NH_3 与 NO_x 不同，传输距离不远。因此，大气干湿沉降 NH_4^+ 也主要来自农村。

将大气干湿沉降氮视作水体重要污染源的观点在荷兰等国早已提出过（van Breemen，1988），国内黄漪平（2001）也曾报道 1987～1988 年通过降水和降尘沉降到太湖水面的氮每年可达 2304 t。Luo 等（2007）通过 2002～2003 年的观测，大气湿沉降输入太湖水域的氮和磷分别为 4720 t 和 75 t，分别占氮、磷入湖量的 16.5% 和 7.3%。把黄漪平（2001）1987～1988 年的结果与 Luo 等（2007）2002～2003 年的结果相比较，时隔 15 年，沉降到太湖水域的大气沉降氮增加了 1 倍。大气干湿沉降作为太湖地区另一重要水体氮污染源的确认，对于综合治理太湖地区水体氮污染有一定意义。

3.1.2 中国河口海湾和近海海域赤潮多发

在无人为活动的强烈影响下，通过河流输入河口海湾和海岸带的营养盐，为这些海域的浮游生物的生长提供了良好的营养条件，形成了这些水域独特的水生生态系统。然而，由于东部沿海和沿河地区人口密度增加，工农业生产迅速发展，海湾水域海水养殖业的扩展，改变了河湖水体氮、磷等营养盐的浓度，为有害藻类快速繁殖和生长提供了条件，使近海赤潮频频发生。

Bao 等（2006）研究了长江流域 1980～1990 年农田氮的收支，1980 年和 1990 年输入这一区域的氮分别为 8.0 Tg 和 12.9 Tg，而输出分别为 4.41 Tg 和 6.85 Tg。其中 1980 年和 1990 年迁移到水体的氮分别为 2.08 Tg 和 3.38 Tg，长江流域迁移到水体的氮增加了62.5%。输入氮的增加显然是导致长江水质变化的因子之一。另据延军平等（1999）的报告，20 世纪 90 年代初期，中国主要河流的水质也日趋恶化（表 3.6）。

表 3.6　中国主要河流 1991 年、1993 年水质情况

河流	1991 年水质类型/%			1993 年水质类型/%		
	1～2 类	3 类	4～5 类	1～2 类	3 类	4～5 类
长江	54	16	30	37	31	32
黄河	29	4	67	13	18	69
珠江	57	27	16	29	40	31
淮河	5	30	65	18.3	15.7	66
松花江	19	23	58	0	38	62
辽河	6	0	94	0	13	87
海河	9	0	91	0	50	50

注：引自延军平等（1999）。

由表 3.6 可以看出，中国主要河流除辽河、海河外，4～5 类水质呈逐年上升趋势。"百川归海"，这些污染河流的水挟带过量氮、磷营养盐及其他污染物汇入河口海湾，诱发近海赤潮。1990 年中国沿海共发生赤潮 34 起，为 1961～1980 年总的 1.5 倍，1991 年又发生赤潮 38 起，1998 年香港、广东发生严重赤潮，1999 年渤海湾发生几起面积达 1500 km^2 和 6300 km^2 的大面积赤潮（延军平等，1999）。由此可见，中国从淡水湖泊到近海水体富营养化在 20 世纪 90 年代后期已达到比较严重的程度。

3.2　土壤 NO_3^- 累积和地下水污染

在中国主要农业区氮对地下水的污染有两种情况：一是南方水田和旱作土壤，NO_3^-、少量 NH_4^+ 和可溶性有机氮可淋溶到浅层地下水，但主要是 NO_3^-；二是半干旱半湿润北部地区农田，如华北平原区，由于常年降水量偏少，加之地下水过度开采和利用，地下水位降低，农田耕作层来自肥料氮的 NO_3^- 常累积在土壤剖面的不同深度。西北黄土区 NO_3^- 在土层中的累积尤为明显。在华北地区，除 NO_3^- 土层累积外，在一些地区 NO_3^- 也迁移到了浅层地下水。

3.2.1　太湖平原农村浅层地下水的硝态氮污染

太湖地区的村庄普遍打井取水，几乎每家一口井，井深一般为 4～5 m，其并非用于灌溉而是用作包括饮用水在内的生活用水。但自 20 世纪 90 年代以来，由于井水 NO_3^- 含量过高，已不再用作饮用水了。2000 年，对苏州地区和邻近的无锡地区的少数村庄的井水进行随机调查，在调查的 40 口水井中，有 11 口井 NO_3^- 已明显超标（NO_3^- 含量>10 mg/L），超标率为 27.5%（表 3.7）。与河湖水不同，井水的氮主要是 NO_3^-，平均为（7.98±9.65）mg/L，最高浓度已达 43.47 mg/L。而 NH_4^+ 浓度较低，35 口水井 NH_4^+ 的浓度低于检测限，只有 5 口水井检测到 NH_4^+。太湖地区农村生活用浅层地下井中高浓度 NO_3^- 的起源是生活污水影响，还是稻田淋溶氮的影响还很难断定。但从这种水井中的 NO_3^- 有很高的 $\delta^{15}NO_3^-$

值（表3.7）来看，有可能起源于生活污水。过去的一些调查研究常认为太湖地区水井中高浓度 NO$_3^-$ 主要是农田施用化学氮肥所致，有待澄清。

表 3.7　2000 年苏州不同地区井水 NO$_3^-$、NH$_4^+$、N$_2$O 和 δ^{15}NO$_3^-$ 的浓度

采样地点	NO$_3^-$/ (mg/L)	N$_2$O/ (μg/L)	δ^{15}NO$_3^-$/‰	NH$_4^+$/ (mg/L)
胥口花墩村	25.9±2.12	1.83±0.01	19.661±0.534	低于检测限
胥口花墩村	10.8±1.01	3.47±.03	16.356±0.961	低于检测限
胥口花墩村	3.68±0.05	3.47±0.14	10.403±0.332	低于检测限
胥口花墩村	7.41±0.76	3.39±0.13	19.374±0.515	低于检测限
横塘蒋墩村	4.47±0.32	0.20±0.01	19.511±0.710	低于检测限
胥口许家桥村	4.05±0.97	7.34±0.21	30.768±0.337	8.33±1.02
胥口许家桥村	2.02±0.10	4.80±0.17	19.029±0.486	低于检测限
胥口许家桥村	0.44±0.01	0.59±0.04	34.706±0.412	3.00±0.13
胥口许家桥村	0.99±0.22	2.18±0.14	34.386±0.516	9.79±0.78
光福下绞村	3.07±0.31	0.32±0.13	21.235±0.071	低于检测限
东渚渚渔村	5.04±0.41	6.79±0.31	21.215±0.016	低于检测限
通安新钱村	9.59±1.23	13.3±0.72	17.588±2.198	低于检测限
通安新钱村	5.78±0.97	13.4±0.64	18.784±0.981	低于检测限
通安新钱村	3.65±0.19	12.7±0.45	17.428±0.333	低于检测限
通安新钱村	5.02±0.76	1.71±0.05	10.895±0.024	低于检测限
新安毛甲里村	15.6±1.87	4.37±0.15	12.877±1.624	低于检测限
新安毛甲里村	3.94±0.53	4.39±0.16	11.649±0.141	低于检测限
新安毛甲里村	24.9±2.34	11.9±0.43	13.899±0.201	低于检测限
新安毛甲里村	10.7±1.41	10.7±0.45	9.780±0.560	低于检测限
望亭奚家桥	3.99±0.07	8.24±0.37	19.385±0.858	低于检测限
陆墓夏圩村	3.21±0.10	1.82±0.03	14.514±0.286	低于检测限
斜塘宅前村	3.67±0.23	6.19±0.07	18.913±0.831	低于检测限
斜塘凌港村	0.97±0.29	0.81±0.02	24.938±0.563	低于检测限
唯亭陆中村	0.4±0.11	0.43±0.01	41.248±0.715	低于检测限
唯亭陆中村	43.47±1.35	5.28±0.12	8.250±0.283	低于检测限
唯亭陆中村	33.1±1.43	4.27±0.06	9.271±0.706	低于检测限
跨塘前一图村	12.4±1.28	5.26±0.13	15.512±0.769	低于检测限
跨塘前一图村	22.0±2.10	15.9±0.34	20.280±0.463	低于检测限
跨塘前一图村	2.10±0.04	2.18±0.04	26.302±0.450	低于检测限
跨塘前一图村	11.1±1.20	4.20±0.15	14.621±0.198	低于检测限
浒关保丰村	0.84±0.07	1.19±0.03	30.110±0.834	低于检测限
枫桥镇	1.39±0.11	7.14±0.12	16.161±0.431	0.4

续表

采样地点	NO_3^- / (mg/L)	N_2O/ (μg/L)	$\delta^{15}NO_3^-$ /‰	NH_4^+ / (mg/L)
郭巷庙寺圩村	4.76±0.27	2.28±0.07	27.587±0.128	低于检测限
觅渡桥	0.79±0.04	1.89±0.06	26.278±0.721	0.4
东桥旺庄	1.61±0.35	3.40±0.12	14.450±0.040	低于检测限
里口大湾村	0.31±0.07	0.42±0.01	17.650±0.237	低于检测限
渭塘娄泾村	7.54±0.87	4.38±0.19	16.636±0.834	低于检测限
渭塘娄泾村	6.08±0.32	2.21±0.08	15.733±0.966	低于检测限
渭塘娄泾村	1.84±0.12	1.95±0.04	9.871±0.106	低于检测限
渭塘娄泾村	13.9±0.07	0.51±0.04	13.935±0.425	低于检测限
平均	7.98±9.65 $n=40$	4.67±4.12 $n=40$	18.983±7.601 $n=40$	

注：引自 Xing 和 Zhu（2001）；各点数据为 3 次取样测定的平均值；低于检测限标准为<0.2 mg/L。

3.2.2 华北平原、西北黄土高原区农田 NO_3^- 在土壤剖面不同深度的累积

华北平原是重要的玉米、小麦产区，两季作物化学氮肥的用量可达 600 kg/hm² 左右。近几十年来，由于年降水量偏少，对地下水过度开采利用，许多地方地下水的分布已形成漏斗，地下水位由原来的 1~2 m，降至 4~5 m，过高的施氮量，地下水位下降和降水偏少，导致 NO_3^- 在土壤剖面不同深度积累。据 Ju 等（2004）报告，在北京东北旺、中国农业大学试验场和山东惠民的田间观测试验，观测到了 NO_3^- 在土壤 0.9~1 m 深度累积的事实（表 3.8）。

表 3.8　华北平原地区 NO_3^- 在土层中的累积

观测地点（年份）	年降水/ mm	施氮量/ [kg/(hm²·a)]	土层深度/ m	NO_3^- 在不同土层的累积/ (kg/hm²)	作物季
北京东北旺（1999~2000 年）	618	600	0~0.9	460	两季夏玉米，一季冬小麦
北京中国农业大学试验场（1998~2000 年）	618	240	0~1	180	两季夏玉米，两季冬小麦
		480	0~1	408	
		720	0~1	569	
山东惠民（2001~2002 年）	587	607	0~0.9	248	冬小麦，夏玉米一个轮作周期

注：引自 Ju 等（2004）。

表 3.8 是华北平原地区 3 个试验点得到的小麦-玉米轮作体系在不同轮作年限和不同施氮量情况下土壤剖面中 1 m 左右深度 NO_3^- 的累积状况。来自肥料的 NO_3^- 也可移至 1 m 以下的不同深度，这取决于降水量（赵荣芳，2006）。西北黄土地区 NO_3^- 在土壤剖面不同

深度的累积更为严重。吕殿青等（1998）报道了陕西关中黄土区长期施肥下苹果园、菜园和粮作农田土壤 NO_3^- 的累积状况（表 3.9）。

表 3.9　陕西关中黄土区不同土地利用条件不同土层中 NO_3^- 含量

土地利用	NO_3^- /(kg/hm^2)			施氮量/ [kg/(hm^2·a)]
	0～4 m	0～2 m	2～4 m	
8 年以上苹果园	3414	1602	1812	900
15 年以上菜园	1362	880	681	750
高产农田	537	323	214	500
一般农田	255	153	102	230

注：引自吕殿青等（1998）。

NO_3^- 在土壤中的累积除与降水、温度等气候条件有关外，显然与施氮量有关。例如，每年施氮 900 kg/hm^2 的 8 年以上的苹果园和每年施氮 750 kg/hm^2 的 15 年以上的菜园 0～4 m 土层中 NO_3^- 的累积量分别为 3414 kg/hm^2 和 1362 kg/hm^2。高产农田由于施氮量高，NO_3^- 的累积量也高于一般农田（表 3.9），在 2～4 m 土层 NO_3^- 累积量也很高。吕殿青等（1998）认为，在 2～4 m 土层中，作物难以利用 NO_3^-，遇到特大降水和大水灌溉就会继续下移到地下水，存在污染水环境的风险。

3.2.3　华北平原农田地下水 NO_3^- 污染

关于中国北方地区地下水 NO_3^- 污染已有不少研究论文发表。张维理等（1995）报道了 1993～1994 年华北平原地区 13 个县（市）和乡镇的 69 个采样点的地下水硝酸盐的含量状况。在 69 个采样点中，38 个 NO_3^- 含量超标（＞10 mg/L），在所调查的采样点中超标率达到 55%。有的调查点 NO_3^- 浓度甚至达到 300 mg/L（NO_3^-）[67.7 mg/L(N)]。张维理等（1995）认为，导致地下水 NO_3^- 超标的主要原因是化学氮肥的大量施用。在 NO_3^- 超标的地下水中，大部分是蔬菜地或粮菜轮作农田，因为菜地的化学氮肥或有机肥料的施用量都高于粮食作物农田。

3.2.4　未来研究需要

20 世纪 80 年代初期以来，中国陆地淡水湖泊，近海水域水体富营养化日益加剧，氮、磷污染水体的问题受到了很大的关注。在水体氮污染源的研究方面，早期是沿着国外水体污染的思路进行的，更多关注农田淋溶和径流氮的贡献。之后，又注意到村镇未经处理的人、畜、禽排泄物和生活污水直接排入水体的影响（朱兆良等，2006；邢光熹等，2010）。后来，大气沉降氮也作为水体重要氮污染源之一受到关注。这些扩充了对水体氮面源污染的认识，对其控制和治理是有益的。然而，从中国实际情况出发，以下问题似应给予较多注意。

（1）以往的农田对水体氮污染贡献研究主要集中在粮作农田。中国 2010 年蔬菜地、果园和茶园的面积分别占播种总面积的 11.83%、7.18% 和 1.23%，合计 20.24%（《中国统计年鉴 2011》）。这类种植业化学氮肥的施用量远超大田作物。据在常熟和宜兴的调查，蔬菜地一年的化学氮肥投入量已达 900 kg/hm²，比稻麦两季作物高出 300～350 kg/hm²（周杨等，2012）。因此，对果蔬、经济林等种植体系氮向环境迁移方面的研究需要加强。

颜晓元和周伟（2019）利用基于膜进样质谱仪（MIMS）的含水层土壤反硝化产物 N_2 和 N_2O 测定方法，在长江三角洲地区选择稻田、菜地和葡萄园，研究了 1～4 m 地下水硝态氮的反硝化去除能力。研究发现，与稻田相比，高投入蔬菜地和葡萄园地下水中硝态氮浓度只是在施肥期很高，非施肥期很快降低，且随深度增加不断降低；在地下水中也发现数量可观的溶解性 N_2，由此估算得到的硝态氮去除效率可达 90% 左右。这表明南方河网平原区农田由于地下水位较高，饱和土壤层有很强的反硝化作用，从环境影响角度，可有效减少土壤存留的大量硝态氮进入地下水。尽管如此，从氮损失的角度看，究竟有多少反硝化产生的溶解性 N_2 和 N_2O 随水流失离开农田系统还值得关注。

（2）中国华北平原和西北地区农田，由于化学氮肥的过量施用和相对干旱的气候条件，在土层不同深度累积了大量硝酸盐。重大降水和灌溉事件后，累积的硝酸盐向地下水的迁移过程与可能产生的区域性污染风险及防控需得到关注。此外，灌溉和降水引起的短暂土壤干湿过程和厌氧环境对旱地反硝化作用的影响研究工作也应予以加强。田间试验中，对此期间反硝化产物排放峰值的及时准确捕获可能会为重新认识旱地土壤反硝化规律提供机会。

（3）大气干湿沉降氮对水体氮污染的相对贡献目前研究不多，需要积累更多的数据。

3.3　农田 N_2O 排放

N_2O 是一种重要的温室气体，关于中国农田 N_2O 排放量及其影响因素的研究，已发表了大量论文。蔡祖聪等（2009）在其著作中已对 1999 年前的计算方法和结果做了比较详细的评述。根据近期国家统计数据和近年来发表的越来越多的田间观测数据，通过两种方法，一是 IPCC（Intergovernmental Panel on Climate Change，政府间气候变化专门委员会）方法，二是田间观测数据区域面积外推法，重新简单估算了中国农田 N_2O 排放量。这两种方法提供了两种可能：一是计算不同年代（1949～2010 年）投入中国农田的各种氮源对农田 N_2O 排放的贡献，二是可以区分不同耕作制农田（水田和旱地）对 N_2O 排放的贡献。通过对这些数据的回顾性分析，本节大致给出了我国农田 N_2O 排放的情况变化，其主要目的是为国家层面 N_2O 减排对策提供一些启示。

3.3.1　根据 IPCC 方法计算中国农田 N_2O 直接排放量

1. IPCC 计算 N_2O 直接排放量的方法

IPCC（1996）较早发布了计算国家农田温室气体排放清单的较为详细的方法。该方法 N_2O 的计算分为直接排放和间接排放。间接排放主要是指从农田迁移到水体、大气后的氮又发生反应产生的 N_2O 排放，因此这部分往往较农田直接排放 N_2O 量低。下面是 IPCC 1996 年给出的农田直接排放 N_2O 的计算方法：

$$N_2O_{DIRECT} = [(F_{SN} + F_{AW} + F_{BN} + F_{CR}) \times EF_1] + (F_{OS} \times EF_2)$$

其中：

（1）$F_{SN} = N_{FERT} \times (1 - Frac_{GASF})$

式中，F_{SN} 为化学肥料氮量（kg/a）；N_{FERT} 为农田化学肥料氮总投入量（kg/a）；$Frac_{GASF}$ 为单位化学肥料氮施入农田土壤以后 NH_3 和 NO_x 排放的比例[kg(NH_3)和 kg(NO_x)/kg(投入化学肥料氮)]。

（2）$F_{AW} = [N_{ex} \times (1 - Frac_{FUEL} - Frac_{GRAZ} - Frac_{GASM})]$

式中，F_{AW} 为用作肥料的动物排泄物氮量（kg/a）；N_{ex} 为动物排泄物总氮量（kg/a）；$Frac_{FUEL}$ 为动物排泄物用作燃料的比例 kg(N)/kg(动物排泄物氮)；$Frac_{GRAZ}$ 为放牧过程中排泄在草地的排泄物的比例 kg(N)/kg(动物排泄物氮)；$Frac_{GASM}$ 为单位动物排泄物施入农田后产生的 NH_3 和 NO_x 比例[kg(NH_3)和(NO_x)/kg(施入农田动物排泄物氮)]。

（3）$F_{BN} = 2 \times Crop_{BF} \times Frac_{NCRBF}$

式中，F_{BN} 为豆科作物固定的氮（kg/a）；$Crop_{BF}$ 为大豆、杂豆籽粒产量（kg/a）；$Frac_{NCRBF}$ 为固氮作物氮量[kg(N)/kg(作物氮)]；2 为转换产量为作物残体生物量因子。

（4）$F_{CR} = 2 \times [Crop_0 \times Frac_{NCR0} + Crop_{BF} \times Frac_{NCRBF}] \times (1 - Frac_R) \times (1 - Frac_{BURN})$

式中，F_{CR} 为返田农田的作物残体氮[kg(N)/a]；$Crop_0$ 为除豆科作物外所有作物籽粒产量（kg/a）；$Frac_{NCR0}$ 为非豆科作物残体的含氮量[kg(N)/kg(作物氮)]；$Crop_{BF}$ 为豆科作物产量（kg/a）；$Frac_{NCR0}$ 为豆科作物含氮量[kg(N)/kg]；$Frac_R$ 为作物残体从农田移出未利用的部分[kg(N)/kg(作物氮)]；$Frac_{BURN}$ 为作物残体作为农村生活燃料的部分[kg(N)/kg(作物氮)]。

（5）EF_1 为农田土壤直接排放因子[kg(N_2O-N)/kg(N)·a]。

（6）EF_2 为开垦的有机土排放因子[kg(N_2O-N)/(hm^2·a)]。

（7）F_{OS} 为已开垦的有机土的面积。

2. 根据中国国情对 IPCC 计算 N_2O 直接排放量的参数修改

IPCC（1996）计算国家农田 N_2O 直接排放量清单是以进入农田的不同氮源为基础的，并提出了可供选择的计算参数或称缺省值（表 3.10）。同时，参数的选择可根据不同国家的情况和可以得到的相应参数进行修改和补充，以减少不确定性。本书作者之一邢光熹参与了 1995 年 IPCC/OECD（Organization for Economic Cooperation and Development，经济合作与发展组织）主持的国家温室气体排放清单指南的拟订，因此其对此有一定理解，根据中国国情对除 F_{SN}（化学肥料氮）外的 F_{AW}（动物排泄物氮）、F_{CR}（作物残体氮）和 F_{BN}（豆科植物固定的氮）计算的一些公式和参数做了修改补充。需要注意的是，IPCC 中直接 N_2O 排放计算方法是不断更新完善的。例如，最新 IPCC（2019）中将生物固氮从直接排放源中移除；考虑了放牧土壤中尿液和粪便投入的排放；将污水、堆肥与其他有机物（如炼油废弃物、鱼肥料等）氮纳入有机氮肥投入；细分了不同作物地上和地下残体与收获产量比例；也考虑了土地利用变化或管理引起的矿化问题，等等。以下内容不涉及上述更新，仅以 IPCC（1996）方法和作者参与的相关参数修改做一介绍和全国估算，以期对中国 N_2O 排放源的贡献大小和变化有个大致的比较和了解。

表 3.10 IPCC 设定可供选择的排放因子和参数值（缺省值）

排放因子和参数	数值及单位
EF_1	0.012 5（0.002 5~0.022 5）kg(N_2O-N)/kg(投入总氮)
EF_2	温带地区 5，热带地区 10[kg(N_2O-N)/(hm^2·a)]
$Frac_{BURN}$	发展中国家 0.25，发达国 0[kg(N)/kg(作物氮)]
$Frac_R$	0.45[kg(N)/kg(作物氮)]
$Frac_{FUEL}$	不同国家确定的适合的数值或 0[kg(N)/kg(动物排泄物氮)]
$Frac_{GASF}$	0.1[kg(NH_3)或 kg(NO_x)/kg(施入化肥氮)]
$Frac_{GASM}$	0.1［kg(NH_3)或 kg(NO_x)/kg(动物排泄物氮)]
$Frac_{GRAZ}$	不同国家确定的适当数值
$Frac_{NCRBF}$	0.03{kg(N)/kg［固氮（豆科）作物干生物量]}
$Frac_{NCR0}$	0.015[kg(N)/kg(作物干生物量)]

注：引自 IPCC（1996）。

1）F_{AW}

IPCC 计算 N_2O 排放清单中，F_{AW} 不包括人粪尿。中国人口众多，20 世纪 80 年代以前，人粪尿是中国有机肥的主要来源之一。因此在计算 F_{AW} 的公式中加进了人粪尿氮（HMEXCN）。

$$F_{AW} = (N_{ex} + HMEXCN) \times (1 - Frac_{FUEL} - Frac_{GRAZ} - Frac_{GASM})$$

式中，$Frac_{FUEL}$、$Frac_{GRAZ}$ 分别为大牲畜排泄物用作燃料的部分和放牧过程中排泄在草地的排泄物部分的含氮量；$Frac_{GASM}$ 为排泄物中 NH_3 和 NO_x 比例。

根据中国国情，笔者对这两项的参数值做了修正，大牲畜排泄物的一部分作为燃料，只是中国的主要牧区和新疆、西藏、内蒙古、青海、甘肃和宁夏等省（自治区）才有的利用方式，而这些省（自治区）的大牲畜饲养量只占中国动物饲养量的 7%（1980~1996 年中国农业年报），因此把这一数值设定为 0，忽略不计。放牧过程中排泄在草地的排泄物氮（$Frac_{GRAZ}$）IPCC（1996）没有提供数值，建议由各个国家自己设定。考虑到中国的情况，除主要牧区外，中国大量的畜禽养殖很长时间以来是分散饲养的，根据 20 世纪 80 年代的统计资料（中国农业科学院土壤肥料研究所，1986），动物排泄物的加权平均收集率为 40%，因此设定未收集部分为 0.6 kg(N)/kg(动物排泄物氮)。然而，目前用于肥料的平均收集率或利用率已降至 10%~20%（表 3.11）。

表 3.11 中国不同年份人、畜、禽排泄物和作物秸秆回田率及绿肥种植面积

年份	人、畜、禽排泄物回田率/%	作物秸秆回田率/%	绿肥种植面积/万 hm^2
1949	60	0	166.7（1950 年）
1955	60	0	313.3
1960	60	0	426.7
1965	60	0	820.0
1970	60	0	1026.7
1975	60	0	1266.7
1980	30	30	433.3
1985	30	30	466.7

续表

年份	人、畜、禽排泄物回田率/%	作物秸秆回田率/%	绿肥种植面积/万 hm²
1990	30	30	0
1995	20	20	0
2000	20	20	0
2005	10	10	0
2010	10	10	0

2）F_{CR}

在计算 F_{CR} 部分氮时，公式改为

$$F_{CR} = 1.2 \times 籽粒产量 \times R \times 0.006\,8$$

式中，1.2 为中国主要农作物秸秆/籽粒比的加权平均值；R 为中国不同年份返回农田的作物秸秆百分率加权平均值（表 3.11），因为中国从 1949～2010 年不同时期作物秸秆回田率不同，所以用 R 作代表，当计算到某一年份时代入对应的 R 值；0.006 8 为农作物秸秆平均含氮量(kg/kg)。

3）F_{BN}

在计算 F_{BN} 时公式改为

$$F_{BN} = 2 \times Crop_{BF} \times Frac_{NCRBF} + (GMA \times 1.2 \times 10^4 \times 0.003\,5)$$

式中，GMA 为绿肥种植面积（hm²）；1.2×10^4 为绿肥平均鲜重产量（kg/hm²），中国绿肥种类很多，但在南方主要为冬季绿肥紫云英，在计算中暂以每公顷紫云英的产量来计算；0.003 5 为鲜重紫云英含氮量 [kg/kg(鲜生物量)]，1949～2010 年，绿肥的种植面积在不断变化，中国 1990 年后已无种植绿肥的国家完整统计数据，因此，1990 年后计算公式中的绿肥面积改变为 0（表 3.11）。根据上述修改，计算了中国 1949～2010 年农田 N₂O 直接排放量，关于公式和参数修改的细节可参阅 Xing 和 Yan（1999），以及 Xing 和 Zhu（2001）的论文。

4）中国不同年代人、畜、禽排泄物和秸秆回田率的分段计算参数

考虑到中国 1949～2010 年返回农田的动物排泄物氮、生物固定的氮和作物秸秆氮有很大的变化。如果不同年代用一个回田率就不符合实际了。因此，本书参阅了一些相关著作和论文，拟订了一个 1949～2010 年中国人、畜、禽排泄物和作物秸秆回田率，以及绿肥种植面积的变化的参数值（表 3.11）。

根据已有可利用的数据，把 1949～2010 年的人、畜、禽排泄物和作物秸秆回田率分为 1949～1975 年、1980～1990 年、1995～2000 年、2005～2010 年 4 个时段来计算，每个时段两个回田率不同。中国农业科学院土壤肥料研究所（1986）估算人粪回田率为 60%，猪粪回田率为 65%，大牲畜回田率为 5%，这些可代表 20 世纪 80 年代前的回田率，据此把 1949～1975 年时段人、畜、禽排泄物回田率定为 60%。张福锁等（2008）指出，大中型养殖场粪便利用率低于 20%，但是散养畜禽粪便利用率较高，另外，城市地区产生的人粪尿资源等农业利用率不足 10%。2010 年前后笔者曾在太湖地区——宜兴和常熟对农田肥料投入结构进行普查，发现大田作物人、畜、禽排泄物的回田率基本为 0（周杨等，2012）。据此来看，受化学肥料生产消耗量不断增加以及区域经济快速发展的影响，我国

人、畜、禽排泄物等农业资源化利用率一直呈下降趋势，将 1980～1990 年、1995～2000 年、2005～2010 年 3 个时段人、畜、禽排泄物回田率分别定为 30%、20%和 10%。根据龚振平和杨悦乾（2012）的研究，1980 年前中国作物秸秆短缺，主要用于农村生活燃料和大牲畜饲料的说法，设定 1949～1975 年秸秆回田率为 0（作为饲料的部分计入大牲畜排泄物）。虽然在中国农村作为生活燃料的草木灰有回田的习惯，但草木灰中一般只有磷、钾等矿质营养元素。龚振平和杨悦乾（2012）认为，1980 年以后，由于作物籽粒产量的增加，秸秆产量也逐年显著增加，一部分已用于回田，作为生活燃料和大牲畜饲料的部分逐渐减少。据中国农业科学院土壤肥料研究所（1986）估算，水稻、小麦和玉米三大作物的秸秆回田率分别为 30%、45%和 20%，据此设定 1980～1990 年作物秸秆回田率为30%，但 20 世纪 90 年代起秸秆在田间原地焚烧愈演愈烈，至 2005 年秸秆回田率小于 10%（龚振平和杨悦乾，2012）。另外，在经济发达的太湖地区秸秆回田率为 0（周杨等，2012）。据此，把 1995～2000 年秸秆回田率定为 20%。这与张福锁等（2008）估算的 1995～2000年秸秆平均回田率为 21.2%的数值很接近，把 2005～2010 年秸秆回田率定为 10%。

5）计算人、畜、禽排泄物和作物秸秆氮的参数

计算人、畜、禽排泄物氮的参数列于表 3.12，排泄物氮按人、头、只一年排泄物中氮的总量计算，人口数、畜禽数根据不同年份中国统计年鉴或农业年报等出版物的基本数据计算，成年人粪便一年排泄物氮（kg/人）按 Zhu（1997）给出的数值计算。为加强与国际上的可比性，牛、奶牛、马等大牲畜，猪、羊和禽类每头（只）排泄物氮量参考 IPCC（1996）提供的参数值计算。

表 3.12　计算人、畜、禽排泄物氮的参数

类别	人/[kg/(人·a)]	大牲畜/[kg/(头·a)]			猪/[kg/(头·a)]	羊/[kg/(头·a)]	禽类/[kg/(只·a)]
		牛	奶牛	其他大牲畜			
数值	5	40	60	40	16	0.6	12

注：根据 Zhu（1997），总人口×0.85 为成年人人口数，每年每人排泄物氮量为 5 kg；其他大牲畜：马、驴、骡和骆驼；牛、奶牛、猪、羊和禽类排泄物氮为 IPCC（1996）提出的缺省值。

计算农作物秸秆氮和绿肥氮的参数列于表 3.13。

表 3.13　计算农作物秸秆氮和绿肥氮所用的参数

秸秆/籽粒比加权平均值	作物秸秆氮量加权平均值/[kg/kg(干生物量)]	绿肥平均产量/[kg(鲜生物量)/hm²]	绿肥含氮量/[kg/kg(鲜生物量)]
1.2	0.006 8	1.2×10^4	0.003 5

注：中国 10 种主要农作物籽粒比加权平均值依据《农业经济技术手册（1986）》及其他参考资料的秸秆/籽粒比、叶/块茎比和叶/块根比计算；中国绿肥种类很多，以南方紫云英为代表品种计算，紫云英每公顷鲜基产量和鲜基含氮量引自 Zhu（1997）。

3.中国农田不同年份不同氮源 N_2O 的直接排放量

按 IPCC（1996）发布的计算国家农田 N_2O 排放清单的公式以及根据中国国情修改补充的公式与各项参数计算了中国 1949～2010 年农田 N_2O 的直接排放量（表 3.14）。

表 3.14　中国农田 N_2O 排放量及不同氮源相对贡献

年份	化学肥料氮		人和动物排泄物氮		作物残体氮		豆科植物固定的氮		开垦的有机质土		N_2O 排放总量/Gg (N)
	N_2O/Gg (N)	占年排放/%	N_2O/Gg (N)	占年排放/%	N_2O/Gg (N)	占年排放/%	N_2O/Gg (N)	占年排放/%	N_2O/Gg (N)	占年排放/%	
1949	0.07	0.35	8.8	44.0	0	0	10.4	52.0	0.95	4.7	20
1954	3.6	10.9	12.1	36.7	0	0	16.8	50.9	0.95	2.9	33
1960	5.5	16.2	11.8	34.7	0	0	15.3	45.0	0.95	2.8	34
1965	15.0	30.0	14.3	28.6	0	0	19.3	38.6	0.95	1.9	50
1970	28.3	37.2	16.4	21.6	0	0	28.5	39.6	0.95	1.3	76
1975	38.4	43.6	18.3	20.8	0	0	30.1	34.2	0.95	1.1	88
1980	106	76.9	9.5	6.9	8.7	6.3	12.5	9.1	0.95	0.69	138
1985	142	78.0	10.4	5.7	11.2	6.6	17.4	9.6	0.95	0.52	182
1990	195	81.9	11.7	4.9	13.3	5.6	17.5	7.4	0.95	0.40	238
1995	250	85.3	9.8	3.3	9.3	3.2	23.2	7.9	0.95	0.32	293
2000	295	89.9	6.0	1.8	1.5	0.46	24.5	7.5	0.95	0.29	328
2005	319	91.4	3.2	0.91	0.8	0.23	25.5	7.3	0.95	0.27	349
2010	359	92.3	3.3	0.85	0.9	0.23	24.6	6.3	0.95	0.24	389

注：$1Gg = 10^9$ g。

　　中国 1949～2010 年不同氮源对农田 N_2O 的排放贡献有很大的不同。1949 年化学氮肥的消耗量只有 6000 t，在农田 N_2O 排放量中只占该年度总排放量的 0.35%，至 1975 年升至 43.6%，而到 2010 年化学氮肥源排放的 N_2O 占 5 种不同氮源的 92.3%，贡献率是 1949 年的 264 倍，可见，当前中国农田 N_2O 排放主要氮源来自化学氮肥的投入。人和动物排泄物氮源对农田 N_2O 的贡献率则在 1949～2010 年呈逐年降低的趋势。1949 年的贡献率为 44.0%，而至 2010 年降至 0.85%。1949～1975 年，作物残体氮源对农田 N_2O 的相对贡献为 0，因为这一阶段中国农田秸秆主要用于农村生活燃料和大牲畜饲料，秸秆直接回田的数量可忽略不计。自 20 世纪 80 年代起至 90 年代，秸秆回田量有所增加，但对农田 N_2O 的贡献率不超过 7%，90 年代以后，秸秆就地直接焚烧情况逐年增加，回田率也急剧下降，2000～2010 年相对贡献率降至 1.5% 以下。作物秸秆田间直接焚烧也产生 N_2O，但无观测数据。豆科植物氮对农田 N_2O 的相对贡献率显著，1949～1975 年生物固定的氮排放量逐年增长，是因为这一时段内，化学氮肥的投入相对不足，绿肥种植面积逐年扩大，豆科植物如花生、大豆和杂豆（蚕豆、豌豆和红豆、绿豆等）产量增加。1980 年以后由于化学氮肥投入量的增加，耕地面积相对减少，绿肥的播种面积逐年下降，豆科植物氮源对 N_2O 的贡献率主要靠大豆和花生两种作物的播种面积和产量的增加来维持。中国已开垦的有机质土主要分布在东北地区，IPCC（1996）指南中，把它列为国家的一种 N_2O 排放源，在中国所占比例不高，而且不同年份无系统完整的全国性统计数据（本书中不同年份使用了同一数值）。

　　进入农田的 4 种氮源 N_2O 的排放总量逐年增长，至 2010 年已达到 389 Gg(N)。中

国农田 N_2O 直接排放量增长的主导因子是化学氮肥，2010 年占总排放量的 92.3%。显然，减少中国农田 N_2O 排放量的首要对策是合理地降低合成氮肥的投入量。

3.3.2　根据观测数据计算中国不同耕作制农田 N_2O 排放量

　　根据田间观测数据，一般可得到两个参数，一是排放通量，即单位时间和面积释放 N_2O 的数量。在计算小区、田块的观测结果时，常用 $\mu g(N)/(m^2 \cdot h)$ 来表示。在计算农田 N_2O 排放通量时可把这一单位转换为 $kg(N)/(hm^2 \cdot 季)$（或年），用以计算每公顷每季（或年）作物 N_2O 的排放量。用这一数值乘以每种作物的国家或区域耕地面积或播种面积可得到国家或区域的 N_2O 排放总量。排放通量包括所施用的氮肥和土壤氮的 N_2O 排放量。二是排放系数又称排放因子，即单位肥料氮进入农田后一季作物或一年排放的 N_2O 占该季或该年作物施氮量的比例。这一数值是通过在田间观测时设置不施氮对照得到的。施氮区减去不施氮对照区的 N_2O 排放通量，就得到氮肥的贡献值。施氮量是已知的，施氮和不施氮的 N_2O 排放量可通过观测数据计算得到。Xing（1998）曾汇集田间观测得到的中国不同农作区 N_2O 排放通量数据，分区计算了不同农作区农田 N_2O 排放量和全国 N_2O 排放量。本书汇集了 20 世纪 90 年代以来部分发表的稻田水稻生长季和旱地作物生长季 N_2O 排放通量数据（表 3.15 和表 3.16），计算了中国稻田和旱地（扣除蔬菜地、果园和茶园面积）N_2O 排放量（表 3.17）。这次计算未采用不同农作区的耕地面积，而是采用了 2010 年的中国农作物播种面积（数据引自《中国统计年鉴 2011》）。不同作物季农田 N_2O 平均排放通量乘以水稻或旱作物的播种面积就可得到水田和旱地的 N_2O 排放量。采用播种面积来计算有其合理性和可靠性，因为每年都有比较准确的国家不同农作物播种面积的统计数据。播种面积也可反映复种指数，而 N_2O 的田间观测试验一般是按某种作物的生长季进行的。

表 3.15　稻田水稻生长季 N_2O 排放通量

观测地点	作物	施氮量及肥料品种/ $[kg(N)/hm^2]$	N_2O 排放通量/ $[kg(N)/hm^2]$	N_2O 排放量占 施氮量比例/%	数据来源
北京	水稻	125（硫铵）	1.32	—	Khalil 等（1998）
辽宁沈阳	水稻	374（尿素）	0	—	陈利军等（1995）
		374（尿素）+7（农家肥）	0.04	—	
	水稻	100（硫铵）	0.17	0.038	Cai 等（1997）
		300（硫铵）	0.98	0.28	
		100（尿素）	0.17	0.033	
		300（尿素）	0.79	0.16	
	水稻	300（尿素）	4.8	—	陈书涛等（2005）
江苏南京	水稻	220（尿素）（连续淹水）	0.55	0.20	Wang 等（2011）
		220（尿素）+稻草 3000 （连续淹水）	0.28	0.07	
		220（尿素）（中期排水）	0.69	0.21	
		220（尿素）+稻草 3000 （中期排水）	0.34	0.06	

续表

观测地点	作物	施氮量及肥料品种/[kg(N)/hm²]	N₂O 排放通量/[kg(N)/hm²]	N₂O 排放量占施氮量比例/%	数据来源
江苏苏州	水稻	210（尿素）	2.57	0.22	Xing 和 Zhu（1997）
		310（尿素）	2.82	0.19	
		207（尿素）	1.35	0.22	徐华等（1995）
		310（尿素）	1.5	—	
		207 尿素＋67.5（猪粪氮）	1.82	0.48	
		210（硫铵）	1.73	—	
		210（硫铵）＋67.5（猪粪氮）	2.83	—	
		210（硫铵）＋硝化抑制剂	0.93	—	
		210（硫铵）（持续淹水）	0.45	—	
		191（硫铵）	1.24	0.41	Zheng 等（2004）
		161（尿素）＋36（稻草氮）	1.01	0.31	
		191（尿素）	1.92	0.74	
江苏句容	水稻	100（尿素）	0.86	0.24	曹金留等（1999）
		200（尿素）	0.82	0.10	
		300（尿素）	0.93	0.10	
江苏常熟	水稻	100（尿素）	0.24	0.11	Zhao 等（2009b）
		300（尿素）	0.50	0.12	
		90（尿素）	0.13	0.06	黄树辉等（2005）
		180（尿素）	0.39	0.06	
		270（尿素）	0.60	0.29	
		360（尿素）	1.07	0.76	
江西鹰潭	水稻（早）	400（尿素＋紫云英 N）	2.81	0.66	Xiong 等（2002a）
	水稻（早）	124（紫云英 N）	0.30	0.094	
	水稻（早）	276（尿素）	0.35	0.062	
	水稻（晚）	276（尿素）	0.34	0.04	
成都平原	水稻	150（尿素）	2.30	0.09	于亚军等（2008）
广东广州	水稻	180（尿素）	2.45	0.89	卢维盛等（1997）
平均		220（n＝39）	0.94（n＝39）	0.25（n＝30）	

表 3.16 旱地作物生长季 N₂O 排放通量

观测地点	作物	施氮量及肥料品种/[kg(N)/hm²]	N₂O 排放通量/[kg(N)/hm²]	N₂O 排放量占施氮量比例/%	数据来源
河北石家庄	小麦-玉米	300（尿素）＋7（有机肥）	1.90	0.29	宋文质等（1997）
河北保定	小麦-玉米	135（尿素）	0.05	0.04	马银丽等（2012）
		270（尿素）	0.62	0.23	
		405（尿素）	0.65	0.16	
		540（尿素）	1.05	0.19	

续表

观测地点	作物	施氮量及肥料品种/ [kg(N)/hm²]	N₂O 排放通量/ [kg(N)/hm²]	N₂O 排放量占 施氮量比例/%	数据来源
河北石家庄	小麦-玉米	300（尿素）	1.59	0.23	曾江海等（1995）
	小麦-玉米	307.7（有机肥）	2.09	0.29	
河北衡水	小麦	300（尿素）	1.67	0.33	王秀斌等（2009）
		210（尿素）	1.40	0.35	
		210（尿素）	1.27	0.28	
	玉米	240（尿素）	3.16	0.96	
		168（尿素）	2.61	1.04	
		168（尿素）	2.01	0.68	
河北望都	玉米	176（复合肥）	4.37	1.34	裴淑玮等（2012）
	小麦	165（复合肥）	3.25	0.71	
河南封丘	玉米	150（尿素）	0.56	0.12	丁洪等（2004）
		150（碳酸氢铵）	0.85	0.43	
		150（硝酸铵）	1.04	0.57	
		150（硝酸钙）	0.24	0.03	
黄土高原	小麦	300（尿素）	2.05	0.95	庞军柱等（2011）
江苏南京	大豆	0	0.40	—	陈书涛等（2005）
	玉米	300（尿素）	11.60	—	
	小麦	200（尿素）	6.80	—	
江苏苏州	小麦	180（尿素）	2.83	0.83	Xing 和 Zhu（1997）
	小麦	180（硫酸铵）	3.20	0.85	
江苏常熟	小麦	100	0.40	0.13	Zhao 等（2009b）
		250	0.63	0.14	
江西鹰潭	油菜	104（尿素）	0.58	0.09	Xiong 等（2002b）
	豌豆	57（尿素）	0.42	0.25	
	旱稻	104（尿素）	0.85	0.13	
	花生	104（尿素）	0.87	0.34	
	大豆	35（尿素）	0.86	0.64	
四川盐亭	玉米	150（尿素）	2.60	0.87	项红艳等（2007）
		300（尿素）	3.10	0.66	
		150（尿素）	3.10	0.80	
		150（硫铵）	2.50	0.60	
		150（硝酸钾）	2.00	0.26	
成都平原	油菜	150（尿素）	5.90	0.90	于亚军等（2008）
平均		197（n = 38）	2.13（n = 38）	0.48（n = 35）	

表 3.17　中国稻田和旱地 N_2O 排放量

农田类型	播种面积/hm^2	N_2O 平均排放通量/$[kg(N)/hm^2]$	N_2O 总排放量/$Gg(N)$
旱地（不包括蔬、果、茶）	9828.8×10^4	2.13（$n=38$）	209
稻田	2987.3×10^4	1.16（$n=39$）	35

注：播种面积引自《中国统计年鉴 2011》。

3.3.3　当前中国农田 N_2O 排放量

中国农田一年排放多少 N_2O 为国内外所关注。这里汇集了多位中国学者 1998～2010 年利用 IPCC 方法、模型方法和田间观测数据区域面积外推法等计算的数值，得到中国农田 N_2O 直接排放量的一个初步范围为 244～493 $Gg(N)/a$（表 3.18）。

表 3.18　历年来不同作者对中国农田 N_2O 排放量的估算

序号	N_2O 排放量/$[Gg(N)/a]$	方法	数据来源
1	398	田间观测数据区域外推法	Xing（1998）
2	336[a]	IPCC（1996）国家温室气体排放清单指南	Xing 和 Yan（1999）
3	310	模型方法（DNDC 模型）	王效科和李长生（2000）
4	487	模型方法（DNDC 模型）	Li 等（2001）
5	275	田间观测数据外推法	Zheng 等（2004）
6	391	IPCC（2006）国家温室气体排放清单指南	Lu 等（2006）
7	453	IPCC（2006）国家温室气体排放清单指南	张强等（2010）
8	493	IPCC（2006）国家温室气体排放清单指南	Gao 等（2011）
9	393	IPCC（2006）国家温室气体排放清单指南	Zou 等（2010）
10	392	IPCC（2006）国家温室气体排放清单指南	营娜等（2013）
11	389[b]	IPCC（1996）国家温室气体排放清单指南	表 3.14
12	244[c]	田间观测数据区域外推法	表 3.17

a 根据 1996 年国家基本统计数据；b 根据 2011 年国家基本统计数据；c 根据 2010 年全国播种面积计算，稻田、旱地分开，不包括蔬菜地、果园和茶园。

3.3.4　中国学者对稻田 N_2O 排放的一些新见解

中国水稻种植面积占世界的 18.75%（方福平和廖西平，2010）。从 20 世纪 70 年代前后起，欧美国家对温带农田、草地 N_2O 排放通量及其影响因素进行了许多研究，在此不一一列举。然而对稻田 N_2O 排放及其影响因素则很少研究。稻田约占中国耕地的 25%（成升魁，2007），对稻田 N_2O 排放状况急需有一个了解。自 20 世纪 90 年代起，中国学者对稻田，特别是中国特有夏季水稻、冬季旱作小麦或油菜等的水旱轮作稻田 N_2O 排放及轮作制和施肥、水分管理等对 N_2O 排放的影响进行了许多研究，并提出了一些新的见解。

1）提出了中国稻田也是重要的 N_2O 源，但水田低于旱地，稻季低于麦季

以往对稻田 N_2O 的排放量曾有不同的报道。日本学者 Minami（1987）认为稻田是 N_2O 的一个重要源。Khalil 等（1990）报道，稻田 N_2O 排放量与 CH_4 相比可忽略不计，甚至观测到负值。20 世纪 90 年代，在中国典型稻作区之一的太湖稻麦轮作区观测发现，稻田有一定数量 N_2O 排放，是一个重要源，但低于旱地的观点已被国际所接受（Xu et al.，1997；Xing，1998）。在 IPCC 修改的计算国家温室气体排放清单指南中，已把计算稻田和旱地的排放因子分开（IPCC，2006）。

为什么中国稻田也是一个重要的 N_2O 排放源？这与中国稻田耕作栽培制度和稻田的水分管理模式有关。中国稻田 86%实行夏季水稻-冬季旱作（小麦或油菜等）的水旱轮作制，另外，在这一轮作制下，水稻生长期间普遍实行至少一次"烤田"，而不是整个生长季都保持水层。一次"烤田"约 7d。淹水—落干—再复水的水分管理构成了土壤淹水还原、排干氧化、复水再还原的土壤环境，这种环境有利于 N_2O 排放。

2）发现了稻田 CH_4 和 N_2O 排放存在"trade-off effect"

所谓"trade-off effect"可以理解为此消彼长效应，即土壤环境有利于 CH_4 排放时，则 N_2O 排放下降，反之有利于 N_2O 排放时则 CH_4 排放下降。这一现象是在稻田同时观测水分管理对温室气体排放的影响中发现的（Cai et al.，1997）。稻田连续淹水，一直保持还原环境有利于 CH_4 排放，干湿交替造成的氧化还原交替环境有利于 N_2O 排放。这一现象的发现，对于综合评定稻田温室气体对温室效应的贡献和减缓温室效应对策的选择有重要指导意义。

3）明确了稻田 N_2O 排放量并不取决于氮肥施用量，而是取决于不同轮作制的淹水时间长短

中国稻田在不同气候带都有分布，但由于水热条件不同，水稻种植制度也不同。由于轮作制不同，一年中淹水时间长短也就不同。这里选择 3 种轮作制示例：①夏季水稻-冬季淹水休闲，这相当于中国的冬水田一年一熟；②夏季水稻-冬季小麦或油菜等旱季作物，一年两熟；③夏季两季水稻（早稻-中稻，冬季旱作，一年三熟制）。第一种轮作制全年淹水，第二种轮作制一年内仅稻季淹水，淹水期约 100 d，第三种轮作制一年两季水稻淹水，淹水期约 180 d。3 种轮作制施氮量各不相同，①、②和③分别为 300 kg/hm^2、500 kg/hm^2 和 680 kg/hm^2。3 种轮作制的施氮量是每季作物的常规施氮量的全年相加，这 3 种轮作制下，N_2O 排放量如图 3.1 所示。

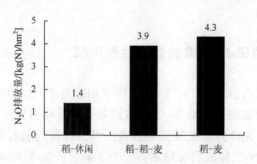

图 3.1　3 种轮作制对稻田 N_2O 排放的影响

引自 Xing 等（2002b）

N_2O 排放量以一季水稻-冬季淹水休闲为最低，两季水稻一季小麦施氮量虽高于一季水稻一季小麦，但由于两季水稻全年淹水时间长于一季水稻的稻麦两熟，N_2O 排放量低于施氮总量低的稻麦两熟制稻田。在旱地情况下，一般认为农田 N_2O 排放量随施氮量增加而升高，然而稻田不同轮作制下则不然，主要取决于淹水时间长短，这对于评定氮肥施用对 N_2O 排放的影响和国际上有人仅根据氮肥消耗量来估算国家或地区 N_2O 排放量的做法是一种挑战。

4）揭示了水稻作为 N_2O 排放通道的作用及控制因素

Yan 等（2000）曾进一步证实水稻植株不仅对 CH_4 有排放通道的作用，在一定条件下，水稻植株对 N_2O 也有排放通道的作用。有田面水层存在时，在田面水以下切断水稻植株，N_2O 排放通量立即下降，与此相反，在没有田面水层时，切割水稻植株与 N_2O 排放通量无关（图 3.2）。由此得出结论：稻田有水层存在时，N_2O 主要通过植株排放，无水层存在时，通过土壤表面排放。

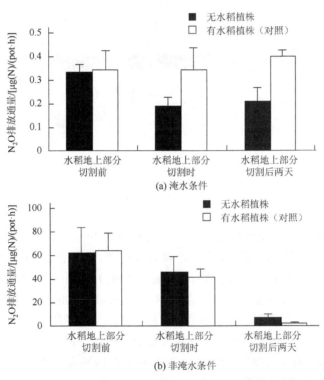

图 3.2　水稻地上部分切割对水稻土 N_2O 排放通量的影响

引自 Yan 等（2000）；pot 指盆栽试验，每盆

关于水稻植株对 N_2O 排放具有促进功能，也被另一种试验所证实。邹建文等（2003）研究得出，无水稻植株全季 N_2O 平均排放通量为 $169.57\ \mu g(N)/(m^2 \cdot h)$；有水稻植株全季 N_2O 平均排放通量可达 $231.48\ \mu g(N)/(m^2 \cdot h)$，增加了 37%。江长胜等（2005）也研究得出水稻植株可促进土壤 N_2O 的排放。有水稻植株参与全季 N_2O 平均排放通量可增加 128%。

5）稻田地下饱和层 NO_3^- 反硝化产生 N_2O 的证据

淹水的稻田耕作层由于淹水后形成氧化层和还原层的分异，使 NH_4^+ 在氧化层氧化为

NO_3^-，淋溶至还原层，进行反硝化产生 N_2O。人们发现淋溶至地下饱和层的 NO_3^- 又进行反硝化，产生 N_2O（图 3.3）。由于水稻生长季的土壤干湿交替和夏季水稻-冬季旱作，NO_3^- 随水包括冬季降水移至地下饱和层，在地下饱和层产生的 N_2O 可由于稻田水分蒸发随水移动至大气圈，或随水向下流失进入地下水。

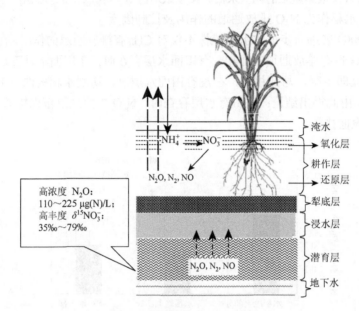

图 3.3　地下饱和土壤层反硝化

引自 Xing 等（2009）

　　地下饱和土壤层进行反硝化的证据：一是地下饱和层水体样品中的 NO_3^- 有很高的 $\delta^{15}N$ 值；根据同位素分馏效应原理，当进行 NO_3^- 反硝化时，残留的 $NO_3^- \delta^{15}N$ 值升高（Flipse et al.，1984；Mariotti et al.，1988；Smith et al.，1991）。饱和地下水层的 $\delta^{15}NO_3^-$ 值，远远高于研究地区土壤全氮和施用的氨基氮肥（Xing et al.，2002a），这表明水样中 NO_3^- 的高 $\delta^{15}N$ 值并非来源于土壤和氮肥，而是淋到地下饱和层反硝化的结果。二是地下饱和土壤层溶液有很高的 N_2O 浓度，虽然 N_2O 也可由硝化产生，但主要还是由反硝化作用产生（Bremner and Blackmer，1981）。表 3.19 为无锡安镇 1999 年水稻和小麦生长季地下饱和土壤层中 NO_3^- 的 $\delta^{15}N$ 值和 N_2O、NO_3^- 的浓度。

表 3.19　水稻和小麦生长季饱和土壤层中 NO_3^- 的 $\delta^{15}N$ 值和 N_2O、NO_3^- 的浓度

作物季	深度/m	$\delta^{15}NO_3^-$ /‰	N_2O/[μg(N)/L]	NO_3^-/[mg(N)/L]
	1.5	—	15.6±9.25（$n=6$）	1.3
	2.0	78.80±14.61（$n=3$）	37.8±26.54（$n=6$）	1.4
小麦生长季	2.5	38.08±3.32（$n=3$）	110±35.7（$n=6$）	10.0
	3.5	40.58±5.03（$n=3$）	51.2±17.7（$n=6$）	3.1
	5.0	44.57±26.9（$n=3$）	31.6±48.2（$n=6$）	0.7

续表

作物季	深度/m	$\delta^{15} NO_3^-$ /‰	N_2O/[μg(N)/L]	NO_3^- /[mg(N)/L]
	1.5	—	0	0.2
	2.0	77.18±26.0（$n=3$）	2.05±0.57（$n=3$）	0.1
水稻生长季	2.5	35.42±6.38（$n=3$）	102±4.12（$n=3$）	9.5
	3.5	39.67	85.6±11.4（$n=4$）	3.3
	5.0	37.59	15.3±0.59（$n=3$）	0.2

注：引自 Xing 等（2002a）。

3.3.5　未来研究需要

20 世纪 90 年代以来，中国农田 N_2O 排放研究积累了许多观测数据。已有很多学者用根据中国国情修改的 IPCC（2006）国家温室气体排放清单指南中的某些参数和排放因子计算了中国农田 N_2O 的排放量。中国也通过田间观测数据区域面积外推法和各类模型方法分别估算了农田 N_2O 的排放量，这些结果虽然重要，但存在较大的不确定性。这是由于计算所用的各种基础参数存在很大的不确定性和不完整性，田间观测试验也缺乏统一的规划、设计和长期试验。

据统计数据，中国 2010 年蔬菜地、果园和茶园的面积已分别达 11.83%、7.18%和1.23%，合计 20.24%。蔬菜、果树和茶树的施氮量远远高于水稻等农作物，而中国已有的 N_2O 排放量观测主要集中在水稻、玉米、小麦等作物地，对蔬菜、果树、茶树种植地 N_2O 排放研究很少。用现有计算旱地 N_2O 排放因子的方法来计算占播种总面积 20.24%的蔬菜、果树和茶园的 N_2O 排放量，显然是不合理的。在中国不仅稻田要分开计算，蔬菜、果园和茶园也应分开计算。为了得到中国农田 N_2O 排放量不确定性小、可信度高的数值，下列研究应予以重视。

（1）在中国不同的主要农业区（包括主要蔬菜、水果和茶生产区域）建立统一计划、统一布局、统一观测方法的田间观测试验。试验期限应不少于 3 年，以减少年间气候差异产生的影响，并用这些统一观测数据校正现有的平均排放通量和平均排放系数。

（2）建立科学合理的 N_2O 通量观测方法，加强蔬菜地（包括设施栽培菜地）、果园和茶园 N_2O 排放的观测，取得可信度高的排放因子。

（3）基础计算参数的细化，如动物和人排泄物量及氮量的数值，不同作物籽粒和秸秆比的数值等。

3.4　大气沉降氮

3.4.1　大气沉降氮的内涵及进展

大气沉降（atomspheric deposition）是大气中颗粒物沉降到陆地和水体的简称。沉降氮是沉降物中的一类物质。大气沉降氮可分为湿沉降（wet deposition）和干沉降（dry deposition）两部分，湿沉降随降水一起降落，湿沉降与干沉降一起收集称为混合沉降（bulk deposition）。干沉降比较复杂，它不仅是指固体颗粒物及吸附在颗粒物表面的物质，而且还有气态物质，如 NO_2、NH_3 等，要用专门的收集方法才能把它收集起来。大气颗粒物是气溶胶的一种通俗说法。气溶胶是能较长时间悬浮在空气中的空气动力学直径不同的固体或液体粒子。气溶胶颗粒的直径为 $0.01\sim100$ μm（Baron and Willeke，2001）。气溶胶分一次粒子和二次粒子，一次粒子主要来自自然源，如土壤飞尘中的无机物及花粉、孢子和细菌体等，粒子直径大于 2.5 μm；二次粒子主要来自人为源，包括气态前体物的氮氧化物、硫氧化物和有机物。有机物主要由燃料产生，包括有机碳和元素碳，直径一般小于 2.5 μm。气溶胶可直接降落到地表或溶于雨滴与雨水一起降落到地表，这就构成了干沉降和湿沉降。陆地排放到大气的气溶胶颗粒与大气沉降到地表的气溶胶实际上是一个动态过程，因此，从生物地球化学循环的观点，大气沉降可被认为是陆地与大气之间物质的一种动态交换过程。沉降速率取决于空气动力学影响因素的变化。以 20 世纪 90 年代粗略估算全球人为活化氮为 156 Tg/a 计算，约 20%进入食物，大部分进入水体、大气和土壤留存（Galloway，2005）。其中，排放到大气圈中的氮有 70%～80%又再沉降到陆地（包括淡水体系）（Asman et al.，1998；Goulding et al.，1998），由此可见大气沉降氮在全球氮循环中占的分量有多大。大气沉降涉及陆地和水体生态环境、大气化学和人体健康等重大问题，自 20 世纪 50 年代以来，逐渐成为全球关注的热点议题。

1. 酸沉降与生态环境

酸雨的研究已有 60 多年的历史，20 世纪 50 年代斯堪的纳维亚半岛地区开始了酸雨对森林、水体影响的研究，然后扩展到欧美和日本等地。中国是继欧美之后出现的第三酸雨区（郝吉明等，2001）。中国严重的酸雨区是西南地区，自 20 世纪 70～80 年代起先后有计划地进行了酸雨研究，比国际上推迟了 20～30 年，这与国家经济发展进程有关。

SO_2、NO_x 是大气沉降的气态前体物，它们在大气中经过化学反应形成 H_2SO_4 和 HNO_3，常与雨滴结合在一起形成 pH 低于 5.6 的降水，降至地表（陆地、水体），称为酸雨或酸沉降。酸雨中的主要成分为硫酸和硝酸，两者占总酸雨的 90%以上，国外酸雨中硫酸和硝酸之比为 2∶1；中国酸雨中绝大多数为硫酸，其含量是硝酸的 10 倍（陈荣悌和赵广华，2001）。这是因为中国的化石燃料中长时期以来煤的比例都在 70%或以上。酸雨不仅影响陆地生态系统，而且影响水生生态系统的淡水湖泊，对陆地生态系统的影响以对森林生态系统为最，不仅直接伤害森林植被，而且使土壤酸化，对森林生态系统产生更为深层次的影响。酸雨对淡水湖泊的影响也很显著，早在 20 世纪 60～70 年代，就观测到湖水变酸、鱼类死亡的实例，并改变了湖泊生态系统。酸雨除对生态系统有影响外，还对城市建筑物和大理石等碳酸盐石材雕刻的工艺美术品产生腐蚀。

2. 氮沉降与生态环境

根据目前的认识，大气沉降中与氮有关的无机成分中至少包括 NO_x 和 NH_3 两种气态前体物，而 NO_x 转化成 NO_3^- 后，一方面是植物的营养成分，另一方面又是酸雨的一部分。NH_3 转变为 NH_4^+ 后，既是植物氮素营养成分之一，又是一种环境影响因子，过量的 NH_4^+ 沉降到森林土壤转变为氧化态氮——NO_3^-，而且在其转化过程中，NH_4^+ 丢下 2 个 H^+（$NH_4^+ + 2O_2 \longrightarrow NO_3^- + 2H^+ + H_2O$）使土壤酸化，所产生的 NO_3^- 向水体迁移，从而又引起一系列生态环境问题。

在氮沉降研究中已提出几个重要科学概念，做如下简述。

1）氮饱和（nitrogen saturation）

从森林生态系统出发，温带森林生态系统常被认为是氮限制生态系统，这是因为温带森林土壤生物对氮素的需求往往大于土壤有机氮的矿化速率。而热带、亚热带地区森林生态系统因为生物固氮强和土壤有机氮矿化速率高，被认为氮不是限制因素，而磷和钙等是限制因素。至 20 世纪末发现，温带森林生态系统，由于大气沉降氮连续不断地加入，而由氮限制转换为氮饱和。关于氮饱和，Agren 和 Bosatta（1988）做出了一个词简意明的定义：从生态系统损失的氮接近或超过了加入的氮，就称这个生态系统为氮饱和。自然森林系统氮的加入来自大气沉降氮，森林生态系统氮的损失主要是指淋溶出森林土壤系统的硝酸盐，不包括氨挥发和反硝化。因为森林土壤一般是酸性的，不大可能发生氨挥发，Aber 等（1989）进一步发表了分阶段形成的氮饱和论文，并对氮饱和的概念做出了与 Agren 和 Bosatta（1988）相似的论述。

温带森林系统氮饱和问题之所以受重视，是因为森林系统生态原本为氮汇。少量的大气干湿沉降氮对林木生长是有利的，但大气氮沉降不同于一次性施肥，它是一个连续持久的过程，过量氮加入会导致土壤酸化，土壤酸化不仅伤害森林植被，而且会使土壤中 Ca^{2+}、Mg^{2+} 等阳离子被淋溶，Al^{3+} 被活化。NO_3^- 向水体迁移，使森林生态系统变成了净的氮源（source），而不是汇（sink），从而出现了氮饱和现象。NO_3^- 从森林土壤中淋溶到溪流和地下水，N_2O 排放到大气，对环境的破坏和 SO_4^{2-} 一样严重（Aber et al.，1989）。欧洲国家对于减少氮沉降的对策做出了积极响应，首先致力于确定氮沉降的临界负荷。

2）氮沉降的临界负荷（critical loads for nitrogen）

临界负荷的定义是：作为最大负荷不致引起化学变化，导致对最灵敏生态系统的长期伤害影响。氮沉降是酸沉降的一部分，但它并非酸沉降能涵盖，因为氮沉降既有 NO_x（NO_3^-），又有 NH_3（NH_4^+），NH_4^+ 在土壤中转化为氧化态（NO_3^-）要释放 H^+，其对土壤的酸化比 NO_3^- 更严重（Galloway，1995；Krupa，2003）。1987 年，欧洲 25 国在保加利亚的索非亚签订了限制氮氧化物排放的协议书，要求各国到 1995 年把氮氧化物的排放量冻结在 1987 年的水平（郝吉明等，2001）。20 世纪 80 年代末，西欧一些学者研究了氮临界负荷值，Lilijelund 和 Torstensson（1988）观察了氮沉降量 10～20 kg/(hm²·a) 的地区植物群落组成的变化，把大多数生态系统的氮的临界负荷值定为 15 kg/(hm²·a)，对非常敏感的生态系统氮的临界负荷值定为 10 kg/(hm²·a)。Meijier（1986）依据森林土壤中 NH_4^+/K^+、NH_4^+/Mg^{2+}、Al^{3+}/Ca^{2+} 来确定森林土壤系统氮的负荷，规定这些比例不能大于 5、5.5 和 1。Gundersen 和 Rasmussen（1988）提出，为防止土壤酸化，氮沉降量不应超过植物的吸收量。北欧针叶林生态系统中植物氮吸收量为 5～15 kg/(hm²·a)。可根据下列公式计算氮的临界负荷（CLN）：

$$CLN = Nu + Nim + NL$$

式中，Nu 为每年氮的生物吸收量；Nim 为每年土壤氮矿化量；NL 为每年从系统中淋溶出的氮量。他们利用这一公式，计算了所研究地点氮临界负荷值在 3～20 kg/(hm²·a)。关于酸或氮沉降的临界负荷的各种计算方法，临界负荷概念的详细论述，请参阅郝吉明等（2001）的著作。

3）植物能直接吸收大气中气态和气溶胶氮

植物能直接吸收大气中气态和气溶胶氮的事实首先被德国科学家用 ^{15}N 同位素稀释法结合特别设计的集成的土壤/植物系统氮沉降集成装置（integrated total nitrogen input into a soil/plant system，ITNI）所证实。他们在德国试验区的研究发现，利用这一方法测得的大气沉降氮量高出普通收集方法测得的混合沉降氮约 1 倍（Russow et al.，2001；Russow and Bohme，2005）。这一事实表明，在估算大气沉降氮通量时，理应包括植物直接从大气中吸收的氮。

3.4.2　中国大气沉降氮及其对生态环境的影响

1. 中国大气沉降氮通量的变化

中国大气沉降氮通量的研究在时间上远远滞后于欧洲、北美和日本等国家和地区。虽然在 20 世纪 70 年代末和 80 年代初就有一些研究报告（鲁如坤和史陶钧，1979；张效朴和龚子同，1987），但目的很单一，方法也很简单，是为了计算农田氮平衡中雨水带进了多少氮。至 80 年代，氮沉降中的 NO_3^- 作为酸雨的一个因子的研究被提上日程（王文兴等，1996），其目的是评估酸雨对环境的影响。Xing 和 Zhu（2001）曾根据 80 年代末和 90 年代初发表的有限数据，初步估算了中国及其主要流域氮沉降的数量（表 3.20）。

表 3.20　中国主要流域大气湿沉降氮

地区	面积/ 万 km²	降水/ (10³mm/a)	湿沉降氮/(Tg/a)			NH_4^+ / NO_3^-
			NH_4^+	NO_3^-	总量	
全国	960	0.63	8.28	2.68	10.96	3.1
长江流域	181	1.05	2.79	0.96	3.75	3.9
黄河流域	75	0.49	0.52	0.12	0.64	4.3
珠江流域	45	1.44	0.96	0.33	1.29	2.9

注：引自 Xing 和 Zhu（2001）。

20 世纪 80 年代后期开始，中国大气氮沉降的研究逐渐多了起来，也越来越侧重大气氮沉降的数量估算及其对生态环境的影响。Liu 等（2013）利用包括酸沉降在内的全国各地已发表的大气沉降氮的观测数据，计算了中国 20 世纪 80 年代和 2000 年全国氮沉降通量，讨论了两个时段沉降氮中 NH_4^+ / NO_3^- 的变化。2000 年，大气混合沉降氮的数量已从 1980 年的 13.2 kg/(hm²·a)增加到 2000 年的 21.1 kg/(hm²·a)，20 年间氮的沉降通量增加了约 8 kg/(hm²·a)。Liu 等（2013）又从收集的木本、草本和其他植物叶子大量样本及中国水稻、小麦与玉米三大作物长期试验中不施氮肥区的大量植株样本中获得了氮浓度增加的结果，进一步印证了我国氮沉降量增加的事实。这是目前对中国大气沉降氮通量年代变化的一个重要纪录和沉降氮研究的一个阶段性结果。

2. 中国大气沉降氮及其对生态环境的影响

1）对森林生态系统的影响

欧洲和北美国家地处温带。温带森林生态系统被认为是氮限制生态系统，少量氮的加入也是森林植被的一种氮源，能改善森林氮素营养，但人为活动的增强，引发了大气沉降氮数量的迅速增加，由氮限制转变为氮饱和。氮饱和对森林生态系统中的植被和氮的土壤过程产生了重要影响，引起了土壤 pH 降低，钙、镁等盐基离子及氮磷淋失、铝元素活性增大，最终引起生物多样性变化。因此，大气沉降氮对温带森林生态系统的影响引起较多的注意。大气沉降氮对热带和亚热带森林生态系统的影响研究不多，一般认为，热带、亚热带土壤由于其异养固氮微生物和与豆科植物结合的根瘤固氮微生物的固氮量比温带森林土壤高，自然氮的有效性大大高于温带森林生态系统，不是氮限制土壤。然而，由于未来几十年热带、亚热带土壤大气沉降氮将有很大的增加（Galloway et al.，2004），从而将对该地带的森林生态系统产生很大影响，大量大气沉降氮的加入，将导致土壤进一步酸化，其他营养元素贫化，减缓林木生长和碳储存，对热带森林系统的生物多样性产生负面影响。中国与欧洲和北美不同，亚热带和热带森林生态系统在中国占有很大的比重。目前中国对于大气沉降氮对森林生态系统的影响的研究主要是在南亚热带地区。2002 年在广东鼎湖山自然保护区，设置了大气沉降氮的观测及通过模拟沉降氮试验，观测了加入氮对森林幼苗生长和光合生理的影响等（黄宗良等，1994；周国逸和闫俊华，2001，李德军等，2004，2005a，2005b；莫江明等，2004，2005；鲁显楷等，2007）。樊后保等（2000）研究了福建南平地区，大气氮沉降对杉木林生态系统的季节性影响，春夏季林木吸收沉降氮，促进生长，秋冬季沉降氮淋溶，影响土壤过程。樊后保等（2007a，2007b，2007c）通过沉降氮模拟试验发现随着沉降氮水平的提高，土壤有机质呈下降趋势，土壤 C/N 降低，也观察到高氮处理显著增加了杉木林的凋落物量。马雪华（1989）研究了沉降氮对杉木和马尾松的影响，并观测到林冠叶片可直接吸收沉降氮，林内雨水氮的浓度也低于降水中氮的浓度。宋学贵等（2007a）通过模拟氮沉降，研究了氮沉降对川西南常绿阔叶林凋落物分解的影响，认为高氮处理的分解速率低于无氮处理。沉降氮对凋落物中养分的释放，对木质素和纤维素的分解均有抑制作用。宋学贵等（2007b）研究了沉降氮对常绿阔叶林土壤呼吸的影响，初期促进了土壤呼吸，后期无明显影响。孙本华等（2007）研究了模拟氮沉降对亚热带红壤阔叶林区（江西鹰潭）阳离子淋溶的影响，Ca 和 Mg 元素的淋溶随加入氮的增加而增加，土壤致酸离子 H^+ 和 Al^{3+} 的淋溶量也随氮加入量的增加而增加。刘文飞等（2007）观测了模拟氮沉降对杉木林凋落物微量元素含量的影响，中低水平氮沉降增加了凋落物中 Mn、Fe 元素的含量，降低了 Zn 元素的含量。大气沉降氮对中国东北部温带森林生态系统的影响研究报告不多。李考学（2007）报告了模拟氮沉降对长白山两种主要针叶林树叶凋落分解的影响，从而得到了外源氮的加入促进了凋落物早期分解过程的初步结论。近些年来，随着我国大气沉降观测网络的建设和完善，以及观测技术方法的进步，对森林生态系统生产力、生物多样性及群落结构等方面影响的研究越来越多。

2）对水体氮污染源的贡献

在欧洲和北美的一些国家，大气干湿沉降氮已被确认为水体富营养化的氮营养盐的重要贡献者（Lawrenoe et al.，2000；Galloway and Cowling，2002）。王雪梅等（2006）研究得出，大气沉降氮在进入太湖氮总负荷中的比例可达 30%～40%。Luo 等（2007）2002～2003 年设置在太湖周边 5 个点的观测结果显示，进入太湖的沉降氮负荷占通过河道输入太湖氮总负荷的 16.5%。邢光熹等计算了进入太湖水体的大气沉降氮占总负荷的 28%（邢光熹，2007；邢光熹等，2010）。从以太湖为例的研究中可见大气沉降氮对水体氮污染的贡献已占相当的份额，且已成为不可忽视的氮污染源。

3.4.3　对中国大气干湿沉降氮研究的一些评论

对近期或较早时期发表的中国大气干湿沉降氮观测的一些结果进行了汇总，结果如表 3.21 所示。这些观测数据中不包括以观测酸沉降为目的的雨水中氮（NH_4^+，NO_3^-）浓度的结果。56 个观测点覆盖了中国 24 个省（自治区、直辖市）区域。从列出的数据出发，对中国大气沉降氮的研究做一些评论。

表 3.21　中国不同地区大气干湿沉降氮的一些观测结果　　　[单位：kg/(hm²·a)]

地区	生态类型	观测时间	湿沉降氮	干沉降氮	混合沉降氮	引用文献
华北平原	农田	2003～2006 年	18～20.6		27	Zhang 等（2008）
北京	农田	1998～2004 年			30.6	Liu 等（2006）
三江平原	湿地农田	2004～2005 年	7.57			孙志高等（2007）
下辽河平原	农田	2004～2006 年	16.97			宇万太等（2008）
黑龙江，兴安岭	林地	20 世纪 80 年代初	12.89			刘世荣（1992）
辽宁，沈阳	农田	20 世纪 90 年代初	15.9			鲁如坤等（1996）
黑龙江，海伦	农田	20 世纪 90 年代初	18.75			鲁如坤等（1996）
吉林，长岭	草地	1994～1995 年			14.88	李玉中等（2000）
青海，海北	高寒草甸	20 世纪 80 年代初	7.2～10.0			左克成等（1986）
陕西，安塞	农田	20 世纪 90 年代初	3.75			鲁如坤等（1996）
西藏，藏东南	农田	2005～2006 年	2.36			贾钧彦等（2009）
陕西，乾县	农田	1990～1992 年	21.59			李世清和李生秀（1999）
陕西，澄城	农田	1992～1994 年	8.25			李世清和李生秀（1999）

续表

地区	生态类型	观测时间	湿沉降氮	干沉降氮	混合沉降氮	引用文献
陕西，柳陵	农田	1994 年	16.45			李世清和李生秀（1999）
陕西，柳陵	农田	2006～2007 年			20.5	王志辉等（2008）
陕西，洛川	农田	2006～2007 年			12.7	王志辉等（2008）
长江三角洲	农田	2003～2005 年	27.0			Xie 等（2008）
上海	农田湿地	1998～2003 年	58.1			张修峰（2006）
江苏，南京	城郊	2003～2005 年	22.7			Zhao 等（2009a）
江苏，江浦	城郊	1982～1985 年	19.5			张效朴和龚子同（1987）
江苏，常熟	农田	2003～2005 年	27.9			Zhao 等（2009a）
江苏，常熟	农田	2001～2003 年	27.0			王小治等（2004）
江苏，常熟	农田	2001～2002 年	22.7			苏成国等（2005）
浙江，杭州	城郊	2003～2005 年	30.1			Zhao 等（2009a）
浙江，金华	农田	1976 年	23.1			鲁如坤和史陶钧（1979）
浙江，衢江区	农田	1976 年	19.4			鲁如坤和史陶钧（1979）
浙江，兰溪	农田	1976 年	17.2			鲁如坤和史陶钧（1979）
浙江，金华	农田	1982～1985 年	27.8			张效朴和龚子同（1987）
江西，鹰潭	农田	2005～2006 年	30.5～37.4			邹静等（2007）
江西，鹰潭	农田	2005～2006 年		70.55		Cui 等（2010）
江西，鹰潭	农田	2005～2009 年	26.4～39.0			Cui 等（2012）
江西，鹰潭	农田	2010～2011 年	37.4		70.7	Cui 等（2014a）
江西，鹰潭	林地	2003～2004 年			82.9	Hu 等（2007）
江西，鹰潭	林地	2004～2005 年	27.1	55.81		樊建凌等（2007）
江西，分宜	林地	1985～1987 年	57～60.7			马雪华（1989）
江西，鹰潭	农田	2004～2005 年	30.1	31.9		王体健等（2008）
湖南，会同	林地	1983～1984 年	7.35			谌小勇和潘维健（1989）
湖南，衡山	农田	1982～1985 年	20.3			张效朴和龚子同（1987）
湖南，南岳	农田	1982～1985 年	27			张效朴和龚子同（1987）
湖南，衡阳	农田	1982～1985 年	34.5			张效朴和龚子同（1987）
福建，九龙江流域	农田	2004 年	3.4～7.6			陈能汪等（2006）
福建，南平	林地	1994～1996 年	11.5～18.1			樊后保和黄玉梓（2006）
福建，建瓯	农田	1980～1981 年	9.4			刘崇群等（1984）
福建，建阳	农田	1981 年	3.5			刘崇群等（1984）
福建，福清	农田	1980 年	5.3			刘崇群等（1984）
福建，连江	农田	1981 年	4.95			刘崇群等（1984）
广西，桂林	农田	1982～1985 年	18			张效朴和龚子同（1987）

续表

地区	生态类型	观测时间	湿沉降氮	干沉降氮	混合沉降氮	引用文献
广西，南宁	林地	1982～1985 年	16.5			张效朴和龚子同（1987）
广东，湛江	农田	1982～1985 年	18.8			张效朴和龚子同（1987）
广东，徐闻	林地	1982～1985 年	21.8			张效朴和龚子同（1987）
广州	城市	1988～1990 年	57～73			任仁等（2000）
广东，鼎湖山	林地	1989～1990 年	35.6			黄宗良等（1994）
广东，鼎湖山	林地	1998～1999 年	38.4			周国逸和闫俊华（2001）
广东，鼎湖山	林地	2005 年	47.6			方运霆（2006）
云南，西双版纳	林地	1981～1982 年	17.3～19.9			王醇儒等（1984）
云南，景洪	农田	1981～1982 年	18			张效朴和龚子同（1987）

1）中国大气沉降氮的通量存在很大的空间变异性

中国不同省（自治区、直辖市）湿沉降氮的空间变异性是客观存在的事实，这种变异性显然是降水量、工农业和经济发展水平、人口密度等因素所致。中国湿沉降通量比较高的地区，即湿沉降氮为 20 kg/(hm²·a) 以上的达到 25 个，占观测点的 45%，10～19 kg/(hm²·a)点位数约占 18%。边远地区湿沉降氮通量相对较低，如西藏藏东南和陕西安塞地区湿沉降氮通量分别为 2.36 kg/(hm²·a) 和 3.75 kg/(hm²·a)。

国际上不同区域沉降氮的数量也存在很大的差异（表 3.22）。从北美和欧洲的几个评估数据来看，这些地区的沉降氮高于全球平均，因为欧洲和北美是发达地区，来自工业、农业和牧业的活性氮排放量较高。目前亚洲低于北美和欧洲，亚洲地域很大，而且绝大多数国家为发展中国家，除中国因人口众多，经济发展较快，化学氮肥和化石燃料特别是煤消耗量大，大气沉降氮高于亚洲和世界平均值外（表 3.22），其他国家和地区都较低。欧洲森林生态系统湿沉降氮为 1～70 kg/(hm²·a)，其中荷兰、德国、希腊、斯洛伐克、波兰和匈牙利较高（Dise et al.，1998）。

表 3.22　全球及主要区域大气沉降氮的估算值　　[单位：kg/(hm²·a)]

区域	沉降氮	引用文献
全球	10	Galloway 等（2008）
北美	3～32	Ollinger 等（1993）；Fenn 等（1998）
欧洲	10	Egmonn 等（2002）
欧洲森林生态系统	1～70	Dise 等（1998）
亚洲	7	Zheng 等（2002）
没有人为干扰的边远地区	<0.5	Galloway 等（2008）

2）现有大气氮沉降数据主要来自湿沉降，而干沉降数据十分缺乏

56 个观测点得到的 60 个观测数值中，湿沉降 50 个（表 3.21），占 83.3%，混合沉降

氮观测值为 7 个，占 11.7%，包括气态氮在内的真正意义上的干沉降值只有 3 个，占 5.0%。迄今中国大气沉降氮的结果主要为湿沉降氮，干沉降氮的数据不多。许多研究指出，大气沉降氮中，干沉降氮占有很大的比例。根据 Goulding（1990）计算的结果（表 3.23），英国 4 个观测点大气干沉降氮占沉降氮总量的比例在 64.5%～74.6%（表 3.24）。

表 3.23　英国不同观测点的沉降氮量　　　　　[单位：kg/(hm²·a)]

沉降氮		Harwell	Rothamsted	Woburn	Brooms Barn
湿沉降氮	NH_4^+	5.9	7.0	4.8	5.6
	NO_3^-	3.2	5.2	3.9	4.3
	NO_3^- *	1.7	(1.7)	(1.7)	(1.7)
干沉降氮	$NH_3\uparrow$	12.8	7.4	11.8	11.0
	$NO_2\uparrow$	4.4	6.6	5.6	5.4
	$HNO_3\uparrow$	6.5	(6.5)	(6.5)	(6.5)
总沉降氮		34.5	34.4	34.3	34.5

注：引自 Goulding（1990）；*指颗粒，↑指气态；相应括号表示各点数据未测，假定数值与 Harwell 测定结果相似。

表 3.24　英国不同观测点干湿沉降氮数量及比例

沉降氮	Harwell	Rothamsted	Woburn	Brooms Barn
湿沉降氮/[kg/(hm²·a)]	9.1	12.2	8.7	9.9
干沉降氮/[kg/(hm²·a)]	25.4	22.2	25.6	24.6
总沉降氮/[kg/(hm²·a)]	34.5	34.4	34.3	34.5
干沉降氮占总沉降氮比例/%	73.6	64.5	74.6	71.3

注：引自 Goulding（1990）。

樊建凌等（2007）2004～2005 年在江西鹰潭观测点也得到了大气沉降氮中干沉降氮的数值很高，达 55.83 kg/(hm²·a)（表 3.25）。

表 3.25　江西鹰潭大气干沉降氮通量

形态	种类	天数*/d	V_d/(cm/s)	氮浓度/(μg/m²)		干沉降氮量/[kg/(hm²·a)]
				平均值	标准差	
气态	NO_2	307	0.10	24.8	10.45	6.58
气态	NH_3	307	0.20	86.28	52.13	45.79
TSP	NH_4^+	307	0.15	4.14	6.09	1.65
TSP	NO_3^-	307	0.15	4.56	3.46	1.81
合计						55.83

注：引自樊建凌等（2007）；TSP 指总悬浮颗粒物；*指降水量小于 10 mm 的天数；V_d 为沉降速率（cm/s）。

中国华北平原地区大气干沉降氮量也很高（表 3.26），东北旺和曲周分别达到 53.3 kg/(hm^2·a) 和 57.4 kg/(hm^2·a)。

表 3.26　北京东北旺和河北曲周地区干沉降氮通量的估算

氮化物的种类	浓度/(μg/m^3)		沉降速率/(cm/s)^c	干沉降氮量/[kg/(hm^2·a)]	
	东北旺	曲周		东北旺	曲周
NH$_3^a$	9.5	14.5	0.74	10.5	22.2
NO$_2$	16.5	9.3	0.59	30.7	17.3
HNO$_3^b$	0.6	0.6	2.00	3.7	3.7
颗粒 NH$_4^+$	7.1	11.5	0.24	5.4	10.2
颗粒 NO$_3^-$	4.0	5.3	0.24	3.0	4.0
总和	37.7	41.2		53.3	57.4

注：引自 Shen 等（2009）；a 为干沉降 NH$_3$ 的补偿点，设定为 5 μg/m^3；b 为东北旺气态 HNO$_3$ 未测量，假定与曲周相同；c 为沉降速率，根据 Hanson 和 Lindberg（1991）计算而得。

有学者指出，干沉降氮占混合沉降氮的比例（湿沉降 + 干沉降）可达 75%～79%（Goulding et al.，1998；Hu et al.，2007）。Shen 等（2009）2006～2008 年观测得到，中国华北平原地区干沉降氮通量达到 55 kg/(hm^2·a)。国内和国外的结果都表明，干沉降氮在大气沉降氮中占有很高的比例。

3）沉降氮较少考虑可溶性有机氮

2010～2011 年在江西鹰潭和江苏常熟得到的观测结果认为可溶性有机氮（DON）占湿沉降氮的 24%（Cui et al.，2014b）。江西鹰潭林地沉降 DON 可占 27%（樊建凌等，2007），太湖地区湿沉降氮中 DON 约占 17.4%（王小治等，2004）。DON 不仅存在于湿沉降氮中，也存在于干沉降氮中（郑丽霞等，2007）。福建九龙江地区尽管干沉降氮通量不是很高，但 DON 可达 45%（陈能汪等，2006）。国外也有报道，DON 可达 11%～56%（Cornell and Jickells，1999；Cornell et al.，2003）。综上所述，DON 在大气沉降氮中占有很大的分量已为国内外的许多研究结果所确认。

4）植物直接吸收大气沉降氮也应考虑

大气沉降氮的测量一般包括三部分：湿沉降、干沉降、混合沉降。虽然已经知道，不仅大气与施肥农田之间存在 NH$_3$/NH$_4^+$ 的交换，而且植物与大气之间也存在 NH$_3$/NH$_4^+$ 交换，但在以往的大气干湿沉降氮的观测中并未包括植物直接吸收的大气沉降氮。德国学者曾设计一种应用 ^{15}N 同位素稀释法原理观测植物吸收大气中气态和气溶胶氮的 ITNI 方法，测得的大气沉降氮占了一个很大的数量。因此，他们认为过去对大气沉降氮的估算过低了。依据 Russow 等（2001）报告的 1994～1995 年在德国 Bad Lauchstadt 的观测结果，大气沉降氮平均为 63.5 kg/(hm^2·a)。土壤-植物体系沉降总氮量与 ITNI 方法得到的沉降氮之比为 0.56（表 3.27）。

表 3.27 1994～1995 年德国 Bad Lauchstadt 氮沉降量

沉降类型	1994 年	1995 年	平均
湿沉降(仅 $NH_4^+ + NO_3^-$)/[kg/(hm²·a)]	12	11	11.5
混合沉降氮量/[kg/(hm²·a)]	37	36	36.5
ITNI 方法测得的沉降氮量/[kg/(hm²·a)]	62±11	65±4	63.5±12
混合沉降氮量与 ITNI 方法测得的沉降氮量之比	0.57	0.55	0.56

注：引自 Russow 等（2001）。

我国学者从事该方面研究不多。谢迎新等（2009）在 2003～2005 年利用贫化 ^{15}N（depleted-^{15}N）稀释法砂培试验结合 ITNI 装置，在中国科学院南京土壤研究所网室进行的研究中发现，小麦生长全季植株吸收大气沉降氮仅为 14.8 kg/(hm²·a)。然而，He 等（2007）在华北平原 3 个观测点通过 ITNI 装置结合 ^{15}N 稀释法得到的玉米播种至扬花期直接吸收的来自大气的氮就达到 69.3 kg/(hm²·a)，至成熟期达到 83.3 kg/(hm²·a)。在中国，植物从大气中直接吸收氮的数量仍需要积累更多的区域数据。目前 ITNI 方法仍然没有在全球范围内推广应用，但是明确了大气沉降氮对陆地植物氮素营养的影响，也对全球生物地球化学氮循环研究理念起到了推动作用。

5) 中国不同氮沉降观测点的观测年限太短

已发表的氮沉降通量观测数据一般都是 1～2 年（表 3.21）。一年的观测时间太短，大气沉降氮通量受气候因素影响很大，观测时间太短，看不出气候因素的影响，所得结果难以代表一个观测地区的沉降氮通量，年度重复是必需的，可以减少年度变异的影响。英国洛桑试验站从 1853 年开始观测雨水中的氮，1986 年开始观测干沉降氮，至 2018 年已有 160 余年的历史（Goulding，1990）。笔者引用了英国洛桑试验站 1855～1995 年大气湿沉降氮和硫通量的长期观测结果（图 3.4）。由图 3.4 可以看出，从 1855～1980 年，氮和硫都呈增长趋势，混合沉降氮通量从 1855 年的 1～3 kg/(hm²·a)增加到 1980 年的

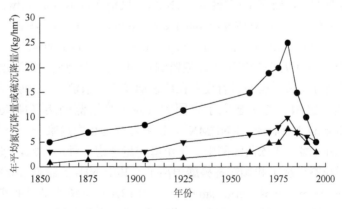

图 3.4 1855～1995 年洛桑试验站雨水中 NO_3^--N（▲）、NH_4^+-N（▼）和 SO_4^{2-}（●）沉降量

引自 Goulding 等（1998）；数据点是 5 年的平均值

8~10 kg/(hm^2·a)。但 1980~1995 年氮、硫沉降通量都出现了下降趋势。Goulding 等（1998）认为，硫沉降通量下降，可从煤用量减少、天然气增加和工业排放下降得到较为合理的解释，但 1980 年后，氮沉降通量出现下降趋势还不能做出清楚的解释。虽然目前很难再找到类似这样的 100 多年的连续观测结果，但它却足以证实人类活动对大气沉降氮的影响。

6）沉降氮对土壤氮过程及其后续影响研究很少

从已发表的论文来看，当前中国大气沉降氮研究主要集中在农田，而森林生态系统的不到 1/5。然而，大气沉降氮对陆地生态系统的影响主要是森林生态系统。大气沉降氮的数量对农田土壤性质的影响相对于农田化学氮肥的施用量，其数量有限，只是对农田氮平衡及推荐施肥和计算农田微生物自生固氮量产生影响，对于农田生态环境不会产生多大影响。目前中国森林生态系统大气沉降氮的研究，大多也只是估算林地沉降氮通量和模拟氮沉降对林木幼苗生长、光合作用等生理功能和凋落物分解、林冠对沉降氮吸收等，而沉降氮对土壤氮素转化和迁移过程及对森林土壤化学性质的影响则在近年来才逐渐引起人们的关注。

3.4.4 未来研究需要

据 Galloway 等（2004）预测，至 2050 年，亚洲地区的北亚和南亚，大气沉降氮的通量和数量将有更大的增加，沉降氮通量将达到 50 kg/(hm^2·a)。这就要求人们更多地关注大气沉降氮。如果以 Zheng 等（2002）估算的亚洲地区平均沉降氮通量 7 kg/(hm^2·a)计算，则至 2050 年将增加 7 倍，如此大量的大气沉降氮对这一地区陆地生态系统中的森林生态系统、水生生态系统、草地生态系统和农田生态系统将产生什么样的负面影响？不能不引起特别的注意。因此，建议下列研究方向应予以优先考虑。

1）建立大气氮沉降的中长期观测网络

在欧美国家，早在 20 世纪 70 年代就陆续建立了不同名称的大气氮沉降网络，如国家大气沉降项目/国家动态网络（National Atmospheric Deposition Program/National Trends Network，NADP/NTN）、国家干沉降网络（National Dry Deposition Network，NDDN）和清洁大气状况动态网（Clean Air Status and Trends Network，CASTNET）及欧洲监测评价项目（Europen Monitoring and Evaluation Programme，EMEP）（吕超群等，2007）。在中国，20 世纪 90 年代初建立了几个酸沉降中长期监测点，但尚无专为大气沉降观测的监测网络。对大气沉降氮监测时间长一点的只有设立在广东鼎湖山的监测点。2004 年以后，中国农业大学刘学军团队组织和逐步建立了全国大气氮沉降监测网络（Nationwide Nitrogen Deposition Monitoring Network，NNDMN），这是迄今为止中国唯一一个在全国尺度上的干湿沉降同步监测网络。在该监测网中，干沉降定量考虑 5 种活性氮，包括空气中 NH$_3$、NO$_2$、HNO$_3$、颗粒态铵离子和颗粒态硝酸根离子。其中 NH$_3$ 的监测采取同步的主动采样（denuder for long-term atmospheric sampling，DELTA）系统和被动扩散技术（adapted low-cost high absorption，ALPHA）采样；湿/混合沉降主要考虑降水中的 NH$_4^+$-N 和 NO$_3^-$-N（Xu et al.，2015，2018）。截至 2019 年 1 月，该监测网站点已增加至 76 个。

中国不同地区气候、植被和土地利用、工农业经济发展水平及人口密度有很大的不同，非一个长期监测点能承担，建立中长期的观测网络是必需的。不同地区，由于不同因素的影响，大气沉降氮通量和数量的空间变异是客观存在的。不同年间气候条件（降水、温度和风速等）有很大差异，只有增加观测年度才能减少年际间的变异性。

2）实现现有概念下的完整大气氮沉降的观测

在大气沉降氮的观测中不能只限于雨水中的无机氮（$NH_4^+ + NO_3^-$）或现有商业观测仪器提供的湿沉降、干沉降和混合沉降。现有商业仪器测定的所谓干沉降，实际上只是含氮的气溶胶颗粒氮，并不包括不同形态的气态氮，也未对沉降氮的生物有效性进行区分收集和评价。大气沉降也应考虑降雪、降尘、露水等不同沉降形式及有机氮形态。同时在不同生态系统中还应开展植物直接吸收的大气中气态氮和气溶胶氮，或沉降到土壤后再被植物吸收利用贡献的长期研究。目前，氮的干湿沉降监测/估算方法仍有诸多不确定性，尤其是干沉降，应考虑与大气物理和化学相结合开展测量、建模新技术和方法的研究，从而实现准确定量。近年来，中国科学院地理科学与资源研究所于贵瑞院士团队以中国生态系统研究网络（Chinese Ecosystem Research Network，CERN）大气湿沉降观测平台观测研究数据为基础，整合 NNDMN、中国气象局国家酸沉降监测网的观测数据及文献检索数据，研制了以卫星观测 NO_2 和 NH_3 柱浓度数据为核心的大气干沉降遥感反演模型，并以此构建了中国大气氮沉降全组分动态变化数据集，分析了大气总氮沉降及各组分（干沉降、湿沉降、干湿比和铵硝比）的动态变化和空间格局，定量揭示了农业施肥、畜牧养殖及能源消耗对大气氮沉降总量及各组分时空变异的影响和驱动机制（Yu et al.，2019）。这一成果很好地诠释了大气氮沉降的全域长时间系统化科学观测和多学科集成研究的重要性。

3）开展大气氮沉降增加背景下元素地球生物化学循环及生态环境影响研究

例如，研究沉降氮增加对森林、草原和自然湿地生态系统生物多样性的影响；研究氮沉降增加对中国亚热带、热带森林生态系统土壤氮过程的影响及其派生的环境影响，包括大气沉降氮对 NH_4^+ 氧化、土壤酸化、元素流失、NO_3^- 迁移、残落物及土壤有机质分解和碳汇的影响等，评价大气沉降氮数量增加对中国亚热带、热带森林系统和中国北部、西南部森林生态系统 N_2O 排放和 CH_4 氧化的影响，等等。

3.5　土 壤 酸 化

3.5.1　土壤酸化的基本概念

1. 自然条件下的土壤酸化

在自然条件下，大多数土壤的形成过程都是物质的淋溶过程（盐碱土除外），实质上是自然土壤的酸化过程。在岩石风化过程中，淋失的是盐基离子，在高温多雨的强风化带，淋溶作用尤为显著，最明显的例证是热带、亚热带土壤的富铝化过程，除被土壤吸收性复合体牢牢吸附的 Al^{3+} 外，一价、二价盐基离子以及 Fe、Mn 离子大量淋失，这就是富铝化过程。在寒温带的土壤酸化过程是不同程度的灰化过程，一价、二价盐基离子，以及 Fe、Mn、Al 离子也大量淋失，只留下 Si，形成了酸性土壤。土壤形成过程不同于岩石风化过程，土壤形成过程有生物（植物和微生物）参与，植物吸收岩石风化释放出的盐基离子作为营养，凋落物经微生物分解，又释放出盐基离子，这些释放出的盐基离子又经历淋溶和植物吸收的不断循环过程。目前，地球上的各类未受人为影响的土壤就是在不同条件下自然界物质的地质大循环与生物小循环的一种平衡状态，这种平衡状态受制于气候、成土母质和植被类型，形成了包括土壤酸碱度、盐基饱和度、离子交换量各不相同而又相对稳定的土壤。

2. 人为影响下的土壤酸化

1）大气酸沉降引起的土壤酸化

人为活动对土壤酸化的影响首先是通过大气酸沉降观察到的。大气酸沉降的主要物质种类是 SO_4^{2-} 和 NO_3^-。大气酸沉降作用下 H^+ 与土壤吸附性复合体进行离子交换，盐基淋失，进而氧化铝水解，三价的 Al^{3+} 离子又与 H^+ 交换，并牢牢地占据吸收性复合体的交换位，使土壤进一步酸化。大气酸沉降使土壤中的 H^+ 不断增加，导致土壤中原生硅铝酸盐矿物分解，这一反应虽然对大气酸沉降起到了一定的缓冲作用，但活性 Al^{3+} 也随之增加了。由于大气酸沉降是一个连续过程，土壤缓冲能力也是有限度的，超过了某一限度，土壤将一步步酸化。大气酸沉降对酸性土壤的影响尤为严重，其后果是盐基离子淋失殆尽，Al^{3+} 离子活性增强，对植被生长生理过程和土壤化学性质产生了一系列负面影响。

2）沉降 NH_4^+ 氧化引起的森林土壤酸化

大气沉降中与氮有关的有 NH_4^+ 和 NO_3^- 两个离子。几乎在所有关于氮沉降的报告中，NH_4^+ 的比例通常高于 NO_3^-。有人认为，NH_4^+ 氧化对土壤酸化的影响大于 NO_3^-（Galloway，1995），这是因为沉降到陆地森林系统的 NH_4^+ 存在三种去向，这三种去向都产生或释放出 H^+ 离子。

（1）NH_4^+ 与土壤吸收性复合体的 H^+ 交换，置换出 H^+。

（2）NH_4^+ 被植物吸收释出 H^+。

（3）NH_4^+ 氧化形成 H^+：$NH_4^+ + 2O_2 \longrightarrow NO_3^- + 2H^+ + H_2O$。

3）稻田土壤的铁解作用导致土壤酸化

稻田土壤是一种在人为因素强烈影响下形成的土壤，由于耕种需要常常经历淹水-落干的水旱交替，处于频繁的还原-氧化交替过程中。淹水植稻期间，土壤 Fe^{3+} 还原为可溶性 Fe^{2+}：

$$Fe_2O_3 + 2e^- + 6H^+ \longrightarrow 2Fe^{2+} + 3H_2O$$

形成的 Fe^{2+} 占据土壤吸收性复合体的交换位，盐基离子淋失，H^+ 也被交换出来，用于 Fe^{3+} 还原。旱作季时土壤转换到氧化状态，Fe^{2+} 氧化为 Fe^{3+} 沉淀，这一过程释出 H^+ 离子，土壤吸收性复合体的交换位又被 H^+ 占据，H^+ 破坏黏土矿物表面，把 Al^{3+} 交换出来，使 H^+ 交换过程转化为 Al^{3+} 交换过程。有人把土壤干湿交替引起的 Fe^{3+} 还原和 Fe^{2+} 氧化，伴随的土壤离子交换过程和黏土矿物破坏，Al^{3+} 溶出，导致土壤 pH 降低的过程称为铁解作用（Brinkman，1970）。

从上列反应式可以看出，Fe^{3+} 还原时消耗质子，因此，在酸性水稻土及中性水稻土中，出现淹水后土壤 pH 升高、排水后 pH 降低的事实（于天仁，1988），反复的干湿交替导致水稻土壤酸化。

3.5.2 中国农田过量施用化学氮肥引发土壤酸化

20 世纪 80 年代以来，中国化学氮肥的消耗量逐年增长。在经济发达的集约农业区，如长江三角洲地区和华北平原区一年两熟的稻麦（油菜）轮作及小麦-玉米轮作农田全年化学氮肥的施用量已达 550～600 kg/hm² （Ju et al.，2009；Zhao et al.，2009b）。近年来，蔬菜、果树和茶叶等种植业发展也很快，2010 年全国蔬菜和茶果种植面积已分别占总播种面积的 11.83%和 8.41%，合计 20.24%（数据引自《中国统计年鉴 2011》），其施氮量也远远高于大田作物。

关于氮肥施用对土壤酸化的影响早已有报道。早期的氮肥品种主要为硫酸铵 [$(NH_4)_2SO_4$] 和硝酸铵（NH_4NO_3）。Volk（1956）曾观测了施用不同数量 NH_4NO_3 对砂质土壤酸化的明显影响（表 3.28）。在 0～5 cm 的表土层，施用 470 kg/hm² 和 940 kg/hm² 比不施氮土壤 pH 降低 1.0 和 1.3。施 NH_4NO_3 后对 pH 的影响不限于 0～5 cm 的表土层，对 5cm 以下，直到 45 cm 的土层都有影响（表 3.28）。英国洛桑试验站试验田也曾出现长期施用$(NH_4)_2SO_4$降低土壤 pH，使土壤酸化的结果（Blake et al.，1999）。

表 3.28 施用氮肥对表层土壤 pH 的影响

土壤深度/cm	不施氮土壤 pH	NH_4NO_3 加入量引起的土壤 pH 变化	
		940 kg/hm²	470 kg/hm²
0～5	6.2	4.9	5.2
5～25	6.2	5.4	5.7
25～45	6.5	5.6	5.7

注：转引自徐仁扣（1996）。

当前，氨基化学氮肥（如尿素）在中国农田施用非常普遍，其对农田土壤酸化的影响是一个需要回答的问题。Guo 等（2010）利用 20 世纪 80 年代初全国土壤普查得到的表层土壤 pH 数据和其他已发表的耕层土壤 pH 数据，综合研判了 20 世纪 80 年代至 21 世纪初中国主要农田系统由于大量施用氨基化学氮肥对土壤 pH 变化的影响。他们发现，中国农田土壤 pH 平均降低了 0.5；其中蔬菜地、果园和茶园土壤 pH 降低了 0.3～0.8，降幅高于种植谷类作物的农田土壤，这显然与蔬菜地、果园和茶园的氮肥施用量远远高于谷类作物施氮量有关。上述结果也在 10 个 8～25 年的长期肥料田间试验结果中得到验证。长期施用氮磷钾化肥处理的土壤 pH 要比种作物不施肥和不种作物不施肥的处理低 0.45～2.20。

Guo 等（2010）提到了另一个重要的事实：化学氮肥的大量施用提高了中国粮食作物和蔬菜、果树、茶叶的产量，增加的可食部分和不可食部分的生物体除带走了所吸收的氮磷钾等肥料养分，也从土壤中移走了相应的盐基离子。鉴于目前中国人、畜、禽排泄物和作物秸秆回田率很低，土壤肥力全面下降，这不仅进一步加剧了土壤酸化程度，而且会导致土壤退化。

3.5.3 未来研究需要

农田土壤酸化对土壤生产力的长期保持是一个挑战，因为 pH 的改变将导致一系列土壤化学、物理和生物性质的改变，从而影响农业生产的可持续发展。为了综合评估农田土壤酸化的时间进程和对土壤生产力的影响，下列问题值得进一步研究。

（1）利用中国已有的主要农业区的长期肥料试验网络，开展不施肥、化肥、有机肥及其配比等不同处理、不同土壤深度土壤 pH 变化的定期观测，分析不同土层盐基离子、盐基饱和度、阳离子交换量、活性 Al^{3+} 等土壤化学性质的变化，解析长期高强度耕种下土壤酸化演变规律及其对氮磷钾等物质元素土壤转化过程的影响，开展未来情景分析等。

（2）中国 86%的稻田为水旱轮作，干湿交替和氧化还原过程转换诱发的土壤铁解作用对土壤酸化的贡献，以及稻田铁解作用与氨基肥料氮氧化耦合作用对土壤酸化的贡献值得注意。

（3）长期定位试验研究氨基化学氮肥对中国南部酸性旱作土壤、北方石灰性旱作土壤和盐碱土壤酸化的影响强度与程度，开展相应碳氮磷等物质循环过程的农学、生态及环境风险评估。

参 考 文 献

蔡祖聪，徐华，马静. 2009. 稻田生态系统 CH_4 和 N_2O 排放. 合肥：中国科学技术大学出版社：287-345.

曹金留，任立春，杨保林，等. 1999. 苏南丘陵区稻田氧化亚氮的排放特点. 生态学杂志，18（3）：6-9.

陈利军，史奕，李荣华，等. 1995. 脲酶抑制剂和硝化抑制剂的协同作用对尿素氮转化和 N_2O 排放的影响. 应用生态学报，6（4）：368-372.

陈能汪，洪华生，肖健，等. 2006. 九龙江流域大气氮干沉降. 生态学报，26（8）：2602-2607.

陈荣悌，赵广华. 2001. 化学污染：破坏环境的元凶. 北京：清华大学出版社；广州：暨南大学出版社：16-76.

陈书涛，黄耀，郑循华，等. 2005. 轮作制度对农田氧化亚氮排放的影响及驱动因子. 中国农业科学，2005，38（10）：2053-2060.

成升魁. 2007. 中国可持续发展总纲（第 5 卷）-中国土地资源与可持续发展. 北京：科学出版社：31-58.

丁洪，王跃思，李卫华. 2004. 玉米—潮土系统中不同氮肥品种的反硝化损失与 N_2O 排放量. 中国农业科学，37（12）：1886-1891.

樊后保，黄玉梓. 2006. 陆地生态系统氮饱和对植物影响的生理生态机制. 植物生理与分子生物学学报，（4）：395-402.

樊后保，黄玉梓，袁颖红，等. 2007a. 森林生态系统碳循环对全球氮沉降的响应，生态学报，27（7）：2998-3009.

樊后保，刘文飞，裘秀群，等. 2007b. 杉木人工林凋落物对氮沉降增加的初期响应. 生态学杂志，26（9）：1335-1338.

樊后保，袁颖红，王强，等. 2007c. 氮沉降对杉木人工林土壤有机碳和全氮的影响. 福建林学院学报，27（1）：1-6.

樊后保，苏兵强，林德喜，等. 2000. 杉木人工林生态系统的生物地球化学循环II：氮素沉降动态. 应用与环境生物学报，6（27）：133-137.

樊建凌，胡正义，庄舜尧，等. 2007. 林地大气氮沉降的观测研究. 中国环境科学，27（1）：7-9.

方福平，廖西平. 2010. 世界农业生产//许世卫，信乃诠. 当代世界农业. 北京：农业出版社：71-79.

方运霆. 2006. 氮沉降对鼎湖山森林土壤氮素过程的影响. 北京：中国科学院研究生院.

龚振平，杨悦乾. 2012. 作物秸秆还田技术与机具. 北京：中国农业出版社.

郝吉明，谢绍东，段雷，等. 2001. 酸沉降临界负荷及其应用. 北京：清华大学出版社.

黄树辉，蒋文伟，吕军，等. 2005. 氮肥和磷肥对稻田 N_2O 排放的影响. 中国环境科学，25（5）：540-543.

黄漪平. 2001. 太湖水环境及其污染控制. 北京：科学出版社：233-241.

黄宗良，丁明懋，张祝平，等. 1994. 鼎湖山季风常绿阔叶林的水文学过程及其氮素动态. 植物生态学报，18（2）：194-199.

贾钧彦，张颖，蔡晓布，等. 2009. 藏东南大气湿沉降氮动态变化——以林芝观测点为例. 生态学报，29（4）：1908-1913.

江长胜，王跃思，郑循华. 2005. 川中丘陵区冬灌田甲烷和氧化亚氮排放研究. 应用生态学报，16（3）：539-544.

李德军，莫江明，方运霆，等. 2004. 模拟氮沉降对三种南亚热带树苗生长和光合作用的影响. 生态学报，24（5）：876-882.

李德军，莫江明，方运霆. 2005a. 模拟氮沉降对南亚热带两种乔木幼苗生物量及其分配的影响. 植物生态学报，29（4）：543-549.

李德军，莫江明，彭少麟，等. 2005b. 南亚热带森林两种优势树种幼苗的元素含量对模拟氮沉降增加的影响. 生态学报，25（9）：2165-2171.

李贵宝，尹澄清，周怀东. 2001. 中国"三湖"的水环境问题和防治对策与管理. 水问题论坛，（3）：36-39.

李考学. 2007. 氮沉降对长白山两种主要针叶树种凋落物分解的影响. 东北林业大学学报，35（2）：17-19.

李世清，李生秀. 1999. 陕西关中湿沉降氮输入农田生态系统中的氮素. 农业环境保护，18（3）：97-101.

李玉中，祝廷成，姜世成. 2000. 羊草草地生态系统干湿沉降氮输入量的动态变化. 中国草地，2：24-27.

刘崇群，曹淑卿，陈国安. 1984. 我国南亚热带闽、滇地区降雨中养分含量的研究. 土壤学报，21（4）：438-442.

刘世荣. 1992. 兴安落叶松人工林生态系统营养元素生物地球化学循环特征. 生态学杂志，11（5）：1-6.

刘文飞，樊后保，杨跃霖，等. 2007. 氮沉降对杉木人工林凋落物微量元素含量的影响. 福建林学院学报，27（4）：322-326.

卢维盛，张建国，廖宗文. 1997. 广州地区晚稻田 CH_4 和 N_2O 的排放量通量及其影响因素. 应用生态学报，8（3）：275-278.

鲁如坤，刘鸿翔，闻大中，等. 1996. 我国典型地区农业生态系统养分循环和平衡研究. II. 农田养分收入参数. 土壤通报，27（4）：152-154.

鲁如坤，史陶钧. 1979. 金华地区降水中养分含量的初步研究. 土壤学报，16（1）：81-84.

鲁显楷，莫江明，李德军，等. 2007. 鼎湖山主要林下层植物光合生理特性对模拟氮沉降的响应. 北京林业大学学报，29（6）：1-9.

吕超群，田汉勤，黄耀. 2007. 陆地生态系统氮沉降增加的生态效应. 植物生态学报，31（2）：205-218.

吕殿青，同延安，孙本华，等. 1998. 氮肥施用对环境污染影响的研究. 植物营养与肥料学报，4（1）：8-15.

马立珊，汪祖强，张水铭. 1997. 苏南太湖水系农业面源污染及其控制对策研究. 环境科学学报，17（1）：39-47.

马雪华. 1989. 在杉木林和马尾松林中雨水的养分淋溶作用. 生态学报，9（1）：17-20.

马银丽，古艳芝，李鑫，等. 2012. 施氮水平对小麦-玉米轮作体系氨挥发与氧化亚氮排放的影响. 生态环境学报，21（2）：225-230.

莫江明，方运霆，徐国良，等. 2005. 鼎湖山苗圃和主要森林土壤 CO_2 排放和 CH_4 吸收对模拟氮沉降的短期影响. 生态学报，25（4）：682-690.

莫江明，薛花，方运霆. 2004. 鼎湖山主要森林植物凋落物分解及其对氮沉降的早期响应. 生态学报，24（7）：1413-1420.

庞军柱，王效科，牟玉静，等. 2011. 黄土高原冬小麦地 N_2O 排放. 生态学报，31（7）：1896-1903.

裴淑玮，张圆圆，刘俊峰，等. 2012. 华北平原玉米-小麦轮作农田 N_2O 交换通量的研究. 环境科学，33（10）：3641-3646.

任仁，米丰杰，白乃彬. 2000. 中国降水化学数据的化学计量学分析. 北京工业大学学报，26（2）：90-95.

谌小勇，潘维俦. 1989. 杉木人工林生态系统中氮素的动态特征. 生态学报，9（3）：201-206.

宋文质，王少彬，曾江海，等. 1997. 华北地区旱田土壤氧化亚氮的排放. 环境科学进展，5（4）：49-55.

宋学贵，胡庭兴，鲜骏仁，等. 2007a. 川西南常绿阔叶林土壤呼吸及其对氮沉降的响应. 水土保持学报，21（4）：168-192.

宋学贵，胡庭兴，鲜骏仁，等. 2007b. 川西南常绿阔叶林凋落物分解及养分释放对模拟氮沉降的响应. 应用生态学报，18（10）：2168-2172.

苏成国，尹斌，朱兆良，等. 2005. 农田氮素的气态损失与大气氮湿沉降及其环境效应. 土壤，37（2）：113-120.

孙本华，胡正义，吕家珑，等. 2007. 模拟氮沉降对红壤阳离子淋溶的影响研究. 水土保持学报，21（1）：18-21.

孙志高，刘景双，王金达. 2007. 三江平原典型湿地系统大气湿沉降中氮素动态及其生态效应. 水科学进展，18（2）：182-192.

王醇儒，罗仲全，赵仕远. 1984. 西双版纳地区降雨和橡胶林内雨养分含量的初步研究. 生态学报，4（3）：259-266.

王体健，刘倩，赵恒，等. 2008. 江西红壤地区农田生态系统大气氮沉降通量的研究. 土壤学报，45（2）：280-287.

王文兴，王玮，张婉华，等. 1996. 我国 SO_2 和 NO_x 排放强度地理分布和历史趋势. 中国环境科学，16（3）：161-166.

王小治，朱建国，高人，等. 2004. 太湖地区氮素湿沉降动态及生态学意义：以常熟生态站为例. 应用生态学报，15（9）：

1616-1620.

王效科, 李长生. 2000. 中国农业土壤 N_2O 排放量估算. 环境科学学报, 20 (4): 483-488.

王秀斌, 梁国庆, 周卫, 等. 2009. 优化施肥下华北冬小麦/夏玉米轮作体系农田反硝化损失与 N_2O 排放特征. 植物营养与肥料学报, 15 (1): 48-54.

王雪梅, 杨龙元, 秦伯强, 等. 2006. 春季太湖水域无机氮湿沉降来源初探. 中山大学学报 (自然科学版), 45 (4): 93-97.

王志辉, 张颖, 蔡晓布, 等. 2008. 黄土区降水降尘输入农田土壤中的氮素评估. 生态学报, 28 (7): 3296-3301.

项红艳, 朱波, 况福虹, 等. 2007. 氮肥施用对紫色土-玉米根系统 N_2O 排放的影响. 环境科学学报, 27 (3): 413-420.

谢迎新, 张淑利, 赵旭, 等. 2009. 作物地上部氨排放及对大气氮沉降的吸收. 生态环境学报, 18 (5): 1929-1932.

邢光熹. 2007. 遏制氮磷: 农村污染源是难点. 环境保护, (7B): 49-50.

邢光熹, 谢迎新, 熊正琴, 等. 2010. 水稻-小麦轮作体系中土壤氮循环、氮素的化学行为和生态环境效应//朱兆良, 张福锁, 等. 主要农田生态系统氮素行为与氮肥高效利用的基础研究. 北京: 科学出版社.

徐华, 邢光熹, 张汉辉. 1995. 太湖地区水田土壤的排放通量及其影响因素. 土壤学报, 32 (2): 144-150.

徐仁扣. 1996. 我国降水中的 NH_4^+ 及其在土壤酸化中的作用. 农业环境保护, 15 (3): 139, 130, 142.

延军平, 黄春长, 陈英. 1999. 跨世纪全球环境问题及行为对策. 北京: 科学出版社.

颜晓元, 周伟. 2019. 长江三角洲农田地下水反硝化对硝酸盐的去除作用. 土壤学报, 56 (2): 350-362.

菅娜, 麻金继, 周丰, 等. 2013. 中国农田肥料 N_2O 直接和间接排放重新评估. 环境科学学报, 33 (10): 2828-2839.

于天仁. 1988. 中国土壤的酸度特点和酸化问题. 土壤通报, 19 (2): 49-51.

于亚军, 朱波, 王小国, 等. 2008. 成都平原水稻-油菜轮作系统氧化亚氮排放. 应用生态学报, 19 (6): 1277-1282.

宇万太, 马强, 张璐, 等. 2008. 下辽河平原降雨中氮素动态. 生态学杂志, 27 (1): 33-37.

袁旭音. 2000. 中国湖泊污染状况的基本评价. 火山地质与矿产, 21 (2): 128-136.

张福锁, 张卫峰, 马文奇, 等. 2008. 我国肥料产业与科学施肥战略研究报告. 北京: 中国农业大学出版社.

张强, 巨晓棠, 张福锁. 2010. 应用修正的 IPCC 2006 方法对中国农田 N_2O 排放量重新估算. 中国农业生态学报, 18 (1): 7-13.

张维理, 田处旭, 张宁. 1995. 我国北方农用氮肥造成地下水硝酸盐污染的调查. 植物营养与肥料学报, 1 (2): 80-87.

张效朴, 龚子同. 1987. 我国南方雨水、地表水和地下水的地球化学特征. 土壤专报, 41: 169-181.

张修峰. 2006. 上海地区大气氮湿沉降及其对湿地水环境的影响. 应用生态学报, 17 (6): 1099-1102.

赵荣芳. 2006. 冬小麦-夏玉米轮作水氮资源优化管理体系的可持续性评价. 北京: 中国农业大学.

曾江海, 王智平, 张玉铭, 等. 1995. 小麦-玉米轮作期土壤排放 N_2O 通量及总量估算. 环境科学, (1): 32-35.

郑丽霞, 刘学军, 张福锁. 2007. 大气有机氮沉降研究进展. 生态学报, 27 (9): 3828-3834.

中国农业科学院土壤肥料研究所. 1986. 中国化肥区划. 北京: 中国农业科技出版社.

周国逸, 闫俊华. 2001. 鼎湖山区域大气降水特征和物质元素输入对森林生态系统研究存在和发育的影响. 生态学报, 21 (12): 2002-2012.

周杨, 司友斌, 赵旭, 等. 2012. 太湖流域稻麦轮作农田氮肥施用状况、问题和对策. 土壤, 44 (3): 510-514.

朱兆良, Norse D, 孙波, 等. 2006. 中国农业面源污染控制对策. 北京: 中国环境科学出版社.

邹建文, 黄耀, 宗良纲, 等. 2003. 稻田 CO_2、CH_4 和 N_2O 排放及其影响因素. 环境科学学报, 23 (6): 758-764.

邹静, 崔键, 王国强, 等. 2007. 红壤旱地湿沉降氮特征及其对马唐-冬萝卜连作系统氮素平衡的贡献. 生态环境, 16 (6): 1714-1718.

左克成, 张金霞, 王在模. 1986. 青海海北高原高寒草甸生态系统降水中养分含量的初步研究. 北京: 科学出版社.

Aber J D, Nadelhoffer K J, Steudler P, et al. 1989. Nitrogen saturation in northern forest ecosystems. Bioscience, 39: 378-386.

Agren G I, Bosatta E. 1988. Nitrogen saturation of terrestrial ecosystems. Environmental Pollution, 54: 185-197.

Asman W A H, Sutton M A, Schjorring J K. 1998. Ammonia: emission, atmospheric transport and deposition. New Phytol, 139: 27-48.

Bao X A, Watanabe M, Wang Q X, et al. 2006. Nitrogen budgets of agricultural fields of the Changjiang River basin from 1980-1990. Science of the Total Environment, 363: 136-148.

Baron P A, Willeke K. 2001. Aerosol Measurement: Principles, techniques, and applications. 2nd ed. John Wiley and Sons. Inc:

30-39.

Blake L，Goulding K W T，Mott C J B，et al. 1999. Changes in soil chemistry accompanying acidification over more than 100 years under woodland and grass at rothamsted experimental station，UK. European Journal of Soil Science，50：401-412.

Bremner J M，Blackmer A M. 1981. Terrestrial nitrification as a source of atmospheric nitrous oxide//Delwiche C C. Denitrification，nitrification，and atmospheric nitrous oxide. New York：Wiley：157-170.

Brinkman R. 1970. Ferrolysis：A hydromorphic soil forming process. Geoderma，3：189-206.

Cai Z C，Xing G X，Yan X Y，et al. 1997. Methane and nitrous oxide emissions from rice paddy fields as affected by nitrogen fertilizers and water management. Plant and Soil，96（1）7-14.

Cao Y C，Sun G Q，Xing G X，et al. 1991. Natural abundance of ^{15}N in main N-containing chemical fertilizers of China. Pedosphere，1（4）：377-382.

Cornell S E，Jickells T D. 1999. Water-soluble organic nitrogen in atmospheric aerosol：a comparison of UV and persulfate oxidation methods. Atmospheric Environment，33：833-840.

Cornell S E，Jickells T D，Cape J N. 2003. Organic nitrogen deposition on land and coastal environments：A review of methods and data. Atmosphere Environment，37：2173-2191.

Cui J，Peng Y Q，He Y Q，et al. 2014a. Atmospheric wet deposition of nitrogen and sulfur in the agroecosystem in developing and developed areas of Southeastern China. Atmospheric Environment，89：102-108.

Cui J，Zhou J，Peng Y，et al. 2014b. Long-term atmospheric wet deposition of dissolved organic nitrogen in a typical red-soil agro-ecosystem，Southeastern China. Environmental Science：Processes and Impacts，16（5）：1050.

Cui J，Zhou J，Yang H. 2010. Atmospheric inorganic nitrogen in dry deposition to a typical red soil agroecosystem in southeastern China. Journal of Environmental Monitoring，12：1287-1294.

Cui J，Zhou J，Peng Y，et al. 2012. Atmospheric inorganic nitrogen in wet deposition to a red soil farmland in Southeast China，2005—2009. Plant Soil，359：387-395.

Dise N B，Matzner E，Gundersen P. 1998. Synthesis of nitrogen pools and fluxes from european forest ecosystems. Water，Air and Soil Pollution，105：143-154.

Egmonn K，Bresser T，Bouwman L，et al. 2002. The European nitrogen case. AMBIO：A Journal of the Human Environment，31（2）：72-78.

Fenn M E，Poth J D，Aber J D，et al. 1998. Nitrogen excess in North American ecosystems：Predisposing factors，ecosystem responses，and management strategies. Ecological Applications，8：706-733.

Flipse Jr W J，Katz B G，Lindner J B，et al. 1984. Sources of nitrate in Ground water in a sewered housing development，Central Long Island，New York. Ground Water，22：418-426.

Galloway J N. 1995. Acid deposition：Perspectives in time and space. Water，Air and Soil Pollution，85：15-24.

Galloway J N. 2005. The global nitrogen cycle：Past，present and future. Science in China，Series C，（S2）：669-677.

Galloway J N，Cowling E B. 2002. Reactive nitrogen and the world：200 years of Change. AMBIO：A Journal of the Human Environment，31（2）：64-71.

Galloway J N，Dentener F J，Capone D G，et al. 2004. Nitrogen cycles：Past，present and future. Biogeochemistry，70：153-226.

Galloway J N，Townsend A R，Erisman J W，et al. 2008. Transformation of the nitrogen cycle：Recent trends，questions，and potential solutions. Science，320：890-892.

Gao B，Ju X T，Zhang Q，et al. 2011. New estimates of direct N_2O emission from Chinese Croplands from 1980 to 2007 using localized emission factors. Biogeosciences，8：3011-3024.

Goulding K W T. 1990. Nitrogen deposition to land from the atmosphere. Soil Use and Management，6（2）：61-63.

Goulding K W T，Bailey N J，Bradbury N J，et al. 1998. Nitrogen deposition and its contribution to nitrogen cycling and associated soil processes. New Phytologist，39：49-58.

Guo J H，Liu X J，Zhang Y，et al. 2010. Significant acidification in major Chinese croplands. Science，327（5968）：1008-1010.

Gundersen P，Rasmussen L. 1988. Nitrification，acidification and aluminum release in forest soil//Nilsson J，Crennfelt P. Critical loads for sulphur and nitrogen. Report 1988: 15 (Copenhagen: Nordic Cou neil of Ministers): 225-268.

Hanson P J, Lindberg S E. 1991. Dry deposition of reactive nitrogen compounds: A review of leaf, canopy and non-foliar measurements. Atmospheric Environment, 25: 1615-1634.

He C E, Liu X, Fangmeier A, et al. 2007. Quantifying the total airborne nitrogen input into agroecosystems in the North China plain. Agriculture Ecosystems and Environment, 121 (4): 395-400.

Hu Z Y, Xu C K, Hou L N, et al. 2007. Contribution of atmospheric nitrogen compounds to N deposition in a broadleaf forest of southern China. Pedosphere, 17 (3): 360-365.

IPCC (Intergovernmental Panel on Climate Change) . 1996. Revised 1996 IPCC guidelines for national greenhouse gas inventories. UK meteorological office, Bracknell: IPCC/OECD/IEA.

IPCC (Intergovernmental Panel on Climate Change) . 2006. 2006 IPCC guidelines for national greenhouse gas inventories. Hayama, Japan: Institute for Global Environmental Strategies.

IPCC (Intergovernmental Panel on Climate Change) . 2019. Refinement to the 2006 IPCC Guidelines for National Greenhouse Gas Inventories. Institute for Global Environmental Strategies, Japan.

Ju X T, Liu X J, Zhang F S. 2004. Nitrogen fertilization, soil nitrate accumulation and policy recommendations in several agricultural regions of China. AMBIO: A Journal of the Human Environment, 33 (6): 300-305.

Ju X T, Xing G X, Chen X P, et al. 2009. Reducing environmental risk by improving N management in intensive Chinese agricultural systems. Proceedings of the National Academy of Sciences, 106 (9): 3041-3046.

Khalil M A R, Rasmusen R A, Wang M X, et al. 1990. Emissions of trace gases from Chinese rice fields and biogas generators: CH_4, N_2O, CO, CO_2, chlorocarbons, and hydrocarbons. Chemosphere, 20: 207-226.

Khalil M A K, Rasmuissin R, Shearer M, et al. 1998. Emissions of methane, nitrous oxide, and other trace gases from rice fields in China. Journal of Geophysical Research, 103: 25241-25250.

Krupa S V. 2003. Effects of atmospheric ammonia (NH_3) on terrestrial vegetation: A review. Environmental Pollution, 124: 179-221.

Lawrenoe G B, Goolsby DA, Battaglin W A, et al. 2000. Atmospheric nitrogen in the Mississippi River Basin-emissions, deposition and transport. The Science of the Total Environment, 24: 87-99.

Li C S, Zhuang H Y, Cao M Q, et al. 2001. Comparing a process-based agro-ecosystem model to the IPCC methodology for developing a national inventory of N_2O emissions from arable lands in China. Nutrient Cycling in Agroecosystems, 60 (1/3): 159-175.

Lilijelund I E, Torstensson P. 1988. Critical loads of nitrogen with regard to effects on plant composition//Nilsson J, Grennfelt P. Critical loads for sulphur and nitrogen Report: 363-374, (Copenhagen: Nordic Couneil Ministers) .

Liu X J, Ju X T, Zhang Y, et al. 2006. Nitrogen deposition in agroecosystems in the Beijing area. Agriculture, Ecosystems and Environment, 113: 370-377.

Liu X J, Zhang Y, Han W X, et al. 2013. Enhanced nitrogen deposition over China. Nature, 494: 459-462.

Lu Y, Huang Y, Zou J, et al. 2006. An inventory of N_2O emissions from agriculture in China using precipitation-rectified emission factor and background emission. Chemosphere, 65 (11): 1915-1924.

Luo L C, Qin B Q, Yang L Y. 2007. Total inputs of phosphorus and nitrogen by wet deposition in to Lake Taihu, China. Hydrobiologia, 581: 63-70.

Meijier K. 1986. Critical loads for sulphur and nitrogen deposition in the Netherlands//Nilsson J. Critical loads for sulphur and nitrogen. Copenhangen: Nordic Council of Ministers: 223-232.

Minami K. 1987. Emission of nitrous oxide (N_2O) from agro-ecosystem. Japan Agricultural Research Quarterly, 21: 21-27.

Mariotti A, Landrean A, Simon B. 1988. [15]N isotope biogeochemistry and natural denitrification process in ground water: Application to the chalk aquifer of northern France. Geochimica et Cosmochimica Acta, 52: 1869-1878.

Ollinger S V, Aber J D, Lovett G M, et al. 1993. A spatial model of atmospheric deposition for the Northeastern U.S. Ecdogical Applications, 3: 459-472.

Russow R, Bohme F. 2005. Determination of the total nitrogen deposition by the ^{15}N isotope dilution method and problems in extrapolating results to field scale. Geoderma，127：62-70.

Russow R，Bohme W B，Neue H U. 2001. A new approach to determine the total airborne N input into the soil/plant system using ^{15}N isotope dilution（ITNI）：Results for agricultural areas in Central Germany. The Scientific World，1（S2）：255-260.

Shearer G B，Kohl D H，Commoner B. 1974. The precision of determination of the natural abundance of nitrogen-15 in soils，fertilizers and shelf-Chemicals. Soil Science，118：308-316.

Shen J L，Tang A H，Liu X J，et al. 2009. High concentrations and dry deposition of reactive nitrogen species at two sites in the north China plain. Environmental Pollution，157（11）：3106-3113.

Smith R L，Howes B L，Duff J H. 1991. Denitrification in nitrate-contaminated ground water：occurrence in steep vertical geochemical gradients. Geochimica Cosmochimica Acta，55：1815-1825.

van Breemen N. 1988. Ecosystem effects of atmospheric deposition of nitrogen in the Netherlands. Environmental Pollution，54：249-274.

Volk G M. 1956. Efficiency of various nitrogen sources for pasture grasses in large lysimeters of lakeland fine sand. Soil Science Society of America Journal，20（1）：41-45.

Wang J Y，Jia J X，Xiong Z Q，et al. 2011. Water regime-nitrogen fertilizer-straw incorporation interaction：Field study on nitrous oxide emissions from a rice agroecosystem in Nanjing，China. Agriculture Ecosystems and Environment，141：437-446.

Xie Y X，Xiong Z Q. Xing G X，et al. 2008. Source of nitrogen in wet deposition to a rice agroecosystem at Tai lake region. Atmospheric Environment，42：5182-5192.

Xing G X. 1998. N_2O emission from cropland in China. Nutrient Cycling in Agroecosystems，52：249-254.

Xing G X，Cao Y C，Shi S L，et al. 2002a. Denitrification in underground saturated soil in rice paddy region. Soil Biology and Biochemistry，34：1501-1598.

Xing G X，Shi S L，Shen G Y，et al. 2002b. Nitrous oxide emissions from paddy soil in three rice-bas Cropping systems in China. Nutrient Cycling in Agroecosystems，64：135-143.

Xing G X，Yan X Y. 1999. Direct nitrous oxide emissions from agricultural fields in China estimated by the revised 1996 IPCC guidelines for national greenhouse gases. Environmental Science and Policy，2：355-361.

Xing G X，Zhao X，Xiong Z Q，et al. 2009. Nitrous oxide emission from paddy fields in China. Acta Ecologica Sinica，29（1）：45-50.

Xing G X，Zhu Z L. 1997. Preliminary studies on N_2O emission fluxes from upland soils and paddy soils in China. Nutrient Cycling in Agroecosystems，49：17-22.

Xing G X，Zhu Z L. 2001. The environmental consequences of altered nitrogen cycling resulting from industrial activity. Agricultural Production，and Population Growth in China. The Scientific World，1（S2）：70-80.

Xiong Z Q，Xing G X，Tsuruta H，et al. 2002a. Measurement of nitrous oxide emissions from two rice-based cropping systems in China. Nutrient Cycling in Agro Ecosystems，64：125-133.

Xiong Z Q，Xing G X，Tsuruta H，et al. 2002b. Field study on nitrous oxide emissions from upland cropping systems in China. Soil Science and Plant Nutrition，48（4）：539-546.

Xu H，Xing G X，Tsuruta H，et al. 1997. Nitrous oxide emissions from three rice paddy fields in China. Nutrient Cycling in Agroecosystems，49：18-23.

Xu W，Liu L，Cheng M M，et al. 2018. Spatial–temporal patterns of inorganic nitrogen air concentrations and deposition in eastern China. Atmospheric Chemistry and Physics，18：10931-10954.

Xu W，Luo X S，Pan Y P，et al. 2015. Quantifying atmospheric nitrogen deposition through a nationwide monitoring network across China. Atmospheric Chemistry and Physics，15：18365-18405.

Yan X，Shi S L，Du L J，et al. 2000. Pathways of N_2O emission from rice paddy soil. Soil Biology and Biochemistry，32：437-440.

Yu G R，Jia Y L，He N P，et al. 2019. Stabilization of atmospheric nitrogen deposition in China over the past decade. Nature Geoscience，12：424-429.

Zhang Y，Liu X J，Fangmeier A，et al. 2008. Nitrogen inputs and isotopes in precipitation in the North China Plain. Atmospheric

Environment，42：1436-1448.

Zhao X，Xie Y，Xiong Z，et al. 2009b. Nitrogen fate and environmental consequence in paddy soil under rice-wheat rotation in the Taihu lake region，China. Plant and Soil，319（1/2）：225-234.

Zhao X，Yan X Y，Xiong Z Q，et al. 2009a. Spatial and temporal variation of inorganic nitrogen wet deposition to the Yangtze River Delta Region，China. Water Air and Soil Pollution，203：277-289.

Zheng X H，Fu C B，Xu X K，et al. 2002. The Asian nitrogen cycle case study. AMBIO：A Journal of the Human Environment，31（2）：79-87.

Zheng X H，Han S H，Huang Y，et al. 2004. Re-quantifying the emission factors based on field measurements and estimating the direct N₂O emission from Chinese croplands. Global Biogeochemical Cycles，18（2）．

Zhu Z L. 1997. Nitrogen balance and cycling in agroecosystems of China//Zhu Z L，Wen Q X，Freney J. Nitrogen in Soils of China. Dordrecht，Boston，London：Kluwer Academic Publishers：323-338.

Zou J，Lu Y，Huang Y，et al. 2010. Estimates of synthetic fertilizer N-induced direct nitrous oxide emission from Chinese croplands during 1980-2000. Environmental Pollution，158（2）：631-635.

第二篇

当前中国农田氮素良性循环的症结：化学肥料过量使用，有机肥被忽视

第4章　中国农耕文明时代农田养分平衡模式

4.1　中国农耕文明的内涵

农耕文明是人类文明发展史上的一个阶段，是人类史上的第一种文明形态，一直延续到工业革命之前。此阶段的一切农业活动皆以个体小农为单元，存在着诸多局限性。对中国农耕文明所给予的一些称赞，是笔者深觉该时期的一些农业生产做法至今仍有诸多可借鉴之处。

在讲述中国农耕文明时代农田氮平衡模式之前，有必要简述中国农耕文明。长达数千年的中国农耕文明不仅在中华民族发展的历史长河中占有至关重要的历史地位，在世界文明史上也占据独特地位。中国是世界四大文明古国之一，农耕文明是中国古代文明的显著内涵之一，其核心内容是农业生产。"农业生产是人类利用天时、地利、生物条件以谋求人类衣、食来源的一种经济活动""农业的发明是人类历史上第一次产业大革命，有了农业人类才有稳定的食物来源；有了农业人类才有定居生活的可能；有了农业，手工业、商业、科学文化事业才有了发生的前提，没有农业也不可能有今日的文明"（卢嘉锡和路甬祥，1998）。据许多文献记载，中国农业约在公元前 7000 年就已发生，起源于黄河、长江流域。由于自然地理条件不同，两河流域孕育了中国农业的重大差异，黄河流域是以粟黍为主体的旱作农业，长江流域是以稻作为主体的水耕农业，黄河流域的旱地农业早于长江流域的稻作农业。几千年来，直至今日，两河流域的旱作农业和稻作农业的格局并无根本性改变，栽培的农作物则逐步演变为覆盖今日中华大地的三大作物：水稻、玉米和小麦。南方以水稻为主，北方以玉米、小麦为主。中国几千年的农耕文明，内容丰富、绚丽多彩、源远流长，现择要而述之。

4.1.1　推动中国农耕文明进步的是农耕工具的进步

与人类社会发展的历史进程步调一致，原始农业起源于新石器时代，中期原始社会所使用的工具为石铲、石斧、石刀、石镰、石磨盘等。农耕特征为刀耕火种的撂荒制。公元前 1600 年至公元前 221 年先秦时期的商周时代，铜器已经出现，青铜工具在农耕活动中占主导地位（刘旭等，2011），此阶段是原始农业到精耕细作农业的过渡期。公元前 221 年到公元 580 年，中国历史上的秦汉、魏、晋、南北朝时期，炼铁技术兴起，适用于不同农耕的犁壁、无犁壁已出现，而且开始借用畜力，实行牛耕。铁犁牛耕代替了耒耜（lěi sì），生产力大大提高，精耕细作农业已初步形成，使农业生产上了一个新台阶。

4.1.2　水是农业生产的基本要素，水利工程是兴利除害的保障

自古以来中国十分注重水利工程的建设，从大禹治水算起，已有 4000 多年的历史。水利工程的完善使人们得以克服自然条件对农业生产的限制。著名的水利工程有公元前 246 年起修建的郑国渠、公元前 95 年修建的白渠和公元前 306 年到 251 年修建的四川都江堰，等等。更值得称道的是始于汉代，大力发展于清代，适应新疆气候特点的坎儿井，其原理是在高处寻找水源，在一定间隔打深浅不等的竖井，再依地势高下在井底修通暗渠，使水在地下流，沟通各个竖井，地下渠道的出水口与地面渠道相连接，将地下水引至地面灌溉农田，可减少蒸发量。

4.1.3　肥料是农业生产的又一重要基本要素

战国时期已有施肥的记载，在古代的肥料和施肥中，首先想到的是"粪"，古代把施肥称"粪田"。自战国时期至清朝的 2000 多年间，在没有化学肥料的情况下，人们把所有的人和动物排泄物、各种生活废弃物、农产品加工的副产品、秸秆和草木灰、河塘泥等都作为肥料，并大量引种各种绿肥，达到了自然条件下物质循环、物质回归的规模化。

4.1.4　耕作栽培制度和土地利用

在中国古代农耕文明中，栽培制度的创新和土地利用，特别是山地丘陵利用方面的成就，值得称赞。这里讲的耕作栽培制度是指轮作复种、间作、套种。自明清以来，充分利用空间和时间的各种轮作、间作和套种的耕作栽培制度兴起，以缓解人口增长与耕地不足的矛盾。不同作物的轮作是保持"地力常新壮"的一种创举。北魏时期的《齐民要术》中已提到绿肥作物在轮作中的作用，比法国农业化学家 J. B. Boussingault 所说的三叶草在轮作中的作用要早 1300 多年。

轮作复种、间作、套种实质上是应对人口增长而耕地有限所采取的一种争取空间和时间、充分利用光温等资源的创新之举。轮作复种在秦汉时期已有记载，复种、间作套种则盛行于明清时期。在中国南部和西南部山地丘陵地区按等高线修筑的梯田，也体现出土地利用的智慧（图 4.1），在扩大耕地面积的同时，又防止了水土流失，堪称世界一绝。

图 4.1　广西龙胜平安寨梯田景观（中国科学院南京土壤研究所崔荣浩摄，1984 年）

4.1.5　数千年的农耕文明实践孕育出的一些哲理

1）"三才"论

农学中的"三才"论源于哲学中的"三才"论，或称天地人宇宙系统论。这一论述应用于农学，是指一切农业活动中要"顺天时，应地利"，发挥人的主观能动性，以达到农业生产的最佳效果，而成为中国传统农业的指导思想。这一思想在春秋战国的《吕氏春秋》和北魏时期农学家贾思勰（xié）的《齐民要术》等著作中已有论述。

2）"地力常新壮"论

在春秋战国时代，已知"粪可肥田"。至宋代，农学家陈旉（fū）在其《陈旉农书》中（1149 年）提出了"地力常新壮"论。元代农学家王祯在其《王祯农书》中（1313 年）也确认了这一认识。"地力常新壮"论与西欧学者李比希（1840）提出的矿质营养回归学说是同一原理。

中国农耕文明时期不仅提出了一些重要的哲理，还孕育出了一批古代农学家，在他们的著作中，把不同时代的农耕成就做了详尽的文字记录，串联起来成为一部中国农耕文明史。根据中国古代农学史大事年表《中国古代科学史纲》（第七编）农学史纲（卢嘉锡和路甬祥，1998），将这些代表性农学家的名字及其著作的名称按年代顺序列出：氾胜之，公元前 32 年至公元前 7 年，《氾胜之书》；贾思勰，6 世纪 30 年代，《齐民要术》；陈旉，1149 年，《陈旉农书》；王祯，1313 年，《王祯农书》；徐光启，1639 年，《农政全书》。

4.2　中国农耕文明时代有机肥和绿肥的使用

中国农耕文明时代农田养分平衡的模式简言之为：有机肥＋绿肥。

4.2.1　有机肥

有机肥是中国农耕文明时代调控农田养分平衡的基本手段。几千年来，人们在实践中认识到要使"地力常新壮"，稳定作物产量，施肥是必需的。在古代首先认识到"粪可肥田"。中华民族在有机肥施用方面积累的知识和经验是一座丰富灿烂的文明宝库，不仅提炼出施肥的理论，而且提出了施肥的指导原则。要使耕种的土地保持活力，必须施肥。1840 年，李比希曾在其名著《化学在农业和生理学上的应用》一书中，高度赞扬了中国农民把农业废弃物返还农田以平衡作物带走营养物质的举措。他说，"中国的农业是建立在这样一个原则上的：从土壤中取出多少植物养分，又以农产品残余部分的形式全部还给土壤。"清代对施肥的认识更加深刻，《知本提纲》一书中提出施肥要遵循时宜、土宜、物宜的"三宜原则"。所谓"时宜者，寒热不同，各应其候"，指在不同时期，施用不同种类的肥料；所谓"土宜者，气脉不一，美恶不同，随土用粪，如因病下药"，指对待不同土壤施用不同种类的肥料；所谓"物宜者，物性不齐，当随其情"，指不同种类作物施以合适的粪肥。

　　中国古代在有机肥源的开辟和制造方面的成就更是繁花似锦。至明朝时期，由于一年多熟制的发展，要求多方开辟肥源，在《中国古代科学史纲》（第七编）农学史纲（卢嘉锡和路甬祥，1998）中把古代利用的有机肥源归纳为 11 类，共 130 余种。可以认为古代把可以利用的所有农业废弃物、农产品加工副产品、生活废弃物都用作肥料，由于人为活动富集了营养物质的泥肥和土肥也被用作肥料。这在人类历史上，可以说是绝无仅有的，其中一些在当今已无实际利用价值，但依然留给我们许多启迪，现将这些材料摘录如下。

粪　肥：人粪、牛粪、马粪、猪粪、羊粪、鸡粪、鸭粪、鹅粪、鸟栖扫粪、圈鹿粪 10 种。

饼　肥：菜籽饼、乌桕饼、芝麻饼、棉籽饼、豆饼、莱菔子饼、大眼桐饼、楂饼、猪干豆饼、麻饼、大麻饼 11 种。

渣　肥：豆渣、青靛渣、糖渣、果子油渣、酒糟、花核屑、豆屑、小油麻渣、牛皮胶、各式胶渣、真粉渣、漆渣 12 种。

骨　肥：马骨屑、牛骨屑、猪骨屑、羊骨屑、鸟兽骨屑、鱼骨灰 6 种。

土　肥：陈墙土、熏土、尘土、烧土、坑土 5 种。

泥　肥：河泥、沟泥、湖泥、塘泥、灶泥、灶千层肥泥、畜栏前铺地肥泥 7 种。

灰　肥：草木灰、乱柴草、煨（wēi）灰 3 种。

绿　肥：苕（tiáo）饶、大麦、小麦、蚕豆、翘荛、陵苕、苜蓿、绿豆、胡麻、三叶草、梅豆、拔山豆、橧（céng）豆、葫芦芭、油菜、肥田萝卜、鳖豆、茅草、蔓菁、天蓝、红花、青草、水藻、浮萍 24 种。

稿秸肥：诸谷秸根叶、芝麻秸、豆萁、麻秸 4 种。

无机肥料：石灰、石膏、食盐、卤水、硫黄、砒霜、黑矾、螺灰、蛎灰、蛤灰、蚝灰 11 种。

杂　肥：各类禽毛畜毛、鱼头鱼脏、蚕沙、米泔、豆壳、蚕蛹、浴水洗衣灰汁等 40 余种。

　　清代《知本提纲》说："酿造粪壤，大法有十"，书中将各种有机肥材料制成粪肥的方法归纳为 10 种，称为"酿造十法"，记录制作的方法和效果如下。

人　粪："法用灰土相合，盦（ān；意为覆盖，古代盛食物的器皿）热方熟粪田无损，每亩可用一车，自成美田，若即于便窖小便盦熟，名为金汁，合水灌田立可肥美"。

牲畜粪："法用夏秋场间所收糠穰（ráng）碎柴，带土扫积，每日均布牛马槽下，又每日再以干土垫付，数月一起。盦过打碎，即可肥田，又勤农于农隙之时，或推车，或挑笼，于各处收取牛马诸粪，盦过亦可肥田"。

草　粪："凡一切腐薁、败叶、菜根及大蓝渣滓，并田中锄下杂草，俱不可弃。法用合土窖罨，凡有洗器浊水、米泔水及每日所扫秽恶柴土，并投入其中盦之，月余一次，晒干打碎，亦可肥田"。

火　粪："凡朽木腐材及有子蔓草，法用土合层叠堆架，引火烧之，冷定用碌碡（liù zhóu）碾碎，以粪水田最好，旱田亦可用"。

泥　粪："凡阴沟渠港，并河底青泥，法用铁锹转取，或以竹片夹取，置岸上晒干打碎，即可肥田"。

骨蛤灰粪："凡一切禽兽骨及蹄角并蚌蛤诸物，法用火烧黄色，碾细筛过，粪冷水稻秧及水灌菜田，肥盛过于诸粪"。

苗　粪：即种植和使用绿肥。

渣　粪："凡一切菜籽、芝麻、棉籽，取油成渣，法用碾细，最能肥田"。

黑豆粪："法将黑豆磨碎，置窖内，投以人溺，盦极臭，合土拌干，粪田更胜于油渣。凡
　　　　麦粟得豆粪则秆劲，不畏暴风，兼耐久雨、久旱。如多，不能溺盦，磨碎亦可生用"。

皮毛粪："凡一切鸟兽皮毛及汤挦（xián）之水，法用同盦一处，再投韭菜一握，数日即
　　　　腐，沃田极肥"。

4.2.2　绿肥

　　绿肥在中国数千年的农耕史中占有辉煌的一页。绿肥的使用也经历了除草肥田到寻草肥田再到栽种绿肥的漫长演变过程。早在西周和春秋战国时期（公元前 1066 年～公元前 211 年）人们就知道利用锄掉的杂草压入土壤腐烂后可以肥田。西汉时期的《氾胜之书》提到先让杂草生长，然后再耕翻入土，可使农田肥沃，这种养草肥田的方式与现代生草轮作有类似之处（焦彬等，1986）。到公元 3 世纪的西晋时代，已有栽培绿肥的记载。至魏、晋、南北朝时期（公元 386 年～534 年），绿肥已广泛栽种。至唐、宋、元、明、清时，绿肥已广泛使用。以豆科植物为主体的各种绿肥品种已被广泛引种。中国绿肥面积在 20 世纪 40 年代大约为 133 万 hm^2（焦彬等，1986），至 70 年代中期，则超过 1200 万 hm^2（焦彬等，1986；张世贤，1998），占全部耕地比例约为 12.5%。可见当时绿肥在中国农业增产中有举足轻重的作用。然而，1976 年后，绿肥播种面积逐年下降，1995 年降至 466 万 hm^2 左右（张世贤，1998）。焦彬等（1986）按省（自治区、直辖市）分类统计了中国所用过绿肥品种，内容极为丰富，这里予以摘引（表 4.1），以飨读者。

表 4.1　1949 年以来中国农田使用的绿肥品种

地区	主要绿肥种类
北京	田菁、草木樨、毛叶苕子、箭舌豌豆、杨麻、香豆子、大麦、紫穗槐、满江红、水葫芦、紫花苜蓿、黑麦草、油菜
天津	田菁、紫穗槐、满江红、紫花苜蓿
河北	田菁、草木樨、柽麻、毛叶苕子、紫花苜蓿、箭箸豌豆、紫穗槐、绿豆、油菜
内蒙古	草木樨、箭箸豌豆、沙打旺、香豆子、田菁、豌豆、红豆草、毛叶苕子
山西	草木樨、箭箸豌豆、柽麻、毛叶苕子、紫穗槐、沙打旺、田菁、油菜
辽宁	草木樨、紫穗槐、田菁、沙打旺、油菜、紫花苜蓿、满江红
吉林	紫花苜蓿、草木樨、沙打旺
黑龙江	草木樨、豌豆、紫花苜蓿、沙打旺、油菜、紫穗槐、秣食豆
上海	田菁、满江红、水葫芦、蚕豆
江苏	草木樨、光苕、毛苕、箭箸豌豆、绛三叶草、田菁、满江红、黑麦草、豇豆、柽麻、紫穗槐、水葫芦、水花生、沙打旺
浙江	光苕、草木樨、箭箸豌豆、水浮莲、水花生、大叶猪屎豆、紫穗槐、绿豆

续表

地区	主要绿肥种类
安徽	草木樨、柽麻、箭舌豌豆、田菁、金花菜、紫花苜蓿、紫穗槐、猪屎豆、满江红、水葫芦、光苕、毛苕
福建	紫云英、箭舌豌豆、毛叶苕子、紫穗槐、绿豆、大叶猪屎豆、金花菜
江西	金花菜、草木樨、箭舌豌豆、田菁、竹豆、豇豆、满江红、猪屎豆、柽麻、紫穗槐、绛三叶草
山东	草木樨、田菁、箭舌豌豆、柽麻、光叶苕子、满江红、沙打旺、绿豆、毛叶苕子、紫花苜蓿
河南	草木樨、田菁、箭舌豌豆、柽麻、紫穗槐、紫花苜蓿、沙打旺、满江红、毛叶苕子、光叶苕子
湖南	光叶苕子、田菁、紫穗槐、箭舌豌豆、草木樨、满江红、蚕豆、豇豆
湖北	草木樨、柽麻、箭舌豌豆、紫穗槐、满江红、田菁
广东	蓝花苕、金花菜、肥田萝卜、蝴蝶豆、三叶草、满江红、山毛豆
广西	紫云英、田菁、绿豆、豇豆、草木樨、蚕豆、满江红、肿柄菊
四川	箭舌豌豆、紫穗槐、金花菜、草木樨、柽麻、满江红、田菁、扁荚山蔂豆、肥田萝卜
贵州	肥田萝卜、箭舌豌豆、满江红、田菁、草木樨
云南	草木樨、箭舌豌豆、田菁、肥田萝卜、满江红、光叶苕子
西藏	毛叶苕子、箭舌豌豆、草木樨
陕西	草木樨、箭舌豌豆、沙打旺、山蔂豆、紫穗槐、绿豆、柽麻、满江红
甘肃	箭舌豌豆、毛叶苕子、香豆子、山蔂豆、沙打旺
青海	毛叶苕子、箭舌豌豆、草木樨
宁夏	草木樨、青稞、大麦、香豆子、蚕豆、箭舌豌豆、扁豆
新疆	草木樨、毛叶苕子、箭舌豌豆、油菜、田菁、柽麻、蚕豆、芸芥、紫穗槐、绿豆、山蔂豆、三叶草

注：引自焦彬等（1986）；主要列出当时我国其中29个省（自治区、直辖市）的绿肥种类，由于本书较早，当时无重庆直辖市，香港和澳门特别行政区尚未回归，台湾地区和海南省信息暂缺。

4.3　有机肥＋绿肥传统农田养分平衡模式对保障粮食、人口增长的历史性作用

　　鉴于中国人口增长迅速，耕地资源有限，国际上曾有人提出谁来养活中国人。中国几千年的农耕文明史可对这一问题做出回答。数千年来，中国人养活了中国人，即便有朝代更替的战乱和特大自然灾害的侵袭。中国自公元 2 年西汉平帝至公元 1911 年清宣统皇帝的近两千年间，人口均在 4600 万以上，其中唐代增至 1 亿多，清朝宣统年间增至 3.4 亿。1949 年后更是快速增长（表 4.2），直至目前的 14 亿多人口。

表 4.2　中国不同历史时期人口情况

朝代	年份	人口/万人
西汉（平帝）	公元 2 年	5 959
东汉（桓帝）	公元 157 年	5 648
隋（炀帝）	公元 609 年	4 602
唐（宪宗）	公元 820 年	15 760

续表

朝代	年份	人口/万人
北宋（徽宗）	公元 1122 年	4 673
元（文宗）	公元 1330 年	5 984
明（光宗）	公元 1620 年	5 630
清（宣统）	公元 1911 年	34 142
民国	公元 1947 年	46 100
中华人民共和国	公元 1955 年	61 465
中华人民共和国	公元 1965 年	72 538

注：历朝人口数，依据中国历史大辞典编委会（2000），附录四；1955 年、1965 年人口数，依据《中国人口统计年鉴 2002》。

　　这里值得提到的有两个历史阶段。一是清朝顺治十八年至光绪二十七年，即公元 1661～1901 年，人口从不到 1 亿增加到 4.26 亿多，增加了 4.57 倍，耕地只增加了 0.68 倍，人均耕地由 7.18 亩（1 亩≈666.7m^2）下降到 2.17 亩（表 4.3）。看来清朝人口增长所需的粮食增长并非由于耕地面积的扩大。虽然清朝已采取了一年多熟制，即提高复种指数，增加播种面积，引种玉米、甘薯等高产粮食作物，并对某些作物实行间作套种的耕作制度等措施，但所有这些措施都必须有养分的归还，以补充作物带走的土壤养分，稳定土壤肥力，才能增加农作物产量。这只有增加有机肥料和扩种绿肥才能达到。

表 4.3　清顺治十八年（1661 年）到光绪二十七年（1901 年）人口耕地变化

朝代	年份	耕地/hm^2	人口/人	人均耕地/亩
顺治十八年	公元 1661	5 493 576	76 550 608	7.18
康熙二十四年	公元 1685	6 078 430	81 366 952	7.47
雍正二年	公元 1724	7 236 327	104 447 812	6.93
乾隆十八年	公元 1753	7 352 218	183 678 259	4.00
乾隆三十一年	公元 1766	7 807 290	208 095 796	3.75
乾隆四十九年	公元 1784	7 605 694	286 331 307	2.66
嘉庆十七年	公元 1812	7 889 256	333 700 560	2.36
道光二年	公元 1822	7 562 102	372 457 539	2.03
咸丰元年	公元 1851	7 562 857	434 394 047	1.74
光绪二十七年	公元 1901	9 248 812	426 447 325	2.17

注：引自王育民（1995）。

　　另一历史阶段是中华人民共和国成立初期的 1949～1965 年，其间人口增加了 1.8 亿，耕地面积为 1 亿 hm^2 左右（表 4.4）。1949 年全国化学氮肥只有 0.6 万 t(N)，磷钾肥为 0。截至 1965 年，化学氮肥消耗量也仅为 120.6 万 t(N)，磷肥为 55.1 万 t(P$_2$O$_5$)，钾肥为 0.3 万 t(K$_2$O)。这一年按平均每公顷接收到的化学氮、磷、钾肥计算，氮肥为每公顷 11.2 kg，磷肥为每公顷 5.1 kg，钾肥可忽略不计（表 4.4），可见当时化学肥料的投入对粮食增产的作用很小。而 1949～1965 年，有机肥源氮磷钾投入远远高于化肥，绿肥面积也呈明显增加趋势（表 4.5）。由此证明，有机肥＋绿肥模式在维持农田养分平衡和持续产出中发挥了重要作用。

表 4.4　1949～1965 年中国化学肥料消耗情况

年份	化肥消耗量/万 t			耕地面积/ 万 hm²	每公顷接收的养分/kg		
	N	P_2O_5	K_2O		N	P_2O_5	K_2O
1949	0.6	0	0	9 700	0.06	0	0
1957	31.6	5.2	0	11 183	2.83	0.46	0
1965	120.6	55.1	0.3	10 800	11.2	5.1	忽略不计

注：N、P、K 肥料数据引自林葆（1998）；不同年份耕地面积引自封志明等（2005）。

表 4.5　1949～1965 年中国有机肥养分投入量和绿肥种植面积

年份	有机肥养分/万 t			绿肥种植面积/ 万 hm²
	N	P_2O_5	K_2O	
1949	163.7	82.8	196.7	173
1957	253.3	130.2	305.5	380
1965	301.2	153.3	343.9	733

注：绿肥数据引自焦彬等（1986）；有机肥养分数据引自林葆（1998）。

参 考 文 献

封志明, 刘宝勤, 杨艳昭. 2005. 中国耕地资源数量变化的趋势分析与数据重建: 1949-2003. 自然资源学报, 20（1）: 35-43.

焦彬, 顾荣生, 张学上. 1986. 中国绿肥. 北京: 农业出版社.

李比希. 1840. 化学在农业和生理学上的应用. 刘更另, 译. 北京: 农业出版社, 1982.

林葆. 1998. 我国肥料结构和肥效的演变、存在问题和对策//李庆逵, 朱兆良, 于天仁. 中国农业持续发展中的肥料问题. 南昌: 江西科学技术出版社.

刘旭, 戴小枫, 樊龙江, 等. 2011. 农业科学方法概论. 北京: 科学出版社.

卢嘉锡, 路甬祥. 1998. 中国古代科学史纲. 石家庄: 河北科学技术出版社.

王育民. 1995. 中国人口史. 南京: 江苏人民出版社.

张世贤. 1998. 我国有机肥料资源的利用、问题及对策//李庆逵, 朱兆良, 于天仁. 中国农业持续发展中的肥料问题. 南昌: 江西科学技术出版社.

中国历史大辞典编委会. 2000. 中国历史大辞典. 上海: 上海辞典出版社.

第5章 当前中国农田氮素良性循环面临的挑战

5.1 化肥是推动中国粮食产量增加的关键因素

据统计数据，1949～2010年，我国粮食产量大致呈逐年增长趋势，至2010年粮食总产量已达到5.4亿多吨（表5.1）。

表5.1 1949～2010年中国粮食作物产量 （单位：万t）

年份	产量	年份	产量
1949	11 318.0	1985	37 911.0
1952	16 392.0	1990	44 624.0
1957	19 505.0	1995	46 662.0
1965	19 453.0	2000	46 218.0
1970	23 996.0	2005	48 402.0
1975	28 452.0	2007	50 160.0
1980	32 056.0	2010	54 647.7

注：数据引自《中国农村统计年鉴2008》和《中国统计年鉴2011》。

推动粮食产量增长的因子很多，如耕地面积或播种面积、肥料投入、水利设施、耕作制度、品种改良、植物保护等。水利设施改善对于粮食产量的作用尚无数据统计，品种改良因不同作物而异。对粮食产量最直接的可以量化的因子是肥料投入、耕地面积或粮食作物播种面积，着重分析这些因子对中国粮食产量的作用。在耕地面积和粮食作物播种面积两项中，选择了粮食作物播种面积进行分析，因为粮食作物播种面积代表了复种指数。

1980～2010年中国粮食作物播种面积呈下降趋势，2010年粮食作物播种面积为10 987.6万 hm²，比1980年减少6.27%（表5.2）。而2010年粮食产量达54 647.7万 t，比1980年增加70.48%（表5.1）。这表明中国几十年来粮食产量稳定增长的贡献因素并不是粮食作物播种面积。

表5.2 1978～2010年中国粮食作物播种面积 （单位：万 hm²）

年份	粮食作物播种面积	年份	粮食作物播种面积
1978	12 058.7	1992	11 056.0
1980	11 723.2	1993	11 050.9
1985	10 884.5	1994	10 954.4
1990	11 346.6	1995	11 006.0
1991	11 231.4	1996	11 254.8

续表

年份	粮食作物播种面积	年份	粮食作物播种面积
1997	11 291.2	2004	10 160.6
1998	11 378.7	2005	10 427.8
1999	11 316.1	2006	10 495.8
2000	10 846.3	2007	10 563.8
2001	10 608.0	2008	10 679.3
2002	10 389.1	2009	10 898.6
2003	9 941.0	2010	10 987.6

注：数据引自《中国统计年鉴 2011》。

肥料投入是几十年来中国粮食增加的主要驱动因子。1980~2010 年，氮、磷、钾化学肥料的增长与粮食增长的趋势一致（表 5.3）。2010 年化学氮、磷和钾肥施用量比 1980年分别增加约 2.4 倍、4.1 倍和 23.3 倍。磷、钾肥增加比例高于氮肥，这是由于中国长时间来磷钾比例较低有意识地增加磷、钾肥。

表 5.3　1980~2010 年中国化学肥料施用量变化　　　　　（单位：万 t）

年份	N	P_2O_5	K_2O	年份	N	P_2O_5	K_2O
1980	942.5	288.2	38.7	1996	2490.6	900.9	436.5
1981	959.3	326.3	49.3	1997	2546.8	952.5	481.6
1982	1063.8	385.2	64.4	1998	2619.6	953.8	510.1
1983	1189.4	403.2	67.2	1999	2594.5	988.2	541.6
1984	1252.5	407.9	79.4	2000	2593.1	993.4	560.1
1985	1258.2	418.7	98.9	2001	2626.4	1030.3	596.3
1986	1367.7	468.5	94.4	2002	2646.3	1055.5	630.5
1987	1390.6	496.1	112.6	2003	2671.5	1080.1	660.0
1988	1488.4	534.7	118.5	2004	2787.8	1133.3	708.1
1989	1620.8	593.0	143.3	2005	2841.8	1173.9	750.1
1990	1741.2	669.6	180.0	2006	2913.9	1226.8	786.9
1991	1850.6	751.0	203.5	2007	3003.6	1269.0	834.2
1992	1906.9	779.7	243.6	2008	3058.9	1310.9	866.9
1993	2009.3	902.2	240.4	2009	3128.3	1358.3	904.0
1994	2066.4	900.1	251.6	2010	3199.0	1399.1	946.1
1995	2222.5	1077.8	293.3				

注：1949~1995 年数据引自林葆（1998）；1996~2010 年数据是笔者按照《中国统计年鉴 2011》化学氮肥和复合肥数据，复合肥按照 N：P_2O_5：K_2O 为 47：33：20 的比例计算。

　　中国氮、磷、钾化肥施用量的增加对于增加粮食产量，起到积极而有效的作用。但另一方面也表明，中国的粮食增产远离了中国传统有机肥＋绿肥农田养分平衡的模式，越来越依靠化学肥料（表 5.4 和图 5.1）。1949～2005 年，化学氮肥的占比一直呈上升趋势，截至 2005 年达到 80%。而有机肥料的比例一直呈下降趋势，截至 2005 年降至20%。20 世纪 70 年代中后期，两者的相对比例在各占约 50% 时出现了一个交叉点。自此以后，有机肥料锐减，化学氮肥过量使用的趋势越来越突出。

表 5.4　1949～2005 年中国化学肥料氮和有机肥料氮施用量变化

年份	化学肥料氮/万 t	有机肥料氮/万 t	总量/万 t
1949	0.6	163.7	164.3
1957	31.6	253.3	284.9
1965	120.6	301.2	421.8
1975	364.0	424.6	788.6
1980	943.3	428.0	1371.3
1985	1258.8	511.8	1770.6
1990	1741.2	531.6	2272.8
1995	2224.0	611.0	2835.0
2000	2592.9	652.0	3244.9
2005	2841.8	711.0	3552.8

注：1949~1995 年数据引自林葆（1998）；2000~2005 年数据是笔者依据《中国统计年鉴 2006》数据及相关参数计算。

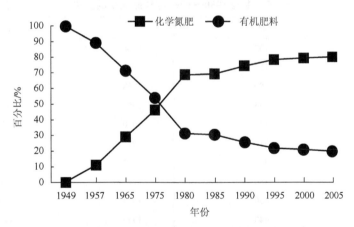

图 5.1　1949～2005 年中国化学氮肥和有机肥料施用比例变化

5.2　有机肥＋绿肥的农田养分平衡模式退出农田引人深思

5.2.1　浪费了自然养分资源，加重了环境压力

　　有机肥＋绿肥的养分平衡模式可谓中国几千年农耕文明史中的"农业之花"。这种模式之所以可贵、可歌，不仅在于其符合养分归还，保持"地力常新壮"和施肥"三宜"（时

宜、土宜、物宜）的原则，更在于古人在实践过程中把所有的农业废弃物和农畜产品加工的副产品或废弃物等共计 130 多种材料都用来酿造"粪"，并总结出了有机肥的"酿造十法"，甚至把河塘泥也罱（lǎn）上来作肥料。古人早已认识到河塘泥是进入水体的营养物质的载体。罱河塘泥作肥料，这一做法在 20 世纪 70 年代初经济较发达的太湖流域也很常见，当时也无氮、磷营养盐污染水体之忧。

　　20 世纪 70 年代中期，中国的化学氮肥工业尚未成体系发展，绿肥种植受到重视，1975 年全国绿肥面积达 1267 万 hm^2（表 5.5）。然而，至 80 年代初，情况急转直下，有机肥和绿肥急速退出农田养分平衡模式。1975 年有机肥与化学氮肥投入比例分别为 53.9% 和 46.1%，而 1980 年有机肥所占的比例急速下降至 31.2%，化学氮肥上升至 68.8%（图 5.1）。截至 2000 年，全国投入农田的氮中有机肥的比例降至 20.1%，化学氮肥增至 79.9%。绿肥的趋势也是如此，全国绿肥种植面积由 1975 年的 1267 万 hm^2 下降至 1990 年的 467 万 hm^2（表 5.5）。2006 年和 2011 年在太湖地区的常熟和宜兴两地的调查发现，大田作物已不再施用有机肥，绿肥也完全退出农田氮循环（周杨等，2012）。中国传统的有机肥＋绿肥农田养分平衡模式彻底退出了农田养分再循环。然而，这里值得指出的是，由于中国粮食产量、人口（表 5.6）和牲畜饲养量（表 5.7）的连年增长，中国有机肥资源量也随之增长，特别是 20 世纪 80 年代以后，有机肥资源量急速增长（表 5.8 和图 5.2）。与此形成对比的是，有机肥氮进入农田的数量（即有机肥氮使用量），虽然有所增长，但增加数量很小。

表 5.5　中国 1950～1990 年绿肥面积的变化　　　　　（单位：万 hm^2）

年份	面积	年份	面积
1950	167	1966	820
1951	187	1967	760
1952	300	1968	760
1953	253	1969	847
1954	347	1970	920
1955	313	1971	1027
1956	353	1972	1113
1957	380	1973	1220
1958	460	1974	1253
1959	440	1975	1267
1960	427	1976	1240
1961	353	1977	1160
1962	353	1978	1093
1963	467	1979	1053
1964	733	1980	433
1965	1 027	1990	467

注：数据引自《中国统计年鉴 2008》。

表 5.6　1949～2010 年中国人口　　　　　　　（单位：万人）

年份	人口	年份	人口
1949	54 167	1985	105 851
1950	55 196	1990	114 333
1955	61 465	1995	121 121
1960	66 207	2000	126 743
1965	72 538	2005	130 756
1970	82 992	2007	132 129
1975	92 420	2009	133 450
1980	98 705	2010	134 091

注：数据引自《中国统计年鉴 2011》。

表 5.7　历年牲畜饲养量

年份	猪/万头	牛/万头	羊/万只	年份	猪/万头	牛/万头	羊/万只
1980	19 861	7 168	18 731	1996	41 225	11 032	23 728
1981	19 495	7 330	18 773	1997	46 484	11 685	25 576
1982	20 063	7 607	18 179	1998	50 215	12 442	26 904
1983	20 661	7 808	16 695	1999	51 977	12 698	27 926
1984	22 047	8 213	15 840	2000	51 862	12 353	27 948
1985	23 875	8 682	15 588	2001	53 281	11 809	27 625
1986	25 722	9 167	16 623	2002	54 144	11 568	28 241
1987	26 177	9 465	18 034	2003	55 702	11 434	29 307
1988	27 570	9 795	20 153	2004	57 279	11 235	30 426
1989	29 023	10 075	21 164	2005	60 367	10 991	29 793
1990	30 991	10 288	21 002	2006	61 207	10 465	28 370
1991	32 897	10 459	20 621	2007	56 508	10 595	28 565
1992	35 170	10 784	20 733	2008	61 017	10 576	28 085
1993	37 720	11 316	21 731	2009	64 539	10 727	28 452
1994	42 103	12 232	24 053	2010	66 686	10 626	28 088
1995	48 051	13 206	27 686				

注：1996～2010 年数据引自《中国统计年鉴 2011》；1980～1995 年数据引自《改革开放三十年农业统计资料汇编 2009》。猪为出栏量，牛羊以存栏量统计。

表 5.8　中国有机肥资源养分储量的历史变化　　　　　　（单位：鲜重，万 t）

年份	资源量	大量元素		
		N	P_2O_5	K_2O
1957	196 530	1 006	389	1 041
1965	212 141	1 069	418	1 087
1978	298 303	1 445	592	1 489
1986	375 309	1 827	744	1 894
1996	476 519	2 458	1 065	2 508
2006	635 559	3 195	1 456	3 104

注：引自张福锁等（2008），略有删节；有机肥资源主要包括粪尿类（鲜重）、秸秆类（风干）和饼粕类（风干）。

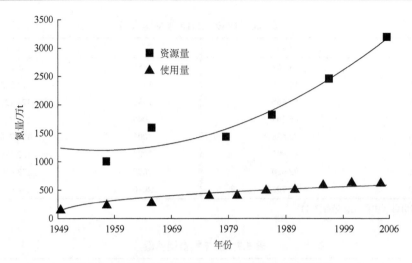

图 5.2　中国历年有机肥氮养分资源量和使用量变化

资源量数据依据张福锁等（2008）；1949～2000 年使用量数据依据林葆（1998），2005 年使用量数据由作者计算；有机肥资源主要包括粪尿类（鲜重）、秸秆类（风干）和饼粕类（风干）

　　有机废弃物未进入农田的部分进入了环境。笔者对当前苏州地区的水体氮污染源的调查研究结果表明，该地区水体氮污染源主要来自人、畜、禽排泄物，并非主要来自农田，而且发现大气干湿沉降氮也有重要贡献（见本书 3.4 节）。大气干湿沉降氮中 NH_4^+ 的增加也与缺乏科学管理及利用人、畜、禽排泄物有关。

　　综上所述，可以得出一个基本结论，由于化肥的大量使用，中国农田养分平衡的模式已彻底改变，有机肥＋绿肥已基本退出了中国农田养分平衡模式，在人口密集经济发达地区尤为如此。这不仅加剧了环境压力，而且浪费了养分资源。以 2006 年的统计数据为例，化学氮肥、磷肥、钾肥的消耗量分别为 2913.9 万 t(N)，1226.8 万 t(P_2O_5) 和 786.9 万 t(K_2O)（表 5.3），而 2006 年有机肥料中氮、磷、钾的资源量分别为 3195 万 t、1456 万 t、3104 万 t（表 5.8）。这些资源中被利用的氮为 20.5%，磷为 21.9%，钾为 29.1%。虽然有机肥资源量不可能 100% 被利用，因为草原地区牲畜的粪尿不可能用于农田，作物秸秆也不可能全部返回农田，但不足 30% 的有机肥氮、磷、钾养分资源使用量表明大量有机肥养分进入了环境，严重加剧了水体和大气污染，浪费了资源。虽然还没有资料直接可靠地计算出在未被利用的有机肥氮、磷、钾资源中有多少进入了环境。但据调查，在经济发达的太湖地区，人排泄物 100% 进入水环境，畜、禽粪除在专业种植的蔬菜地上少量施用外，大部分也进入水环境，作物秸秆作为燃料也很少，产生的富含磷、钾的草木灰也不再返回农田，而是作为生活垃圾直接排入水体。作为现代工业文明之一的化学氮、磷、钾应用于农业是十分必要的，而且随着人口增长对粮食需求的增加，在耕地资源有限的条件下，增加其用量也是有必要的。然而，大量施用化学肥料而养分丰富的有机肥料却基本不用，而且多数投入环境，这不能不说是一个错误。有机肥＋绿肥退出农田养分平衡的原因是什么？这是值得分析和反思的。当然，最直接的原因是中国氮、磷、钾化学氮肥生产量的迅速增长，可以很方便得到，且施用方便、省工、卫生，而有机肥料还要积制，费时费工。因此一家一户经营几亩地，购买化学肥料投资不大。

有机肥和绿肥退出的原因是不同的。绿肥的退出是由于耕地受到工业建设、道路建设和住房建设的挤压；农业产业结构的变革，种植粮食作物的耕地又受到蔬菜地、果园和鱼塘的挤压。2010 年全国蔬菜播种面积为 1900 万 hm^2，占播种面积的 11.8%，水果种植面积为 1154.4 万 hm^2，占总播种面积的 7.2%。两者合计占全国播种面积的 19.0%。减少了的耕地面积还要受确保粮食产量的政策挤压，在种种挤压下，绿肥种植面积越来越少。1979～1999 年全国耕地减少 527.20 万 hm^2，年均减少 26.36 万 hm^2；1999～2003 年全国耕地减少 580.78hm^2，年均减少 145.20 万 hm^2，这期间，除工业、交通运输建设外，退耕返林返草是主要原因，1998 年生态退耕面积累计达 557.5 万 hm^2，2002 年、2003 年生态退耕面积分别达到 142.5 万 hm^2 和 223.73 万 hm^2，分别占这两年耕地面积减少量的 84% 和 88%。

有机肥的退出又是什么原因？主要的有机肥概括起来可分两部分，一是人、畜、禽排泄物及生活废弃物；二是作物秸秆。仍以经济发达人口密集的太湖地区为例，目前该地区虽然以一家一户的分散经营为主，但畜禽养殖已从个体农户退出，转变为规模不大的饲养专业户或养殖场，个体农民只有人排泄物和生活废弃物，而在常熟一带 98% 的农户都装上了抽水马桶，人粪尿已无人收集，在这类经济发达地区，生活燃料已经以液化气为主，作物秸秆已很少用作生活燃料。而在这种一年两熟制的地区，秸秆的产量每亩通常在 750～1000 kg，如此大量的秸秆很难回田，也不需要作为牲畜饲料和垫厩材料，为了不影响下一季作物的生产作业，以往农户的惯用做法是在田间就地焚烧。尽管当前国家出台了法律禁止焚烧秸秆，部分地区也有一定的秸秆收集补贴政策，秸秆焚烧现象已经很少见，但是如何将每年数量庞大的秸秆进行多途径的资源化高效利用仍是亟待解决的难题。

5.2.2　转变思路寻求中国农田氮素良性循环之路

有机肥料退出农田养分循环的后果是浪费了资源，污染了环境。值得反思的有以下几点。

（1）现代化农业应具备高产、优质、低耗的农业生产特征和合理利用养分资源、保护环境、有较高资源转化效率的生态系统特征。因此，首先需要明确实现数量庞大的有机养分资源的科学再利用无疑是氮素良性循环和农业集约化可持续发展的核心议题之一，在此基础上探讨现代农业模式才有意义。

（2）现有土地经营方式是一家一户的小农分散经营方式，这与现代工业文明脱节，因此必须引导农民因地制宜地进行规模化经营，在分散小农经营方式下，不可能引入农业循环经济的概念与管理手段。举个简单的例子，在常熟地区的农村调查中发现，经营 6.7 hm^2（100 亩）左右土地的农户，他们注意应用有机肥料，因为节省 1 t 尿素就可降低约 0.2 万元生产成本。而经营几亩农田的农户，多购买 25 kg 尿素也不过 50 多元钱，其成本远远低于施用有机肥料所花的人工费。

（3）缺乏应用现代工业文明成就主导的大规模处理农业废弃物、生活废弃物等的工程手段。例如，目前对作物秸秆的利用办法只有焚烧，季复一季，年复一年，秸秆堆积越来越多，何处堆放？大规模无害化处理秸秆的工程设备应大力开发，输送、储存与处理人、畜、禽排泄物和生活废弃物的工程设施也应大力开发。目前农村许多老的住宅和新建住宅都安上了抽水马桶，也设置了化粪池，然而却无地下污水管道联结，因此一旦遇到大雨，化粪池中的粪水溢出，最终还是排入水体。

（4）对利用有机肥的农户，特别是规模经营的农户，要有明确的补偿政策。

有机肥料和化学肥料配合施用，是合理利用肥料资源，保持和提高土壤肥力，保证农业持续高产，减少环境污染的有效措施（朱兆良和文启孝，1992）。综合本书第 4 章和第 5 章的内容，在中国应把古代农耕文明和现代工业文明成就结合起来，实行化学肥料与有机肥料的配合施用，既可确保人口增长对食物的需求，又可保持环境友好。

2016 年 5 月 20 日，《探索实行耕地轮作休耕制度试点方案》由中央全面深化改革领导小组第二十四次会议审议通过并开始实施，近年来综合补贴政策逐年扩大轮作休耕区域范围，2020 年全国轮作休耕面积达到 5000 万亩以上。农田休耕期间鼓励种植绿肥等多种肥田养地作物，这些措施很好地践行了化学肥料与有机肥料配合施用的施肥制度，也为中国农田氮素良性循环提供了重要途径。

参 考 文 献

林葆. 1998. 我国肥料结构和肥效演变、存在问题和对策//李庆逵，朱兆良，于天仁. 中国农业持续发展中的肥料问题. 南昌：江西科学技术出版社.

张福锁，江荣风，陈清，等. 2008. 我国肥料产业与科学施肥战略研究报告. 北京：中国农业大学出版社.

周杨，司友斌，赵旭，等. 2012. 太湖流域稻麦轮作农田氮肥施用状况、问题和对策. 土壤，44（3）：510-514.

朱兆良，文启孝. 1992. 中国土壤氮素. 南京：江苏科学技术出版社：250-266.

第三篇
中国农田氮素良性循环之策

第 6 章　发展循环农业

20 世纪 60 年代以来，人口、资源和环境问题突显，制约着人类社会的可持续发展。从不同的学科领域出发，针对未来农业的发展方向、道路和运行模式，世界上提出了许多见解，如循环农业、生态农业、自然农业、有机农业、持续农业、低投入持续农业和高效持续农业等，其目标都是节约资源投入，使废弃物得到充分利用，减少对环境的危害，保持生态平衡和经济社会的可持续发展。其中论述较多、较为系统的有循环农业和生态农业。循环农业源于循环经济学，生态农业源于生态学。循环农业和生态农业系统都注重物质流、能量流、信息流和价值流。稍有不同的是循环农业产业链的链条更长，从种植业、林业、渔业、畜牧业及其产品加工，延伸到农产品贸易与服务业和农产品消费领域等。从某种意义上来讲，循环农业是生态农业的继承和发展。

本章的目的是应用循环农业的理念及其运行模式解决中国农田氮素良性循环中存在的主要问题：化学肥料消耗量过高，有机肥料很少使用，其后果是浪费资源，加重环境压力，破坏生态平衡，影响社会和经济的可持续发展。当前这一问题，从政府领导者，相关领域的科学家，以至农民都深有所感。要解决这一问题，首先要从改变农业生产体制、实行新的运行模式找出路，而循环农业则有可能破解这一难题。

循环农业源于循环经济，循环经济的运行模式是投入减量化，废弃物再循环和再利用的封闭式运行，它不同于传统的线性经济的运行模式——资源开采、产品生产和消费过程中产生的废弃物皆不再循环利用，而是进入自然环境，造成资源的浪费和环境的污染。

10 余年来，关于中国循环农业的研究与讨论的热潮被掀起（陈德敏和王文献，2002；周震峰等，2004；唐华俊，2008；尹昌斌和周颖，2008；张继承等，2008；章家恩等，2010）。这也是为什么在本书中论述中国农田氮素良性循环之策时要把循环农业放在首位。什么是循环农业？章家恩等（2010）认为循环农业是循环经济的载体之一。

6.1　循环经济及循环农业

6.1.1　问题的提出

早至工业革命，晚至第二次世界大战以后，即 20 世纪 50 年代起，原先的欧洲工业化国家，经济迅速恢复，工业、农业大发展，发展中国家也迅速崛起，全球人口快速增长，出现了人口、资源和环境危机，影响全球的可持续发展，为此提出了"我们只有一个地球""地球是我们的共同家园"等口号，警示人们不能只顾经济的高速增长，而不顾地球的承载能力。现有的生产和经济运行模式必须由传统经济转型为循环经济。60 年代，美国经济学家鲍尔丁提出的"宇宙飞船经济理论"可以作为循环经济理论的早期代表。循环经济作为科学名词是英国环境经济学家 Pearce 和 Turner 于 90 年代首先提出来的，他们试图根据可持续发展原则，建立资源管理规则，并建立物质流动模型（Pearce and Turner，1990；章家恩等，2010）。

6.1.2 循环经济

依据章家恩等（2010）的论述，循环经济是物质闭环流动型经济，是以物质闭路循环和能量梯级使用为特征。在循环方面表现为低排放、最少排放的经济发展形态。为了使读者能简明理解循环经济，引用章家恩等（2010）的图式，并与传统线性经济运行模式作比较（图 6.1）。

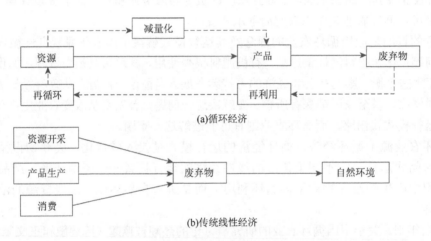

图 6.1 循环经济与传统线性经济运行模式

引自章家恩等（2010）

从图 6.1（a）和图 6.1（b）两种经济运行模式的框图可以看出两者的不同。循环经济运行遵照"三 R 原则"，即减量化原则（reduce principle）、再利用原则（reuse principle）和再循环原则（recycle principle）。

（1）减量化原则：主要是针对传统线性经济往往为了获得高生产力和高利润，超量使用了能源和资源的弊端而提出的。该原则的目的是要从系统输入源头减少不必要的资源、能源等物质投入。

（2）再利用原则：主要是针对传统线性经济在其形成产品的过程中大量中间物质被废弃变成废物的问题而提出的，主要目的是要采取多级利用、多梯次利用的原理，尽量多次利用中间产品。

（3）再循环原则：主要是针对传统线性经济往往将终端产品在使用后变成垃圾而废弃

的问题提出的,主要目的是将生产出来的产品在完成其使用功能后,重新变成可以使用的物质资源,再次进入循环过程。

而在传统线性经济运行模式中,从资源开采到产品生产再到消费所产生的废弃物都不再利用,任其进入环境。

6.1.3　循环农业

1）循环农业的内涵

循环农业是伴随循环经济而出现的一个新概念和新的运行模式。从已发表的关于循环农业的著作和论文,对循环农业的内涵似可归纳为以下几个要点。

（1）循环农业是循环经济的一种载体,因此循环农业的运行必须遵循循环经济的"三 R 原则"。

（2）循环农业不是单一的种植业,它必须向相关产业延伸,形成产业链,并构成闭合的现代化农业产业网络,不仅要达到资源最佳配置、废弃物最有效利用、环境影响减至最小,而且要达到产品增值、生产者和经营者增收的目标。

（3）循环农业的理论基础是循环经济和农业生态的功能流理论,即物质流理论、能量流理论、信息流理论和价值流理论。

2）循环农业模式的基本结构

循环农业是循环经济理念向农业产业渗透的产物。循环农业融入了应用生态学原理。应用生态学是现代生态学的一个分支,其定义为:认识、研究人类与生物圈之间关系和协调此种复杂关系,以达到和谐发展目标的一门科学(沈善敏,1994)。在应用生态学中强调了人与地球生物圈的关系。章家恩等(2010)把循环农业模式的基本结构分为人口子系统、生产子系统和资源环境子系统,其构想就是循环农业与生态农业相互渗透与融合的具体体现。整个系统强调人在循环农业中的重要地位和作用,认为人口子系统是循环农业的调节者;生产子系统是循环农业的核心,是农产品生产和废弃物循环利用的载体;资源环境子系统是循环农业系统物质和能量的提供者。这三个系统的内在联系如图 6.2 所示。

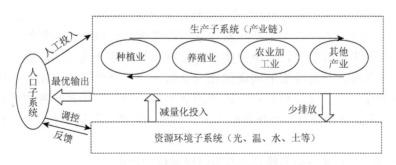

图 6.2　循环农业系统的基本结构

引自章家恩等（2010）

6.2　实现农田氮素良性循环的循环农业模式

循环农业是一种理念，运行模式是实践。循环农业理念是通过运行模式来实施的，因此，运行模式的选择成了关键。

6.2.1　循环农业模式选用的原则

循环农业模式选用考虑了三个基本原则。

1）因地制宜原则

因地制宜原则是许多论文著作中都提到的原则，其在中国尤为重要。中国是幅员辽阔的农业大国，气候从热带到寒温带，耕作制度多种多样，从河湖平原到低山丘陵都有农业分布。不同区域社会、经济、文化发展水平也存在很大差异，产业链的延伸范围即链条的组成和长短必须因地制宜，产业链不能太短，过短的产业链达不到资源和废弃物循环利用、产品增值、生产者和经营者增收的目标。

2）运行过程中必须遵照"三 R 原则"

考察一个循环农业模式是否科学和成功，要看资源减量投入、废弃物再循环和再利用。

3）产品增值和经营者增收原则

循环农业企业，只有经得起投入和产出的经济核算，只有经营者有利可图，才能自我生存、发展壮大。

6.2.2　实现农田氮素良性循环的循环农业模式建议

许多学者已先后提出"循环农业——中国未来农业发展模式"（陈德敏和王文献，2002）、"发展农业循环经济是我国现代农业的现实选择"（林向红，2006）、"中国必须发展农业循环经济"（李荣生，2006）、"循环农业发展的基本理论及展望"（尹昌斌和周颖，2008）等方向性的学术论断。这些学术论断给了我们很大启示，针对当前中国农田氮素循环中存在的问题，循环农业模式有可能是解决这一现实问题的首要途径。

目前，虽然报道了一些对于循环农业取得成效的运行模式，但仍然处于一种学术思潮的讨论和初步试验阶段，要全面实施，还有很长的路要走。循环农业应该说是农业产业的一场革命，是传统农业向现代化农业的一种革命性转变。由于中国的农田生态系统复杂多样，农业经营仍以农户承包的分散经营为主，不是一种或几种具体模式所能解决的，因此必须要有一个统筹的考虑。为此，笔者对于循环农业在中国的实施提出如下建议。

1）以中国不同农田生态系统分区作为顶层设计的理论依据

循环农业的实施为什么要以不同农田生态系统作为理论基础？这是因为不同农田生态系统是人工生态系统，既体现了人的意愿和活动，又反映了气候（降水和温度）、地形地貌、水分和土壤条件等自然因素的差异，而且反映了土地利用、耕作种植制度的不同。孙鸿烈（2005）把中国农田生态系统划分为十大区域性农田生态系统。每个区域性农田生态系统，又可根据地形地貌、土壤类型和土地利用、种植制度的不同分成多种次级生态系统。从中国十大主要农田生态系统的基本情况和特征来看，可得到以下基本认识。

（1）主要农田生态系统在地形上可概括为丘陵岗地和河湖平原或山前平原两大类。同时平原中又有丘岗，丘岗中也有小平原。农田生态系统的这种地形分异就决定了土地利用方式和种植体系。平原为粮食作物，丘岗为果林-作物体系。

（2）不同区域农田生态系统中，平原和丘岗所处的气候带不同，即温度、降水和光照不同，种植体系中作物组成也不同，水稻虽然从海南岛到松嫩平原都有分布，但主要分布在南方河湖平原和丘岗地区。小麦、玉米、棉花、大豆主要分布在北部平原。在水稻分布区，同时伴有湖塘和水库，稻作区养鱼也很普遍。另外，稻田本身也可季节性地放养鱼等水产品。南北方丘岗地区，林果种类也很多。

（3）除种植业外，以养猪和家禽为主体的畜牧业也很发达。

根据以上三点认识，中国不同农田生态系统循环农业中基本产业链可以确定为种植业或种植业＋林果业-畜牧业-农产品加工业。从物质循环利用的理念出发，基本产业链中加入农产品加工业（包括畜产品）是十分必要的。因为农产品就地加工可提高物质循环利用的回归率，而且有利于改善农村和城镇环境卫生条件与降低运输成本。花生、大豆、油菜、芝麻等油料作物的种子和棉花籽榨油后带走的是 C、H 元素，而 N、P、K 和其他营养元素都留在饼渣中，饼渣先用作饲料，作为动物排泄物的一部分又可作肥料，留在生态系统内。蚕豆、甘薯加工成粉，马铃薯加工成薯条，其残渣可先作饲料再作肥料。米、麦加工产生的糠麸可作饲料和肥料进入农田加入循环，这在传统农业中早已实施。畜产品的屠宰场也应包括在加工业中，加工过程中产生废弃物和废水都可进入农田作为肥料，循环再利用。

2）以小流域为单元构建现代循环农业模式

小流域是指一个小的集水区（catchment basin）。循环农业的规模为什么要以一个集水区为单元？因为对循环农业的环境评价中物质向环境的迁移是重要内容之一，只有掌握了集水区尺度的物质迁移数据才能确定有多少营养物质和有害物质进入和移出了这个系统，从而对这个运行模式做出正确的环境评价。

在丘岗农业生态系统比较容易确定集水区范围，在平原地区要在较大的范围才能确定。

3）以中国传统庭院式为基础的循环农业模式

鉴于目前中国的农业经营仍以家庭承包为主，传统的庭院生态模式仍应鼓励采用。农户庭院式循环农业模式的空间结构、时间节律结构、食物链组合结构和产业结构与功能各具特色，且主要以沼气为纽带。北方地区典型的"四位一体"农户庭院式循环农业模式由种植、饲养、沼气亚系统和农户组成。而乡村层次循环农业模式一般包括庭院、村落、农业、经济、社会五个层次的生态系统，主要发挥生产、生活、生态、旅游、教育、示范等功能。庭院式循环农业模式，虽然称不上现代化的循环农业产业，但它包含了系统内物质循环利用的生态理念。

6.3　循环农业工程技术支撑体系

本节主要讨论农业废弃物（作物秸秆），人、畜、禽排泄物及其他生活废弃物的处理方式。任何农业生产都不能百分之百地固定和吸收所投入的物质，而且产生的农产品也不能全部被人类利用。农业生产中必然会产生不同类型、不同数量的废弃物。废弃物处理不好就不能实现废弃物的再循环、再利用，从而达不到投入资源的减量化。作物秸秆，人、畜、禽排泄物，以及其他生活废弃物再利用，是一个古老而又新鲜的话题。之所以古老，是因为人类在农耕文明时期已有利用农业生产和生活废弃物作肥料的方法（第 4 章）；之所以新鲜，是因为进入了工业化时代，价廉的各类化学肥料可以很容易得到，人们就不想再利用农业中各种废弃物了，而这种做法是有违循环农业理念和原则的，所以在推行循环农业时，必须考虑农业中各类废弃物的有效利用。关于作物秸秆和人、畜、禽排泄物的资源化利用方法，章家恩等（2010）在其《农业循环经济》一书和牛俊玲等（2010）在其《固体有机废物肥料化利用技术》一书中，以及其他许多论文著作中都有详细的叙述，涉及诸多传统的和现代的处理方法。然而，一个不能忽视的基本事实是：农产品不同于工业品，它价格低廉。在选择一些处理包括畜、禽废弃物的方法技术时，必定要有现代工程技术作为支撑，但仍应以投资少而又易行的方法为主。根据这一原则及近几年来笔者的一些工作实践，就作物秸秆和人、畜、禽排泄物处理，结合现有的途径提出一些想法供讨论。

6.3.1　作物秸秆高温热解处理的工程系统

作物秸秆传统的处理方法，一是用作农村生活燃料，二是用作大牲畜的饲料，三是直接回田，起到提供养分和改良土壤的作用。在中国不同时期处理的方式不同。20 世纪 80 年代前，因产量有限，秸秆主要用作农村燃料和饲料，直接回田的数量很少（龚振平和杨悦乾，2012）。80 年代后，秸秆产量增加，加之用作燃料的部分又相对减少，回田量显著增加。至 20 世纪末，由于作物可食部分（籽粒等）产量增加，不可食部分（秸秆等）相对产量也同步增加，以太湖平原稻麦两熟区为例，草/谷约为 1∶1，每亩秸秆的产量全年至少在 1500 市斤（1 市斤 = 0.5 kg），约合每公顷 11 250 kg。水稻、小麦、玉米是中国的三大粮食作物，包括其他作物每年要生产出约 8 亿 t 秸秆（龚振平和杨悦乾，2012）。如此高的产出量，全部回田已不可能，加之农村生活燃料中煤和天然气逐步取代了作物秸秆，过量的作物秸秆已无法处理，农民常在作物收获后就地焚烧秸秆，从而造成了季节性空气污染，或将秸秆随意丢弃在田头，腐烂后随雨水冲刷进入附近水体，造成水环境恶化。

关于作物秸秆的处理，在作为清洁能源方面也已提出一些现代化的方法，其中有用于供热的，有用于发电的，其基本原理都是干馏法，即在厌氧或少氧条件下，高温热解产生甲烷、一氧化碳、丙烷等还原性气体，再用这些气体作燃料。但对于稻、麦等作物秸秆这些方法都会遇到一个前处理问题，要切碎加工成条状或块状等形态，才能进入农户的燃烧炉。大规模处理也只有切碎才能通过螺旋式传送带自动进样，而稻、麦等作物的秸秆比重小、体积大、松软，很难通过传送带自动进样。

近年来，笔者对于大量稻、麦秸秆处理及应用提出了一些设想，并进行了一些试验。

基本思路是秸秆厌氧条件下高温热解产生生物质炭（biochar），生物质炭回田或部分用作工业用途。高温裂解所用的能源一是利用秸秆高温厌氧热解过程产生的还原性气体作燃料，二是利用以秸秆和人、畜、禽粪便等为主的生物材料产生的沼气作外加能源，从而达到不消耗天然气、燃油等化石能源，实现同时从两个途径处理消化有机废弃物的目的。关于生物质炭在土壤固碳、温室气体减排、土壤质量提升、废弃物资源化利用等方面有"一举多赢"的作用和意义，近 20 年在国际上已引起广泛关注和研究热潮，也有大量相关论著发表和成果产出，但对生物质炭技术作为应对气候变化、土壤退化等全球性问题的关键策略，目前尚处于争论当中，仍需要大量长期的实证研究，因此这里不再赘述，仅就沼气作为热解能源的秸秆炭化理念、方法和试验性热解体系做一介绍。

1）秸秆炭化炉的设计理念

现有干馏技术是把生物质在隔绝空气下经脱水分解、热解转变为气态或液态清洁可再生能源。常用材料是木材及其加工留下的废弃物、动物排泄物和城市生活污泥等，而最终经缩合和炭化形成的固态生物质炭只是其中的少部分副产品，并不适用于以大量作物秸秆为原材料专门进行生物质炭的制备。生物质炭基本原理与干馏法类似，也是在无氧或少氧条件下，把生物材料引入热解容器中进行加热烘焙和热解，温度一般在 300～700℃，这一过程对温度和时间长短也有一定要求，以保证生物材料最终经缩合和碳化过程形成高度稳定和碳富集的生物质炭，其产率、质量和性能稳定性与热解温度和时间有很大关系。

笔者提出的生物质炭生产新理念的内涵是：以作物秸秆为原料生产生物质炭，一部分秸秆与各种农业废弃物为材料生产沼气（CH_4）。沼气的一部分作为秸秆热解的能源，一部分作为农民集居地的生活燃料，替代一部分化石燃料，减少 CO_2 排放。沼气是厌氧条件下，生物质材料经微生物发酵产生的，不产生 CO_2。把以秸秆为原料生产生物质炭与以秸秆和各种农业废弃物为原料生产沼气结合在一起考虑，这不仅从两个方面为解决中国每年遇到的秸秆就地焚烧引发大气环境污染的难题提供思路，而且体现了农业废弃物（包括秸秆）循环利用的理念。

根据上述理念设计了实验性热解体系（图 6.3）。通过这一实验性热解体系（Wang et al.，2013），与在室内通过马弗炉（500℃±2℃）在少氧条件下得到的 3 种生物质材料生产的生物质炭产率很接近（表 6.1）。

图 6.3　沼气炭化秸秆设备（隧道窑）

2013 年拍摄于江苏宜兴

表 6.1 隧道窑和马弗炉热解的作物秸秆生物质炭产率

生物质材料	生物质炭产率/%	
	隧道窑（500℃±10℃）	马弗炉（500℃±2℃）
稻草	33	32.6
稻壳	35	34.6
小麦秸秆	25	27.5

注：引自 Wang 等（2013）。

2）秸秆炭化炉的主要结构及工作流程

秸秆炭化炉由炭化炉体、装料箱及载箱轨道、助燃系统、水喷淋收集装置等部分组成（图 6.4）。下面就已建立的实验性热解体系的主要构件进行一般性说明，实际操作中可以根据需求和实际情况对相关内容做一些修改或改进，具体可参见专利（赵旭等，2012；王慎强等，2012）。

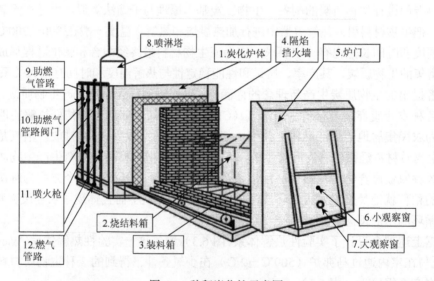

图 6.4 秸秆炭化炉示意图

（1）炉体采用钢结构，炉膛采用耐火砖和耐高温玻璃棉为保温层与填料。尾端设置有隔焰挡火墙。所用炉膛有效尺寸为 300cm×90cm×80cm。

（2）装料箱为导热耐高温 304 不锈钢，顶盖设置透气狭缝。所用箱体尺寸为 75cm×48cm×60cm，带盖，容积为 0.216 m³。装满压实可装载秸秆约 22.5 kg。装料箱由轨道运载。

（3）热解燃气和助燃气（沼气）通过管线，连接沼气储气包与喷火枪，连接管道间装有气压表，并安装了与沼气储气包断流通流的阀门。

（4）烟尘收集处理单元包括喷淋收集器（引风机、喷淋塔、循环水池）、污水池。喷淋系统出口装有过滤网，细颗粒烟灰和焦油进入污水池，焦油可不定期收集加入炉内再次燃烧。

（5）在炉体侧壁设置观察窗和温度探头。

秸秆装料箱吊入轨道后，推入炉膛，紧闭炉门，用喷枪点火。在 500℃下热解，8 h 可完成热解炭化，自然冷却，至第二天即可打开炉门和装料箱盖取出生物质黑炭。若要快速热解，可通过控制升温时间和提高热解温度实现。连续热解时，可以在炉体设置不同温区，通过喷淋等措施进行装料箱强制降温。通过排风通气阀，控制进入炉膛的空气量（沼气助燃气），也可利用秸秆烘焙、热解过程产生的可燃气如一氧化碳、氢气、甲烷、乙烷和丙烷等，以及焦油作二次燃烧燃料。

秸秆装在一个有盖但不完全密封的不锈钢箱中，加热时由于箱内生物质中的水分和烘焙产生气体以及箱内物料空隙间残留空气受热膨胀，箱内压力大于炉膛，作为沼气助燃气的空气不可能进入装料箱，可保证箱内的秸秆在限氧条件下热解。所谓化学热解是构成生物质的纤维素、半纤维素和木质素及其他有机组分的大分子断裂，变成固体黑炭和气、液态小分子，并可形成焦油和合成气体，即甲烷、乙烷、丙烷、一氧化碳和氢气。在无氧条件热解，一般不形成二氧化碳。因为本热解炉的目的是生产生物质炭，不是生产可燃气，而烘焙和裂解中产生的焦油、一氧化碳、氢气和甲烷、乙烷、丙烷等气体，通过操作流程控制，可把这些气体间断地用作燃料，而相对节省外源沼气。从消耗秸秆角度，节省沼气意义并不大，但缩小沼气池体积，可节省沼气池建造的成本。

本热解炉在研制过程中已生产了大于 2000 kg 的秸秆源生物质炭，并得出下列技术和经济指标数据。①炉内温度可保持在 500℃±20℃，必要时可升至 700℃；②不同秸秆的炭化比例为稻秆 3：1、麦秆 3.5：1、稻壳 2.5：1；③沼气用量：一天热解 1 炉，沼气用量约为 45 m^3，一天（24 h）连续热解 3 炉可节省沼气，平均每批消耗 15～20 m^3；④每炉投料 112.5 kg（稻秆），可生产 37.5 kg 生物质炭，24 h 连续 3 批，1 天可生产 112.5 kg 生物质黑炭；⑤生物材料热解产生的焦油已在热解炉中燃烧，通过水喷淋系统进入污水池的焦油数量极微，无焦油进入烟道，烟灰（微粒碳）也进入了污水池；⑥通过烟道排入大气的只有 H_2O、微量 NO_x、N_2O 和硫化物气体等，其数量可检。

现有滚动式隧道窑秸秆炭化炉（图 6.5）可以放大进行规模化秸秆源生物质炭的生产，并结合沼气工程建设，实现作物秸秆、人、畜、禽排泄物，以及生活垃圾的多途径消纳，也可以嵌入现有生态农业，增加和丰富绿色农业循环链条模式（图 6.6）。

6.3.2　秸秆、排泄物和生活垃圾的厌氧氧化——沼气生产工程系统

早在 20 世纪 50～60 年代，利用各种农业废弃物厌氧发酵生产沼气的技术就已受到世界上许多国家的注意。沼气生产的最大优越性就是可以就地取材，消耗农村的各类废弃物，既能提供清洁能源，沼渣又可作为优质有机肥，与此同时也改善了农村环境，一举多得。

1. 沼气的产生

沼气是各类有机废弃物经厌氧细菌分解后的产物，CH_4 是其主要产物类型之一，不同材料产生沼气的 CH_4 含量有所不同，占沼气的 40%～70%。沼气的发现，已有很久的历史，

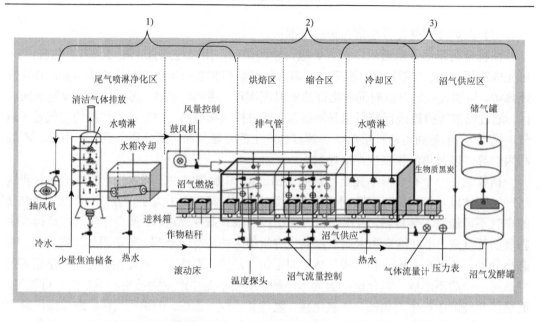

图6.5　大规模处理作物秸秆的滚动式隧道窑秸秆炭化炉结构图

1）能量回收、利用及烟尘处理系统；2）"烘焙—缩合—冷却"三区连续炭化系统；3）沼气发生、输送和燃烧系统

引自Wang等（2013）

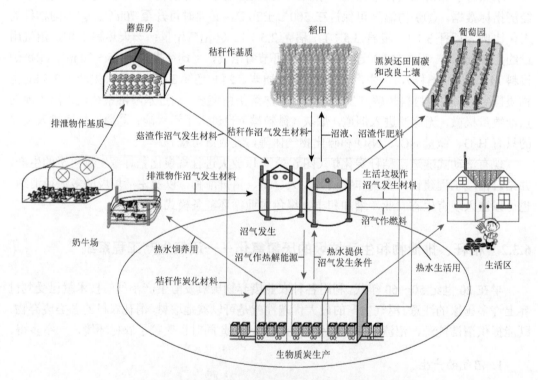

图6.6　沼气能源炭化秸秆技术在循环农业中的应用

引自Wang等（2013）

最早可追溯到 370 多年前，Van Helmont 发现在有机物腐烂过程中可产生这种可燃气体。1947 年，荷兰科学家 Schnellen 从下水道污泥和河流污泥中分离出了两个产 CH_4 细菌，分别为甲烷杆菌（*Methanobacterium formicicum*）和巴氏甲烷八叠球菌（*Methanosarcina barkeri*）（刘更另和金维续，1991）。由于 20 世纪中后期发现 CH_4 是一种重要的温室气体，由此对其产生的微生物研究取得长足进展。产甲烷菌是一类形态多样且具有特殊细胞成分和产甲烷功能的严格厌氧细菌。至今人们已分离出 70 个种，分属于 3 目，7 科，19 属（蔡祖聪等，2009）。产甲烷菌只能利用简单的产甲烷前体，如 CO_2、CH_3OH、CH_3COOH 和甲胺类等。

2. 沼气工程对处理农业和生活废弃物的能力

这里的农业废弃物包括作物秸秆，人、畜、禽排泄物，以及生活废弃物（生活垃圾等）。所有这些都可投入沼气池，作为产生沼气的材料。不同发酵原料产生的沼气量和产生沼气的持续时间有所不同（表 6.2）。

表 6.2　不同发酵原料的产沼气量和产沼气持续时间

原料/千 kg	产沼气量/m^3	沼气中 CH_4 含量/%	产沼气持续时间/d
猪粪	30	65	60
牛粪	28	39	90
马粪	31	60	90
人粪	21	50	30
玉米秆	25	53	90
谷壳	23	62	90
青草	29	70	60
杂树叶	16~22	59	65

注：引自孙羲和王方维（1986）。

虽然投入沼气池中的发酵材料不可能是单一的某种材料，但是为调控沼气的产率及持续时间，仍有重要参考价值。

沼气、沼渣的用途是多方面的。首先，沼气可作为农村生活燃料的清洁能源物质，每 $1\ m^3$ 沼气燃烧时能产生 23~27 kJ 的热量，最高温度可达 1400℃，在农村每户建立一个 8~10 m^3 的沼气池，每天产气约 1.5 m^3。有人计算出 3~5 口之家的农户，每天用 1.5~2.5 m^3 沼气就能满足生活之需。

大的沼气池产生的沼气，可作为作物秸秆高温厌氧裂解的燃料，甚至可以用来发电。沼渣既是有机肥，还可作饲料，沼液也可作肥料。畜禽粪便经过沼气发酵可以杀灭各类病原菌，是畜禽粪便处理的最优方法。就氮而言，沼气发酵过程中的损失比堆肥和沤肥要小。据研究，在 3 个月左右的堆腐过程中，好气分解氮损失 50% 左右，兼厌氧分解氮损失 25%~

30%,而厌氧发酵过程中氮的回收率可达 95%,损失率为 5%左右(刘更另和金维续,1991)。因此,在循环农业运行模式中,沼气发酵应成为废弃物处理和养分资源尤其是氮素回收利用的首选。中国农村固体废弃物资源十分丰富,其中,2007 年主要农作物秸秆资源量达到 81 217 万 t(龚振平和杨悦乾,2012)。秸秆中养分资源储量也相当可观,其中氮可达 3000 万 t 以上(张福锁,2008)。

从表 6.3 可以看出,中国作物秸秆主要来自玉米、水稻和小麦。三者合计为 62 947.7 万 t,占总量的 77.51%。其次为豆类、薯类、油菜、花生、棉花和甘蔗。中国作物秸秆资源主要分布在黄淮海地区和长江中下游地区,两地区占全国秸秆资源总量的 49.5%(表 6.4)。这是因为黄淮海地区和长江中下游地区为中国的主要玉米-小麦和水稻-小麦一年两熟区。

表 6.3　2007 年中国主要农作物的秸秆资源量　（单位：万 t）

粮食作物	秸秆量	油料作物	秸秆量	经济作物	秸秆量
水稻	20 464.1	花生	2 605.5	棉花	2 287.1
小麦	12 023.2	油菜	3 171.8	黄红麻	16.9
玉米	30 460.4	芝麻	167.2	苎麻	49.5
谷子	301.4	胡麻	53.7	大麻	8.1
高粱	384.8	向日葵	356.0	亚麻	48.3
其他	790.2			糖料	
豆类	3 440.4			甘蔗	1 129.5
薯类	3 369.7			甜菜	89.3
合计	71 234.2		6 354.2		3 628.7

注：引自龚振平和杨悦乾（2012）。

表 6.4　2007 年中国八大区秸秆资源量

地带	粮食作物/万 t	油料作物/万 t	棉花/万 t	麻类/万 t	糖料/万 t	合计/万 t	占全国比例/%
东北地区	13 140.3	176.6	0.8	31.2	21.7	13 370.6	16.5
黄淮海地区	18 478.8	2 025.2	771.2	36.0	7.0	21 318.2	26.2
长江中下游地区	16 123.5	2 273.7	503.7	20.1	22.2	18 943.2	23.3
华南地区	4 187.4	287.8	0.8	14.6	938.0	5 428.6	6.7
西南地区	9 255.3	905.2	5.3	4.3	167.2	10 337.3	12.7
黄土高原地区	4 674.4	253.6	100.3	0	5.4	5 033.7	6.2
西北干旱地区	5 104.8	332.4	904.9	57.2	6 399.5	7.9
青藏高原地区	269.7	99.5	0	16.5	0.1	385.8	0.5

注：引自龚振平和杨悦乾（2012）；黄淮海地区为北京、天津、河北、河南和山东五省（直辖市）；长江中下游地区为上海、江苏、浙江、安徽、江西、湖南和湖北七省（直辖市）。

3. 大型沼气工程系统

由于材料的进步及沼气用途的扩大,目前生产沼气的厌氧反应器和储气设备有了很大的进步，构建反应器的材料已由具有高防腐性能的搪瓷钢板拼装代替了水泥混凝土浇灌。储气设备的材料已由聚酯材料（聚偏氟乙烯，PVDF）替代钢板。沼气工程系统生产和储存沼气的能力为 300～1500 m³，视需要而定，可消耗大量各类农牧业生物质废弃物。图 6.7 为江苏坤兴农业废弃物处理有限公司沼气发电工程的简要工艺流程图。收集和储存液态生物质材料（饲养场的粪便）与厌氧反应器连接，从厌氧反应器输出的沼气配置了脱硫装置，安装了沼渣和沼液分离设备，可把两者分开，作为液体和固体有机肥料供应农田使用。厌氧反应器安装了可开关的密封门，供发酵用的固体生物材料（作物秸秆等）可由机械装载进入反应器内，然后将门关闭，加入水和液态生物质材料。

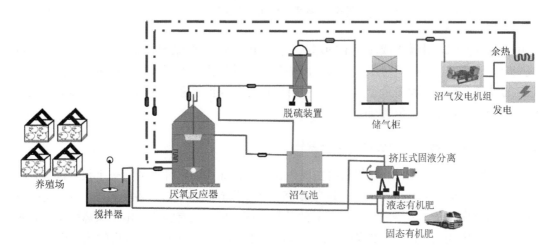

图 6.7　沼气发电工程的简要工艺流程图

图 6.8 和图 6.9 是厌氧反应罐和双膜式恒压沼气储气柜。储气柜外形为 3/4 球体由钢轨固定于水泥基座或厌氧罐顶部。内膜与底膜（地上柜）之间形成一个容量可变的气密空

图 6.8　厌氧反应罐

图 6.9 双膜式恒压沼气储气柜

间用来储存沼气，外膜构成储存柜的球状外形。由于外膜进气鼓风机恒压，当内膜沼气量减少时，外膜通过鼓风机进气，保持内膜沼气的设计压力，当沼气量增加时，内膜正常伸张，通过安全阀将外膜多余空气排出，使沼气压力始终恒定在一个需要的设计压力，以便储气柜中沼气可源源不断地输出。

4. 人、畜、禽排泄物资源化工程系统

人、畜、禽排泄物的处理和利用在现代农业中是除作物秸秆外的又一个很大问题，不处理不利用就会进入环境。如何使这些废弃物转变为有用的资源，备受关注。人、畜、禽排泄物虽可作为沼气发酵材料，但消耗的数量有限。现在虽有报道，由于家禽肠道短，对饲料营养物质的利用率低（约为30%），大部分排出体外。例如，在排出的鸡粪中，粗蛋白质含量可达20%～30%（章家恩等，2010），经发酵加工后可作为饲料、饵料。然而人、畜、禽排泄物利用的主渠道应还是作肥料用，仍需工程处理系统。结合中国国情和现代畜禽粪便的处理工程设施，在中国有两种方法可被采用：一是好氧高温发酵堆肥，二是厌氧发酵沤肥。

1）好氧高温发酵堆肥

好氧高温发酵堆肥是中国传统的利用畜禽排泄物搭配部分作物秸秆堆制有机肥的方法，在中国北方地区最典型的是骡马粪＋玉米、高粱秸秆，堆制发酵成有机肥。这种方法适合个体农户，肥堆大小随物料的数量而定，一般为堆式或垛式。依据赵秉强等（2013），已有多种适合于较大规模的畜禽排泄物处理的方法和工程设施，如塔式发酵设备，其中又可分多阶段立式发酵塔、多层立式发酵塔、多层浆式发酵塔、活动式多阶段发酵塔、多层次直落发酵塔和窑式发酵塔；水平式发酵滚筒，包括达诺式发酵滚筒和单元式发酵滚筒；料仓式发酵装置，包括犁式翻堆机、搅拌式发酵装置、吊斗式翻堆机、螺旋搅拌式发酵装置和浆式翻堆机。在这些好氧发酵设备中，不论哪一类都需要搅拌或翻堆。在规模较大的现代化农业企业中一般选用条垛式发酵堆肥及相应设备，其所用的翻堆机可分为皮带式条垛翻堆机和履带式条垛翻堆机两种。赵秉强等（2013）认为，皮带式条垛翻堆机适用于大型条垛式堆肥塔，条垛之间为皮带式条垛翻堆机行走轨道；履带式条垛翻堆机可在露天堆肥场使用。堆肥物料可以根据地形位置以条垛式堆铺，堆下设置通风装置，这种翻堆机行动灵活，翻堆作业能力强。

好氧高温发酵堆肥无疑是处理畜禽排泄物、部分作物秸秆，以及生物质生活垃圾的一种相对简便易行的途径，但仍存在如下一些需要注意的问题。

（1）排泄物的脱水问题。畜禽排泄物含水量比较高，常为 75%～85%（牛俊玲等，2010），不宜直接用作堆肥。有许多固液分离设备可以用于畜禽粪便的脱水，其中挤压式固液分离机能将畜禽粪便脱水至含水量为 60%以下。这类挤压式脱水设备投资成本较低、耗能少（牛俊玲等，2010）。目前国内许多奶牛、猪和鸡养殖场，常把粪便移到室外堆存或摊开露天晾晒，让其自然脱水，这会引发二次环境污染和粪便中 NH_3 的大量损失。

（2）堆肥场的空气污染问题。粪便处理中臭气主要是由 NH_3 和 H_2S 引起的，有氧发酵中的局部厌氧环境是产生恶臭气味的主要原因。堆肥过程中尽量保持堆肥内部处于良好的好氧状态，必须实行强制通风和定时翻堆（牛俊玲等，2010）。

（3）堆肥的增值问题。堆肥虽是优质的有机肥料，然而，需要动用机械设备的较大规模的高温堆肥，作为肥料产品直接使用，其市场价格不可能很高，如何提高堆肥产品由低附加值向高附加值转变是堆肥市场化的一个关键问题。目前提出的办法中可行性较大的是用腐熟的堆肥做材料，加入适量的 N、P、K 营养成分，提高其植物营养价值，经筛分、干燥，可制成颗粒肥，其养分均衡、肥效持久。在发酵和掺混 N、P、K 营养成分的干燥造粒过程中，臭气已大大减少，这类肥料可用作花卉、果园肥料，售价可以提高。

（4）堆肥的环境问题。好氧高温发酵堆肥中氮损失也是重要问题之一。好氧堆肥过程中氮损失可达 22.78%（中国农业科学院土壤肥料研究所，1962），主要是由局部嫌气环境的反硝化作用引起的。堆肥过程中 NH_3 挥发也占很大份额。随着堆肥温度升高，产生的有机酸不断被分解，导致 pH 升高，使 NH_3 浓度升高，可达到每升数百毫克。在利用牛粪与稻草、稻壳和锯木屑等材料进行堆肥时，NH_3 挥发量也很大，在堆肥过程中，1 t 牛粪排出的 NH_3 在 0.7～2.1 kg（牛俊玲等，2010）。防止堆肥过程中 NH_3 挥发损失，除各种物理、化学和生物添加剂方法固氮减氨外，近来有科研人员研发了负压供气堆肥技术，在实现堆肥过程氧气和温度充分供给，提高堆肥效率的同时，大幅度降低了温室气体的排放（Wang et al.，2018）。

2）厌氧发酵沤肥

沤肥在中国特别是南方稻作区很普遍，各地说法不同，但实质都一样，因是在厌氧条件下发酵，与有氧高温发酵堆肥相比，其周期较长，但沤制过程中氮素损失少。据报道，全氮损失仅为 4.3%（中国农业科学院土壤肥料研究所，1962），其损失率与沼气生产接近，是一种很好的有机肥料积制方法。厌氧发酵沤肥在湖南叫凼（dàng）肥，在江西、安徽一带叫窖肥，在太湖地区叫草塘泥。凼肥沤制分常年凼和季节凼，常年凼设置在村庄附近，作物秸秆、人畜粪尿和各种生物质垃圾均可用作沤肥材料，随时倒入坑中，一般一年可出肥四次，腐熟后可直接使用。季节凼又称田凼，设置在田间，所用材料和沤制方法与全年凼相同，要注意翻动，加速腐熟，以作为当季水稻基肥用。

过去的凼肥沤制方法适合于个体农户，但有其独特的优越性，适合于处理人畜排泄物、作物秸秆、杂草及各类生物质垃圾。这种处理农村各类废弃物的方法，配合现代机械挖掘设备、小型运输设备和翻凼设备，可以应用于规模化经营的现代农业。

过去太湖平原水网地区广泛采用草塘泥作水稻基肥，其方法是在田头挖一个深约 1 m

的坑，坑的面积视用肥田块大小而定。到春季将稻草和河泥移入坑内，并加入易腐的绿肥、青草和人畜粪尿，以调节碳氮比，加速腐熟。这些材料入坑后，压实并用河泥封顶，保持浅薄水层，以营造厌氧环境。田头用于沤制草塘泥的土坑，种稻时取出草塘泥作为肥料施用后，随即填埋，不占植稻面积。这一做法是值得称赞的，因为在水网地区把河网底泥捞上来，当地农民叫作罱（lǎn）河泥，又重新回归农田，这不仅将秸秆、人畜排泄物和生物质垃圾回归了农田，而且把农田径流与生活污水带入河网的有机物和一些吸附在河流底泥中的无机物如磷等营养元素，又回归农田，可比较彻底地解决河网水体的氮磷污染问题。这一方法直至 20 世纪 70 年代中期仍然在有效使用，每当冬季和早春季节，可看到千帆竞发的罱泥船，荡漾在河网和美丽的太湖之中。这种朴实而有效地处理农村各类废弃物和沤制有机肥料、实行物质再循环利用的方法，只要辅之以简便的机械设备，就有可能为现代化循环农业所用，既减少化学氮磷肥用量，降低环境压力，又不影响作物产量，符合农田氮素良性循环目标。

6.4　循环农业环境风险评价

循环农业要求环境影响减到最低水平。就氮素而言，只有原位测定氮循环过程中产生的对环境产生影响的主要氮氧化物（NO_3^-、N_2O、NO_x）和氮氢化物（NH_3、NH_4^+）的通量与数量才能做出评定。磷是水体富营养化的一个主要营养盐。因此，在进入水体的物质中除 NO_3^- 和 NH_4^+ 外，还要加上磷。

6.4.1　氮、磷营养物质向水体迁移数量

对水体氮磷营养盐监测的目的是评价资源的最佳配置和各种农业废弃物有效利用程度。

采样点主要设置在循环农业经营区范围内的封闭性水库、堰、塘和半封闭性河沟。所谓半封闭性河沟是指出水口与主河道连通，而进水口不与主河道连通的小河沟渠。实行全年性定期取水样，如大致可定为 1 个月 1 次，作物生长季 1 个月 2 次，分析 NO_3^-、NH_4^+、全磷和可溶性磷等水质参数。根据全年性多次采样分析结果，可做出这些水质指标变化曲线及计算区域氮磷物质排放量，从而评价实施循环农业对水体环境的影响。

6.4.2　氮氧化物（N_2O，NO_x）和氮氢化物（NH_3）大气排放通量

对 N_2O、NO_x 和 NH_3 这些气体通量的观测应在不同产业链如种植业，包括特种种植业（如蘑菇生产）、蔬菜地、果园和堆肥场等设置观测点。对各类种植业采样的时间应设置在施肥前后。堆肥场可在堆肥期间定期采样，观测其排放通量，然后计算排放量。堆肥场堆肥过程中的分析项目应包括 CH_4 和 CO_2 的排放通量。因为堆肥过程中有机物分解会有大量 CO_2 产生，局部的嫌气条件有利于 CH_4 产生，掌握这些信息，将有助于高温堆肥技术和操作的优化。

6.4.3　环境风险的经济评价

国内外历来只有工业排放才追究经济法律责任。农业中向大气排放的 NO_x 和 NH_3 都未列入国家排放清单。农业中的 N_2O 虽列入排放清单，但并未列入减排清单。西欧一些国家对于 NO_3^- 向水体排放已有一些限制性法令。在中国 NO_3^-、NH_4^+ 和 PO_4^{3-} 向水体排放都没有减排标准，农业中 N_2O、NO_x 和 NH_3 向大气排放更无人过问。农田或农村氮、磷污染物向水体的排放都列为面源污染，根本找不到排放责任者，这就造成了农业污染无人买单，也无法计算环境污染成本。而农业中任意排放的生活污水和人、畜、禽排泄物已成为当前水体的主要氮、磷污染源（邢光熹，2007；张福锁，2008）。循环农业作为一个现代农业经营单位，有必要也有可能为废弃物利用和管理不善所造成的水体、大气等环境污染，核算环境成本，并为此买单，这不仅是评价和监督循环农业经营效果所必需的，而且有助于区域性环境整治。

6.5　实施现代循环农业的经营体制改革和政策保障体系

目前中国的农业经营在绝大多数地区仍以个体农户为主，规模种植（含林、果）虽然处于发展之中，但目前所占比例不高。即使达到规模种植和规模养殖，也并不是现代循环农业。现代循环农业应该是一种现代化的农业企业，不是单一的产业，而应该是由种植业、林果业、畜牧饲养业、渔业、农产品加工业，以及销售服务业等组成的农业产业链。产业链包含的产业和规模不是一个固定的模式，应是因地制宜（章家恩等，2010）。只有组成了产业链，才有条件和能力促进农业、牧业废弃物和生活废弃物的循环利用，才能实现资源的合理利用和保障优良的生态环境。循环农业经济效果的评价和生态环境的评价，是衡量现代化循环农业的标尺。循环农业是未来可持续发展的农业，本书只是把它作为如何实现中国农田氮素良性循环的一项首要对策加以论述，其功能和意义远远超出农田氮素良性循环议题。

6.5.1　由政府推动农业经营体制改革

从中国的国情出发，实施循环农业，尚需时日，可能要分两步走。第一步，推动规模经营。第二步，因地制宜推动现代循环农业的建立。

从目前国家大力推动城镇化的行动来看，实现种植业、林果业、畜牧饲养业和渔业的规模化经营势在必行，目的必达。因为农村人口向城镇转移后，留下的土地必然要流转到种植业、林果业和畜牧饲养业者手中，使经营规模扩大。但这并不是现代循环农业，只是类似于欧美国家早已实行的农场、牧场。在达到不同产业的规模化经营后，政府应根据农业经济原则、生态原理，鼓励和推动规模经营者按自然集水区组成现代农业企业，才能对这种农业企业运行中的生态环境进行科学监测与评估。以三峡库区流域为例，长江上游三峡库区水土流失比较严重，适宜以流域为单元，把生态恢复、生产基础设施和农业生产三位一体进行综合治理,使被破坏的生态环境得到恢复,随后可逐步建立以林—草—粮—果、农（果）—畜（禽）—沼—加工及水—农（果）—畜（禽）—沼—加工为主的新型循环农业生态经济发展模式和小流域多级分层综合防护系统（周萍等,2010）。

　　事实上,推动规模化经营可为中国循环农业发展奠定重要实践基础。构建循环农业遵循的"三 R 原则"中第一个便是"减量化原则",即要求科学减少不必要的化肥、农药等生产资料投入。适度的规模经营有利于推动这一原则实施,可促进生产要素集聚和先进农业技术及优良品种等应用,降低农业生产投入,提高劳动生产效率。以规模化经营方式下肥料氮投入量的变化分析为简单例证（周杨等,2012）,笔者曾先后于 2006 年和 2011年两次对处于长江三角洲经济发达区的常熟市进行了有关稻田氮肥施用的农户随机调查,通过比较,发现常熟市水稻平均施氮量六年间由原来的 329 kg/hm^2 降低到了 264 kg/hm^2,降幅约为 20%（周扬等,2012）。是什么原因导致常熟市水稻施氮量的降低?通过分析发现,2006 年调查的 80 个农户中,只有 3 户种植面积超过 0.66 hm^2（10 亩）,但他们的平均施氮量为 274 kg/hm^2,低于其余 77 户散户经营（0.66 hm^2 以下）的平均施氮量。到了2011 年,调查的 85 个农户中,散户经营数量明显降低,只有 16 户,而规模化经营户数和规模种植面积均大大增加,有 64 个农户经营水稻田亩数在 0.66～20 hm^2（10～300 亩）,其平均施氮量为 252 kg/hm^2,明显低于 2006 年和 2011 年散户经营的平均施氮量。20 hm^{2}以上的规模经营大户（又称专业合作社）也有 5 户,施氮量更是降低为 231 kg/hm^2（表 6.5）。这表明随着规模种植的扩大,施氮量有明显降低的趋势。由此可见,越来越多规模种植户特别是规模经营大户出现,他们从节约生产投入成本的角度出发,改变了以往分散种植的粗放高投入施肥模式,合理减少了氮肥的投入量。对经营者来说,在不减产的情况下减少化肥投入是为了增加效益,但无疑对减轻氮肥过量施用带来的环境负荷和促进社会经济持续发展具有更深的意义。上述调查结果说明了倡导规模化经营对于推动区域农业生产中包括肥料在内的生产资料投入减量化和促进农业生态环境保护的积极作用。近些年来,这一观点得到证实,陆续有学者从全国尺度更系统地分析了农地规模和肥料投入的定量关系,论述了规模化经营的政策支持和生态环境改善意义（Ju et al.,2016;Wu et al.,2018）。当前,推进农业规模化经营作为现代农业发展的必然之路已得到越来越多的重视。

表 6.5　不同年份常熟市稻田散户种植和规模化种植模式下氮肥施用量调查比较

种植模式	规模/hm^2	调查户数	稻季施氮量/(kg/hm^2)		
			平均值	标准差	变异系数
2006 年散户种植	≤0.66	77	331	93	28
2006 年规模化种植	0.66～13.33	3	274	59	21
2011 年散户种植	≤0.66	16	326	124	38
2011 年规模化种植	0.66～20	64	252	43	17
2011 年规模经营大户种植	20～133.3	5	231	32	14

注：引自周杨等（2012）,略作删减。

6.5.2　建立政府补贴和处罚的联动机制

为保障农业生产中优良的生态环境,在现代循环农业运行中必须建立政府补贴和处罚的联动机制。补贴事项主要是种植业废弃物（秸秆）、动物饲养业废弃物（排泄物）、人排泄物和生活固体废弃物的处理费用,因为这些废弃物的处理涉及工程设施和劳动力,需要大量投入。各种农业废弃物的处理,一方面是资源的循环利用,农业经营者可从中受益,但另一方面是保护生态环境,而生态环境是全社会的,社会理应对此有所承担,对农业废弃物处理实行政府补贴,不仅合理而且必要。没有政府的补贴,是难以推行的。

相应的,在我国市场经济体制还不完善的前提下,必须强化政府对现代化循环农业的生态环境保护,要像对待工业企业一样,实行环境监管,建立农业废弃物处理法规,对于过量使用化学品（肥料、农药等）及生产、生活中产生的废弃物不加处理和利用而任意排放造成污染环境者应加以处罚。以湖北省京山县（现为京山市）为例,京山县农业局根据《中华人民共和国农业法》、《湖北农业环境保护条例》和《湖北省农产品基地环境管理办法》等赋予的调查处理权,截至 2007 年共查处农业环境污染事故 42 起（陈诗波和王亚静,2010）。

参 考 文 献

蔡祖聪,徐华,马静.2009. 稻田生态系统 CH_4 和 N_2O 排放. 合肥:中国科学技术大学出版社.

陈德敏,王文献.2002. 循环农业——中国未来农业的发展模式. 经济师,11:5-6.

陈诗波,王亚静.2010. 政府参与循环农业发展的行为与作用机理分析——基于湖北省的实证调研. 中国农业资源与区划,31
　　(4):44-49.

龚振平,杨悦乾.2012. 作物秸秆还田技术与机具. 北京:中国农业出版社.

李荣生.2006. 中国必须发展农业循环经济. 中国农林科技,5:1-5.

林向红.2006. 发展农业循环经济是我国现代农业的现实选择. 生态经济,(2):112-114.

刘更另,金维续.1991. 中国有机肥料. 北京:农业出版社.

牛俊玲,李彦明,陈清.2010. 固体有机废物肥料化利用技术. 北京:化学工业出版社.

沈善敏.1994. 土壤科学与农业持续发展.土壤学报,(2):113-118.

孙鸿烈.2005. 中国生态系统. 北京:科学出版社.

孙羲,王方维.1986. 农业化学. 上海:上海科学技术出版社.

唐华俊.2008. 我国循环农业发展模式与战略对策. 中国农业科技导报,(1):11-16.

王慎阳,赵旭,邢光熹,等.2012. 秸秆炭化装置及秸秆炭化的方法:中国,2012102677718. 2013-01-09.

邢光熹.2007. 遏制氮磷:农村污染源是难点. 环境保护,(14):49-50.

尹昌斌,周颖.2008. 循环农业发展的基本理论与展望. 中国生态农业学报,(6):218-222.

张福锁.2008. 我国肥料产业与科学施肥战略研究报告. 北京:中国农业大学出版社.

张继承,尹昌斌,周颖.2008. 河南省产业链延伸型循环农业模式研究. 中国生态农业学报,(6):1564-1567.

章家恩,秦钟,叶延琼.2010. 农业循环经济. 北京:化学工业出版社.

赵秉强,许秀成,武志杰,等.2013. 新型肥料. 北京:科学出版社.

赵旭,裴焕初,邢光熹,等.2012. 秸秆炭化装置:中国,2012203742391. 2013-03-20.

中国农业科学院土壤肥料研究所.1962. 中国肥料概论. 上海:上海科技出版社.

周萍,文安邦,贺秀斌,等.2010. 三峡库区循环农业及流域水土保持综合治理模式研究. 中国水土保持,10:5-8.

周杨, 司友斌, 赵旭, 等. 2012. 太湖流域稻麦轮作农田氮肥施用状况、问题和对策. 土壤, 44 (3): 510-514.

周震峰, 王军, 周燕, 等. 2004. 关于发展循环型农业的思考. 农业现代化研究, 25 (5): 348-351.

Ju X T, Gu B J, Wu Y Y, et al. 2016. Reducing China's fertilizer use by increasing farm size. Global Environmental Change, 41: 26-32.

Pearce D W, Turner R K. 1990. Economics of natural resources and the environment. Baltimore MD: Johns Hopkins University Press.

Wang S Q, Zhao X, Xing G X, et al. 2013. Large-scale biochar production from crop residue: A new idea and the biogas-energy pyrolysis system. Bioresources, 8 (1): 8-11.

Wang X, Bai Z, Yao Y, et al. 2018. Composting with negative pressure aeration for the mitigation of ammonia emissions and global warming potential. Journal of Cleaner Production, 195: 448-457.

Wu Y Y, Xi X C, Tang X, et al. 2018. Policy distortions, farm size, and the overuse of agricultural chemicals in China. Proceedings of the National Academy of Sciences of the United States of America, 115 (27): 7010-7015.

第7章 优化施氮

优化施氮是实现农田氮素良性循环的关键。在讨论优化施氮时，不可能不涉及测土施肥和植物营养诊断施肥。经典测土施肥和植物营养诊断施肥主要侧重于磷、钾和其他植物必需的矿质元素，对于氮来说，除了旱地土壤和植物组织中 NO_3^- 浓度对指示土壤与作物氮营养有很好的相关性外，寻求表征土壤与植物氮素营养相关性、指标性的其他努力仍未取得突破性进展。然而，土壤测试和植物营养诊断也是与时俱进的，许多对植物营养诊断有用的新技术也已应用于指导施氮，如叶绿素仪法（soil and plant analyzer development，SPAD）、光谱遥感等（Stone et al.，1996；Lukina et al.，2001）。

7.1 测土施肥与植物营养诊断施肥回顾

植物营养供应源主要是土壤和肥料。为使作物获得所期望的可食部分产量，则必须进行人为干预和调控，也就是施肥。施何种肥料、施多少肥料，这就需要了解作物生长期间土壤能供给多少，植物有什么反应。土壤测试和植物营养诊断也就应运而生。约从20世纪40年代至今，土壤测试和植物营养诊断大致可分为两个阶段。

7.1.1 第一阶段

20世纪40~50年代，国际上作物必需的N、P、K营养元素的化学制品产量有限，这些营养元素的土壤供应大多不足。当时土壤测试和植物营养诊断主要目标是了解土壤和作物缺素状况。因此，通过土壤测试来表征这些元素植物有效性的单一或联合化学提取剂测试方法被提出。其中一些至今仍然被广泛应用，如 Bray 和 Kurtz（1945）提出的 NH_4F-HCl提取剂，主要用于提取土壤中的 Al-P、Fe-P 和 Ca-P，适用于酸性和中性土壤有效磷的测试。Olsen 等（1954）提出的 pH 8.5 $NaHCO_3$ 溶液作为土壤有效磷的浸提剂，适用于广泛的土壤 pH 范围。土壤测试配方施肥常用 Mehlich（1984）提出的一种通用联合提取剂，其组成为：0.2 mol/L HOAc + 0.25 mol/L NH_4NO_3 + 0.015 mol/L NH_4F + 0.13 mol/L HNO_3 和 0.001 mol/L EDTA（乙二胺四乙酸）。HOAc 和 NH_4NO_3 形成的酸性强缓冲体系主要用于提取除氮以外的所有交换性 K、Ca、Mg、Fe、Mn、Cu 和 Zn 等植物必需营养元素，NH_4F 和 HNO_3 可提取与 Al、Fe、Ca 结合的 P，EDTA 可提取螯合态的 Fe、Mn、Cu、Zn 等元素。在土壤有效磷的测试中，不能忽视 Chang（张守敬）和 Jackson（1957）对土壤无机磷盐分级定量上的贡献，这一研究成果夯实了 Bray 方法和 Olsen 方法提取土壤磷的理论基础。

土壤中氮的有效形态为 NO_3^- 和 NH_4^+，常用的提取剂为 KCl 溶液。旱地土壤中 NO_3^- 的浓度与作物氮营养状况紧密相关。植物组织 NO_3^- 测试早已应用于植物营养状况的诊断。20 世纪 80 年代前后，中国的土壤测试主要目标是通过对肥料的调控，促进作物高产。这一时期，中国在土壤测试研究和应用推广方面的成果可在周鸣铮（1988）编著的《土壤肥力测定与测土施肥》一书中见到。

7.1.2　第二阶段

20 世纪 80 年代起，化学肥料生产和施用量大幅增加，虽然促进了作物产量的增加，但过量施用，特别是氮、磷肥的过量施用，对生态环境产生了许多负面影响。精准农业（precision agriculture）的构想由此提出，并开始在一些发达国家付诸实施。精准农业的核心是精确施肥。精准农业和精确施肥之所以得以实施，全依靠于科学技术的进步。由于信息技术和遥感技术的应用，在先进的精准农业中已集全球定位系统（global positioning system，GPS）、地理信息系统（geographic information system，GIS）和遥感（remote sensing，RS）技术于一体，并借助计算机采集的信息进行综合和实时处理，获得最优化的施肥决策系统，简称为"3S"施肥技术。奚振邦等（2013）对这一施肥技术的解释为：由于采样点的精确定位，相应的多项测定结果，经数字化处理再与采样点配位，获得对每一采样点及其代表的区域的最优化施肥决策，再由相应的施肥机对不同采样点实施变量施肥，以期使投施的肥料取得最佳效益。精确施肥，实质上是一种应用现代科技的优化施肥方法。限于我国农业当前仍以分散经营为主，田块小而多，复种指数高、茬口紧，测试的工作量大，加之测试力量弱等国情，目前还难以广泛推行，只能作为一项长期研究目标。不过近年来，随着部分地区土地流转和规模化经营程度的提高，一些先进的土壤数据和植物营养实时数据采集等信息技术正在逐步发展，被应用于指导精确施肥。

7.2　农田化学肥料氮优化施用的必要性

7.2.1　20 世纪 80 年代以来农田的肥料氮主要来自化学肥料氮

以 1949～2000 年全国化学氮肥和有机肥用量变化为例，可以看出，进入 20 世纪 80 年代以后，化学氮肥消耗量超过有机肥施用量，并呈现陡增趋势。进入农田的化学肥料氮从 1949 年的 0.6 万 t 增加到 1980 年的 943.3 万 t，至 2000 年增至 2593 万 t，比 1949 年增加了约 4321 倍。几十年来投入农田的有机肥料氮虽也有增长，但增加量有限。有机肥氮从 1949 年的 163.7 万 t 增加到 1980 年的 428.0 万 t，至 2000 年有机肥氮增加到 652.0 万 t，比 1949 年仅增加 2.98 倍（表 5.4）。

中国农田肥料氮投入量的增长主要是由于化学肥料氮的增加，化学肥料氮增长与进入农田总肥料氮的增长趋势一致（图 7.1），表明进入农田氮的增长主要靠化学氮肥。

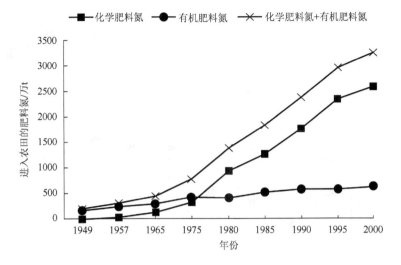

图 7.1　1949～2000 年进入中国农田的化学肥料氮和有机肥料氮增长曲线

7.2.2　20 世纪 80 年代以来中国农田氮素已明显盈余

　　表 7.1 列出了 1949～2000 年我国不同年份加入的化学肥料氮和有机肥料氮的总量，根据不同年份作物产量，计算了不同年份作物带走的氮量，根据化学肥料氮和有机肥料氮进入农田后损失率参数，分别计算了不同年份损失的氮量。由加入的氮量减去作物带走的氮量和损失的氮量，可以得到不同年份农田氮素的盈亏状况。进入的氮不仅是肥料氮，还有大气沉降氮、灌溉水带入氮和种子带入氮及农田土壤自生固定的氮，这里未包括这些来源氮，只强调了肥料氮增加对农田氮平衡的影响。可以看出，1980 年前农田氮都是亏缺的，1980 年后随着施用化肥氮量增加，农田氮出现了盈余，至 1995 年达到了369.6 万 t 左右。按 1986 年全国耕地面积 13 003.92 万 hm^2（成升魁，2007）计算，每公顷耕地盈余的氮为 28 kg 左右。以表 7.1 数据作图，可以更加形象地看出 1949～2000 年中国农田氮素的盈亏状况（图 7.2）。

表 7.1　1949～2000 年中国农田氮收支　　　　　　（单位：万 t）

平衡	1949 年	1957 年	1965 年	1975 年	1980 年	1985 年	1990 年	1995 年	2000 年
加入的氮（有机肥＋化学肥料）	164.3	284.9	421.8	788.6	1371.3	1770.6	2272.8	2835.0	3244.9
作物带走的氮	291.2	511.0	521.8	749.1	867.0	1114.0	1307.0	1373.0	1662.4
损失的氮	24.8	52.2	99.5	227.5	488.7	643.2	863.3	1092.5	1264.6
作物带走的氮＋损失的氮	316.0	563.2	621.3	976.6	1355.7	1757.2	2170.3	2465.5	2927.0
盈亏	−151.7	−278.3	−199.5	−188.0	15.6	13.4	102.5	369.6	317.9

　　注：化学肥料氮和有机肥料氮数据按表 5.4 中的数据；作物带走的氮量按林葆（1998），化学肥料氮和有机肥料氮损失分别按 45% 和 15% 估算。

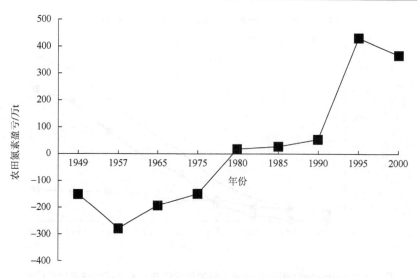

图 7.2　1949～2000 年中国农田氮素盈亏的变化趋势

　　1995 年农田盈余氮量大幅度增加，2000 年持续了这一趋势。2010 年，中国化学氮肥又增至 3199 万 t，比 2000 年增加了 606.1 万 t（表 2.5），由此看来，目前中国农田氮素处于明显盈余状态的趋势只会有增无减。

7.2.3　环境来源氮大幅度增加

　　环境来源氮是指通过大气沉降和灌溉水带入的氮。关于中国大气沉降氮在 3.4 节已做了较为详细的叙述。Liu 等（2013）报道，中国的大气干湿混合沉降氮已从 1980 年的 13.2 kg/hm^2 增加到 2000 年的 21.1 kg/hm^2，增加了约 8 kg/hm^2。在中国的主要农业区大气沉降氮高于全国平均数。华北平原小麦-玉米轮作区，大气干湿沉降氮每年达到 80～90 kg/hm^2（巨晓棠等，2010），华北平原区灌溉水带入的氮平均每年为 13 kg/hm^2（陈新平和张福锁，2006），两项合计约 100 kg/hm^2。太湖稻麦轮作区，以常熟地区为例，大气干湿沉降氮每年达 33 kg/hm^2，稻季灌溉水带入的氮为 56 kg/hm^2，两项合计达 90 kg/hm^2 左右（邢光熹等，2010）。农田环境来源氮在这两个农作区已占到年施氮总量（500～600 kg/hm^2）的 1/6～1/5。太湖地区不施氮稻田水稻基础产量也已达 5000～6000 kg/hm^2，表明环境来源氮对维持水稻产量已有相当大的贡献，再继续按农民习惯投入大量化学氮肥，势必会造成经济损失，加重环境负担。

7.2.4　当前中国氮污染十分严峻

　　由于过量施用化学氮肥，人、畜、禽排泄物利用与管理失当，工业排放的 NO$_x$ 的增加和大气沉降氮的综合影响，中国水体和大气氮污染状况已十分严峻，对此，本书 3.1～3.5 节已做过专题论述。

综合本节所述，中国高氮投入农田，化学氮肥的优化施用已成为一个十分必要和紧迫的议题。

7.3 农田化学氮肥优化施用研究进展

化学氮肥的优化施用包括根据特定作物确定适宜的施用量、施用期和施用方法等内容。"优化施氮量""适宜施氮量"都是同一英文名称：optimum application rate of nitrogen。目前在中国集约化高氮投入农业区，合理减少化学氮肥施用量，实行单位面积施氮量的控制，是实现氮肥达到"增产、节氮、环保"目标的首要途径和任务。针对这一议题，中国学者 20 世纪 80 年代初即从中国国情出发，借鉴国外的科学技术成果，进行了许多卓有成效的研究。例如，建立了施氮总量控制的区域平均适宜施氮量原理和方法；构建了土壤硝态氮测试的氮肥区域总量控制和土壤、植株硝态氮实时监控的田块优化施氮技术体系；提出了基于养分平衡法或称为目标产量法的田块优化施氮方法等等。

关于中国南北方水稻、小麦、玉米氮肥的适宜施用量，朱兆良（1998）在总结 20 世纪 80 年代末到 90 年代初关于北方旱作区和南方稻作区发表的研究结果后概括性提出：不论小麦、玉米或水稻，每公顷氮肥施用量在 150~180 kg(N)就可达到高产，并认为这一施氮量可作为大面积生产中控制氮肥适宜施用量的基本依据。自 20 世纪 80 年代至今，中国不同学者根据不同方法原理提出的中国小麦、玉米和水稻的平均适宜施氮量都与这一数值接近。

7.3.1 区域平均适宜施氮量方法原理

化学氮肥优化施用的区域平均适宜施氮量推荐方法原理是朱兆良院士于 1982~1985 年在太湖地区进行的 22 个单季晚稻氮肥不同施用量田间试验结果的基础上提出的（朱兆良等，1986），2003~2006 年其又在太湖流域常熟地区进行了验证（朱兆良，2006），并尝试应用 GIS 技术推广到县域尺度田块微调的研究（朱兆良等，2010）。

1. 区域平均适宜施氮量作为水稻-小麦优化施氮推荐量提出的背景和概念

1）问题的提出

早在 20 世纪 80 年代初，中国化学氮肥生产刚刚开始攀升时，太湖地区化学氮肥施用量就先于其他地区快速增加。1982 年该地区稻麦两季化学氮肥平均施用量就达到了 397.5 kg(N)/hm^2（朱兆良等，1986）。当时有机肥还占有约 16%的比例（万传斌，1986）。随着化学氮肥生产量的快速增加，有机肥退出农田氮循环。至 90 年代初，两季作物化学氮肥施用量很快就达到了 500~600 kg(N)/hm^2 的水平，其中水稻约 300 kg(N)/hm^2，高于小麦季。针对化学氮肥施用量逐年增加的趋势，如何做到化学氮肥适宜施用已是面临的科学和实际问题。如 7.1 节所述，国际上通行的测土施肥和植物营养诊断施肥，主要是土壤 NO$_3^-$ 和植物组织 NO$_3^-$ 浓度的测定，但这只能用于旱地作物。对于稻田还没有适合的土壤氮素指标可供利用，在科学层面上就存在实际困难。虽然 Stanford（1973）的养分平衡法也可应用于稻田土壤，但利用这一方法要求首先取得可靠的作物氮素利用率和土壤供氮量等参数,这存在不少困难,而且因不同地区、不同年份的变异性,也存在很大不确定性。就中国农业生产经营体制而言,农业生产还是一家一户几亩地的小农分散经营,通常是一年两季或多季作物,茬口紧,并且缺乏专业技术指导,也使测土施肥很难普遍实施。为此,朱兆良等在太湖地区提出了水稻、小麦"区域平均适宜施氮量"作为优化施氮推荐的依据(朱兆良等,1986;朱兆良,1988)。

2)区域平均适宜施氮量的概念

区域平均适宜施氮量(regional mean optimal rate of chemical fertilizer N,简称 RMOR),包括田块和区域两个尺度,分别用以表征田块适宜施氮量和区域平均适宜施氮量。

田块适宜施氮量也称经济最佳施氮量,即单位面积某种作物施用氮肥获得的最高经济效益的肥料氮施用量。区域平均适宜施氮量是 n 个田块适宜施氮量的平均值,是某一区域某种作物氮肥的推荐量。由于区域内土壤性质差异等因素的影响,区域平均适宜施氮量得到的产量可能低于或高于田块适宜施氮量得到的产量。然而,根据在太湖地区水稻试验结果,这种差异是很小的(朱兆良,2006)。

2. 区域平均适宜施氮量的方法原理

1)区域平均适宜施氮量符合优化施氮目标

推行区域平均适宜施氮量的科学目标是"增产、节氮、环保"。国外对于施肥与增产的要求是最高经济产量,而不是追求作物最高产量。从太湖地区氮肥试验得到的产量-施氮量反应关系曲线,施氮量与氮总损失和氮肥净收入(产量收益扣除氮肥成本)曲线(图7.3)可以看出,随着施氮量的增加,水稻产量渐增,但增势减缓,至最高产量后,继续增加施氮量产量反而下降,而肥料成本却增加,氮肥净收入减少,通过各种途径进入环境氮量直线增加,对环境造成重大风险。这表明必须得出一个既能增产增收,又能将环境影响降低到较小的一个适宜施氮量。

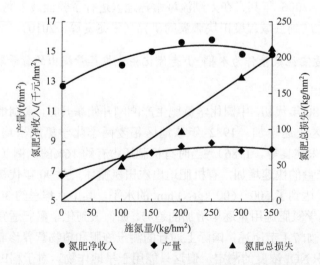

图 7.3　水稻产量、氮肥净收入和氮肥总损失与施氮量关系

引自朱兆良(2006);产量和氮肥净收入为 12 个试验结果的平均值,氮肥总损失为 2003 年在两种代表性土壤上进行的 ^{15}N 微区试验结果计算得出的平均值

2）田块适宜施氮量的确定

以一元二次方程拟合的产量与施氮量反应曲线一般呈现抛物线形。在一定施氮量和作物产量范围内，由递增等量单位肥料形成的连续增产量表现为系列的递减几何级数。每新增一单位氮量（ΔX）所获得的增产量（ΔY），即边际产量。从图 7.4 可见，每一相等单位施氮量增长所获得的作物增产量不等。边际间存在的肥效差异或效应曲线上相邻两线段的斜率差异，称为肥料的边际效应。朱兆良（1988）用于计算太湖地区水稻和小麦适宜施氮的边际产量（$\Delta Y/\Delta X$）为 5/1 和 3/1，即施氮量增加 1 kg，水稻增产 5 kg，小麦增产 3 kg。

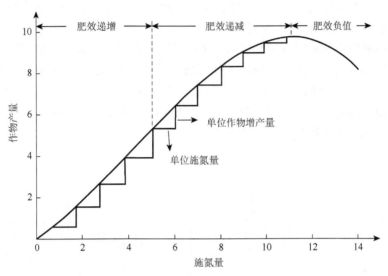

图 7.4 肥料的边际效应示意图

引自奚振邦等（2013）

奚振邦等（2013）又引入了边际效益指数这一概念。所谓边际效益指数是边际增产值与边际肥料费用的一个比值，作为计算适宜施氮量的依据（表 7.2）。表 7.2 是奚振邦 20 世纪 80 年代在上海郊区进行的一个早稻试验结果，他确定经济效益指数为 1 时的施氮量，即每公顷施碳酸氢铵 675 kg 作为适宜施氮量，此时可实现早稻产量为 5448 kg/hm²，继续增加施氮则导致效益降低。

表 7.2 早稻每递增 225 kg/hm² 碳酸氢铵施用后的边际效应指数

碳酸氢铵施用量/ (kg/hm²)	单产/ (kg/hm²)	边际增产量/kg	边际效应	
			每千克碳酸氢铵增值/元	边际效益指数
0	4308	—	—	—
225	4701	395	0.44	1.76
450	5229	528	0.59	2.36
675	5448	219	0.25	1.00
900	5615	167	0.19	0.76
1125	5739	125	0.14	0.56
1350	5661	−78	0.09	0.36

注：引自奚振邦等（2013）。略有删节，亩改为公顷，产量也做相应修改。

　　不同作者研究田块适宜施氮量的试验设计各不相同。朱兆良（1988，2006）在氮肥试验中一般只改变氮肥用量，磷、钾肥和氮肥的基、追肥比例按当地习惯。张福锁等（2011）在水稻优化施氮中用标准试验设计（"3414"）设置了 4 个氮水平、2 个磷水平和 2 个钾水平进行不同施氮量处理试验。"3414"设计是指氮、磷、钾 3 个要素，每个要素 4 个水平，共 14 个肥料试验处理的简称，是农业部推荐的测土配方施肥试验设计方案，详细可参阅张福锁等（2011）或凌启鸿（2007）文献。

　　适宜施氮量的确定，常用产量-施氮量效应函数法，可用一元二次方程：$Y = cx^2 + bx + a$ 来表达。式中，Y 为作物产量；x 为施氮量；a 为不施氮的产量；b、c 为回归系数。

　　3）区域平均适宜施氮量的确定

　　区域平均适宜施氮量的确定是以同一地区的同一作物，在基本一致、广泛采用的栽培技术下，进行的多点多年田间作物产量-氮肥施用量试验网的结果为基础，求得各个田块适宜施氮量（N_e）的平均值作为区域平均适宜施氮量（N_x）。例如，常熟单季晚稻试验网各田块的适宜施氮量（N_e）在 131～273 kg/hm^2，大多在 170～230 kg/hm^2，区域平均适宜施氮量（N_x）为 199 kg/hm^2（图 7.5）。

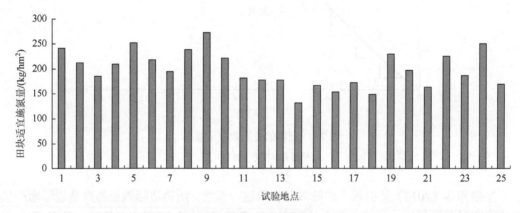

图 7.5　常熟单季晚稻试验网各个田块的适宜施氮量（N_e：2003～2006 年，$n = 25$）

引自张绍林等（2010）

　　各个田块在该区域平均适宜施氮量（N_x）时的产量（Y_x），与其在适宜施氮量（N_e）时的产量（Y_e）非常接近，仅相差–3.5%～1.4%，Y_x 与 Y_e 显著相关（图 7.6）。而且，在区域平均适宜施氮量（N_x）时各田块的产量之和（$\sum Y_x$）仅比这些田块在各自适宜施氮量（N_e）时的产量之和（$\sum Y_e$）低 0.45%。这表明区域平均适宜施氮量可以作为推荐氮肥适宜施用量的基本依据。

　　张福锁等（2011）利用在安徽进行的"3414"田间肥料试验，通过水稻产量-施氮量响应方程计算了最佳施氮量。安徽省一季稻的最佳施氮量范围为 150～240 kg/hm^2，平均适宜施氮量为 208 kg/hm^2。这一区域平均适宜施氮量与田块适宜施氮量下的水稻产量极显著相关，从而进一步论证了区域平均适宜施氮量作为稻作地区氮肥推荐的可行性。

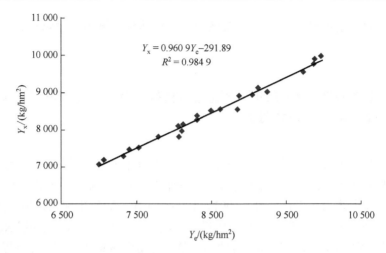

图 7.6　常熟单季晚稻试验网各田块 Y_x 与 Y_e 比较（2003~2006 年，$n = 25$）

引自张绍林等（2010）

3. 区域平均适宜施氮量的微调——GIS 技术与模型相结合

张绍林等（2010）在 2003~2006 年的研究中，进一步发展了区域平均适宜施氮量推荐的方法原理，试图通过 GIS 技术把田块尺度研究的点状信息准确地转换成面状信息，并在一个县域尺度上进行了尝试。这一研究考虑到一个区域尺度，如县域尺度。对于某种作物虽然气候条件、耕作栽培制度相同，但由于土壤性质，特别是土壤供氮能力及其相关性质的差异，不同土壤上对平均适宜施氮量的作物产量效应可能不同。根据这些微小差异进行微调，发展符合中国国情的区域尺度的精准施氮技术。

把田块试验的点状信息转换到面状信息的 GIS 技术的应用是通过相关的模型方法来连接的。利用 GIS 技术和模型方法研究氮肥的优化施用可以将田块试验结果拓展到区域尺度，使氮肥最佳施用不仅具有数量特征，而且具有其空间特征，从而使之能更有依据地推广到区域尺度。

张绍林等（2010）选择了江苏省常熟市开展县域尺度研究。常熟市是太湖地区工农业经济十分发达的县级市，土壤类型多样，耕地约占土地面积的 50%，其中稻麦轮作水田占 74%，这是一个化学氮肥高投入地区，一年稻麦两季，施氮量达 550~600 kg/hm²。利用在全市设置的 19 个田块试验点取得的适宜施氮量数据，主要为土壤与土壤供氮能力有关的分析数据，通过模型计算，确定了各指标的权重系数和综合指标指数，以耕地栅格为基本研究单元，对每个单元的指标进行标准化取值，分别计算出每个单元的平均适宜施氮量微调比率和优化施氮量。通过微调，原来根据田块试验数据绘制的产量-施氮量曲线计算得到的区域平均适宜施氮量可继续下调 9 kg/hm²。

陈新平等（2010）基于 GIS 技术和施氮模型得到了山东省惠民县小麦-玉米轮作中县域范围氮肥优化管理的区域平均适宜施氮量的微调优化结果。华北平原为沉积平原，在县域范围土壤质地和土壤有机质含量有很大分异，这两项土壤性质的差异，决定了土壤供氮能力的不同，土壤质地也影响土壤水分状况，从而影响无机氮的损失。根据土壤质地和土壤有机质进行的县域尺度施氮量的微调，可以达到县域范围"增产、节氮、环保"的目标。

7.3.2 基于土壤硝态氮测试的氮肥区域总量控制和土壤、植株硝态氮实时监控的田块优化施氮技术体系

自 20 世纪 90 年代起，陈新平等从华北平原农田耕作制和农民习惯施氮过高区域的特点出发，参考国外行之有效的土壤硝态氮测试和植株 NO_3^- 诊断，发展了冬小麦-夏玉米氮肥优化施用的技术体系（陈新平等，1997，1999，2010；陈新平和张福锁，2006）。该方法体系包含两个层次：一是根据农户田块播前土壤剖面中 0～90 cm 土壤层 NO_3^- 平均达到 200 kg/hm^2 的事实，结合作物目标产量的需氮量，确定区域总量控制；二是根据作物关键生育期对氮素营养的需求量和土壤植物根层 NO_3^- 含量的实时监控，并辅之以植株 NO_3^- 诊断确定田块优化追施氮量。

1. 方法依据和原理

以土壤硝态氮测试和实时监控作为华北平原区域氮肥总量控制和田块优化施氮的基础。华北平原土壤由于农户长期的高氮投入，土壤剖面植物根层 NO_3^- 的储量达到很高的水平，但不同地区，土壤剖面 NO_3^- 的累积量并不一致，从而造成了不同地区土壤有效氮的差异性（王兴仁等，1995）。另外，华北平原区旱作土壤有很强的硝化能力，不论施用尿素等化学氮肥还是施用有机肥，水解或矿化出的 NH_4^+ 都迅速地转化为 NO_3^-，在水分适宜的情况下 NH_4^+ 3 天就可转化为 NO_3^-（Liu et al.，2003；Ju et al.，2004，2006）。

该方法首先假设华北平原旱作土壤不论是何种来源的氮源，土壤硝态氮是土壤供氮的最主要形态，其数量代表了土壤供氮量，这是应用养分平衡法的必需参数之一，为确定土壤供氮量提供方便，并减少了不确定性。根据目标产量确定施氮量，然后扣除土壤硝态氮含量，就是达到目标产量所需的总施氮量。考虑到作物不同生育阶段根系达到的土层深度不同，对氮素营养需求量不同，以及土壤 NO_3^- 的数量差异，必须对土壤根层 NO_3^- 进行实时监控，以确定不同生育阶段施氮的数量，最终达到田块优化施氮目的。

2. 土壤硝态氮测试和实时监控技术的应用

1）根据农户田块土壤剖面 NO_3^- 测定的区域总氮量控制

华北平原旱作地区可通过播前农田土壤硝态氮测试来确定区域总量控制，比多点、多年的田间试验简单，节省费用。基于农户田块播前土壤硝态氮含量计算区域平均施氮量，以播前作物 0～90 cm 根层 NO_3^- 含量 90 kg/hm^2 为基础，根据目标产量的需氮量得到小麦季平均施氮量为 154 kg/hm^2，玉米季平均施氮量为 172 kg/hm^2，两者合计为 326 kg/hm^2。多点、多年的不同施氮田间试验结果表明，基于土壤硝态氮测试的优化施氮量与肥料-产量反应函数获得的最佳经济施氮量非常接近，有很好的相关性（图 7.7）（陈新平等，2010）。

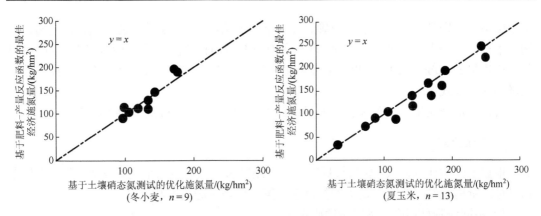

图 7.7 多点田间试验中基于土壤硝态氮测试的优化施氮量和基于肥料–产量反应函数的最佳经济施氮量比较

引自陈新平等（2010）

2）作物生长期间土壤硝态氮实时监控的田块尺度优化施氮

根据作物高产吸收氮素的要求，考虑到土壤根层硝态氮含量和变化，以及小麦、玉米不同生育期根系可达到的深度，建立了以根层 NO_3^- 实时监控的氮肥调控技术体系，实现作物对氮素需求与土壤养分供应（土壤 NO_3^-、氮肥施用）同步（Chen et al.，2006）。以华北平原小麦–玉米轮作体系为例，设定该体系小麦、玉米的总产目标为 12 000 kg/hm² （小麦、玉米各 1/2），氮素实时监控的技术模式如图 7.8 所示。

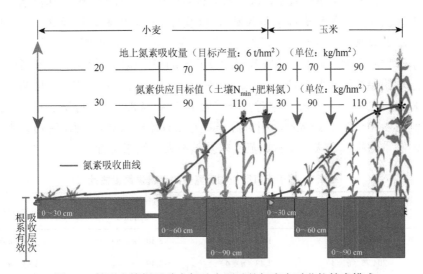

图 7.8 基于土壤根层硝态氮动态测试的氮素实时监控技术模式

引自陈新平等（2010）

7.3.3 基于养分平衡法优化施氮和田块高产精确施氮的方法

凌启鸿（2007）从精准农业和精确施肥的理念出发，自 20 世纪 80 年代起，系统研究了中国南方特别是江苏地区水稻精确定量栽培的理论与技术。其中，施肥的精确定量，特别是水稻氮肥施用的精准定量方面，取得了有重要应用价值的结果。水稻氮肥精确施用的基本原理是 Stanford（1973）提出的养分平衡法，又称目标产量法。该方法中目标产量施氮量的计算公式如下：

目标产量施氮量 =（作物目标产量需氮量−土壤供氮量）/氮肥当季利用率

1. 方法原理

根据上面的计算公式，要按目标产量计算施氮量必须取得三个基本参数：第一个是作物目标产量需氮量，第二个是土壤供氮量，第三个是氮肥当季利用率。

1）不同作物目标产量需氮量的确定

凌启鸿（2007）按品种类型、产量等级归纳法，得到了不同产量水平（5935.5～11 295.75 kg/hm²）下百公斤稻谷所需氮量为 1.63～2.53 kg。再按产量等级建立回归方程，得到 10 500 kg/hm² 产量水平下 100 kg 稻谷需氮量绝大多数为 2.0～2.5 kg，平均为 2.1 kg。按江苏地区目标产量 7500 kg/hm²、9000 kg/hm²、10 500 kg/hm²，确定了每百公斤稻谷需氮量分别为 1.85 kg、2.0 kg 和 2.1 kg 的计算参数。

2）土壤供氮量的确定

土壤供氮量是一个很复杂的问题，涉及作物品种、土壤类型及作物茬口等。稻田土壤氮素有效性指标还没有确定，化学提取剂很难应用。暂且只能应用田间无氮区肥料试验得到的作物含氮量，作为土壤供氮量，这一考虑也有一定的合理性，因为其包括了土壤矿化氮和环境来源氮（沉降氮和灌溉水带入氮），以及种子带入的氮。然而这一方法也存在明显的缺陷，如未考虑氮肥对土壤氮素矿化的影响等。凌启鸿（2007）考虑了当季水稻品种和水稻前季作物的影响，从江苏省域范围通过两年的田间试验，得到了可参考的水稻生长季土壤供氮量的参数值（表 7.3）。昆山、泰兴、建湖和东海四县（市）水稻两年基础产量的差值在 85.80～303.75 kg/hm²，相对百分差为 1.18%～4.83%。年际吸氮量（视作土壤供氮量）差值在 3.30～5.21 kg/hm²，相对百分差为 2.51%～5.13%。应用空白区水稻吸氮量作为土壤供氮量的测试方法，在省域范围内差异不大，结果可行。

表 7.3　基于无氮区作物吸氮量的土壤供氮量估计

地点	年际基础产量差值/（kg/hm²）	相对百分差/%	年际吸氮量差值/（kg/hm²）	相对百分差/%
昆山	85.80（n = 5）	1.18（n = 5）	3.30（n = 5）	2.51（n = 5）
泰兴	204.75（n = 4）	3.48（n = 4）	3.49（n = 4）	3.83（n = 4）
东海	173.25（n = 5）	2.65（n = 5）	4.35（n = 5）	4.74（n = 5）
建湖	303.75（n = 5）	4.83（n = 5）	5.21（n = 5）	5.13（n = 5）

注：根据凌启鸿（2007）著作数据制表，略有删节。亩改为公顷，产量及氮量单位做了相应修改。

3）氮肥当季利用率的确定

氮肥当季利用率与许多因素有关，首先是品种和水稻产量水平。另外，基、追肥的比例和稻苗秧龄也影响水稻氮素的利用率,水稻栽培期间的施肥和水分管理等都会对氮肥当季利用率产生影响。凌启鸿(2007)提出,氮肥当季利用率必须以高产田(700 kg/亩)施肥实践为主要测定对象。栽培技术和施肥都要符合高产栽培要求。根据这一考虑,他对江苏锡山县(现为锡山区,地处苏南)和沛县(位于苏北)种植粳稻、产量在 533~753 kg/亩范围的 46 个田块的氮肥当季利用率进行了测定,经统计分析在 38.0%~45.3%,平均为 42.5%,其中 75%的田块氮肥当季利用率高于 40%。因此认为水稻产量 700 kg/亩的当季氮肥利用率定在 40%比较合理(图 7.9)。

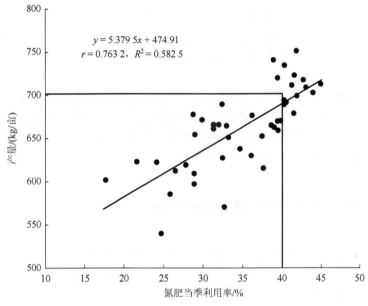

图 7.9　氮肥当季利用率与产量的关系

引自凌启鸿(2007)

2. 方法原理的验证

在确定了水稻目标产量需氮量、土壤供氮量和氮肥当季利用率的基础上,遵循 Stanford(1973)目标产量施氮量公式,在江苏 10 个县(市)对精确施氮量与农民习惯施氮量进行了对比(凌启鸿,2007),结果见表 7.4。

表 7.4　12 个精确施氮试验资料汇总分析

目标产量	测定项目	精确施肥	习惯施肥
700 kg/亩 (8 块田)	施氮量/(kg/亩)	18.62(16.8~20.87)	24.58(21.8~26.9)
	实产/(kg/亩)	697.63(688~715.3)	654.62(611~693)
	100 kg 稻谷需氮量/kg	2.09(1.95~2.2)	2.31(2.2~2.38)
	肥料利用率/%	41.17(37.5~43.8)	31.02(27.36~35.4)

续表

目标产量	测定项目	精确施肥	习惯施肥
650 kg/亩 （3块田）	施氮量/(kg/亩)	17.5（15.98~18.8）	21.95（21.3~23.0）
	实产/(kg/亩)	648.7（642~670）	604.0（556~636）
	100 kg 稻谷需氮量/kg	2.03（1.99~2.22）	2.16（1.96~2.30）
	肥料利用率/%	40.17（38.32~42.25）	28.79（25.3~33.0）
600 kg/亩 （1块田）	施氮量/(kg/亩)	16.8	20.8
	实产/(kg/亩)	607	560.4
	100 kg 稻谷需氮量/kg	2.07	2.16
	肥料利用率/%	39.61	28.1

注：按 Stanford 方程计算的不同目标产量优化施氮量；引自凌启鸿（2007）。

按目标产量 10 500 kg/hm^2、9750 kg/hm^2 和 9000 kg/hm^2 三个产量等级设计的精确施氮量分别平均减少了 24.2%、20.3% 和 21.2%。达到了预期目标产量，分别比习惯施肥增产 6.6%、7.6% 和 8.3%。氮肥当季利用率比习惯施肥提高了 10.15 个、11.38 个和 11.51 个百分点，从而达到了"增产、节氮"的目标。

7.3.4　基于"理论施氮量"的优化施氮推荐

巨晓棠（2014）、Ju 和 Christie（2011）在总结多位中国学者在主要农业区优化施氮方法原理研究结果的基础上，论述了将理论施氮量作为田块氮肥施用量推荐的可能。

1）理论施氮量简释

理论施氮量是目标产量施氮量的一种简化，即把某一目标产量下的优化施氮量视为作物籽粒带走的氮量，省去了许多相关的土壤和植株有效氮测试和氮肥利用率计算等事项。只要通过田间试验取得比较可靠的不同作物某一目标产量下每 100 kg 籽粒产量需氮量这个关键参数，就可计算出最高经济产量或最高产量施氮量。巨晓棠（2014）根据国内外已发表的小麦、玉米和水稻三大粮食作物的研究结果，总结和估计小麦、玉米和水稻每 100 kg 籽粒产量的需氮量分别为 2.8 kg、2.3 kg 和 2.4 kg。该方法也设定秸秆回田氮量和多种其他来源氮（大气沉降、灌溉水、种子带入氮、非共生固氮）之和相当于肥料氮的损失量。

2）理论施氮量的可行性验证

巨晓棠（2014）通过利用现有中国主要农作区及主要研究者通过不同方法原理取得的水稻、小麦和玉米优化施氮结果与理论施氮量计算结果进行了对比，作为理论施氮量的验证。例如，他利用武良（2014）总结 2005~2010 年农业部测土施肥项目，在全国组织实施的按"3414"设计方案进行的大规模小麦、玉米和水稻田间试验分区计算得到的区域氮肥推荐量结果，对理论施氮量进行了验证，其中小麦、玉米对比结果见表 7.5 和表 7.6。

表 7.5　小麦区域氮肥推荐量与理论施氮量比较

亚区	区域氮肥推荐量时的产量/ （kg/hm²）	区域氮肥推荐量/ （kg/hm²）	理论施氮量/ （kg/hm²）	差值/ （kg/hm²）
东北春麦区	4880	108	137	−29
西北干旱雨养区	5520	171	155	16
西北灌溉麦区	6720	172	188	−16
华北灌溉冬麦区	6950	199	195	4
华北雨养冬麦区	6750	196	189	7
长江中下游冬麦区	6000	182	168	14
西南冬麦区	4630	144	130	14

注：引自巨晓棠（2014）。

表 7.6　玉米区域氮肥推荐量与理论施氮量比较

亚区	区域氮肥推荐量时的产量/ （kg/hm²）	区域氮肥推荐量/ （kg/hm²）	理论施氮量/ （kg/hm²）	差值/ （kg/hm²）
东北冷凉春玉米区	8 980	153	207	−54
东北半湿润春玉米区	9 050	147	208	−61
东北半干旱春玉米区	9 480	162	218	−56
东北温暖湿润春玉米区	8 930	204	205	−1
华北早中熟夏玉米区	8 230	194	189	5
华北晚熟夏玉米区	8 670	213	199	14
西北雨养旱作春玉米区	8 350	190	192	−2
北方灌溉春玉米区	10 530	190	242	−52
西北绿洲灌溉春玉米区	10 330	221	238	−17
四川盆地玉米区	7 630	217	175	42
西南山地丘陵玉米区	7 720	195	178	17
西南高原玉米区	8 290	207	191	16

注：引自巨晓棠（2014）。

在所给出的 7 个小麦亚区中，除东北春麦区氮肥推荐量远低于计算的理论施氮量外，其余地区氮肥推荐量较理论施氮量差异在约 10%以内。12 个玉米亚区中，东北春玉米（除东北温暖湿润春玉米区）、北方灌溉春玉米和四川盆地玉米氮肥推荐量与理论施氮量差异则较大（表 7.6）。巨晓棠（2014）也引用了朱兆良（2006）2003～2004 年在太湖地区常熟市试验中的 12 个水稻田块试验得到的经济最佳施氮量与水稻理论施氮量进行了对比，5 个田块两者差值较大，其余田块差值较小（表 7.7）。

表 7.7　水稻经济最佳施氮量和理论施氮量的比较

试验地点和年份	经济最佳施氮量时的产量/ （kg/hm²）	经济最佳施氮量/ （kg/hm²）	理论施氮量/ （kg/hm²）	差值/ （kg/hm²）
大义，2003 年	4868	185	117	68
白茆，2003 年	8335	209	200	9
王庄，2003 年	8303	212	199	13
梅里，2003 年	8495	188	204	−16
辛庄，2003 年	9719	242	233	9
白茆，2004 年	8844	252	212	40
唐市，2004 年	7328	218	176	42
王庄，2004 年	8610	222	207	15
辛庄，2004 年	7790	195	187	8
常南，2004 年	8045	182	193	−11
大义，2004 年	8102	239	194	45
北新桥，2004 年	8065	273	194	79

注：引自朱兆良（2006）。

巨晓棠（2014）计算了中国小麦、玉米和水稻三大粮食作物不同目标产量下的理论施氮量，并与朱兆良等（2010）发表的华北平原（表 7.8）小麦、玉米和太湖地区水稻的区域平均适宜施氮量（分别为 150～180 kg/hm²、170～190 kg/hm² 和 190～200 kg/hm²）的数值也进行了对比（表 7.8）。

表 7.8　小麦、玉米和水稻三大粮食作物理论施氮量推荐表

目标产量/ （kg/hm²）	小麦施氮量/ （kg/hm²）	玉米施氮量/ （kg/hm²）	水稻施氮量/ （kg/hm²）
4 000	112	92	96
5 000	140	115	120
6 000	168	138	144
7 000	196	161	168
8 000	224	184	192
9 000	252	207	216
10 000	280	230	240
11 000		253	
12 000		276	
13 000		299	
14 000		322	
15 000		345	

注：引自巨晓棠（2014）。

理论施氮量作为田块氮肥优化施用推荐的一种方法，简化了氮肥施用量推荐，符合当前中国国情。但与以往基于主要粮食作物田间试验结果的区域氮肥推荐用量比较，在某些区域仍有较大差异。对如下几点似须进一步考虑和细化研究。

（1）作物每 100 kg 籽粒产量受多种因素影响，包括时空因素、品种因素和农业管理因素等。

（2）该方法是以秸秆回田作为条件之一的，但在当前中国农业管理体制下，秸秆回田还是一个问题。虽然不同地区回田率有所不同，但整体情况是回田率很低。在目前一年两熟或多熟地区，由于籽粒产量高，秸秆产量也随之增加，全部回田是不可能的，各地区秸秆回田多少为好，有待研究。

（3）当前大气沉降和灌溉水带入氮很高，在经济发达和人口密集地区，如太湖流域和华北平原区，两者一年可高达 100 kg/hm^2，约占年施氮量的 1/5，其农学有效性多大尚不清楚。这些地区是目前中国典型氮肥过量施用的地区，在确定理论施氮量时，这是不得不考虑的问题。进入农田的环境来源氮也不可能在短期发生重大改变，因为这类氮源与施肥不同，它受区域生物地球化学氮循环流动通量所支配。

7.4　小结与展望

以上评述了中国学者自 20 世纪 80 年代以来围绕中国不同农作区农田化学氮肥用量优化施用的方法原理与应用方面的研究。在南方稻麦轮作区可采用以区域平均适宜施氮量为基准的区域总量控制，并通过 GIS 技术和模型进行田块微调，达到从区域尺度到田块尺度的优化施氮。华北平原小麦-玉米轮作区可通过土壤剖面不同深度播前 NO$_3^-$ 测试得到的土壤供氮量和按产量目标计算的作物需氮量进行区域总量控制，并以随作物生长延伸的不同根层深度 NO$_3^-$ 储量和作物关键生育期需氮量进行实时监控，辅之以植株 NO$_3^-$ 测试和叶绿素仪法，决定作物追肥氮量，达到田块优化施氮。理论施氮量作为氮肥优化施用量推荐的一种简化方法，其研究也有一定的潜在价值。

然而，中国农田优化施氮的各种方法原理在实际生产中广泛应用还有很长的路要走，还有以下工作要做。

第一，这些已在不同农业区进行过比较成功的示范应用所用的参数存在空间和时间变异性。所谓空间变异性是指把这些方法应用到另一小区域尺度（如县域尺度），由于土壤性质的差异，某些参数就应有所修正。时间变异性是指在实行区域总量控制和田块优化施氮后，土壤供氮量就会下降，区域性环境来源氮也会下降，随之而来的肥料氮利用率也会发生变化。还有考虑更高产作物品种的更替，因此优化施氮量随时调整是必需的。

第二，国外已发展的精准农业中的"3S"施肥技术，也是未来需要借鉴和研究的课题。

第三，从根本上来说，当前优化施肥面临的紧迫问题并不在于方法技术，而在于与此紧密相关的其他方面，如现有的适应于不同农作区的氮肥区域总量控制和田块优化的方法还只是科学研究成果，处于示范应用阶段，并未进行区域尺度的大面积推广，其中最大的问题是基层技术推广体系不健全，缺少训练有素坚守岗位的技术人员。另外，现有方法技术和未来先进技术的应用都有待农业经营管理体制的改革，有待按循环农业理念组建的现代农业企业来实施等。

参 考 文 献

陈新平, 李志宏, 王兴仁, 等.1999. 土壤、植株快速测试推荐施肥技术体系的建立与应用. 土壤肥料, 2: 6-10.

陈新平, 赵荣芳, 崔振岭, 等.2010. 小麦-玉米轮作系统中优化施氮和提高氮肥利用率的原理和方法//朱兆良, 张福锁, 等. 主要农田生态系统氮素行为与氮肥高效利用的基础研究. 北京: 科学出版社.

陈新平, 张福锁.2006. 小麦-玉米轮作体系养分资源综合管理的理论与实践. 北京: 中国农业大学出版社.

陈新平, 周金池, 王兴仁, 等.1997. 应用土壤无机氮测试进行冬小麦氮肥推荐的研究. 土壤肥料, 5: 19-21.

成升魁.2007. 中国土地资源与可持续发展. 北京: 科学出版社.

巨晓棠.2014. 理论施氮量的改进及验证——兼论确定作物氮肥推荐量的方法. 土壤学报, 52 (2): 249-261.

巨晓棠, 刘学军, 张丽娟.2010. 华北平原小麦-玉米轮作体系中的氮素循环及环境效应//朱兆良, 张福锁, 等. 主要农田生态系统氮素行为与氮肥高效利用的基础研究. 北京: 科学出版社.

林葆.1998. 我国肥料结构和肥效的演变、存在问题及对策//李庆逵, 朱兆良, 于天仁. 中国农业持续发展中的肥料问题. 南昌: 江西科学技术出版社.

凌启鸿.2007. 水稻精确定量栽培的理论与技术. 北京: 中国农业出版社.

万传斌.1986. 江苏省氮肥资源及其合理利用//中国土壤学会土壤氮素工作会议论文集. 北京: 科学出版社.

王兴仁, 曹一平, 张福锁.1995. 土壤氮磷钾养分资源特征和综合管理策略. 北京农业大学学报, 21 (增刊): 94-98.

武良.2014. 基于总量控制的中国农业氮肥需求及温室气体减排潜力研究. 北京: 中国农业大学出版社.

奚振邦, 黄培钊, 段继贤.2013. 现代化学肥料学 (增订版). 北京: 中国农业出版社.

邢光熹, 谢迎新, 熊正琴, 等.2010. 水稻-小麦轮作体系中土壤氮素循环、氮素的化学行为和生态环境//朱兆良, 张福锁. 主要农田生态系统氮素行为与氮肥高效利用的基础研究. 北京: 科学出版社.

张福锁, 江荣凤, 陈新平, 等.2011. 测土配方施肥技术.北京: 中国农业大学出版社.

张绍林, 尹斌, 于东升, 等.2010. 水稻-小麦轮作体系中优化施氮及提高氮肥利用率的原理方法//朱兆良, 张福锁. 主要农田生态系统氮素化学行为与氮肥高效利用的基础研究. 北京: 科学出版社.

周鸣铮.1988. 土壤肥力测定与测土施肥. 北京: 农业出版社.

朱兆良.1988. 关于稻田土壤供氮量的预测和平均适宜施氮量的应用. 土壤, 20 (2): 57-61.

朱兆良.1998. 我国化学氮肥的使用现状、存在问题和对策//李庆逵, 朱兆良, 于天仁.1998. 中国农业持续发展中的肥料问题. 南昌: 江西科学技术出版社.

朱兆良.2006. 推荐氮肥适宜施用量的方法论刍议. 植物营养与肥料学报, 12 (1): 1-4.

朱兆良, 张福锁, 米国华, 等.2010. 主要农田生态系统的氮素循环及环境效应//朱兆良, 张福锁.主要农田生态系统氮素行为与氮肥高效利用的基础研究. 北京: 科学出版社.

朱兆良, 张绍林, 徐银华.1986. 平均适宜施氮量的含义. 土壤, 18 (6): 316-317.

Bray R H, Kurtz L T. 1945. Determination of total, organic, and available forms of P in soils. Soil Science, 59 (1): 39-46.

Chang S C, Jackson M L. 1957. Fraction of soil phosphorus. Soil Science, 84: 133-144.

Chen X, Zhang F, Romheld V, et al. 2006. Synchronizing N supply from soil and fertilizer and N demand of winter wheat by an improved N_{min} method. Nutrient Cycling in Agroecosystems, 74 (2): 91-98.

Ju X T, Christie P. 2011. Calculation of theoretical nitrogen rate for simple nitrogen recommendations in intensive cropping systems: A case study on the North China Plain. Field Crops Research, 124 (3): 450-458.

Ju X T, Cui X J, Zhang F S, et al. 2004. Nitrogen fertilization, soil nitrate accumulation, and policy recommendations in several agricultural regions of China. Ambio, 33 (6): 300-305.

Ju X T, Kou C L, Zhang F S, et al. 2006. Nitrogen balance and groundwater nitrate contamination: comparison among three intensive cropping systems on the North China Plain. Environmental Pollution, 143 (1): 117-125.

Liu X J, Zhang Y, Han W X, et al. 2013. Enhanced nitrogen deposition over China. Nature, 494 (7438): 459.

Liu X T, Ju X T, Zhang F S, et al. 2003. Nitrogen dynamics and budgets in a winter wheat-maize cropping system in the North China Plain.Field Crops Research, 83 (2): 111-124.

Lukina E V, Freeman K W, Wynn K J, et al. 2001. Nitrogen fertilization optimization algorithm based on in-season estimates of yield and plant nitrogen uptake. Journal of Plant Nutrition, 24 (6): 885-898.

Mehlich A. 1984. Mehlich 3 soil test extractant: A modification of Mehlich 2 extractant.Communication in Soil Science and Plant Analysis, 15 (12): 1409-1416.

Olsen S R, Cole C V, Watanabe F S, et al. 1954. Estimation of available P in soil by extraction with sodium bicarbonate. Circular no. 393. United States Department of Agriculture.

Stanford G. 1973. Rationale for optimum nitrogen fertilization in corn production. Journal of Environmental Quality, 2: 159-165.

Stone M L, Solie J B, Raun W R, et al. 1996. Use of spectral radiance for correcting in-season fertilizer nitrogen deficiencies in winter wheat. Transactions of the ASAE, 39 (5): 1623-1631.

第 8 章　保护稻田生态系统

在论述中国农田氮素良性循环时，为什么要提出保护稻田生态系统？首先，稻田普遍实施淹灌排水，决定了其经历着频繁的水分干湿和氧化还原交替过程，也使得稻田氮循环特点及其农学和环境效应有别于旱地等其他农田类型。在相近施氮量下，稻田氮肥的总损失虽然较高，但是其产生环境影响的活化氮量却低于旱地，因为稻田肥料氮反硝化损失的氮主要是惰性的 N_2。从氮营养角度，由于独特的水分条件和土壤特性，稻田固氮量比旱地高得多，水稻土矿化和氮磷养分供应能力也强。其次，稻田作为高产稳产的人工湿地系统，具有很好的环境调节功能。例如，可以通过灌溉来消纳富营养化河水中的冗余氮磷，起到净化水体的作用。最后，稻田面积约占中国耕地面积的 1/4，却贡献了全国近一半的粮食产量，也占到世界水稻产量的近 40%，对中国乃至世界的粮食安全保障有着重要的意义。近 30 年来，随着人口增加对粮食需求和经济发展对土地资源压力的持续增大，稻田化肥大量投入所导致的农业和生态环境问题日益突出，稻田面积也不断缩减。当前，稻田化肥氮的消耗量已接近全国用量的 1/3。在此背景下，如何保护好稻田和协调稻田氮肥的农学效应和环境效应是重要命题。以下从中国稻田分布、稻田的特性，以及稻田养分循环及其农业与环境效应等方面入手，并结合笔者以往在太湖地区稻田氮素研究上的部分工作，对这一命题做出探讨。

8.1　中国稻田分布

中国地域辽阔，稻田分布于全境，南起热带海南岛，北抵寒温带黑龙江，西起新疆伊犁河谷和喀什地区，东至台湾地区和东南沿海诸省。从地形上看，不论平原还是低山丘陵均有分布，海拔 2000 多米的滇北高原和青藏高原河谷地带均有稻田分布。但主要分布在秦岭淮河以南的长江流域和华中、华南丘陵地区，其面积占中国稻田的 90%以上，尤以长江中下游平原、四川盆地、珠江三角洲和台湾西部平原区最为集中（陈鸿昭，1992）。

8.1.1　不同气候带稻田面积

中国稻田面积有多少？不同作者给出的数值不同。稻田面积有两种表示方法，一是耕地面积，二是播种面积。本书中不同年份播种面积数据按国家统计年鉴，耕地面积数据按不同论著原作者提供的数据。在《中国水稻土》一书的序言中（李庆逵，1992）给出的稻田耕地面积数值为 3.8 亿亩（2533 万 hm^2）。徐琪和陆彦椿（1992）给出的稻田耕地面积数值为 3867 万 hm^2。在《中国土地资源与可持续发展》一书中（成升魁，

2007）给出的全国总耕地面积为 13 003.92 万 hm^2，其中水田面积为 3294.63 万 hm^2，约占 25%，水田中灌溉水田面积为 2857.20 万 hm^2，望天田面积为 437.43 万 hm^2，所谓望天田是指南方丘陵山区无灌溉条件，水稻生长季节靠降水来维持的稻田。依据徐琪和陆彦椿（1992）的研究，中国不同气候带稻田面积的分区统计见表 8.1。

表 8.1　中国不同气候带稻田面积统计

地带	稻田面积/万 hm^2	占全国稻田面积比例/%	主要耕作制
温带	155	4.0	一熟水稻
暖温带	232	6.0	稻麦轮作
北亚热带	2088	54.0	稻麦、稻稻麦
中亚热带	657	17.0	稻稻麦
南亚热带、热带	735	19.0	双季稻三熟
合计	3867	100	

注：引自徐琪和陆彦椿（1992）。

中国稻田气候带的区分（表 8.1）与中国稻田生态带的区分（表 8.2）是吻合的，温带对应Ⅰ.一熟单季稻稻田生态带；暖温带对应Ⅱ.稻麦两熟稻田生态带；北亚热带对应Ⅲ.双季稻或稻麦两熟、三熟稻田生态带；南亚热带、热带对应Ⅳ.双季稻三熟稻田生态带。因为稻田生态带的划分是以不同气候带的水热条件和耕作栽培制为基本依据的，而水稻的耕作栽培制又是由水热条件决定的。

表 8.2　中国稻田生态带

生态带	环境条件			耕作制	复种指数/%
	降水/mm	温度/℃	光合辐射总量/（万 J/cm^2）		
Ⅰ.一熟单季稻田	≤400	≥10（日均温）2000～4000（积温）	10.05～16.74	一季水稻	80
Ⅱ.稻麦两熟稻田	≥400	≥10（日均温）3500～4500（积温）	14.65～17.60	一季或两季水稻	180
Ⅲ.双季稻或稻麦两熟、三熟稻田	≥1000	≥10（日均温）4500～6500（积温）	12.56～20.10	两季或一年三熟（两季水稻，一季旱作）	180～220
Ⅳ.双季稻三熟稻田	≥1000	≥10（日均温）≥6500（积温）	16.70～18.84	双季三熟制（两季水稻，一季旱作）	>220

注：引自中国农业科学院（1986）和李庆逵（1992）。

8.1.2　中国稻田生态带与耕作制

由于中国稻田分布跨越不同气候带，而且在很大程度上不受地形限制，因此，中国稻田分布区的水热条件、社会经济条件和人口密度有很大差异，这就导致中国稻田的耕作栽培制有很大的不同。《中国稻作学》（中国农业科学院，1986）把中国稻田分为四个生态带（表 8.2）。

Ⅰ.一熟单季稻稻田生态带：主要分布在东北和内蒙古、宁、甘、新等地区，约占全国稻田面积的 4%。

Ⅱ.稻麦两熟稻田生态带：包括淮河以北黄淮海平原，陕东南，山西及甘南，辽南等地，约占全国稻田面积的 6%。

Ⅲ.双季稻或稻麦两熟、三熟稻田生态带，分布于淮河以南和秦岭以南到南岭以北地区，是中国稻田集中分布区，约占全国稻田的 71%。

Ⅳ.双季稻三熟稻田生态带，分布于南岭以南的南亚热带与热带地区，包括云南、广西南部、广东中南部和福建东南部、台湾、海南、西藏东南缘，约占全国稻田的 19%。

中国稻田生态带还有较细的划分，其区别在于把Ⅰ和Ⅲ各分为两个亚带，即湿润一季稻生态亚带（I_1）和干旱一季稻生态亚带（I_2）；以稻麦两熟为主的稻田生态亚带（III_1）和以双季稻为主的稻田生态带（III_2），另外又增加了一个西南高原一季稻田生态带（Ⅴ），具体参见《中国稻作学》（中国农业科学院，1986）。

有一种称为潜育性水稻土的稻田。该类稻田本身地势低洼、排水不畅从而导致常年淹水，或当地农民为了预防季节性干旱，来年水稻不能满插满栽而在水稻收割后故意蓄积雨水使得稻田持续淹水，因此，又称冬水田。该类土壤表层至下层常年渍水或处于水饱和状态，高度还原，主要分布在西南山地丘陵地区，如四川、重庆、贵州、云南等省（直辖市）内江河湖荡及三角洲冲积平原低湿地和丘陵沟谷低洼地。20 世纪 90 年代初，我国冬水田面积约为 273 万 hm^2（李庆逵，1992）。根据卫星遥感技术，李博伦（2015）评估 2013 年冬水田面积为 300.1 万 hm^2，约占稻田总面积的 7%。这类稻田土壤的氮循环及其环境影响完全不同于约占全国稻田面积 90%以上的一年稻麦两熟或一年两季水稻、一季旱作的三熟稻田。稻田耕作制的不同表明一年内淹水的时间各不相同，加入的化学氮肥的数量也各不相同，化肥氮转化形成不同形态的氮向大气和水体排放的通量和在土壤中储存的数量也大不相同。肥料氮进入土壤后的固持和矿化的内循环也不相同。在研究中国稻田氮循环时，考虑稻田耕作制是十分必要的。

8.2　稻田的特性

8.2.1　稻田土壤的剖面分异

耕种土壤在没有地下水强烈影响情况下，一般只有耕作层、底土层和母质层之分。稻田土壤与此有很大的不同，由于水稻生长期间要淹水并保持田面水层，受此长期影响，Fe、Mn 等化学元素发生氧化还原反应，与土壤黏粒一起向下淋溶和积聚，形成了独特的剖面分异。稻田所处的地形部位、耕作历史、耕作栽培制度不同，土壤剖面分层也不相同，水稻土既可起源于地带性土壤和河湖沉积物形成的土壤，也可起源于自然湿地土壤。起源于前者的水稻土，其剖面可分为 A（耕作层）、P（犁底层）、B（淀积层）、C（母质层）。淹水植稻期间形成几毫米的浅表氧化层和其下的还原层，其示意图如图 8.1 所示。这种氧化还原层分异对于稻田氮素的迁移转化有重要的控制作用，如表施尿素、硫酸铵等铵态或酰胺态氮肥后，部分 NH_4^+ 在浅表氧化层氧化为 NO_3^-，NO_3^- 迁移到还原层进行反硝化。

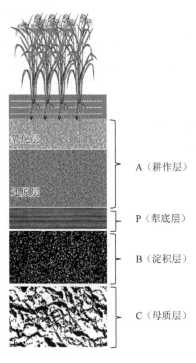

图 8.1　水稻土的土壤剖面分异图

8.2.2　与物质迁移转化有关的稻田主要化学过程

稻田在水稻生长期间，最大的人为影响是淹水，淹水后引起了一系列不同于旱地的土壤化学性质变化，其中最明显的改变是土壤中发生氧化还原过程。稻田的水旱轮作制和水稻生长期间的"烤田"，使稻田土壤发生反复的干湿交替和氧化还原交替。稻田土壤化学性质的另一重要改变是稻田中存在的各类还原体系，引起了土壤 pH 的改变。稻田土壤氧化还原反应和淹水后 pH 的变化对稻田土壤物质转化，尤其是氮和磷的转化起着至关重要的调控作用。

1. 稻田土壤的氧化还原体系

土壤中的氧状况决定了土壤氧化还原强度。土壤中的氧主要由土壤水分控制，当土壤淹水后，大气中的氧向土壤扩散受阻，虽然由灌溉水和降水也能带入氧，但由于微生物的活动，带入的有限数量的氧被消耗，使土壤处于还原状态，一些变价元素及其氧化物被还原。土壤中的氧化还原过程分为铁体系、锰体系、硫体系、氮体系、氢体系和有机酸类体系等。这些氧化还原体系都是相关联的，但在与氮磷转化有关的氧化还原体系中，氮体系和铁体系关系最密切。

1）氮体系

氮是一种具有多种氧化还原状态的元素，可形成不同价数的化合物，其价数可从+5、+4、+3、+2、+1、0 至−1、−2、−3。现将热力学上可以产生氮的氧化还原反应体系列于

表 8.3。这些氮的氧化还原反应大多在土壤的氧化还原电位（Eh）范围内。1～8 式和 11、12 式是不同氧化态的氮氧化物还原为 NO_2^-、NO、NO_2、N_2O、N_2 的反应式，9、10 式是 NO_3^-、NO_2^- 异化还原为 NH_4^+，这些反应在土壤中都是存在的；13、14 式是 N_2 加 H^+ 还原为 NH_3 的反应式，也就是生物固氮。

表 8.3　氮体系的氧化还原反应及其标准电位　　　　　　　（单位：V）

电极电位	Eh^0	Eh_7^0	Pe^0	Pe_7^0
1. $N_2O + 2H^+ + 2e^- \Longrightarrow N_2 + H_2O$	1.77	1.35	29.94	22.94
2. $NO_2^- + 4H^+ + 3e^- \Longrightarrow 1/2N_2 + 2H_2O$	1.52	0.97	25.69	16.36
3. $2HNO_2 + 4H^+ + 4e^- \Longrightarrow N_2O + 3H_2O$	1.29	0.88	21.83	14.83
4. $NO_3^- + 6H^+ + 5e^- \Longrightarrow 1/2N_2 + 3H_2O$	1.26	0.75	21.06	12.66
5. $NO_2 + H^+ + e^- \Longrightarrow HNO_2$	1.07	0.66	18.10	11.10
6. $HNO_2 + H^+ + e^- \Longrightarrow NO + H_2O$	1.00	0.59	16.92	9.92
7. $NO_3^- + 4H^+ + 4e^- \Longrightarrow NO + 2H_2O$	0.96	0.55	16.24	9.24
8. $NO_3^- + 3H^+ + 2e^- \Longrightarrow HNO_2 + H_2O$	0.94	0.32	15.90	5.40
9. $NO_2^- + 8H^+ + 6e^- \Longrightarrow NH_4^+ + 2H_2O$	0.90	0.35	15.17	5.84
10. $NO_3^- + 10H^+ + 8e^- \Longrightarrow NH_4^+ + 3H_2O$	0.88	0.36	14.91	6.16
11. $NO_3^- + 2H^+ + 2e^- \Longrightarrow NO_2^- + H_2O$	0.85	0.42	14.11	7.11
12. $NO_3^- + 2H^+ + e^- \Longrightarrow NO_2 + H_2O$	0.80	−0.03	13.54	−0.46
13. $N_2 + 8H^+ + 6e^- \Longrightarrow 2NH_4^+$	0.27	−0.28	4.64	−4.69
14. $N_2 + 6H^+ + 6e^- \Longrightarrow 2NH_3$	0.09	−0.32	1.52	−5.48

注：引自袁可能（1990）；Eh^0 是指 pH = 0 标准状态氧化态和还原态物质浓度比等于 1 时，与标准氢离子电极对比得到的电位（氢离子活度为 1）；Eh_7^0 指 pH=7 氧化态和还原态物质浓度比等于 1 下测的电位；Pe 为电子活度的负对数，通过反应电子数（n）和平衡常数（K）按照 $1/n \times K$ 计算；Pe^0 和 Pe^7 分别由 pH = 0 和 pH = 7 条件下得到。

2）铁体系

铁在土壤中是一个丰度丰富的元素。在一般情况下，土壤中铁的价态是三价。土壤中有多种含铁化合物，除各种类型的氧化铁原生矿物外，还有多种铁的氢氧化物，也有铁的磷酸盐矿物。在淹水后土壤中的铁氧化物、氢氧化物和铁的磷酸盐矿物中的 Fe^{3+} 将部分还原为 Fe^{2+} 释放。适量的 Fe^{2+} 是植物必需的营养元素。淹水还原对增加磷的溶解度、提高磷对植物有效性的影响是多方面的。除铁还原释放 PO_4^{3-} 外，还原过程还可使晶形磷酸铁化合物转化为正无定形状态，也可使闭蓄态磷溶解。磷的闭蓄是在氢氧化铁或氢氧化铝胶体凝絮时，把溶液中的磷酸机械性地闭蓄在凝胶体内，或包裹在磷酸盐沉淀的表面或者其他含磷固体的表面，降低其溶解度，处于这种状态的磷化物常称为闭蓄态磷。闭蓄态磷是一种重要的无机磷形态，占无机磷的比例很高，不同土壤中含量不同，平均为 55%。红壤中闭蓄态磷占 52%～83%，砖红壤更高，达 84%～94%，石灰性土壤中也可达 20%～30%。淹水后闭蓄态磷的释放在土壤磷素营养中占有重要地位（蒋柏藩等，1963；袁可能，1983）。淹水条件下，土壤有机质嫌气分解生成有机酸，可与酸性土壤中的 Fe、Al 螯合，也可与石灰性土壤中的 Ca 螯合，从而减少磷的固定，淹水可促进有机磷的矿化，有机态阴离子与 Fe-P、Al-P 中的磷酸阴离子交换也释放 PO_4^{3-}（鲁如坤，1998）。稻田亚铁氧化和三价铁还原的铁循环过程也与氮循环相耦合。稻田淹水厌氧下，微生物催化氨氧化耦合铁还原（Feammox）的生物反应过程和亚铁氧化耦合硝酸盐还原过程已被证实，作为稻田氮循环的新途径，其微生物机制以及农学和生态意义也越来越受到学者的广泛关注（Ding et al.，2014；Li et al.，2016）。由于这两个过程均可造成土壤有效态铵或硝向气态 N_2 的转变，深入研究这些过程可能会为稻田氮损失控制增添新思路。

2. 稻田淹水后土壤 pH 的变化

稻田淹水后会引起土壤 pH 发生变化，因土壤性质而不同。通常，酸性稻田土壤淹水后 pH 升高，微碱性土壤 pH 降低，中性土壤无明显变化，淹水后酸性、碱性土壤 pH 都表现出趋中性的特征（图 8.2）。

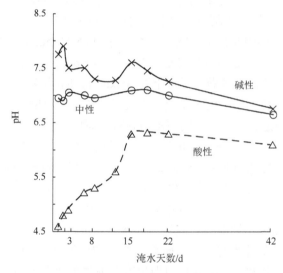

图 8.2　土壤淹水后 pH 的变化

引自王敬华（1992）

酸性水稻土 pH 升高与有机质的嫌气分解有关，特别是施用有机肥和绿肥等新鲜有机质后，嫌气分解产生大量有机还原性物质，使土壤铁、锰氧化物强烈还原，消耗溶液中的质子（H^+），土壤 pH 升高。有机质分解产生的有机酸和 CO_2 也使碱性土壤 pH 降低，增加 Ca-P 的溶解度。酸性和碱性水稻土淹水后 pH 的这种变化，不仅对土壤磷的转化产生重要影响，而且对土壤氮素的转化和迁移行为也产生重要影响。

8.2.3　中国稻田水稻生长期间水分管理特点

中国稻田 90%左右为一年两熟，或双季水稻、一季旱作的一年三熟稻田。一年中稻田除了水旱作物轮作进行水旱季的干湿交替外，水稻生长季也至少进行一次或几次中期排水，农民叫作"烤田"。每次约一周时间，视天气晴好状况而定。这一传统措施一方面是为了控制无效分蘖，另一方面是因为稻田土壤长期泡水过于松软，增加土壤沉降的硬度，可防止后期倒伏等。稻田干湿交替的转变，引起了土壤氧化还原交替，并伴随 pH 的变化，不仅对进入农田土壤的化学氮肥或有机肥料的迁移转化产生重大影响，而且对包括土壤磷在内的诸多元素有效性也有影响。在研究中国稻田氮磷转化迁移时，必须考虑这一独特的水分管理特点。

8.3　稻田养分循环及其农学与环境效应

8.3.1　稻田氮磷循环有益于农业的方面

1）稻田非共生固氮量高于旱地

稻田土壤有很高非共生固氮能力这一事实早已被国内外的研究者确认。Watanabe 等（1981）报告了日本单季稻耕作制下稻田非共生固氮量每年在 $6\sim25.5$ kg/hm^2，菲律宾等热带双季稻耕作制中一年的非共生固氮量在 $64.5\sim100.5$ kg/hm^2。朱兆良等（1986）报告太湖地区不同稻田非共生固氮量每年可达 $57\sim61.5$ kg/hm^2。朱兆良（1992）根据这些研究结果对中国稻田非共生固氮量做出了每年为 45 kg/hm^2 的粗略估算。2013 年，有学者通过建立的田间野外密闭自控植物生长系统，实现了生长箱内温度与环境温度同步变化，解决了稻田生物固氮不能进行野外长时间测定的难题，观测得到水稻拔节-成熟期 70 d 内稻田异养固氮量和光合固氮量（Bei et al., 2013)，与上述估算值基本一致。朱兆良（1992）也根据国外一些旱作，如小麦地的非共生固氮量每年为 $15\sim27$ kg/hm^2（Moore，1966）和英国洛桑试验站小麦无氮区长期试验的非共生固氮量为 $18\sim28.5$ kg/hm^2，同时考虑到施用氮肥对非共生固氮的抑制作用，估算中国小麦地每年非共生固氮量为 15 kg/hm^2。

目前国内外对稻田和旱地非共生固氮量的研究和报告不多，要对中国稻田和旱地非共生固氮量做出更切实的估算尚待进一步研究。然而，对于稻田土壤非共生固氮量高于旱地土壤这一基本事实是可以确定的。这是因为稻田土壤与旱地土壤相比，存在多种非共生固氮机制。郝文英（1992）从土壤微生物学角度对稻田土壤的非共生固氮机制做过较为详细的论述。土壤自生固氮菌有需氧和厌氧之分，这两种细菌在土壤中都可以存在。需氧自生固氮菌是稻田中最常见的非共生固氮菌，而且其数量远高于未耕种的荒地和旱地土壤（表 8.4）。

表 8.4　不同利用方式下土壤中需氧固氮菌数量　　　　（单位：个/kg）

利用方式	黄棕壤（江苏南京）	红壤（江西进贤）	砖红壤（广东湛江）
荒地	0	0	0
旱地	—	2.8	357
稻田	15 600	190	731

注：引自郝文英（1992）。

也有人认为固氮菌如梭菌，是厌氧自生固氮菌的一种，在水稻土中比需氧自生固氮菌更为重要，其数量超过需氧自生固氮菌（Ishizawa，1975）。另外，水稻根系有很强的固氮活性，水稻根系周围存在许多种群的异养微生物，以水稻根系分泌物为碳源，具有固氮能力的细菌有 10 个属以上（Blandreu，1975；莫文英等，1985）。水稻根系除根表的需氧自生固氮菌和厌氧自生固氮菌外，禾本科植物根部的黏质鞘内或皮层细胞间也有固氮菌存在，进行联合固氮（郝文英，1992）。黎尚豪等（1959）认为，虽然具有固氮功能的蓝藻可在各种自然条件下生长，然而，水稻生长期间蓝藻长势更盛，也是稻田土壤的一类固氮生物。

2）水稻对土壤残留肥料氮的利用率高于小麦

单位肥料氮进入农田后的去向分三部分，即作物吸收的氮、以多种途径损失到环境中的氮和残留在土壤中的氮。利用 ^{15}N 示踪方法可以计算出这三部分氮的数量，而且可以研究残留在土壤中氮的持续贡献。

笔者曾在江苏常熟农田生态系统国家野外科学观测研究站试验田开展了稻麦轮作农田肥料氮后效的长期观测试验。该试验始于 2003 年 11 月小麦季，施用 30% ^{15}N 丰度的尿素，分两个施氮水平：100 kg/hm² 和 250 kg/hm²，其中，250 kg/hm² 是当地麦季较为普遍的施氮水平。试验通过面积 1.02 m²、高 1 m 的原状土柱渗漏池进行。自 2003 年小麦季施用 ^{15}N 尿素后，一年稻麦两季作物至 2014 年共完成 22 季作物，除施用磷、钾肥外，不再施用氮肥，用自来水灌溉，带入的氮除种子（秧苗）、大气沉降氮和每季作物残留的根茬外，没有其他的氮源输入。

从这一长期试验观测到的两组数据可以证实单位肥料氮进入土壤后残留的氮，稻季有效性高于麦季。2003 年 11 月～2004 年 5 月，小麦为第一季作物，自 2004 年夏季的水稻起，作物吸收的 ^{15}N 氮为第一季作物施用 ^{15}N 肥料后土壤残留的 ^{15}N 氮。从图 8.3 可以清楚地看出，自 2004 年稻季开始，所有作物季土壤残留 ^{15}N 氮利用率均表现为水稻季高于小麦季。

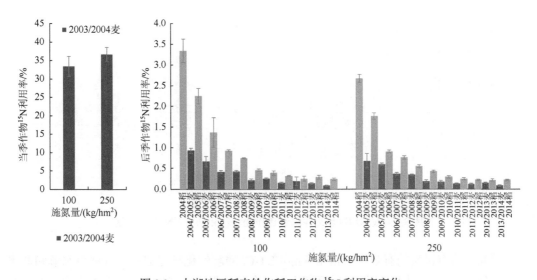

图 8.3 太湖地区稻麦轮作稻田作物 ^{15}N 利用率变化

也有一些早期的田间试验统计结果提到，水稻和小麦从土壤得到的氮的数量存在明显差异，水稻平均为 125 kg/hm²（$n = 76$），小麦为 73.5 kg/hm²（$n = 80$）（朱兆良，1986）。

这一事实存在两种解释，其一，土壤对水稻生长季的供氮能力高于小麦季，其二，水稻对土壤氮的利用能力高于小麦。前者与土壤氮矿化能力有关，后者与水稻、小麦的生物学特性有关，或者两种解释都成立。因为水稻生长季的温度、水分条件更有利于土壤残留氮的矿化（朱兆良，1986）。2004 年稻季开始，同一年度水稻和小麦体内 ^{15}N 丰度不同，水稻季籽粒、秸秆的 ^{15}N 丰度均规律性地高于小麦季籽粒、秸秆（图 8.4），也表明水稻季土壤矿化出的残留 ^{15}N 要比小麦季高。

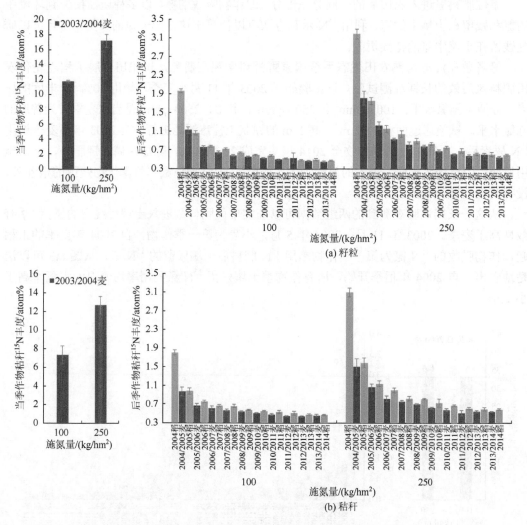

图 8.4　太湖地区稻麦轮作稻田作物籽粒和秸秆 ^{15}N 丰度变化

　　研究土壤有机氮的有效性，常用 6 mol/L HCl 酸解的化学提取法，分成可水解和非水解两部分，以指示土壤矿化氮和供氮潜力。已有研究报告（文启孝，1992）指出，淹水对土壤氮素形态的分布有影响（表 8.5）。

表 8.5　淹水条件对土壤中氮素形态分布的影响

母质	水分状况	水解性氮占全氮的比例/%	非水解性氮占全氮的比例/%
花岗岩	旱地	82.5	17.5
	水田	86.9	13.1
第四纪红色黏土	旱地	77.6	22.4
	水田	87.2	12.8
石灰岩	旱地	82.8	17.2
	水田	81.2	18.8
紫色砂页岩	旱地	72.5	27.5
	水田	78.0	22.0
第三纪红砂岩	旱地	82.4	17.6
	水田	90.4	9.6

注：根据文启孝（1992）数据制表；水解性氮包括 NH_4^+、氨基糖氮、氨基酸氮和未知态氮。

表 8.5 比较了发育于同一母质的旱地和水田土壤可被 6 mol/L HCl 水解和不能被水解的土壤氮形态占土壤全氮的比例。五种母质发育的旱地和水田土壤除石灰岩母质发育的水田和旱地土壤外，水田土壤被酸水解的氮占全氮的比例均高于旱地土壤，反之，水稻土不能被酸水解的氮占有机氮的比例均低于旱地土壤。同一母质发育的水田和旱地土壤，可被酸水解的氮的比例不同，可以认为土壤有机氮易矿化的程度存在差异。不易被酸水解的氮的部分可否认为是腐殖化或芳构程度更高，结构更复杂的氮的比例高？有待深入研究。

3）水稻季磷的有效性高于旱作季

磷虽然不是本书的主题内容，但从保护稻田生态系统出发，有必要提及。这是因为稻田淹水后土壤磷的有效性会明显提高。若较好地利用稻田这一特点，可以为我国当前磷素优化管理提供重要帮助。众所周知，磷是作物三大营养要素之一，也是水体富营养化的临界因子。农田土壤过量施磷是水体磷营养盐的一种来源。与氮不同，磷是一种资源型的营养元素，磷矿资源枯竭了，也就无磷肥可以生产了。目前中国磷肥的生产与使用量均位居世界首位。中国磷矿资源的储量虽也位居世界前列，但 P_2O_5 含量大于等于 30% 的富矿只占总储量的 9.4%，绝大部分为中低品位的磷矿。据 2010 年国际肥料发展中心（International Fertilizer Development Center，IFDC）报告，中国的磷矿资源总储量约为 160 亿 t（van Kauwenbergh，2010），中国矿产资源数据库（2007）给出的中国磷矿资源的总储量为 176.3 亿 t，与 IFDC 数值接近。对于中国磷矿资源还能持续多少年，目前尚无确切的估算，众说纷纭。有专家指出若按中国 2011 年的开采量和生产的磷肥品种来看，不会超过 100 年，不管能开采多少年，人们终将会面临磷矿资源枯竭期。全球开采出的磷矿 80% 用于磷肥生产（Stewart et al.，2005）。因此，尽可能减少化学磷肥的施用量，对于延缓磷矿资源的使用年限是有利的，而稻田磷肥减量是一个重要的方向。

稻田水稻生长季由于淹水还原反应以及淹水后酸性和石灰性土壤 pH 的改变，可以大大提高土壤磷的有效性。针对中国稻麦两熟稻田稻季和麦季土壤供磷能力的差异，早在 20 世纪 60 年代，鲁如坤等（1965）就提出"旱重水轻"的施磷原则，即稻季不施或少施磷肥，麦季施磷的数量视土壤类型而定。

2009 年笔者曾以太湖地区常熟和宜兴两市主要类型稻田土壤为研究对象，开展了水稻土磷库现状调查。调查发现，由于磷肥投入不断增加，宜兴和常熟两市水稻土磷库不断累积。磷在土壤中大量累积，不仅使施磷无效，而且也导致磷资源、能源的浪费和对区域水环境产生压力。依据"旱重水轻"施磷原则，选择两市 10 种主要类型水稻土进行盆栽试验，结果表明，麦季施磷、稻季不施磷处理与均施磷处理的水稻及小麦产量相当。据此推论，如果一个稻季不施磷，每公顷每年可节省约 60 kg P_2O_5，太湖流域 1540 万亩稻田每年可节约 6.16 万 t P_2O_5。按过磷酸钙价格计算（12% P_2O_5，600 元/t），每年可直接节约肥料投入成本 3.08 亿元（王慎强等，2012）。这还不包括节约的磷矿资源、磷肥工业生产和运输中 CO_2 能耗减排、减少向水环境排放负荷以及施肥中产生的人力成本等。近年来，笔者根据太湖流域的稻麦农田布置的一些中长尺度的磷肥试验，也从产量维持和环境减排能力、土壤供磷机制等多方面、多角度来论证稻季不施磷的可行性（Wang et al.，2016；Zhu et al.，2019）。因此，在稻田探索根据不同水稻土类型和土壤磷累积的水平进行"旱施水不施"或"旱重水轻"的施磷制度具有十分重要的意义，稻田也是实施磷肥减施策略的重要阵地。

8.3.2　稻田氮循环对环境的影响特点

1）稻田 N_2O 排放低于旱地，稻季低于麦季

农业是最重要的 N_2O 人为源。据 IPCC 第四次全球温室气体排放报告，全球人为源 N_2O 排放量为 6.7 Tg(N)，而农业源为 2.8 Tg(N)，占人为源的 41.79%（IPCC，2007）。中国学者在 20 世纪 90 年代至 21 世纪初，对中国农田 N_2O 排放进行了较多的研究，并发表了不少研究论文，稻田和旱地的 N_2O 排放观测结果表明，稻田 N_2O 排放低于旱地，稻田水稻季低于麦季。

把表 3.15 和表 3.16 的计算结果汇总于表 8.6，可以更清楚地看出，稻田水稻季 N_2O 平均排放通量和排放系数（N_2O-N 占施氮量的比例，%）均低于旱地作物季（包括稻田小麦季）。

表 8.6　中国稻田水稻季和旱地作物季（含稻田小麦季）N_2O 排放的比较

土地利用及作物季	水稻季	旱地作物季（含稻田小麦季）
平均施氮量/[kg/(hm²·季)]	235（$n=39$）	197（$n=38$）
N_2O 平均排放系数	0.25（$n=30$）	0.48（$n=35$）
N_2O 平均排放量/[kg(N)/(hm²·季)]	1.16（$n=39$）	2.13（$n=38$）

模拟中国稻田 3 种不同耕作制的盆栽试验结果，也证实淹水时间长短是控制 N_2O 排放量的主要因素，而并非施氮量。从表 8.7 结果可看出，在 3 个试验处理中，夏季水稻、冬季淹水休闲制的 N_2O 年排放量最低。稻麦轮作的两熟制农田施氮量为 480 kg/hm²，N_2O 年排放量最高，一年两季水稻、一季冬小麦制的施氮量为 680 kg/hm²，高出稻麦轮作两熟制 200 kg/hm²，但 N_2O 年排放量却略低于稻麦轮作两熟制。这是因为一年两季水稻、一季冬小麦制中，两季水稻淹水时间为 169 d，而稻麦轮作两熟制全年淹水时间只有 110 d。

表 8.7　水稻不同种植体系 N_2O 年排放量

种植体系	作物季	施氮量/ (kg/hm^2)	采样天数/d	N_2O 年排放量/ $[kg(N)/hm^2]$
夏季水稻、冬季淹水休闲制	水稻	300	110	1.4
	休闲		189	
稻麦轮作两熟制	水稻	300	110	4.3
	小麦	180	180	
一年两季水稻、一季冬小麦制	早稻	200	77	3.9
	晚稻	300	92	
	小麦	180	180	

注：引自 Xing 等（2002）。

为了比较稻季和麦季 N_2O 排放量的差异，在江苏常熟进行同一田块不同施氮量下稻季和麦季 N_2O 排放的田间小区试验。两个作物季的试验都进行全生长季的观测，同一施氮量下，稻季 N_2O 排放占施氮量的比例均低于麦季，稻季不同施氮量 N_2O 的平均排放系数（N_2O 排放占施氮量的比例）为 0.039 2%，麦季为 0.116 8%（表 8.8）。麦季 N_2O 的平均排放系数约为稻季的 3 倍，从而进一步证实稻田稻季 N_2O 排放占施氮量的比例低于麦季。

表 8.8　稻田稻季和麦季 N_2O 排放占施氮量的比例对比研究

观测地区	作物	施氮量/ (kg/hm^2)	N_2O 排放占施氮量的比例/%
常熟	水稻	100	0.038
		150	0.025
		200	0.046
		250	0.046
		300	0.041
平均	（稻季）	200	0.039 2
常熟	小麦	100	0.126
		150	0.090
		200	0.109
		250	0.116
		300	0.143
平均	（麦季）	200	0.116 8

注：引自王海云和邢光熹（2009）。

2）稻田淋溶氮低于旱地，稻季低于麦季

早在 2001 年，Xing 和 Zhu（2001）汇总了 20 世纪 80～90 年代中国南方稻田和北方旱地淋溶氮的有限数据，得到了南方稻田淋溶氮低于北方旱地的初步结论（表 8.9 和表 8.10）。

南方稻田淋溶氮占施氮量比例的平均值为 1.22%，北方旱地为 5.1%，旱地明显高于稻田的水稻生长季，而稻田平均施氮量为 268.4 kg/hm²，北方旱地施氮量为 184.6 kg/hm²，明显低于稻田。这表明农田的淋溶氮量并不取决于施氮量，而是取决于土地利用方式。

表 8.9　南方稻田淋溶氮占施氮量的比例

观测区域	施氮量/ (kg/hm²)	淋溶氮占施氮量的比例/%
江苏江宁	300	1.80
江苏常熟	254	0.56
	388	3.01
辽宁沈阳	150	0.27
	250	0.46
平均	268.4	1.22

注：引自 Xing 和 Zhu（2001）。

表 8.10　北方旱地淋溶氮占施氮量的比例

观测区域	施氮量/ (kg/hm²)	淋溶氮占施氮量的比例/%
河北廊坊	173	3.6
	150	0.9
北京	225	2.0
	75	1.8
	300	17.2
平均	184.6	5.1

注：引自 Xing 和 Zhu（2001）。

　　2000 年以来，对于南方稻田和北方旱地淋溶氮的研究已有较多的田间定位观测数据，如陈新平和张福锁（2006）、巨晓棠等（2010）汇总多年多点结果指出，华北平原地区冬小麦-玉米种植体系农田 NO_3^- 淋溶量占施氮量的比例为 18.0%～18.6%（表 8.11）；王小治等（2004）通过 2001～2003 年在常熟地区稻田田间观测，指出水稻季淋溶氮占施氮量比例为 0.63%（表 8.12）；Tian 等（2007）2002～2003 年在常熟的田间观测中得到的稻季淋溶氮量为 3.13～5.0 kg/hm²，占稻季施氮量的 0.95%～1.73%；邢光熹等（2010）利用大型原状土柱比较了南方稻麦不同施氮量下稻季和麦季不同形态氮淋溶量（表 8.13），指出稻季淋出的氮量低于麦季。稻田麦季淋出的不同形态氮中不仅 NO_3^- 远高于稻季，而且可溶性有机氮也远高于稻季（表 8.13）；Zhao 等（2012）开展了连续三年 6 个稻麦季的田间观测（表 8.14），也发现农户传统施氮量下氮素淋溶麦季高于稻季，但其变异大于稻季，主要与越冬作物季年季降水分布不均有关。

表 8.11　华北平原冬小麦-玉米种植体系农田 NO$_3^-$ 淋溶量占施氮量的比例

观测地区	作物种植体系	平均施氮量/(kg/hm^2)	NO$_3^-$ 淋溶量占施氮量的比例/%	数据来源
华北平原	冬小麦-玉米	400（范围 150～600）	18.6	陈新平和张福锁（2006）
	冬小麦-玉米	600	18.0	巨晓棠等（2010）

表 8.12　太湖地区稻田水稻季淋溶氮量

观测地点	作物季	施氮量/(kg/hm^2)	淋溶氮量/(kg/hm^2)	淋溶氮占施氮量的比例/%
常熟	稻季	0	7.5	—
		150	8.4	0.60
		300	9.5	0.66
	平均			0.63

注：引自王小治等（2004）。

表 8.13　南方稻麦不同施氮量下稻季和麦季不同形态氮淋溶量

作物	施氮量/(kg/hm^2)	NO$_3^-$ 淋溶量/[kg(N)/hm^2]	NH$_4^+$ 淋溶量/[kg(N)/hm^2]	DON 淋溶量/[kg(N)/hm^2]	TN 淋溶量/[kg(N)/hm^2]	TN 淋溶量占施氮量的比例/%
水稻	不施氮	0.23	0.011	0.80	1.04	—
	100	0.30	0.054	0.94	1.29	0.202
	200	0.39	0.087	1.10	1.58	0.275
	300	0.48	0.191	1.20	1.87	0.274
平均	200	0.39	0.111	1.08	1.58	0.25
小麦	不施氮	0.36	0.061	1.07	1.49	—
	100	2.71	0.092	2.06	4.86	3.37
	200	3.85	0.127	3.20	7.18	2.85
	250	5.81	0.147	3.92	9.88	3.39
平均	183	4.12	0.122	3.07	7.31	3.20

注：引自邢光熹等（2010），略有删节；DON 为可溶性有机氮，由 TN（总氮）扣除 NO$_3^-$ 和 NH$_4^+$ 量得到。

表 8.14　太湖地区稻麦轮作稻田淋溶氮占施氮量的比例

年份	作物季	施氮量/(kg/hm^2)	淋溶氮量/(kg/hm^2)	淋溶氮占施氮量的比例/%
2007	稻季	300	3.46	1.15
2008		300	4.79	1.60
2009		300	4.02	1.34
	平均	300	4.09	1.36
2007/2008	麦季	200	5.82	2.91
2008/2009		200	0.53	0.27
2009/2010		200	10.4	5.20
	平均	200	5.58	2.79

注：根据 Zhao 等（2012）数据制表。

由于气候、耕作管理、土壤条件及观测方法的不同，农田氮素淋溶量可能存在很大的不确定性。但上述结果基本可以确认北方旱作农田淋溶氮远高于南方稻田，稻田稻季淋溶氮低于旱作麦季的趋势。

3）稻麦轮作体系稻季径流氮低于麦季

虽然朱兆良（2003）已提出了中国农田通过径流带走的氮量约占全国化学氮肥施用的5%的总结性估算数值，然而至今中国主要农作区华北平原和南方丘陵旱作地区通过径流带走的氮的系统田间观测尚不多。南方稻麦轮作稻田径流氮已有一些较为系统的定位观测。Tian 等（2007）连续两年在常熟的稻麦轮作稻田开展小区观测，稻季和麦季农田径流氮有很大的不同，麦季高于稻季。稻季为每年 $1.0\sim17.9\ kg/hm^2$，占施氮量的比例为 0.3%～5.8%。而麦季为 $5.2\sim38.6\ kg/hm^2$，占施氮量的比例为 7.9%～17.4%，尽管在比较试验中麦季施氮量与稻季相同，但径流氮高于稻季 3 倍多。

Zhao 等（2012）在江苏宜兴的稻麦轮作区连续进行了 3 个稻麦轮作周期和田块尺度径流氮量观测，得到了比以往报道的太湖地区稻麦轮作稻田径流氮高得多的结果。稻季平均径流氮每年为 $14.55\ kg/hm^2$，占施氮量的比例平均为 4.85%，而麦季平均径流氮每年为 $44.97\ kg/hm^2$，占施氮量的比例平均为 22.49%，远远高于稻季，而麦季施氮量却低于稻季（表 8.15）。这一结果表明麦季径流氮高于稻季，不是施氮肥多少的原因，而是由于该研究区地处亚热带，具有独特的水分管理模式。该研究区冬季雨水较多，小麦季开沟排涝，而稻季可通过田埂和自然落干来控制暴雨期田面水高度。

表 8.15　宜兴地区稻麦农田径流氮量及其占施氮量的比例

年份	作物季	施氮量/ (kg/hm^2)	径流氮量/ (kg/hm^2)	占施氮量的比例 /%
2007		300	21.8	
2008	稻季	300	2.65	
2009		300	19.2	
平均		300	14.55	4.85
2007/2008		200	33.4	
2008/2009	麦季	200	42.8	
2009/2010		200	58.7	
平均		200	44.97	22.49

注：根据 Zhao 等（2012）论文数据制表。

4）稻麦轮作体系稻季 NH_3 挥发高于麦季

稻田因为水稻生长期间淹水，田面保持淹水层，南方水稻生长季正值高温季节，田面淹水后藻类生长很快，导致稻田淹水层 pH 升高。而且中国稻田施肥习惯是表施。温度、pH、田面水 NH_4^+ 浓度是控制 NH_3 挥发的主要因素（朱兆良，1992），稻田 NH_3 挥发已成为进入农田的化学氮肥或有机氮肥的重要关注点。Xing 和 Zhu（2000）对全国性 NH_3 挥发氮占施氮量的比例做出过估算，可达 11%。尿素和碳酸氢铵这两种氮肥的 NH_3 挥发损失程度不同，有机肥料也不同于化学氮肥，同一种氮肥施用到稻田和旱地，NH_3 挥发损失程度也有所不同。为此，对 NH_3 挥发的排放因子做了区分（表 8.16）。

表 8.16　中国农田化学氮肥 NH_3 挥发的排放因子

氮肥类型	排放因子	
	稻田	旱地
尿素	0.22	0.08
碳酸氢铵	0.28	0.10

注：引自 Xing 和 Zhu（2000）。

从不同土地利用的 NH_3 挥发排放因子看，两种主要氮肥品种，稻田 NH_3 挥发都明显高于旱地，这与国外的研究结果相符合。Fillery 和 De Datta（1986）在菲律宾观测水稻移栽后表施尿素和硫酸铵氮肥，NH_3 挥发分别占施氮量的 36% 和 38%。农田 NH_3 挥发量受多种因素的影响，是一个十分复杂的问题，即使用同一方法观测，因观测地点、气候土壤条件、氮肥类型、施用方法（表施、深施）和施用时期不同而有很大不同。蔡贵信（1992）汇集了国内外水稻生长季 19 个观测点的 NH_3 挥发量，发现 NH_3 挥发有一个很宽的范围，占施氮量的 5%～47%。近年来，中国华北平原石灰性土壤小麦-玉米种植体系，不同施氮量下 NH_3 挥发受到关注。巨晓棠等（2010）报道华北平原地区 4 年 8 季作物在施氮量为 147 kg/hm^2 和 600 kg/hm^2 下，NH_3 挥发量占施氮量的比例分别为 21% 和 23%，即使施氮量为 147 kg/hm^2，NH_3 挥发量占施氮量的比例也很高（表 8.17），表明华北平原的石灰性土壤农田与南方稻田水稻生长季一样，NH_3 挥发也是氮肥损失的重要途径之一。

表 8.17　华北平原地区小麦-玉米种植体系中农田 NH_3 挥发占施氮量的比例

观测地区	施氮量/(kg/hm^2)	NH_3 挥发量/(kg/hm^2)	NH_3 挥发量占施氮量的比例/%
华北平原	147	31	21
	600	138	23

注：根据巨晓棠等（2010）论文数据制表。

Zhao 等（2009）定点开展了太湖地区稻田水稻生长季和小麦生长季 NH_3 挥发的比较研究，证实稻季同一施氮量下 NH_3 挥发量及其占施氮量的比例明显高于麦季（表 8.18）。

5）稻田反硝化高于旱地，稻季高于麦季

肥料氮的反硝化损失是稻田土壤特别是水稻生长季的一项重要支出。朱兆良（2003）在估算全国肥料氮的不同去向时，认为表观硝化-反硝化占到 34%，高于 NH_3 挥发、径流、淋溶氮的总和（图 8.5）。然而，由于长时期缺乏适合的原位测定反硝化氮量的方法，所有农田反硝化氮量数据都是通过差减法计算得到的，通常称为表观硝化-反硝化氮量，即从施入氮量中减去作物吸收氮、土壤残留氮，以及 NH_3 挥发、径流、淋溶氮之和。

表 8.18　太湖地区稻田水稻季、小麦季肥料氮 NH₃ 挥发比较

观测地点	年份	作物季	施氮量/(kg/hm²)	NH₃挥发量/[kg(N)/hm²]	NH₃挥发量占施氮量的比例/%
常熟	2003/2004	麦季	0	0.39	—
			100	1.60	1.21
			250	2.51	0.85
	2004	稻季	0	0.50	—
			100	6.64	6.14
			300	35.6	11.7

注：根据 Zhao 等（2009）论文数据制表。

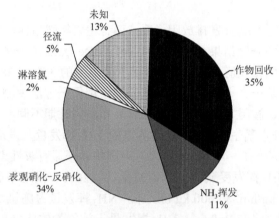

图 8.5　中国农田氮素去向估算

引自朱兆良（2003）

　　由于反硝化氮量测定方法学上的不完善，背负着多项氮素去向的测定误差，因此，反硝化损失的氮量存在很大的不确定性，只能用于相对比较。肥料氮的表观反硝化损失用于比较稻田和旱地、稻季和麦季反硝化损失氮量还是可行的。Xing 和 Zhu（2000）总结了20 世纪 80～90 年代发表的相关文献，估算了中国稻田和旱地施用化学肥料氮和有机肥料氮反硝化量的换算因子（表 8.19）。

表 8.19　中国农田氮素反硝化量的换算因子

类型	类别	换算因子
化学肥料氮	稻田	0.33～0.41
	旱地	0.13～0.29
有机肥料氮	稻田	0.16～0.20
	旱地	0.06～0.14

注：引自 Xing 和 Zhu（2000）。

　　从表 8.19 反硝化量的换算因子来看，不论化学肥料氮或有机肥料氮稻田反硝化氮量都高于旱地。巨晓棠等（2010）计算的华北平原农田土壤小麦-玉米种植体系 4 个轮作周期、8 季作物的旱地反硝化氮量很低（表 8.20）。

表 8.20　华北平原农田土壤小麦–玉米种植体系 4 年试验结果反硝化氮量占施氮量的比例

观测地区	施氮量/ (kg/hm²)	反硝化氮量/ (kg/hm²)	反硝化氮量 占施氮量的比例/%
华北平原	147	2.4	1.6
	600	8.6	1.4

注：根据巨晓棠等（2010）论文数据制表。

邢光熹等（2010）的研究结果表明，太湖地区稻麦轮作稻田表观反硝化氮量占施氮量的比例高于麦季（表 8.21）。

表 8.21　太湖地区稻麦轮作稻田表观反硝化氮量占施氮量的比例

观测地点	年份	作物季	施氮量/ (kg/hm²)	反硝化氮量 占施氮量的比例/%
常熟	2003	稻季	100	33.5
			300	25.3
	2003/2004	麦季	100	18.7
			250	16.8

注：根据邢光熹等（2010）论文数据制表。

6）稻田水稻季有截流灌溉水养分的能力，有利于氮、磷污染水体的净化

20 世纪 80 年代以来，由于工农业的迅速发展和人口的快速增长，城市生活污水有的未经处理直接排入水体，即使处理，现行的一般污水处理技术也难以把污水中的氮、磷处理掉。在经济发达地区，农村人、畜、禽排泄物和其他生活废弃物已不再用作肥料，而是未经处理直接排入水体，从而致使大部分河流、沟渠和湖泊遭受氮、磷等严重污染。以太湖河网地区为例，笔者曾先后对苏州市辖区及其代管常熟市内的 19 条河流（表 8.23）进行了丰水期和枯水期水体不同形态氮、磷的调查。结果发现，无论丰水期还是枯水期，河湖水体氮、磷浓度均大大超过了水体富营养化的氮、磷营养盐的临界值，且铵态氮和有机氮浓度在水体不同形态氮中均占比很高。

表 8.22　苏州地区主要河流枯水期和丰水期河水氮、磷浓度（2000 年）

采样期	水温/℃	NO_3^-/ [mg(N)/L]	NH_4^+/ [mg(N)/L]	DIN/ [mg(N)/L]	有机氮/ [mg(N)/L]	总氮/ [mg(N)/L]	PO_4^{3-}/ [mg(P)/L]
枯水期	13	1.36±0.68 ($n=23$)	5.69±4.26 ($n=23$)	7.05±4.10 ($n=23$)	1.04±1.13 ($n=23$)	7.99±4.44 ($n=23$)	0.200±0.244 ($n=13$)
丰水期	30	0.81±0.37 ($n=22$)	5.06±3.43 ($n=22$)	5.87±3.30 ($n=22$)	2.02±1.21 ($n=22$)	7.85±4.41 ($n=22$)	

注：DIN（无机氮）= NH_4^+ + NO_3^-；有机氮指总氮扣除无机氮；引自邢光熹等（2001）。

表 8.23　常熟地区河湖水体氮、磷浓度状况（2004～2005 年）

水系	采样期	NO_3^-/ [mg(N)/L]	NH_4^+/ [mg(N)/L]	DIN/ [mg(N)/L]	有机氮/ [mg(N)/L]	总氮/ [mg(N)/L]	总磷/ [mg(P)/L]	PO_4^{3-}/ [mg(P)/L]
12 条河流 ($n=110$)	丰水期	1.61±0.59	2.65±3.80	4.27±3.93	4.39±10.51	8.66±14.0	0.092±0.144	0.041±0.086
	枯水期	0.87±0.75	2.18±1.15	3.05±1.31	3.39±3.25	6.44±4.01	0.146±0.279	0.102±0.173

注：引自谢迎新等（2006）。

然而，太湖地区稻田水稻生长季就是用这种高浓度氮、磷河水灌溉。为了解太湖地区稻田水稻季灌水能转化和固持多少氮、磷，又有多少氮、磷重新返回水体，笔者曾进行了土柱模拟试验。通过两种当地典型水稻土的回填土柱，不种水稻，不施肥，参照一个生长季加入的水量和淋出的水量，进行了加入水量和淋出水量的控制，该试验进行了 107 d，相当于一个水稻生长季，得到了如表 8.24 所示的结果。

表 8.24　土壤对固持氮、磷污染河水的贡献

河水中氮、磷形态	河水灌溉后被土壤固持和转化氮、磷量占带入量的比例/%		
	乌栅土	黄泥土	平均
NO_3^-	79.3	55.8	67.5
NH_4^+	90.5	85.5	88.0
有机氮	58.7	57.5	58.1
全氮	67.1	62.9	65.0
全磷	96.7	99.8	98.3

注：根据谢迎新等（2007）论文数据制表。

河水灌溉后被土壤固持和转化的全氮占 65.0%，约 35.0% 的全氮又通过其他转化途径，如淋溶或以气态损失掉。98.3% 的磷被土壤截留，只有 1.7% 的磷又重新淋溶损失。由此可见，水稻土对灌溉水带入的氮、磷有很强的固持和转化能力。

8.3.3　稻田生态系统氮循环对农业和环境影响的综合评论

本小节通过稻田与旱地及稻田水稻生长季与小麦生长季在自生固氮量、肥料残效、N_2O 排放、氮素的径流、淋溶等随水流失量和氨挥发、反硝化等气态损失量的比较，似可得到下列共识。

（1）稻田自生固氮量高于旱地，稻季高于麦季。稻季土壤肥料残留氮的有效性和利用率高于麦季。稻田 N_2O 排放量低于旱地，稻季低于麦季。稻田肥料氮的径流和淋溶损失低于旱地，稻季低于麦季。稻田水稻季的灌溉也可以消纳富营养化河水中的冗余氮、磷。从稻田氮循环的农学和环境效应来看，稻田水稻生长季实际具有养分高效和环境友好的特征。

（2）稻田水稻生长季通过反硝化向环境输出的氮高于旱地，稻季高于麦季。虽然淹水还原条件下氮肥反硝化损失可高达 30% 以上（朱兆良，2003），然而这一损失主要是 N_2，它是惰性氮，对环境不产生影响。

（3）稻田稻季 NH_3 挥发高于旱地，也高于麦季，NH_3 挥发不仅造成经济损失，而且 NH_3 是活性氮，对环境产生不利影响。因此，如何有效阻止稻田水稻生长季 NH_3 挥发是需要解决的问题。

8.4　稻田多元化轮作的农学和生态环境意义

鉴于化学合成氮肥大量施用带来的负面影响，在粮食作物种植体系中引入豆科植物，不仅符合中国传统，而且也是国际上一直以来倡导的一项举措（Peoples et al.，1995；Crews and Peoples，2004；Voisin et al.，2014）。20世纪90年代，国外已有人报告过水稻生产中引进绿肥，对于提高土壤肥力和减少氮素损失的作用（Buresh and De Datta，1991；Diekmann et al.，1993；Becker et al.，1994）。在我国南方水稻主产区，种植豆科作物或绿肥曾是20世纪80年代以前常见的轮作制，豆科固氮植物作为化学肥料的重要补充用以维持土壤肥力。但是，80年代之后，为快速满足粮食增产需要，化肥工业得到迅速发展，稻田粮食复种指数的提高和化学氮肥的大量施用使得我国南方稻田豆科植物的种植不断减少。当前，在长江中下游平原稻区，稻麦（或油菜）已成为最主要的轮作制，绿肥已基本退出稻田。南方稻区冬春季节雨水多，冬季种植小麦（或油菜）都必须开挖排水沟以防止积水渍害。尽管如此，南方冬小麦单位面积产量通常低于北方，这主要是雨量分布不均、昼夜温差小、湿度较大等区域自然气候条件所致，也与栽培习惯有关。受前茬水稻的影响，南方小麦播种时期往往土壤耕层黏湿，多采用浅种浅盖方式（麦种和肥料撒于地表，再用少量开挖排水沟的土壤覆盖），较为粗放。这些自然条件和人为耕种习惯极大地限制了小麦增产增收，却带来了稻田氮向环境迁移成污的风险。稻田小麦季在土壤耕作层开挖水沟加速了遇到降水时施入氮肥尤其是硝态氮向排水沟侧渗，再向水体迁移的强度。综合考虑当前稻田越冬作物季种植小麦（或油菜，施氮量一般较小麦更高）效益不高、环境污染风险大的特点，确有必要重新引入豆科作物或绿肥（Zhao et al.，2015；Cai et al.，2018）。

8.4.1　冬季种植豆科作物或绿肥能减少稻田氮肥投入和氮排放

因自身有固氮作用，种植豆科作物或绿肥不需或仅需少量氮肥，其残体及绿肥回田也可代替下一季水稻季部分化学氮肥，可实现稻田化学氮肥的高效减投和减排。这一有机无机配施的施肥制度，也有利于稻田土壤肥力的保持。

笔者在江苏常熟农田生态系统国家野外科学观测研究站宜兴面源污染防控技术研发与示范基地布置了稻/麦、稻/油、稻/紫云英和稻/蚕豆四种轮作制度的田块试验，进行包括氮流失、氨挥发、温室气体排放等方面的长期监测。该试验中，稻/麦、稻/油种植体系按当地常规施肥，而稻/蚕豆和稻/紫云英种植体系冬季不施肥，蚕豆秆或绿肥回田，替代部分水稻季化学氮肥。其多年观测结果证实了冬季豆科替代小麦的高效化学氮肥减投和减排作用：稻/蚕豆和稻/紫云英可在稳定或小幅度提高水稻产量前提下，减少氮肥投入50%～

60%，有效削减 38%～43% NH₃ 挥发和 70%～74%径流，降低 15%～22%氮素淋失和 49%～53% N₂O 排放（图 8.6）。

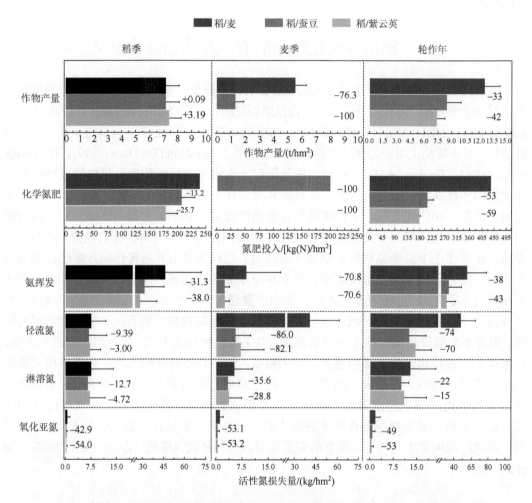

图 8.6　稻/麦、稻/蚕豆和稻/紫云英轮作体系作物产量、氮肥投入和活性氮损失量比较

引自 Zhao 等（2015）；数据为三年 6 季平均结果；图中数字为稻/蚕豆和稻/紫云英轮作体系相对于稻/麦体系的作物产量、氮肥投入或活性氮损失量增减百分数

8.4.2　冬季种植豆科作物或绿肥具有较好的农学和生态环境效益

Cai 等（2018）以六年田间原位观测数据为基础，结合碳氮足迹生命周期与环境经济学方法，开展了太湖地区稻田水旱轮作下豆科（蚕豆与紫云英）替代传统旱作（小麦与油菜）的碳氮减排潜力和净环境经济效益（net ecosystem economic benifit，NEEB；该研究中主要用农学收益扣除碳氮环境影响成本表示）分析。他们首先计算了包括肥料生产运输储存、农业活动、秸秆焚烧、直接及间接温室气体排放与土壤有机碳库变化在内的碳足迹，

发现冬季种植豆科替代小麦或油菜具有很好的二氧化碳减排作用。稻/麦、稻/油传统轮作下单位面积碳足迹（farm carbon footprint，FCF）与单位产量碳足迹（production carbon footprint，PCP）分别为 11.2～13.1 Mg(CO$_2$)/(hm^2·a)与 1.45～1.74 Mg(CO$_2$)/(Mg·a)；而稻/豆（蚕豆或紫云英）轮作下则分别下降为 6.65～7.05 Mg(CO$_2$)/(hm^2·a)与 0.90～0.92 Mg(CO$_2$)/(Mg·a)，减排作用显著（图 8.7）。其主要原因是稻/豆轮作体系节省了化学氮肥投入，故而明显减少了肥料生产运输过程中的碳排放以及直接和间接温室气体排放等，这表明稻/豆轮作相比于稻/麦、稻/油轮作具有较好的生态环境效益。

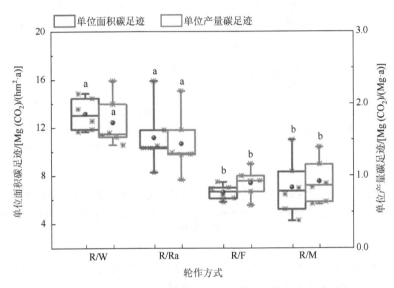

图 8.7　稻/麦（R/W）、稻/油（R/Ra）、稻/蚕豆（R/F）、稻/紫云英（R/M）轮作生产体系碳足迹比较

引自 Cai 等（2018）；红点为六年结果平均值；不同字母表示结果差异显著

　　需要注意的是，尽管研究区小麦产量普遍不高，每公顷在 5 t 左右，远低于水稻和北方冬小麦，经济效益有限。但种植豆科植物是以牺牲小麦产量为代价，因此考虑产量收益扣除农田生产成本的周年农学收益上稻/蚕豆轮作方式并没有优势，稻/紫云英轮作甚至要低于传统的稻/麦轮作方式。然而，若从包括产量收益、生产成本、碳排放成本与活性氮边际成本支出（即氮排放造成的水体富营养化、土壤酸化等环境影响成本）在内的净环境经济效益来看（图 8.8），由于稻/蚕豆体系碳氮排放环境影响成本和肥料投入等农业生产成本的降低，其净环境经济效益和传统稻/麦轮作相比并无明显差别。与豆科绿肥（指紫云英）直接回田不同，豆科作物如蚕豆，有一定籽粒产量，鉴于目前市场的需求和相对高的价格，也可在一定程度上弥补农学收益损失（Zhao et al.，2015）。

8.4.3　当前实施稻田豆科作物或绿肥等多元化种植的可行性

　　在水稻主产区，转变当前单一稻/麦（或稻/油）轮作为豆科作物或绿肥多元化轮作搭配，首先涉及农业经营体制，其经营规模应是一个小流域，最低要求应是在一个比较大的

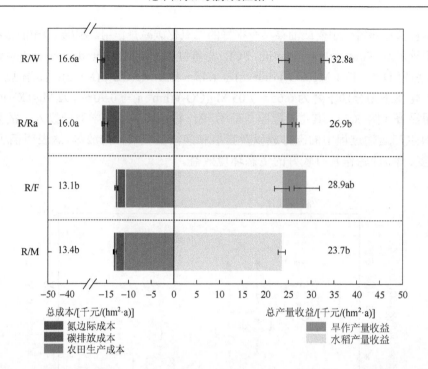

图 8.8　稻/麦（R/W）、稻/油（R/Ra）、稻/蚕豆（R/F）、稻/紫云英（R/M）轮作生产体系净环境经济效益比较

引自 Cai 等（2018）；所有结果为六年结果平均值；左右数字代表该轮作体系周年总成本和总产量收益；不同字母表示成本或产量收益差异显著

规模经营农场或农业合作社，不可能在一家一户的经营尺度上推行。2016 年以来，为促进耕地质量、生态环境不断改善和农业可持续发展，国家陆续提出了"藏粮于地、藏粮于技""轮作休耕"等战略和政策法规，并逐步扩大了试点，为稻作区引入豆科作物或绿肥，实施区域化、规模化多元化轮作提供了契机。实行休耕晒垡、轮作换茬等季节性轮作休耕方式，以生态休耕或轮作养地作物替代越冬小麦种植，不仅能有效提高稻田土壤肥力和水稻生产，而且可显著降低稻田生产体系碳氮排放的环境影响。围绕轮作休耕制度所出台的补贴政策，可激励农户自觉实施稻田轮作休耕，扩大区域应用，保护稻田。

　　这里提出的实施稻田多元化轮作，并不是完全抛弃稻/麦、稻/油等轮作制，也不是长期采取一种稻/蚕豆轮作。根据农民的实践经验，蚕豆的种植还需要更换田块，不能只在一块田里连年种植。在同一块田里连续种植蚕豆会引起病虫害，影响蚕豆正常生长，降低产量（Slinkard et al.，1994；Zhao et al.，2015；Cai et al.，2018）。因此，在一定稻作区域内，可根据循环农业的经济效益、生态环境效益和社会效益统一的原则，因地制宜，按照一定比例进行稻/麦、稻/油、稻/豆（不仅是蚕豆，也可以是其他新型豆科植物引种）、稻/绿肥、稻休耕等多元化轮作/间作模式的灵活搭配和季节性轮换，实现用地与养地相结合，提升稻田的生态服务功能（图 8.9）。

图 8.9　稻田多元化轮作景观

2015 年摄于江苏常熟农田生态系统国家野外科学观测研究站宜兴面源污染防控技术研发与示范基地

8.5　小结与展望

　　稻田是农田生态系统的重要组成部分，是由作物、土壤与水系统构成的一个完整系统，无论是在系统的结构功能，还是在物质循环强度方面均不同于旱地，是环境友好和高产稳产的人工湿地系统（Greenland，1998；徐琪等，1998；曹志洪等，2006）。20 世纪 80 年代以来，受社会经济发展的刺激，中国稻田并未得到有效保护，而是呈逐年减少的趋势（表 8.25）。以 1980 年稻田播种面积为基数，至 2010 年减少了 11.82%，减少的原因主要是工业、交通、渔业、果蔬业、住房用地挤压了稻田，因为稻田主要分布在人口密集，工业交通发达的地区。国家必须对保护稻田生态系统的必要性达成共识，特别划定保护稻田的红线。

表 8.25　1980～2010 年中国稻田播种面积的变化

年份	农作物总播种面积 $/10^3 hm^2$	水稻面积 $/10^3 hm^2$	水稻占总播种面积比例 /%
1980	146 380	33 878	23.14
1985	143 626	32 070	22.33
1990	148 362	33 064	22.29
1995	149 879	30 744	20.51
2000	156 300	29 962	19.17
2005	155 488	28 847	18.55
2010	160 675	29 873	18.59

　　注：根据《中国统计年鉴 2011》数据制表。

参 考 文 献

蔡贵信. 1992. 氨挥发//朱兆良，文启孝. 中国土壤氮素. 南京：江苏科学技术出版社.

曹志洪，林先贵，等. 2006. 太湖流域土-水间的物质交换与水环境质量. 北京：科学出版社.

陈鸿昭. 1992. 水稻土的地理分布//李庆逵. 中国水稻土. 北京：科学出版社.

陈新平，张福锁. 2006. 小麦-玉米轮作体系养分资源综合管理理论与实践. 北京：中国农业大学出版社.

成升魁. 2007. 中国土地资源与可持续发展. 北京：科学出版社.

郝文英. 1992. 水稻土中的微生物及其在物质转化中的作用//李庆逵. 中国水稻土. 北京：科学出版社.

蒋柏藩，鲁如坤，顾益初，等. 1963. 南方水稻土中磷酸铁对水稻磷素营养的意义. 土壤学报，11：361-369.

巨晓棠，刘学军，张丽娟. 2010. 华北平原小麦-玉米轮作体系中的氮循环及环境效应//朱兆良，张福锁. 主要农田生态系统氮
　　素行为与氮肥高效利用的基础研究. 北京：科学出版社.

李博伦. 2015. 基于遥感的中国稻田甲烷排放估算研究. 南京：中国科学院南京土壤研究所.

李庆逵. 1992. 中国水稻土. 北京：科学出版社.

黎尚豪，叶清泉，刘富瑞，等. 1959. 我国的几种蓝藻的固氮作用. 水生生物集刊，(4)：429-438.

鲁如坤. 1998. 土壤-植物营养学原理和施肥. 北京：化学工业出版社.

鲁如坤，蒋柏藩，牟润生. 1965. 磷肥对水稻和旱作的肥效及其后效的研究. 土壤学报，13（2）：152-160.

莫文英，贾小明，钱泽树. 1985. 水稻根际固氮量及根系不同部位的固氮活性. 土壤学报，22（1）：93-97.

王海云，邢光熹. 2009. 不同施氮水平对稻麦轮作农田氧化亚氮排放的影响. 农业环境科学学报，28（12）：2631-2636.

王敬华. 1992. 水稻土的酸度//李庆逵. 中国水稻土. 北京：科学出版社.

王慎强，赵旭，邢光熹，等. 2012. 太湖流域典型地区水稻土磷库现状及科学施磷初探. 土壤，44（1）：158-162.

王小治，高人，朱建国，等. 2004. 稻季施用不同尿素品种的氮素径流和淋溶损失. 中国环境科学，24（5）：600-604.

文启孝. 1992. 土壤氮素的含量和形态//朱兆良，文启孝. 中国土壤氮素. 南京：江苏科学技术出版社.

谢迎新，邢光熹，熊正琴，等. 2006. 常熟地区河湖水体的氮污染源研究. 农业环境科学学报，25（3）：766-771.

谢迎新，赵旭，熊正琴，等. 2007. 污水灌溉对稻田土壤氮、磷淋失动态变化的影响. 水土保持学报，44（6）：1071-1075.

邢光熹，曹亚澄，施书莲，等. 2001. 太湖地区水体氮的污染源和反硝化. 中国科学（B辑），31（2）：131-137.

邢光熹，谢迎新，熊正琴，等. 2010. 水稻-小麦轮作体系中土壤氮素化学行为和生态环境效应//朱兆良，张福锁. 主要农田生
　　态系统氮素行为与氮肥高效利用的基础研究. 北京：科学出版社.

徐琪，陆彦椿. 1992. 水稻土的生态环境//李庆逵. 中国水稻土. 北京：科学出版社.

徐琪，杨林章，董元华，等. 1998. 中国稻田生态系统. 北京：中国农业出版社.

许秀成. 2017. 应多关注我国氮肥、磷肥基础肥料产业. 磷肥与复肥，32（12）：2.

袁可能. 1983. 植物营养元素的土壤化学. 北京：科学出版社.

袁可能. 1990. 土壤化学. 北京：农业出版社.

朱兆良. 1986. 土壤氮素的矿化和供应//我国土壤氮素研究工作的现状与展望——中国土壤学会土壤氮素工作会议论文集. 北
　　京：科学出版社：14-27.

朱兆良. 1992. 我国农业生态系统中氮素的循环和平衡//朱兆良，文启孝. 中国土壤氮素. 南京：江苏科学技术出版社.

朱兆良. 2003. 合理施用化肥：充分利用有机肥发展环境友好的施肥体系. 中国科学院院刊，18（2）：89-93.

朱兆良，陈德立，张绍林，等. 1986. 稻田非共生固氮对当季水稻吸收氮的贡献. 土壤，18（5）：225-229.

中国农业科学院. 1986. 中国稻作学. 北京：农业出版社.

Becker M，Ladha J K，Ottow J C G. 1994. Nitrogen losses and lowland rice yield as affected by residue nitrogen release. Soil Science
　　Society of American Journal，58：1660-1665.

Bei Q C，Liu G，Tang H Y，et al. 2013. Heterotrophic and phototrophic $^{15}N_2$ fixation and distribution of fixed ^{15}N in a flooded rice-soil
　　system. Soil Biology and Biochemistry，59：25-31.

Blandreu J P. 1975. Asymbiotic N_2 fixation in paddy soil//Newton W E，Hyman C J. Proceeding of the 1st. International Symposium
　　on nitrogen Fixation. Pullman，WA：Washington State University Press：611-628.

Buresh R J，De Datta S K. 1991. Nitrogen dynamics and management in rice-Legume Cropping systems.Advance in Agronomy，45：1-59.

Cai S Y，Pittelkow C M，Zhao X，et al. 2018. Winter legume-rice rotations can reduce N pollution and carbon footprint while maintaining net ecosystem economic benefits. Journal of Cleaner Production，195：289-300.

Crews T E，Peoples M B. 2004. Legume versus fertilizer sources of nitrogen：Ecological tradeoffs and human needs. Agriculture Ecosystem and Environment，102：279-297.

Diekmann K H，De Datta S K，Ottow J C G. 1993. Nitrogen uptake and recovery from urea and green manure in lowland rice measured by ^{15}N and non-isotope techniques. Plant Soil，148：91-99.

Ding L J，An X L，Li S，et al. 2014. Nitrogen loss through anaerobic ammonium oxidation coupled to iron reduction from paddy soils in a chronosequence. Environmental Science and Technology，48：10641-10647.

Fillery I R P，De Datta S K. 1986. Ammonia Volatilization from Nitrogen Sources Applied to Rice Fields: I. Methodology, Ammonia fluxes，and nitrogen-15 loss. Soil Science Society of American Journal，50：80-86.

Greenland D J. 1998. The Sustainability of Rice Farming. London：CAB International Publication in Association with the International Rice Research Institute：110-113.

IPCC. 2007. Climate Chang 2007：The Physical Science Basis.Cambridge：Cambridge University Press.

Ishizawa S. 1975. Ecological study of free-living nitrogen fixers in paddy soils//Takabashi H.Nitrogen Fixation and Nitrogen Cycle.Tokyo：University of Tokyo Press：41-50.

Li X M，Zhang W，Liu T X，et al. 2016. Changes in the composition and diversity of microbial communities during anaerobic nitrate reduction and Fe（Ⅱ）oxidation at circumneutral pH in paddy soil. Soil Biology and Biochemistry，94：70-79.

Moore A W. 1966. Non-symbiotic nitrogen fixation in soil and soil-Plant systems. Soils and Fertilizers，29：113-128.

Peoples M B，Herride D R. Ladha J K. 1995. Biological nitrogen fixation：An effecient source of nitrogen for sustainable agricultural production. Plant Soil，174：3-28.

Slinkard A E，Bascur G，Hernandez-Bravo G. 1994. Biotic and abiotic strees of cool season food legumes in the western hemisphere//Muehlbauer F J，Kaiser W J. Expanding the production and use of cool season food legumes. The Netherlands：Kluwer Academic Publisher：195-203.

Stewart W，Hammond L，Kanwenbergh S J V. 2005. Phosphorus as a natural resource//Sims J T，Sharpley A N. Phosphorus：Agriculture and the Environment.Sims and Sharply eds，Agron. Crop Sci. Soc. Amer.，Soil Sci. Soc. Amer. Madison，Wl. US No.46.

Tian Y H，Yin B，Yang L Z，et al. 2007. Nitrogen runoff and leaching Losses during rice-wheat rotations in Taihu lake region，China. Pedosphere，17（4）：445-456.

van Kauwenbergh S J. 2010. World phosphate Rock Resource and Reserves. IFDC Muscle shoals A L，Alabama，USA.

Voisin A S. Gueguen J，Huyghe C，et al . 2014. Legumes for feed，food，biomaterials and bioenergy in Europe：A review. Agronomy of Sustainable Development，34：364-380.

Wang Y，Zhao X，Wang L，et al. 2016. Phosphorus fertilization to the wheat-growing season only in a rice-wheat rotation in the Taihu Lake region of China. Field Crops Research，198：32-39.

Watanabe L，Craswell E T，App A A. 1981. Nitrogen cycling in wet land rice fields//Wetselaar R，Simpson J R，Rosswell T. Nitrogen cycling in south-East Asian Wet Monsoonal Ecosystems. Canberra. Australian Academy of Science：4-17.

Xing G X，Shi S L，Shen G Y，et al. 2002. Nitrous oxide emissions from poddy soil in three rice-based cropping systems in China. Nutrient Cycling in Agroecosystems，64：135-143.

Xing G X，Zhu L Z. 2000. An assessment of N loss from agricultural fields to the environment in China. Nutrient Cycling in Agroecosystems，57：67-73.

Xing G X，Zhu Z L. 2001. The environmental consequences of altered nitrogen cycling resulting from industrial activity，agricultural production and population growth in China. The Scientific World，1（S2）：70-80.

Zhao X，Wang S Q，Xing G X. 2015. Maintaining rice yield and reducing N pollution by substituting winter legume for wheat in a heavily-fertilized rice-based cropping system of southeast China. Agriculture，Ecosystems and Environment，202：79-89.

Zhao X，Xie X Y，Xiong Z Q，et al. 2009. Nitrogen fate and environmental consequence in paddy soil under rice-wheat rotation in the Taihu Lake region，China. Plant Soil，319：225-234.

Zhao X，Zhou Y，Wang S Q，et al. 2012. Nitrogen balance in a highly fertilized rice-wheat double-cropping system in southern China. Soil Science Society of American Journal，76：1068-1078.

Zhu W B，Zhao X，Wang S Q，et al. 2019. Inter-annual variation in P speciation and availability in the drought-rewetting cycle in paddy soils. Agriculture，Ecosystems and Environment，286：106652.

第9章　开发和应用缓控释氮肥

各类化学合成氮肥如尿素、硫酸铵、硝酸铵、碳酸氢铵，还有多有效成分的氮磷钾复合肥，如各种磷酸铵、磷酸二氢钾等，其特性都是易溶于水，易被作物利用，因此被称为速效性氮肥。化学合成氮肥的这一性质，对于作物吸收所需的氮素营养来说是非常有利的。但正是由于易溶于水的特性，它进入农田后一部分被作物吸收，一部分通过土壤胶体吸附、矿物固定或微生物固持及逐步腐质化残留在土壤中，还有相当一部分以各种形态向大气和水体迁移，这不仅造成大量的氮素损失，而且还会对环境造成负面影响。

在生产实践中，人们为了避免不合理施肥造成的氮肥损失，已摸索出一些解决这一问题的办法。20世纪80年代前，在我国化学合成氮肥供应量很少，农民将有机肥作为基肥施用，少量的化学氮肥作追肥，而且还做到了"看苗施肥"，既充分发挥化学氮肥速效的功能，又不使过多的化学氮肥进入环境。即使到了80年代以后，在化学氮肥量增加，有机肥很少使用的情况下，人们又采取分次施氮肥的施肥制度。像水稻、小麦等这些需要靠大量氮素营养才能达到稳产、高产的粮食作物，一般分基肥和两次追肥的三次施肥。追肥都是根据稻麦生长发育的生理需氮高峰期施用，第一次追肥为分蘖肥，促进有效分蘖，第二次追肥叫穗肥，决定谷穗的大小。有效分蘖数和谷穗大小都是产量构成的主要因素。

为了解决速效化学氮肥极易溶解于水、易损失、养分供应与作物需氮规律不匹配的问题，早在20世纪50年代，国外就想到了开发缓释氮肥。1955年美国开始生产缓释氮肥——脲甲醛（urea formaldehyde，UF），其后相继出现了薄膜包衣氮肥（又称包膜氮肥），如应用硫黄、石膏等无机矿物对颗粒尿素进行包裹，从而达到对氮的缓释目的。60年代，高分子化学的进展推动了聚合材料包膜的发展，已出现可通过调节不同透水性的高聚物如聚乙烯（polyethylene，PE）和乙烯-乙酸乙烯酯（ethylene vinyl acetate，EVA）包膜材料的比例或添加不同数量的矿物粉末和有机表面活性剂来控制包膜氮肥的释放速率。

9.1　缓控释肥概念和类型

9.1.1　缓控释肥概念

总结现有文献，缓控释肥尚无准确定义，有时也把缓释肥和控释肥分开论述，但通常较笼统地称为缓控释肥。事实上缓释与控释有时也很难严格区分，如硫包膜尿素，有人把它作为缓释肥，也有人把它作为控释肥，因为调节硫包膜的厚度可以控制尿素的释放速率和释放时间。同样通过两种单体氮化物如尿素和醛类氮化物通过化学缩合作用生成的缩合物，如脲甲醛，在生产过程中调节两种单体氮化物的比例和缩合反应的条件，可以生产链长不等的缩合物，链长不同，其溶解度就不同，就会形成不同程度的控释能力。然而，不论哪种缓释肥或控释肥，有一点是相同的，即缓控释肥进入土壤后，其起始溶解度要低于普通的易溶性氮肥。

一般来说，常把化学合成的可用作肥料的有机氮化合物（如脲甲醛），或硫包膜氮肥、钙镁磷肥加黏合剂包裹造粒后的碳酸氢铵肥料，或以不同类型的枸溶性含磷肥料为包裹材料在黏合剂的辅助下生产的不同类型的包裹缓释复合（混）肥料统称为缓释肥，英文名称为 slow release fertilizer，简称 SRF。与此相对应的是常把各种类型的高分子聚合物按其透水性不同，以不同配比作包膜材料生产的包膜颗粒肥料如树脂包膜尿素，称为控释肥，英文名称为 controlled release fertilizer，简称 CRF。控释肥的内核虽然也可有其他营养成分的肥料，但一般都是以控制速效性氮肥的释放为目标，因此，控释肥大部分实际上是控释氮肥。

9.1.2　缓控释肥类型

缓控释肥大致可以分为两个主要类型。

1. 缓释性有机氮化合物

通过化学反应合成的微溶性和缓释性有机氮化合物是开发最早的一类缓释氮肥。主要品种有脲醛缩合物，如脲甲醛、异丁叉二脲（isobutylidene diurea，IBDU）和丁烯酰环脲（crotonylidene diurea，CDU）等。其中脲甲醛是最早开发的世界范围内生产和使用最多的一种缓释氮肥，1924 年获得专利，1955 年美国开始商业化生产。脲甲醛和异丁叉二脲虽同属微溶性缓释肥，但二者转化释放机制不同。

2. 包膜型缓控释肥

1）高聚物包膜控释肥

高聚物包膜控释肥在制备过程中使聚合物作用在肥料颗粒上，形成涂层，通过膜的渗透作用改变肥料的养分释放规律。合成聚合物包膜最常见的是由热固性树脂交联形成疏水聚合物膜（张民，2000）。常用的树脂膜有三大类，第一类是醇酸树脂，其是双环戊二烯和甘油酯的共聚物（Lambie，1987）；第二类为聚氨酯包膜，其是在肥料颗粒表面直接由异氰酸酯基和多元醇反应生成树脂包膜（Moore，1989）；第三类为热塑性树脂包膜肥，将热塑性包膜材料如聚乙烯溶于氯代烃中，在流化床反应器中喷涂在肥料颗粒上（Fujita，1995）。除脂溶性聚合物外，水性聚丙烯酸酯等水基聚合物也是颇受关注的包膜材料（Shen et al.，2009），水基聚合物以水为溶剂，合成过程不需有机溶剂，成品无味，且透水透气，被视为理想的环境友好型包膜材料。此外，近年来一些易降解的天然聚合物作为环境友好型包膜材料的新选择也被研究和提出，例如，利用淀粉、纤维素、壳聚糖、几丁质、海藻酸钠及农业废弃物等。此类天然聚合物的优势在于原料易得，成本低且膜材容易降解，但也存在控释性能普遍较差的问题。根据已有报道，此类控释肥控释期一般只有几个小时到几天（Azeem et al.，2020）。

2）无机物包膜缓释氮肥

无机物包膜缓释氮肥最早用的包膜材料为硫黄，也有用沸石、石膏、硅粉等，具有一定的缓释效果。硫包膜尿素以 150℃ 下熔融硫黄作包膜材料，喷涂到颗粒尿素或其他颗粒状氮肥的表面，是一种缓释氮肥，但因涂膜很脆，易破裂，又在硫包膜的表面喷一层蜡，或再涂一薄层聚合物，以增强缓释性能并兼具一定的控释性，硫包膜尿素也是国外开发比较早的一类缓释氮肥，在缓释氮肥中占有相当大的份额。

3）包裹缓释肥

包裹肥料具有缓释长效功能，赵秉强（2013）把包裹肥料列为一类缓释肥料。包裹肥料应属中国首创。早在 20 世纪 70 年代，中国科学院南京土壤研究所李庆逵、曹志洪等就开发出碳酸氢铵造粒，用磷酸将颗粒表面酸化，以钙镁磷肥粉末包裹，再以石蜡–沥青熔融液封面，制成长效碳酸氢铵包裹肥技术（曹志洪等，1980）。80 年代初，许秀成等（2000）开发了以不同类型枸溶性含磷肥料为包膜层的尿素包裹复合（混）缓释肥，该类缓释肥已建立了一定规模的商业化生产企业。包裹肥料至少有三点不同于高聚物和以无机物为包膜材料的缓控释肥：其一，它是以一种或多种植物营养物质包裹另一种营养物质的复合肥；其二，它是一种以氮肥为主体营养成分的复合缓释肥；其三，包裹材料要占到包裹肥的 20%～50%。

综合上述缓控释肥介绍，从物质（肥料）的物理和化学性质来划分，实质上可分为两类：第一类，化学反应生成的缓释微溶性的有机氮肥，如各种脲醛缩合物。第二类，通过高聚物（各类合成树脂和天然聚合物）和无机物（硫黄或其他矿物质）包膜的肥料，或以一种或多种营养物质包裹的复合（混）肥，只改变其溶解速率，并不改变物质材料（如钙镁磷肥和被包裹物如尿素、碳酸氢铵等）的原有化学结构和分子式。

9.1.3　缓控释肥的生产

缓控释肥的生产已有 50 多年的历史。近半个世纪来，虽然硫包膜缓释肥和高聚物包膜控释肥的应用范围仍主要集中在花卉、果树和草地，但生产量在逐年增长（表 9.1 和表 9.2）。

表 9.1　世界缓控释肥的消耗量　　　　　　　　　　　　（单位：t）

地区	1983 年	1995/1996 年	1995/1996 年各地区消耗量占比/%
美国	202 000	356 000	63.4
西欧	76 000	87 000	15.4
日本	44 000	119 000	21.2
合计	322 000	562 000	100

注：引自 Trenkel（1997）。

表 9.2　世界缓控释肥生产消费情况　　　　　　　　　　（单位：t）

地区	1984 年	1995 年	2000 年	2004 年	2006 年	2010 年
美国	202 000	356 000	414 300	569 000	590 000	600 000
西欧	7 600	8 700	108 200	120 900	125 000	130 000
日本	44 000	119 000	92 600	97 000	110 000	120 000
中国	—	—	—	200 000	350 000	700 000
加拿大	—	—	—	—	150 000	150 000
合计	253 600	483 700	615 100	986 900	1 325 000	1 700 000

注：引自赵秉强（2013）。

我国各类缓控释肥生产的发展速度领先于世界其他国家，据赵秉强（2013）统计，2009 年我国各类缓控释肥的生产已达到 70 万 t（表 9.3）。从表 9.3 可以看出，2009 年我国生产的缓控释肥主要为硫包膜尿素和脲醛类缓释氮肥。抑制剂类是在一定工艺中加入脲酶抑制剂或硝化抑制剂，延长含氮化学肥料的水解和分解时间，以此来延长肥效，具有缓释作用，但一般把它与缓控释肥分开，作为另一类缓释氮肥，称为稳定性氮肥。从表 9.3 中也可以看出，我国各类包衣制成的缓控释肥和稳定性氮肥的产能已达 250 万 t/a，是现有生产量的三倍多，这与当前我国出现的许多行业产能过剩是一样的问题。

表 9.3 我国 2009 年各类缓控释肥及稳定性氮肥的产量和产能

缓控释肥类型	产量/万 t	占总产量的百分比/%	产能/万 t	占总产能的百分比/%
硫包膜	30	43	80	32
抑制剂类	20	29	35	14
脲醛类	10	14	60	24
磷肥包裹	5	7	20	8
树脂包裹	5	7	55	22
合计	70	100	250	100

注：根据赵秉强（2013）数据制表。

9.2 缓控释肥养分释放机制

9.2.1 缓控释肥的释放指标

张民（2000）根据 Trenkel（1997）汇总的关于控释肥养分释放率和释放时间的关系，提出了控释肥养分释放的四条标准。第一，在 25℃ 下，肥料中的养分 24 h 内的释放率不超过 15%；第二，28 d 内养分释放率不超过 75%；第三，在规定时间内养分释放率不低于 75%；第四，专用控释肥养分释放曲线要与养分吸收曲线相吻合。

第一条和第二条用来检验包膜材料和包膜工艺是否合格，若在 25℃ 下 24 h 溶出（释放）的有效养分超过 15%，或在 28 d 内释放率高于 75% 就是不合格的。第三条是指所生产的控释肥假如养分释放周期为 3 个月，那么在 3 个月内养分释放量不能低于 75%，否则就不能满足作物对氮素营养的需求。第四条表明控释肥的养分释放峰值与不同作物生理需肥高峰期吻合是控释氮肥的核心价值，是应用控释肥的理想目标。因为即使同一专用控释肥在不同温度、不同土壤、不同水分条件下释放的速率也不会完全一致。这需要农业科学家和包膜肥设计部门工程专家的全面合作才能解决。

9.2.2 缓控释肥的释放和控制机制

（1）微溶性有机化学氮肥的释放，即使同为脲醛缩合的脲甲醛和异丁叉二脲，释放机制也不相同，脲甲醛进入土壤后主要靠微生物降解为 NH_4^+，异丁叉二脲进入土壤后主要通过水解过程转化为 NH_4^+。

　　（2）包膜肥的包膜材料不同，释放机制不同。张民（2000）根据 Raban 和 Shaviv（1995）、Raban 等（1997）、Zhang 等（1994）的研究结果，把包膜完整的单颗粒包膜肥的释放机制分为扩散机制和破坏机制两类。但不论哪种释放机制，首先都是水分或水汽通过包膜渗入包膜颗粒肥内部，使易溶的固体氮肥溶解，包膜内外产生的汽压梯度和肥料的浓度梯度驱动氮的释放。耐压强度低的包膜易破裂，产生破坏性释放，如硫包膜肥。包膜完整，耐压力强的包膜氮肥如各类高聚物包膜氮肥能抵抗颗粒内部的压力不破裂，由浓度梯度和压力梯度驱动，进行缓慢的扩散释放。

　　（3）高聚物包膜控释氮肥可通过改变两种透水性树脂膜的比例来控制氮肥释放速率。例如，PE 是透水性差的树脂，EVA 是透水性强的树脂。Fujita 等（1983）研究的日本商品控释尿素 MEISTER 就是通过改变 PE 和 EVA 的比例，实现了产生不同释放速率的 MEISTER，如果 100%的 PE 包膜，在 25℃下，释放 80%的尿素的理论值可达1300 d（图 9.1），若 PE 和 EVA 的比例各为 50%，80%的尿素释放的持续时间为 98 d（Shoji，1999）。控制释放速率还可以通过改变包膜厚度或调整在包膜中添加的矿物粉末或表面活化剂的比例等手段来达到所要求的释放速率和持续释放时间（张民，2000；Shoji，1999）。

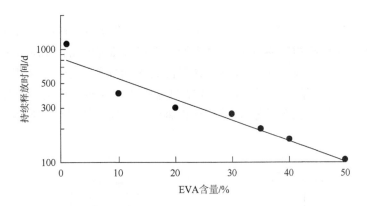

图 9.1　25℃水包膜中 EVA 含量与 MEISTER 释放速率

引自 Shoji（1999）

　　Shoji（1999）认为高聚物包膜肥料的释放是一个物理过程，以日本 MEISTER 为例，归纳为三个阶段：第一阶段，水渗入包膜内；第二阶段，包膜内的营养物质（尿素）溶解；第三阶段，溶解的营养物质通过渗入水的渗透压释出。包膜颗粒内外汽压的不同，决定了营养物质（尿素）的释放速率。高聚物控释尿素的释放主要受温度控制，包膜控释尿素的释放与温度是函数关系。

　　现以日本 MEISTER 的两类控释肥为例，阐述温度对尿素释放的控制作用。一种是线性释放（linear release）的控释肥，其是 PE 和 EVA 按不同比例掺混的包膜材料溶液中另加入滑石粉（talc），滑石粉是一种硅酸镁矿物，加入不同比例的滑石粉可使包膜颗粒的空间间隙（void）不同，包膜颗粒内水分含量也就不同，导致同一温度下汽压不同，从而控制尿素的溶解与释放。图 9.2 是线性释放型 MEISTER 包膜控释肥分别在 30℃、20℃和 10℃ 三个不同水温下尿素氮的累积释放率和持续时间。随温度升高，累积释放率增高，持续释 放时间缩短。

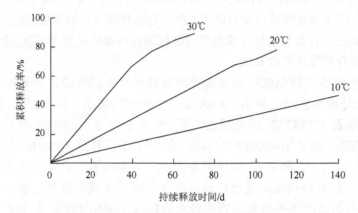

图 9.2　包膜控释肥 MEISTER 在不同水温下尿素氮的累积释放率

引自 Shoji（1999）

另一种是称为"S"形释放（sigmoidal release）的包膜控释肥。这种"S"形包膜 控释肥是在高聚物包膜材料中加入不同比例的有机表面活性剂（organic surfactant）。 图 9.3 是考察 25℃水温条件下加入不同含量的表面活性剂对包膜控释肥中尿素释出量 和延缓释放期的影响，结果表明其可有效控制包膜肥尿素的释放速率及延缓控释时间。 一般认为"S"形释放的包膜尿素有利于释放曲线和作物需肥曲线的吻合（Shoji，1999； 张民，2000）。

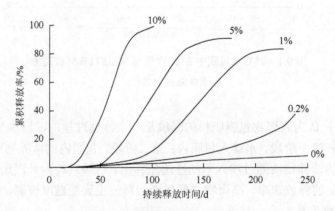

图 9.3　在 25℃水温时，"S"形释放的包膜控释肥包膜中表面活性剂的含量对尿素氮累积释放率的影响

引自 Shoji（1999）

同样"S"形释放的包膜控释尿素仍然受温度的控制。图 9.4 显示"S"形释放的 MEISTER-S15 控释尿素，随温度升高，释放量增加，但持续释放时间缩短。

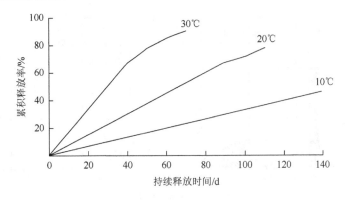

图 9.4　不同水温下"S"形控释肥（MEISTER-S15）的氮累积释放率

引自 Shoji（1999）

　　Maeda（1990）研究了各种土壤因子对 MEISTER 包膜控释尿素的影响，83%是温度，11%是水分，其余因素均低于 1%。Gandeza 等（1991）比较了土壤和空气温度对 MEISTER 10 释放的影响，通过土壤温度和空气温度预测氮的累积释放量紧密相关。这表明温度预测包膜控释肥释放行为比任何其他参数都有效。

9.3　包膜控释肥稻田应用研究

　　20 世纪 80 年代末 90 年代初，日本把 MEISTER 的高聚物包膜控释尿素系列成功应用于水稻生产。2001 年日本应用于水稻生产的包膜控释尿素为 4.4 万 t，达到水稻氮肥消耗的 30.4%（赵秉强，2013）。在日本的一些县市，MEISTER 水稻使用已达到种植面积的 40%以上（Shoji，1999）。日本包膜控释尿素在水稻应用生产中经历了一系列生产工艺和施用技术的改进过程。自 80 年代起，先是使用线性释放的 MEISTER 配方，这类控释肥不能满足水稻生长特别是生殖生长阶段对氮素的需求。1989 年日本 Chisso 公司开发出"S"形释放配方的 MEISTER 控释尿素，成功地应用于水稻和水果生产。之后，Sato 和 Shibuya（1991）、Kaneta 等（1994）研究包膜控释肥配合水稻苗床育秧一次施用技术也获得成功。Ueno 等（1991）又确定了"S"形释放的包膜控释肥掺混一定数量的非包膜速溶性尿素的施用方法，能满足水稻对氮营养的需求，达到了高产目标。Shoji（1999）总结了日本多年来在控释肥方面的研究成果，针对水稻生长周期及有两个需氮高峰（分蘖期和孕穗期）的特性，设计了一个由速溶性普通尿素、短期的线性释放控释尿素和长期的"S"形释放的三种类型掺混控释肥。速效氮肥的加入符合日本气候条件下，特别是日本东北部地区，气温不高，水稻移栽后立即需要得到氮素营养的需要，而线性释放和"S"形释放的控释养分部分可满足水稻分蘖、孕穗期对氮营养的需求。这种速溶性普通尿素与线性释放和"S"形释放尿素掺混的概念图示见图 9.5。

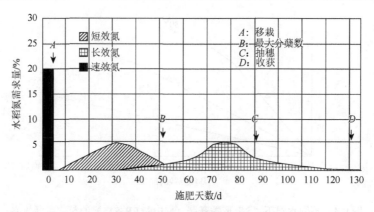

图 9.5　适用于水稻的不同氮肥掺混概念图示

速效氮（普通尿素）20%，线性释放的 MEISTER 短效氮 40%，"S" 形释放的 MEISTER 长效氮 40%
引自 Shoji（1999）

　　近 20 年来，我国在包膜控释尿素农业应用研究方面投入了大量人力物力，在包膜肥的筛选、配方和大规模工厂化生产高聚物及硫包膜肥生产工艺上取得了突破。特别是利用我国资源量丰富的塑料大棚等废旧塑料用作包膜材料及相关工艺的突破，使得我国包膜控释肥在生产成本和销售价格方面取得了优势，让包膜控释肥在大田作物生产中的应用成为可能。下面主要以笔者前期在太湖平原地区稻田开展的包膜控释尿素农学和环境效应评价方面的部分研究结果为例，结合其他相关研究，对施用包膜控释尿素的作物增产和提高氮肥利用、降低氮肥损失作用，以及需要改进的问题进行阐述。

9.3.1　包膜控释尿素可提高水稻产量

　　在我国，高聚物包膜控释尿素和硫包膜控释尿素对于提高水稻、小麦、玉米和油菜等作物增产效果的田间试验结果已发表在许多论文中（孙磊等，2007；张玉烛等，2007；Yang et al.，2011，2012，2013；宋付朋等，2005；马丽等，2006；张昌爱等，2007；杨雯玉等，2005；颜冬云和张民，2004）。

　　包膜控释尿素与普通尿素相比，对于水稻的增产效果也可从 Wang 等（2007）于 2001～2002 年利用日本包膜控释尿素（MEISTER-S15）在江苏常熟农田生态系统国家野外科学观测研究站本部稻季进行的对比试验得到验证（表 9.4）。

表 9.4　包膜控释尿素（MEISTER-S15）对水稻产量的影响

处理	施氮量/(kg/hm²)	产量/(kg/hm²)	
		2001 年	2002 年
对照	0	5256b±125	4414d±202
控释尿素	100（一次基施）	8347a±773	9628b±264
控释尿素	150（一次基施）	8460a±170	10 850a±378
普通尿素	150（分三次施用）	7564a±898	8208c±133
普通尿素	300（分三次施用）	8622a±454	7835c±496

注：根据 Wang 等（2007）论文数据制表；不同小写字母表示处理间差异显著。

从 Wang 等（2007）对于常熟的两年水稻试验结果可以看到，2001 年控释尿素与普通尿素相比，由于小区产量变异大，等氮量相比增产不显著，但 2002 年等氮量增产显著。另外，这一试验透露了一个非常重要的信息，即在控释尿素施氮量较该地区水稻季常规施氮量（300 kg/hm²）减少 2/3、1/2 的情况下，仍然接近或超过常规施氮的产量水平（表 9.5）。笔者曾在太湖流域的宜兴（常熟农田生态系统国家野外科学观测研究站宜兴面源污染防控技术研发与示范基地）进行过不同包膜厚度的控释尿素与普通尿素等氮量下对水稻产量影响的比较试验（表 9.5）。结果显示 6%和 12%一次性包膜尿素基施与农户常规非包膜尿素分三次施用相比，水稻表现出不同程度的增产效果，而 8%一次性包膜尿素基施并未提高水稻产量，这也说明包膜尿素是否增产可能与其养分释放期有关。

表 9.5　施用包膜控释尿素的水稻增产效果

年份	处理	全氮/%	施氮量/（kg/hm²）	籽粒产量/（kg/hm²）	包膜尿素与非包膜尿素相比，增产百分比/%
2008	6%树脂包膜尿素	43.3	240	7864±14.4	4.73
	非包膜尿素	46.0	240	7509±137	
2009	8%树脂包膜尿素	42.6	240	7477±268	0.60
	12%树脂包膜尿素	41.1	240	8067±57.7	8.53
	非包膜尿素	46.0	240	7433±185	

注：根据 Wang 等（2015）数据制表；以尿素颗粒包裹树脂膜的重量百分比表示包膜厚度；包膜尿素施用为一次性基施，非包膜尿素则按照 3∶4∶3 的比例分别在水稻移栽、分蘖和孕穗期施用。

9.3.2　包膜控释尿素显著提高肥料氮当季作物利用率、减少氮损失

作物肥料氮利用率一般可通过两种方法来研究。一种是表观差减法，即在试验中设置不施氮处理，把不施氮处理作物生物量吸收的氮作为来自土壤中的氮，包括稻田自生固定的氮和大气沉降、灌溉水带入的氮。施氮处理作物带走的氮减去不施氮处理作物的氮作为来自肥料的氮，施氮量是已知的，有这两个参数，就可计算出肥料氮的利用率。这是计算作物对肥料氮利用率的通用方法。另一种是 ^{15}N 示踪方法，即施用 ^{15}N 标记氮肥，通过测定作物籽粒、秸秆的 ^{15}N 丰度和全氮量及生物量计算作物从 ^{15}N 标记的肥料中吸收了多少 ^{15}N 以及其占施入 ^{15}N 量的百分比。因为 ^{15}N 示踪剂是非常昂贵的材料，这一方法往往在微区中进行。不同于表观差减法，^{15}N 示踪方法是研究控释氮肥作物利用率的重要手段，可有效区分土壤氮和控释肥料氮，直接获取控释氮肥的作物利用和土壤残留数据，进而进行控释肥料氮的作物利用率和总损失的比较。^{15}N 标记控释氮肥也能直接提供作物生长期间肥料氮素释放、作物体内肥料氮吸收累积等信息，为肥料与作物供需匹配研究等提供重要支持（Wang et al.，2015）。

Wang 等（2015）建立了 ^{15}N 包膜控释尿素的造粒和树脂包膜的技术方法（11.3 节），制备出不同包膜厚度的 ^{15}N 包膜尿素，实现了田间条件下利用 ^{15}N 示踪方法对包膜控释尿素的 ^{15}N 利用率、土壤 ^{15}N 残留率及总损失的定量研究（表 9.6）。结果表明，6%～12%包膜尿素与非包膜尿素相比，都显著提高了肥料 ^{15}N 利用率，因此降低了肥料氮总损失。

由于肥料进入土壤后存在生物交换等反应（Jenkinson et al.，1985；Shen et al.，1984），^{15}N 示踪方法得出的肥料氮利用率一般低于表观差减法（朱兆良和文启孝，1992；Zhao et al.，2009）。

表 9.6 施用包膜控释尿素对水稻 ^{15}N 利用率、土壤 ^{15}N 残留率及总损失的影响

年份	处理	施氮量/（kg/hm²）	水稻 ^{15}N 利用率/%	土壤 ^{15}N 残留率/%	总损失/%
2008	6%树脂包膜尿素	240	35.4±3.09	28.3±1.14	45.2±5.37
	非包膜尿素	240	24.5±3.87	22.6±5.73	52.9±1.93
2009	8%树脂包膜尿素	240	48.0±2.81	26.7±12.0	25.3±10.5
	12%树脂包膜尿素	240	37.9±1.84	25.2±7.14	36.9±5.44
	非包膜尿素	240	25.7±5.12	24.3±3.86	50.0±1.95

注：根据 Wang 等（2015）数据作表；6%～12%包膜尿素指不同树脂包膜厚度，代表不同养分控释期，均为一次性基施；非包膜尿素则按照 3：4：3 的比例分别在水稻移栽、分蘖和孕穗期施用；肥料氮总损失根据水稻 ^{15}N 利用率和 0～15cm 耕层土壤 ^{15}N 残留率差减法估算。

NH₃ 挥发是农田特别是淹水稻田肥料氮损失的主要途径之一。农田 NH₃ 挥发与土壤溶液 NH_4^+/NH_3 浓度密切相关，控释氮肥可降低肥料氮向土壤中的释放速率进而避免 NH_4^+/NH_3 的过量累积，从而有效减少 NH₃ 挥发。施用控释氮肥能减少农田 NH₃ 挥发损失，国内外对此已有诸多报道。Wang 等（2015）观测了稻田施肥期内两个月的 NH₃ 挥发通量，发现 6%～12%包膜尿素一次性基施与非包膜尿素分三次施用相比，可大幅减少 NH₃ 挥发达 51%～85%，其减排程度与树脂包膜尿素的厚度密切相关（表 9.7）。而非包膜尿素（按照 3：4：3 的比例分别在水稻移栽、分蘖和孕穗期施用）在分三次施肥后的 0～20 d、21～27 d 及 50～56 d 阶段均有较高的 NH₃ 挥发量，与相应时间段较高的田面水 NH_4^+ 浓度范围相吻合。包膜尿素则可通过缓慢释放而保持较低的田面水 NH_4^+ 浓度。

表 9.7 包膜控释尿素降低水稻、小麦季生长季肥料氮 NH₃ 挥发

年份	处理	施肥后 0～20 d		施肥后 21～27 d		施肥后 50～56 d		NH₃ 挥发累积量/（kg/hm²）
		NH₃ 挥发量/（kg/hm²）	田面水 NH_4^+ 浓度/（mg/L）	NH₃ 挥发量/（kg/hm²）	田面水 NH_4^+ 浓度/（mg/L）	NH₃ 挥发量/（kg/hm²）	田面水 NH_4^+ 浓度/（mg/L）	
2008	6%树脂包膜尿素	27.60±3.13	2.58～20.3	3.06±3.63	0.60～2.13	0.41±0.18	0.02～0.31	31.10±6.94
	非包膜尿素	16.10±3.55	5.75～27.1	43.40±4.98	0.86～18.0	4.06±0.95	1.25～17.4	63.50±8.59
2009	8%树脂包膜尿素	23.50±0.38	0.10～10.6	4.66±1.25	0.06～1.78	0.85±0.29	0.21～0.42	28.9±0.51
	12%树脂包膜尿素	3.85±2.09	0.12～2.31	2.59±1.15	0.06～0.66	0.31±0.05	0.01～0.25	6.75±3.21
	非包膜尿素	12.90±3.76	0.70～18.50	23.8±6.73	0.32～31.5	7.29±2.37	0.08～35.5	44.00±0.38

注：根据 Wang 等（2015）数据制表；施氮量均为 240 kg/hm²。

包膜控释尿素一次性施用相比于非包膜尿素分三次施用，可减少稻田水稻季径流和淋溶氮数量（表 9.8）。

表 9.8　包膜控释尿素减少稻田水稻季氮流失

处理	施氮量/（kg/hm²）	径流损失氮占施氮量比例/%	淋溶损失氮占施氮量比例/%
12%树脂包膜尿素一次基施	240	9.22	8.55
非包膜尿素分三次施用	240	12.6	10.2

注：非包膜尿素按照 3∶4∶3 的比例分别在水稻移栽、分蘖和孕穗期施用；淋溶损失氮根据 100cm 深土壤溶液氮浓度计算。

9.3.3　包膜控释尿素可提高肥料氮的作物后效

笔者比较了太湖地区稻麦轮作体系水稻季施用 ^{15}N 包膜控释尿素和非包膜 ^{15}N 标记尿素后，后一季小麦对 ^{15}N 残留的利用情况（表 9.9）。结果发现，相同施氮量下，水稻季施用包膜控释尿素后均能提高后季作物（小麦）对 ^{15}N 残留的利用，比非包膜尿素处理提高 1～2 个百分点。且水稻季 ^{15}N 包膜控释尿素施用量越高，小麦季回收的绝对 ^{15}N 氮量也越高。

表 9.9　水稻季施用包膜控释尿素在小麦上的后效

年份	处理	水稻 ^{15}N 尿素用量/（kg/hm²）	小麦非标记普通尿素/（kg/hm²）	水稻季加入的 ^{15}N 量/（g/微区）	小麦回收的 ^{15}N 量/（mg/微区）	小麦 ^{15}N 利用率/%
2009～2010	8%树脂包膜 ^{15}N 尿素	120	200	0.134	6.33±1.70	4.72
		180	200	0.200	8.30±2.70	4.15
		240	200	0.268	10.35±0.10	3.86
		300	200	0.334	10.61±0.68	3.17
	非包膜 ^{15}N 尿素	120	200	0.134	3.73±0.68	2.78
		180	200	0.200	4.10±0.66	2.01
		240	200	0.269	4.63±0.82	1.73
		300	200	0.336	2.86±0.94	0.86
2010～2011	12%树脂包膜 ^{15}N 尿素	180	200	0.887	50.36±10.00	4.06
	非包膜 ^{15}N 尿素	180	200	0.887	23.0±10.00	2.59

注：2009～2010 年和 2010～2011 年微区圆筒面积分别为 0.113m² 和 0.5m²。

将施用包膜控释尿素的当季水稻 ^{15}N 利用率与其后季小麦的 ^{15}N 利用率相加,可以看出,其周年累积利用率比施用非包膜尿素增加 9.11% 和 8.71%(表 9.10),显示出包膜控释尿素较好的土壤保持和作物吸收利用率。

表 9.10　水稻季施用包膜控释尿素后稻麦两季周年累积氮肥利用率

年份	施氮量/(kg/hm²)	处理	当季水稻 ^{15}N利用率/%	小麦季 ^{15}N施用水平/(kg/hm²)	后季小麦 ^{15}N利用率/%	周年合计/%
2009～2010	240	8%树脂包膜 ^{15}N 尿素	42.48	200	3.86	46.34
	240	非包膜 ^{15}N 尿素	35.50	200	1.73	37.23
2010～2011	180	12%树脂包膜 ^{15}N 尿素	35.40	200	4.06	39.46
	180	非包膜 ^{15}N 尿素	28.16	200	2.59	30.75

9.3.4　包膜控释尿素氮素释放与水稻需氮规律

控释肥料养分释放规律与作物养分需求规律的匹配程度,是决定施用控释肥料是否增产、是否提高利用率和是否减少损失的关键。与单纯水培试验研究控释肥养分释放特征和控释性能不同,控释肥料施入不同土壤后,其养分释放和施用效果受温度、水分等土壤环境条件的变化影响很大,不同作物也不同。因此,开展土壤-作物体系复杂条件下控释肥料养分释放与作物需肥规律研究才能为针对性地改进肥料工艺、优化养分释放调控和发挥肥料效应提供重要支撑和直接支撑。

仍以在太湖平原水稻施用树脂包膜尿素为例。与传统速效尿素按基追比 3∶4∶3 分次施用相比,6% 和 12% 树脂包膜尿素一次施用下氮肥利用率可提高 10.9～12.2 个百分点,也能促进水稻增产 4.73%～8.53%,而 8% 树脂包膜尿素可大幅提高氮肥利用率,达 22.3 个百分点,远高于其他两种包膜尿素,但却并未增加水稻产量(表 9.5 和表 9.6)。为何供试包膜尿素均提高氮肥利用率却在水稻产量上不尽相同?这与包膜氮肥施用后其氮素释放与水稻氮素需求是否协调有关。

Wang 等(2015)通过水稻全生育期关键生长阶段取植株样品分析干物质积累量、全氮和 ^{15}N 丰度,比较了控释期不同的 3 种树脂包膜尿素一次性基施和传统速效尿素按基追比 3∶4∶3 分次施用下水稻植株 ^{15}N 吸收速率的差异(图 9.6)。可以看出,在尿素按基追比 3∶4∶3 分次施用的传统对照处理下,水稻植株氮吸收速率高峰出现在移栽约 30 d 后的分蘖—拔节期,之后逐渐降低,直至约 90 d 后进入成熟期。而 6% 树脂包膜尿素处理在水稻移栽后的 20 d 内吸氮速率高于对照,在水稻拔节—孕穗高峰期和灌浆期又低于对照。这与其施入土壤 20 d 内即出现释放峰,有超过 70% 的氮释放相一致。表明 6% 树脂包膜尿素虽然有控释效果，能提高氮肥利用率（表 9.6）和起到增产效果（表 9.5），但仍存在初期释放快、中后期氮供应不足的问题。

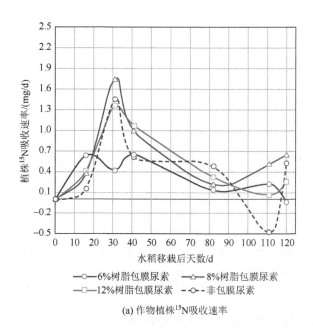

(a) 作物植株^{15}N吸收速率

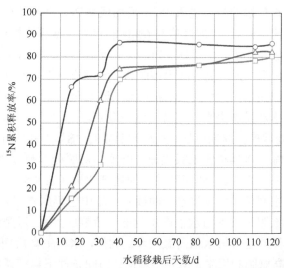

(b) 肥料^{15}N累积释放率

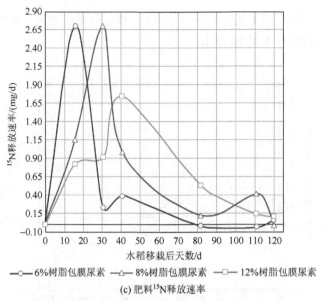

横坐标：水稻移栽后天数/d
纵坐标：^{15}N释放速率/(mg/d)

—○— 6%树脂包膜尿素　　—△— 8%树脂包膜尿素　　—□— 12%树脂包膜尿素

(c) 肥料^{15}N释放速率

图 9.6　不同包膜厚度树脂包膜尿素施用后其氮素土壤释放与水稻地上吸收特征

根据 Wang 等（2015）^{15}N 标记试验数据作图；树脂包膜尿素为一次性基施，非包膜尿素按基追比 3∶4∶3 分次施用；肥料
^{15}N 释放速率和植株 ^{15}N 吸收速率通过相应时间段 ^{15}N 量差值除以间隔天数计算

8%树脂包膜尿素处理氮吸收速率出现高峰时间与对照处理一致，但速率较高，直至水稻灌浆期低于对照；有意思的是，进入 90 d 后的成熟期又出现较高的氮吸收速率。从其累计氮释放率和释放速率来看，释放峰值与 6%树脂包膜尿素相比推迟了近 2 周的时间，能满足水稻生长关键期的氮需求，但是在 90～120 d 又有小幅的氮释放，这与水稻生长后期发现 ^{15}N 吸收速率增加相一致。说明施用该肥料，水稻成熟期仍存在氮素无效吸收，会影响水稻落黄和氮素籽粒转运，进而影响水稻产量。该处理下小区产量与对照处理相比无明显增加，但氮肥利用率却显著提高，支持了这一观点。

12%树脂包膜尿素处理控释周期更长，呈较为明显的"S"形释放特点，分蘖—拔节—孕穗期氮素释放出现双峰，水稻植株氮吸收速率峰值与对照处理整体吻合也更好。因此，进一步提高了氮肥利用率（表 9.6）和起到较高的增产效果（表 9.5）。

上述是对水稻关键生育期 ^{15}N 吸收累积曲线和土壤中包膜尿素氮素释放曲线的刻画，揭示了包膜氮肥施用下氮肥利用率与水稻产量的非一致响应关系：氮肥利用率提高未必增产，是否增产取决于氮释放是否与水稻需氮同步。例如，水稻生育后期仍有氮释放，则造成氮素无效吸收，可提高氮肥利用率，但并不增产。田间条件下包膜氮肥与水稻供需匹配关系的定量化研究对作物专用控释肥研发具有指导意义。

9.4　问题与展望

9.4.1　问题

能否提高氮肥利用率和减少氮肥损失是判断新型氮肥核心价值的重要依据。十多年来，我国在高聚物包膜控释尿素大田作物的应用方面已进行过许多研究，包膜控释尿素能有效地阻止肥料氮 NH_3 挥发损失，减少农田径流和淋溶氮的损失，并且显著提高肥料氮的利用率（包括后季作物上的残效）。

　　然而要真正发挥包膜控释尿素在大田农作物中的作用，还有许多关键问题有待解决。总结目前国内外在聚合物包膜控释肥应用方面的结果，概括起来主要存在两个问题。第一个问题是价格。尽管国内的一些生产企业已在包膜材料的选用和工艺流程方面取得了重要进展，为降低包膜控释尿素的成本做出了很大的努力，但每吨控释肥的销售价格仍为 3500元（赵秉强，2013），比尿素高出很多。如何降低包膜控释肥的成本和售价？目前应从两个方面入手，一是从包膜材料的筛选和包膜尿素生产工艺的改进入手；二是减少包膜控释尿素的用量，若能达到减少包膜控释尿素的用量又不影响作物产量，就等于降低了价格。然而，目前本书和其他一些研究者的试验，大多数都是在包膜控释尿素与普通尿素等氮量条件下进行的。如何减少包膜控释尿素的用量，这涉及第二个问题。目前国内生产的高聚物包膜控释尿素注意到了生产包膜尿素释放的持续期限，而这种持续期限一般均是通过改变高聚物包膜厚度来实现的。然而，大田作物特别是像水稻、小麦、玉米这类粮食作物，都有几个需氮高峰期，现有的包膜控释肥单纯依靠包膜材料厚度来调控养分释放尚不能满足这些作物主要生育期对氮素营养的最大需求，难以发挥其节氮和增产潜力。这就要求开发专用控释肥以真正达到养分释放曲线与作物吸收曲线相吻合。

9.4.2　建议

　　根据国内外近年的研究结果，笔者认为当前情况下要发挥缓控释氮肥的优势，对大田作物中区域性缓控释肥施用有如下建议。

　　（1）适宜的大田作物应以水稻最先。包膜控释肥的释放主要取决于温度和水分条件。我国水稻产区相对集中，气候和管理条件相对均一，水稻生长周期相对短，季节跨度小，而且水稻生长季大部分时间保持田面水层，整体来说，温度和水分条件比较适宜，有利于特定气候和种植区专用包膜氮肥研发和氮素释放的定向调控。其次是玉米，与水稻相同，生育期较短，生长期间雨热同季，水分和温度变化相对小，且灌溉规律，因此对包膜氮肥养分释放影响可控。我国北方的玉米特别是东北地区全程机械化的玉米生产区域，包膜控释尿素有很好的应用前景。玉米到大喇叭口期就封行了，无法实行机械化分次追肥。越冬大田作物如冬小麦，在我国南北方均有种植，生育期很长，一般跨越秋、冬、春三季，水热条件变化巨大，施用包膜控释肥满足其全生育期养分供应难度较大。

　　（2）在施肥技术上，根据不同地区的气候和土壤特点也可采用包膜控释肥与非包膜氮肥按一定比例掺混后作基肥一次施用，这对北方地区特别是东北部的水稻生产和大规模全程机械化耕作的玉米生产作用显著。因为东北地区水稻移栽和玉米播种时，气温和土壤温度都很低，土壤有机氮不易矿化，掺混非包膜氮肥可供水稻、玉米早期氮素营养的需求。对生育期较长的越冬小麦也可采用缓控释肥和速效肥混搭的方式。南方水稻可采用包膜尿素一次性基施。20 世纪 90 年代，日本考虑到水稻在不同生育期对氮营养的需求，根据当地的气候及土壤特点，采用非包膜尿素＋线性包膜尿素＋"S"形释放包膜尿素三者掺混作基肥一次施用（图 9.5），取得了县域尺度施用包膜控释肥应用于水稻生产的成功范例。然而，根据近年来在太湖地区的研究结果，这种掺混模式不适用于南方的水稻生产，因为我国与日本的气候和土壤条件有很大的不同，日本稻作区主要分布在30°N～40°N，即相当于我国的长江以北直至东北地区，水稻移栽时气温和土温都低，必须供给适量的速效氮肥。我国水稻生产区主要在长江以南的 20°N～30°N，以太湖流域为例，水稻移栽一般在 6 月下旬至 7 月初，这时的土壤温度可达 30℃左右，已有足够的土壤矿质氮可供水稻生长初期的需求。因此，继续提高包膜肥料精准控释及其配套的施用方法有助于其在南方稻田区域大面积推广应用。

（3）农学、经济和生态环境效益也是决定控释肥真正长期用于大田作物的关键。因此需要建立不同农区及不同作物生产体系的科学的控释肥长期综合试验平台和评价体系，不仅包括狭义的单一的产投收益，也要考虑人力成本、资源消耗、环境代价、人体健康、土壤肥力及质量安全等因素，为缓控释肥生产和应用推广提供理论和政策依据。

参 考 文 献

曹志洪，孙秀廷，蒋佩弦，等.1980. 长效碳酸氢铵的研究. 土壤学报，17（2）：131-144.

马丽，张民，陈剑秋，等.2006. 包膜控释氮肥对玉米增产效应的研究. 磷肥与复肥，21（4）：2-14.

宋付朋，张民，史衍玺，等.2005. 控释氮肥的氮素释放特征及其对水稻的增产效应. 土壤学报，42（4）：619-627.

孙磊，周宝库，张喜林，等.2007. 金正大控释氮素与普通尿素配合施用在水稻上的应用效果分析. 中国农资（金正大控释肥专版），（5）：58-60.

许秀成，李萍，王好斌.2000. 包裹型缓释/控制释放肥料专题报告. 磷肥与复肥，15（3）：1-12.

颜冬云，张民.2004. 控释复肥在盆栽玉米上的肥效研究. 土壤通报，35（4）：454-458.

杨雯玉，贺明荣，王远军，等.2005. 控释尿素与普通尿素配施对冬小麦氮肥利用率的影响. 植物营养与肥料学报，11（5）：627-633.

张昌爱，张民，李素珍.2007. 控释尿素硫膜对土壤性质及油菜生长的影响. 土壤学报，46（1）：113-121.

张民.2000. 控释和缓释肥的研究现状与进展//冯峰，张福锁，杨新泉. 植物营养研究——进展与展望. 北京：中国农业大学出版社：177-196.

张玉烛，曾翔，陶曙华.2007. 金正大水稻专用三级控释肥施用效应. 中国农资（金正大控释肥专版），（1）：56-59.

赵秉强.2013. 新型肥料. 北京：科学出版社：10-43.

朱兆良，文启孝.1992. 中国土壤氮素. 南京：江苏科学技术出版社：213-249.

Azeem B, KuShaari K, Naqvi M, et al. 2020. Production and characterization of controlled release urea using biopolymer and geopolymer as coating materials. Polymers，12（2）：400-428.

Fujita T，Takshashi C，Yoshida S，et al. 1983. Coated granular fertilizer capable of controlling the effect of temperature upon dissolution-out rate: United States Patent，No. 4369055.

Fujita T. 1995. Technical development，properties and availability of polyolefin coated fertilizers//Hagin J，et al. Proc Dahlia Greidinger Memorial Int. Workshop on Controlled/Slow Release Fertilizers. Mar. 1993，Technion, Haifa. Istrel. .

Gandeza A T，Shoji S，Yamada I. 1991. Simulation of crop response to polyolefin-coated urea: I. field dissolution. Soil Science Society of America Journal，55（5）：1462-1467.

Jenkinson D S，Fox R H，Rayner J H. 1985. Interactions between fertilizer nitrogen and soil nitrogen-the so-called priming effect. European Journal of Soil Science，36（3）：425-444.

Kaneta Y，Awasaki H，Murai T. 1994. The non-tillage rice culture by single application of fertilizer in a nursery box with controlled-release fertilizer. Journal Soil Science and Plant Nutrition，65（4）：385-391.

Lambie J M H. 1987. Granular fertilizer composition having controlled release and process for the preparation thereof: United States Patent, No. 4657575.

Maeda S. 1990. Studies on coated fertilizers. Ph. D. thesis, faculty of Biological Production. Hiroshima, Japan: Hiroshima University.

Moore W P. 1989. Attrition resistant controlled release fertilizers: United States Patent, No. 4711659.

Raban S, Shaviv A. 1995. Controlled release characteristics of coated urea fertilizers//Proceedings of 22 nd Internationa Symposium on Controlled Release of Bioactive Materials, Seattle.

Raban S, Zeidel E, Shaviv A. 1997. Release mechanisms controlled release fertilizers in practical use. The Proceedings of the 3rd International Dahlia Greidinger Symposium on Fertilization and the Environment, Haifa.

Sato T, Shibuya K. 1991. One time application of total nitrogen fertilizer at nursery stage in rice culture. Tohoku Journal of Crop Science (Japan), 34: 15-16.

Shoji S. 1999. MEISTER-Controlled Release Fertilizer: Properties and Utilization. Sendai, Japan: Konno Printing Company Led: 1-160.

Shen S M, Pruden G, Jenkinson D S. 1984. Mineralization and immobilization of nitrogen in fumigated soil and the measurement of microbial biomass nitrogen. Soil Biology and Biochemistry, 16 (5): 437-444.

Shen Y D, Zhao Y N, Li X R. 2009. Polyacrylate/silica hybrids prepared by emulsifier-free emulsion polymerization and the sol–gel process. Polymer Bulletin, 63 (5): 687-698.

Trenkel M E. 1997. Controlled-release and stabilized fertilizers in agriculture. Paris: The International Fertilizer Industry Association.

Ueno M, kumagai K, Togasi M, et al. 1991. Basal application technique of whole nitrogen using slow-release coated fertilizer based on forecasting of soil nitrogen mineralization amount. Journal Soil Science and Plant Nutrition, 62 (6): 647-653.

Wang S Q, Zhao X, Xing G X, et al. 2015. Improving grain yield and reducing N loss using polymer-coated urea in southeast China. Agronomy for Sustainable Development, 35: 1103-1115.

Wang X Z, Zhu J G, Gao R, et al. 2007. Nitrogen cycling and losses under rice-wheat rotations with coated urea and urea in Taihu lake region. Pedosphere, 17 (1): 62-69.

Yang Y C, Zhang M, Li Y C, et al. 2012. Controlled release urea improved nitrogen use efficiency, activities of leaf enzymes, and rice yield. Soil Science Society of America Journal, 76 (6): 2307-2317.

Yang Y C, Zhang M, Zheng L, et al. 2011. Controlled release urea improved nitrogen use efficiency, yield, and quality of wheat. Agronomy Journal, 103 (2): 479-485.

Yang Y C, Zhang M, Zheng L, et al. 2013. Controlled-release urea for rice production and its environmental implications. Journal of Plant Nutrition, 36 (5): 781-794.

Zhang M, Nyborg M, Ryan J T. 1994. Determining permeability of coatings of polymer-coated urea. Fertilizer Research, 38 (1): 47-51.

Zhao X, Xie Y, Xiong Z, et al. 2009. Nitrogen fate and environmental consequence in paddy soil under rice-wheat rotation in the Taihu lake region, China. Plant and Soil, 319 (1): 225-234.

第 10 章 我国北方旱作区农田应用液体氮肥的探讨

国外一些发达国家液体氮肥（氮溶液、液氨和氨水）的生产和应用发展十分迅速，但是国内除新疆、北京等地区在液氨的使用方面已有一些报道外，液体氮肥在我国的生产和应用尚待起步。液态氮肥具有生产成本低、施用均匀、肥效好等优点，在未来我国现代农业中应该是大有作为的。然而，至今可以得到的液体氮肥在我国生产应用和研究的资料很少，因此，本章的题目定为"我国北方旱作区农田应用液体氮肥的探讨"，只是作为一个议题提出来。在我国如何应用液体氮肥？本书认为首先应该在北方旱作区推行。这是考虑到华北、东北和西北的大部分农业区域大多数为平原地形，适宜液体氮肥的机械化施用。这一思路对于我国生产液体氮肥的企业合理布局和应用重点地区的确定，应该是有益的。因为我国幅员辽阔，农作区多样，考虑到液体氮肥储运、施用机具的特殊性，统筹考虑生产厂与施用区域的合理布局是有必要的。美国液体氮肥的施用主要集中在南部和中部，在这些地区设置了许多大型合成氨厂，而且铺设了液体氮肥输送的专用管道网。

10.1 水 溶 肥 料

在讨论液体氮肥之前，本节先回顾一下目前正在我国和世界上兴起的水溶肥料。用作肥料的化学制品，一般都是固体的。它们被直接施入土壤中，或撒施土表通过耕耙等机械混合，或沟施后覆土。不管采用哪种方式，都是以固体形态施入农田土壤。

由于叶面施肥理论和技术的出现，水溶肥料产业兴起，可以包含多种营养成分，从大量元素 N、P、K 到中量元素 Ca、Mg、S 以及微量元素 B、Mn、Cu、Zn、Mo 等。另外也加入多种可溶态有机化合物，如植物生长调节剂、氨基酸、螯合剂和水溶性腐殖酸等，有时也加入农药。水溶肥料早期用于果树、蔬菜、花卉和草地，现在也有用于大田作物的例证。水溶肥料的一个重要优点是可实施水肥一体化（赵秉强等，2013）。这在水资源缺乏的、需要灌溉的旱作地区是很有潜在应用价值的。近年来，水溶肥料在我国北方地区发展迅速。由于塑料管、钢管等材料已比较容易得到，许多大规模的喷灌和滴灌工程设施已投入应用。这些喷灌、滴灌设施既可以用于旱地农田灌溉，也可用于水溶肥料和稀释的液体氮肥的滴施或喷施。用于大田作物喷灌和滴灌的大型设施有多种类型，其中移动式喷灌设施是用于大田作物灌水、施肥的常见类型，由专用拖拉机承载也可由其他动力驱动（图 10.1～图 10.6）。

图 10.1　固定式管道大田喷施

图片来源：中国农业科学院农田灌溉研究所李中阳研究员提供

图 10.2　高架移动式大田喷灌

图片来源：引自中国节水灌溉网，http://www.jsgg.com.cn/

图 10.3　固定式管道大田滴灌（铺设在垄间浅沟）

图片来源：引自 http://www.narmadapipes.com/

图 10.4　固定式管道大田滴灌（铺设在土表，再由
支线管道滴灌）

图片来源：中国农业科学院农田灌溉研究所李中阳研究员提供

图 10.5　大田覆膜滴灌（滴灌管道设置在塑料膜
下面）

图片来源：引自中国节水灌溉网，http://www.jsgg.com.cn/

图 10.6　移动式大田滴灌（由拖拉机承载和铺设）

图片来源：引自新浪网，
http://k.sina.com.cn/article227588367587a73a9b020006i6n.html

液体氮肥虽然是一种水溶肥料，但它不同于目前市场上的水溶肥料，它是一种单一营养元素的氮肥。液体氮肥是相对于常用的各类固体氮肥而言的。液体氮肥包括三类：液氨（liquid ammonia，LA）、氨水（ammonium hydroxide，AH）和氮溶液（urea ammonium nitrate solution，UAN），有时也包括聚磷酸铵（ammonium polyphosphate，APP）。从目前国际上普遍使用的液体氮肥品种来看，主要是液氨和氮溶液。在液氨和氮溶液这两种主要液体氮肥中，本章更强调了氮溶液，这不仅出于国外发展趋势的考虑，还因为氮溶液在我国的生产和使用刚刚起步，而液氨在 20 世纪 80 年代和 90 年代已进行过一定规模的试验，并显示出了减少氮损失，提高氮素利用率，增加产量的优越性，已被一些地区和农场接受。

10.1.1　液氨

1.液氨的优点

为什么要提倡液氨？因为该类肥料与各类固体氮肥相比，有许多不可代替的优越性。概括地说有以下优点。

其一，高氮浓度（液氨含氮 82.3%），为各类固体氮肥所不及，即使是尿素，含氮也只有 46%。

其二，生产成本低，节省建设投资和能源消耗。因为它是生产尿素、硝酸铵、硫酸铵和碳酸氢铵等固体氮肥的初级产物，省去了浓缩、蒸干等一系列工艺流程投资，也省去了生产尿素需要的 CO_2、硝酸铵需要的硝酸、硫酸铵需要的硫酸等配体，从而减少了投资和能耗（表 10.1）。

表 10.1　液氨和几种固体氮肥的经济比较　　　　　　　　　（单位：%）

项目	液氨	尿素	硝酸铵	碳酸氢铵
建设费用	100	165	195	120
能耗	100	130.9	—	115.9

注：引自冯元琦（1992），略有删节。

由表 10.1 可以看出，把生产液氨的建设费用和能耗定为 100%，液氨与生产尿素、硝酸铵和碳酸氢铵相比，建设费用分别减少 65%、95% 和 20%；液氨与生产尿素和硝酸铵相比，能耗可以节省 30.9% 和 15.9%。根据伍宏业等（2012）的报告，我国氮肥生产部门是能源消耗大户，占全国各项能源总消耗的 3.29%，提高液体氮肥的比重，可降低能耗，从而降低 CO_2 排放。由于液氨的高浓度，按单位氮计算，还可节省包装和运输成本。

其三，液体氮肥（液氨、氮溶液）的施用虽有各种方法，但主要是通过专用机械直接施入表土层，一般为 15～18 cm，视土壤质地和水分状况而定。从土壤学角度考虑，液体氮肥深施可有效地减少 NH_3 挥发损失。华北平原地区土壤 pH 都在 7～8，或更高，农田 NH_3 挥发损失很严重，一个小麦-玉米轮作周期 NH_3 挥发损失可达到 23%（巨晓棠等，2010）。施用液氨 NH_3 挥发损失可大大降低。根据北京双桥农场的试验，液氨直接施入表土层，NH_3 挥发损失仅为 0.6%～3.0%（杨秀珍和何德怀，1982；黄德明和崔士博，1981）。

浙江嘉兴地区液氨作基肥施于稻田土层，NH_3 挥发损失为 1.4%～3.4%，而碳酸氢铵 NH_3 挥发损失可达 5%～10%（沈悦林和马威，1980）。不论旱地或水田，液氨直接施入土层可大大减少 NH_3 挥发损失。

2.液氨的使用

美国是使用液氨最早的国家，1930 年开始研究，1940 年通过畜力牵引的施肥机械设备进行了大田试验，1947 年公布了试验结果，确认液氨作为肥料直接施用在农学上是可行的（朱英浩，1985）。1967 年美国液体氮肥的生产量占氮肥总量的 12%，发展迅速，1970 年达到 30%。2006 年，其施用量已占到氮肥用量的 62.9%。从 2000 年起，氮溶液的消耗量开始超过液氨。据 1980 年统计，世界其他国家，如丹麦、墨西哥、澳大利亚和加拿大，液氨消耗总量分别占全国氮肥总消耗量的 36%、28%、25% 和 22%。

我国于 20 世纪 50 年代开始使用液氨，至 70 年代中后期，北京、新疆、山东和浙江等地进行了大田液氨直接施用的试验和推广，并开发了各种类型的液氨施肥机具，供试作物为小麦、玉米、棉花等旱作物，还有水稻，都取得了好的增产效果。张鑫（1995a，1995b）论述了液氨在新疆石河子春小麦、玉米、棉花和水稻与等氮量尿素相比的增产效果，春小麦、玉米、棉花和水稻分别增产 7.72%、32.80%、6.50% 和 27.92%。80 年代前后至 90 年代初，液氨在北京、新疆等地都曾达到一定规模，1984～1991 年北京通县地区液氨施用面积累计达到 6.33 万 hm^2，新疆地区液氨施用面积累计达到 5.2 万 hm^2（冯元琦，2001）。在此期间，还开发了一些专用施肥机具。然而，自 1998 年后农用液氨供应基本中止，液氨施肥也随之中止（伍宏业等，2012）。

3.液氨运输、储存和使用的技术及设施

液氨是液态，其运输、储存和使用都需要特殊的技术和设备。液氨一般具有压力，其灌装需要耐压罐，施用时需要有指示仪表、调压阀和能切入设定施肥深度的施肥机械及牵引动力。运输时一般用有灌装设施的槽车，可用汽车运输或火车运输。美国还配备了专用水运船舶。美国液氨使用相对集中于南部和中部，因而铺设了液氨专用输送管道网。美国设置了 3 条运输管道，贯穿南部和中部的东西、南北方向，涉及 12 个州，主干线全长 4378 km。全线设置了 10 个大型合成氨厂，沿线设置了 53 座转运站，总储量达 180 万 t（冯元琦，2012）。

液氨在 $2.53×10^6$～$3.04×10^6$ Pa 压力条件下储运与施用。液氨施用需要专用施肥机具，其主要施用方式是直接施入土壤耕作层。据张鑫（1996）报道，新疆石河子农场使用过几种施肥机具，其中 2FY-16 型悬挂式液氨施肥机在液氨施用地区得到广泛使用，该机型结构简单，便于田头转弯，可同时悬挂两个液氨钢瓶，常用于播前和苗期施肥。还有一种是组装式液氨施肥机，该机具是将液氨罐及其他部件都装在功率为 88.26 kW 的大型拖拉机上，专门用于大面积施用液氨。作业时田间液氨拖车将液氨直接注装在拖拉机两侧或拖拉机前后的液氨罐内。在美国、加拿大、澳大利亚等国也使用类似机具。据朱英浩（1985）报道，上海化工研究院根据液氨施肥技术进步要求，开发了一种配有 LLQ 型冷凝转换器

和 LD 型计量器的 LAQ 型液氨施肥器。该机具可以实行"冷氨浅施"，精确定量，与大型拖拉机配合，适合于大面积液氨施用。

施肥机具还有简易的解决办法，20 世纪 80 年代，一些地区用耐压储罐从氮肥厂购买 200 kg 液氨，安放在 75 ps（1ps=735.499W）拖拉机前端的机架上，液氨管线通过驾驶室控制流量后分配到拖拉机后端犁刀处施入土壤，每小时可施肥 1 hm^2（伍宏业等，2012）。随着大功率拖拉机（213.29 kW）的出现，机载液氨罐的容积还可加大，可进一步提高施肥效率。

在国外，很强调液氨直接施用流量的精准计量和施入土壤后分配的均匀性，为此，设计了一些控制、调节装置和气化 NH_3 的分离装置，安装在液氨施肥机具上。例如，Schrock 等（2001）研制了一套脉冲宽度调节（pulse width modulation，PWM）系统，可促使进入阀体系的 NH_3 冷却，保证进入阀体系的氨都保持液体状态，确保施入土壤的液氨分配均匀。Kiest（2014）发明了一种液氨施用的气化 NH_3 分离装置，获美国国家专利。因为在施用液氨时只有把液氨中气化的 NH_3 分离出去，才能给液氨传感器提供准确的信息以及输出液氨的精确计量，使施入土壤的液氨在土壤中均匀分配。

10.1.2　氮溶液

1. 氮溶液的一些化学性质

氮溶液分为有压和常压两种，有压氮溶液和常压氮溶液是按加氨的多少和不加氨来区分的。有压氮溶液的氨气压一般在 1～2 kg/cm^2，常压氮溶液由尿素溶液、硝酸铵溶液加水配制而成。在美国，常压氮溶液按含氮量的不同分为 28%、30% 和 32% 三级，其组成及某些性质如表 10.2 所示。

表 10.2　常压氮溶液的组成及盐析温度

含氮量/%	尿素/%	硝酸铵/%	盐析温度/℃	密度/（kg/m^3）
32	35.4	44.3	−2	1320
30	32.7	44.2	−10	1300
28	30.0	40.1	−18	1280

注：引自伍宏业和李志坚（2011）。

美国常用的有压氮溶液产品的含氮量为 31.8%～49.0%，硝酸铵占 44.0%～74.0%，尿素占 0～13.0%，含水量为 6.0%～20.0%，氨蒸汽压为 0.357～3.800 kg/cm^2（表 10.3）。这四个型号有压氮溶液的区别是氨、硝酸铵、尿素和水的加入比例不同，硝酸铵在 44.0%～74.0%，高于尿素。

表 10.3　有压氮溶液的成分

型号	含氮量/%	组分				氨蒸汽压 / (kg/cm^2)
		氨/%	硝酸铵/%	尿素/%	水/%	
Amanol 370 (16-58-8)	37.0	15.8	58.0	8.0	18.2	0.715
471 (30-64-0)	47.1	30.0	64.0	0	6.0	1.000
Columbia 370 (17-67-0)	37.0	16.6	66.9	0	16.5	0.357
414 (19-74-0)	41.4	19.0	74.0	0	7.0	0.560
Amanol 420 (20-66-6)	42.0	19.6	66.0	6.0	8.4	1.970
450 (27-50-12)	45.0	26.7	50.0	12.0	11.3	2.110
Columbia 318 (8-72-0)	31.8	8.0	72.0	0	20.0	1.970
490 (33-44-13)	49.0	33.5	44.0	13.0	9.5	3.800

注：引自奚振邦等（2013）。

2.氮溶液在国内外的生产和使用情况

　　美国也是世界氮溶液使用最早和最多的国家，1961 年开始使用，随后产量和消耗量逐步增长，分别占美国氮肥生产和消耗总量的 17%～18%和 25%～33%（冯元琦，2015a）。北美洲氮溶液的生产和消耗量分别占世界的 56.7%和 70.0%。其次为欧洲，生产量和消耗量分别占世界的 39.0%和 25.1%，世界其他地区的生产和消耗量很小。然而，据国际肥料工业协会（International Fertilizer Industry Association，IFA）资料，液体氮肥在全球合成氨产品中所占的比例还是很小的，目前仍然以固体尿素为主，占 54%，改性硝酸铵和硝酸铵分别占合成氨产品的 10%和 9%。液体氮肥所占比例不高，氮溶液和液氨分别占 4%和 3%。就全球范围来说，氮溶液发展最快的仍然是欧美国家（冯元琦，2015a，2015b）。

　　氮溶液在欧美国家的应用已有广泛研究。Graziano 和 Parente（1996）报道，在意大利的缺硫土壤上，施用氮溶液或氮溶液＋硫代硫酸铵（ammonium thiosulfate，ATS）对于玉米有很好的增产效果，玉米籽粒产量和氮的吸收量分别增加 30.6%和 42.2%，这是因为 ATS 不仅提供了作物生长必需的硫元素，而且对尿素水解和硝化作用有一定抑制作用。Hanson 等（2006）应用 HYDRUS-2D 模型评价了美国加利福尼亚州地区两种常用的水肥一体化微灌（microirrigation）系统地表和地下滴灌中施用氮溶液对氮肥的作物利用、土壤累积和淋溶等的影响。虽然氮溶液在欧美国家已广泛使用，并取得了良好的农业和环境效果，但也并非对所有行业都有最佳效果。Carlier 等（1990）报道，在比利时草地施用氮溶液（50%尿素＋50%硝酸铵），与固体硝酸铵相比，这类液体氮肥的价格虽然低于硝酸铵，但是施用液体氮肥的干草产量和牛肉产量均低于硝酸铵，而且喷施和储运设备也要投资，所以氮溶液在草地上应用不太被看好。

　　目前我国氮溶液大规模生产还处于谋划阶段，2013 年生产氮溶液 1000 t，2014 年上升到 80 000t，发展趋势乐观。据冯元琦（2015b）报道，国内已有 10 多家氮肥生产企业，将调整产品结构,转产氮溶液。若成功转产,预计可达到年产 1300 多万 t,将达到美国 2012 年氮溶液的产量。

近年来,我国在氮溶液使用方面已有一些报道。邢星和马旭(2015)研究得出,在新疆石河子施用氮溶液与尿素相比,番茄增产达 9.5%,氮肥利用率提高 19.5%。但由于储运成本及氮溶液成本高,经济效益无增加。贾然然(2015)用从俄罗斯进口的氮溶液(商品名为优斯美)施用于马铃薯,与尿素相比,氮溶液减施 1/5 的氮,获得了相似的产量。杨君林等(2015)进行了氮溶液玉米大面积试验,氮溶液作追肥,随水滴灌,基施尿素 130.5 kg/hm^2,追施氮溶液 120 kg /hm^2,施氮量仅为常规施氮量(625.0 kg 尿素)的 33%,玉米产量可达到 5508.3 kg/hm^2,与常规施氮量(652.0 kg 尿素)处理的产量 5541.7 kg/hm^2 十分接近。这是因为施用氮溶液处理,氮肥利用率可达到 87.5%,表明氮溶液减氮保产的效果非常显著。

3. 氮溶液的优点

氮溶液是一种浓度相对高的氮肥,其含氮量高于除液氨和尿素以外的其他各类固态氮肥。与固态氮肥相比,省去了浓缩、烘干等工艺,也节省了包装费用。虽然氮溶液要用专用的灌装设备,但这些设备可多次使用。

氮溶液是一种发展很快的氮肥品种,在生产、储运和施用中,普通低碳钢灌装设备和管道即可满足要求。氮溶液虽有腐蚀性,加入缓蚀剂即可解决,常用缓蚀剂有液氨、磷酸一铵等,加入 0.5%的液氨,可调节氮溶液的 pH 至 7.0~7.5;加入相当于 P$_2$O$_5$ 0.2%的磷酸一铵,可在低碳钢表面形成一层磷酸铁薄膜,起到防腐作用(冯元琦,2015a)。另外,对于常压氮溶液的灌装、储运、传输管道的材料可有多种选择,如多种高聚酯材料。

氮溶液的施用与液氨相似,是通过专用机械施入 12~18 cm 的土层。施入深度视土壤质地和水分状况而定,黏质土壤水分湿润可浅施。因为氮溶液是液态施入,容易达到均匀,而且 NH$_4^+$ 或尿素水解后的 NH$_4^+$ 易被土壤吸附。

氮溶液中硝酸铵的比例一般大于 40%。由于氮溶液施用方法也是通过专用机械施入表土层中,同时含有相当分量的硝基氮,可大大降低 NH$_3$ 挥发。出于安全考虑,固体硝酸盐氮肥在我国限制或禁止生产和使用。氮溶液中的 NH$_4$NO$_3$ 是液态,无安全问题之虑。

氮溶液特别是常压氮溶液,与硝酸铵和液氨相比,有很高的安全性。与同为液体氮肥的液氨相比,虽然液氨含氮量可达 82.3%,但需要能承受 2.53×10^6~3.04×10^6 Pa 的罐装设备,储运和施用都要在密封条件下进行,以防泄漏伤害人体健康,甚至引发爆炸。使用常压或有压氮溶液安全性大大提高。

从作物氮素营养供应角度考虑,氮溶液肥料是一种更合理的氮肥。氮溶液商用产品通常含氮 28%~32%,由 30%~35%的尿素、38%~48%的硝酸铵和 20%~30%的水组成(伍宏业和李志坚,2011)。它含有三种形态的氮:NH$_4^+$、NO$_3^-$ 和—CONH$_2$(酰胺基氮)。前两种可被作物直接吸收,后者需经过尿素酶水解成 NH$_4^+$ 后才能被作物吸收,可作为"缓效态"氮。

10.2　我国液体氮肥适宜施用区域和土壤类型

液体氮肥作为一种高浓度的氮肥虽然有广泛的适用性，但我国是农业大国，农田类型多样，有必要考虑适宜施用的区域和土壤类型。液体氮肥适宜施用的区域可粗略地以长江为界。长江以南河湖平原区为稻田，岗丘地区为稻田和旱作。虽在 20 世纪 80 年代初我国有稻田施液氨的报告，液体氮肥也有随灌溉水施入稻田的便利条件，但稻田是不适宜施用液氨和氮溶液的。因为稻田水稻生长季 NH_3 挥发损失大，而田面水 NH_4^+ 浓度又是促进稻田 NH_3 挥发的重要控制因素之一。稻田灌水后，施用液体氮肥势必增加田面水 NH_4^+ 浓度，促进 NH_3 挥发损失。另外，氮溶液的主要成分之一是含有 40%以上的硝酸铵，其中的 NO_3^- 不是水稻易吸收的氮素形态，而且易随渗漏水流失或通过反硝化损失。Wilson 等（1994）在美国南部通过 ^{15}N 示踪方法，比较了水稻对氮溶液和颗粒尿素中 $^{15}NH_4^+$、$^{15}NO_3^-$ 与 ^{15}N 尿素的利用率，发现颗粒尿素氮利用率为 75%，氮溶液的利用率为 52.6%。而且施用尿素的稻田，产量也高于氮溶液。看来氮溶液与尿素相比，并不适合于水稻生产。另外，南方岗丘地区田块很小，而且有坡度，田间道路狭窄，运输困难，包括液氨和氮溶液的液体氮肥在我国适宜施用的区域应该是长江以北包括淮河平原和华北平原在内的黄淮海平原、西北和新疆的平原旱作地区、东北平原旱作区。液体氮肥适宜区域的确定有利于生产厂设置布局，使产品和使用距离拉近，大大节省运输成本。

段武德等（2011）曾分区统计过我国耕地面积，现将与北部旱作区有关的分区统计数据摘引于表 10.4。

表 10.4　我国北部旱作区耕地面积

区域	面积/万 hm^2	备注
西北区	2 113.02	内蒙古、陕、甘、宁、新
晋豫区	1 274.90	
京、津、冀、鲁区	1 487.15	
东北区	2 219.22	辽、吉、黑
小计	7 094.29	
全国	11 511.50	

注：根据段武德等（2011）数据制表。

实际上，表 10.4 分区可归为西北区、华北区和东北区三大区，晋豫区与京、津、冀、鲁区可合称为华北区。三大区合计耕地面积为 7094.29 万 hm^2，约占全国耕地面积的 61.63%，是我国的主要农业区。笔者依据《中国土壤》（席承藩等，1998），对我国北部地区中的黄淮海平原区（京、津、冀、豫、鲁西、皖北、苏北）、黄土高原区（陕、晋、甘、宁）、蒙新地区和东北平原区（辽、吉、黑）的主要土类分布和耕种面积进行了分类统计，并列出了土壤 pH、年降水量数值（表 10.5）。

表 10.5　我国北部地区主要土壤类型分布和耕种面积

主要农业区	土壤类型		土壤 pH	年降水量/mm
	土壤类型	耕种面积/万 hm^2		
黄淮海平原区（京、津、冀、豫、鲁西、皖北、苏北）	潮土	1333.0	7.6~8.0	550~650
	褐土（亚类）	158.0	7.0~8.2	600
	潮褐土（亚类）	256.0	7.6	550~600
	砂姜黑土	377.7	7.7~8.6	850~900
	小计	2124.7		
黄土高原区（陕、晋、甘、宁）	黑垆土	173.1	8.3	400~600
	堘土	97.7	8.0	600
	黄绵土	528.1	8.0	533
	小计	798.9		
蒙新地区	栗钙土	387.9	7.5~8.6	250~400
	棕钙土	184.0	8.1~8.5	100~300
	灰钙土	33.1	8.6~9.0	185~350
	小计	605.0		
东北平原区（辽、吉、黑）	黑土	1192.5	6.0~7.0	500~650
	黑钙土	481.1	7.0~7.3	350~600
	草甸土	762.1	6.5~8.2	550~700
	小计	2435.7		
	合计	5964.3		

注：根据席承藩等（1998）数据制表。

从土壤类型的角度出发，把我国北部地区划分为黄淮海平原区、黄土高原区、蒙新地区和东北平原区。每个区的主要土壤类型是不同的。黄淮海平原区的主要类型是潮土、潮褐土（亚类）、褐土（亚类）和砂姜黑土。皖北和苏北部分地区是黄淮海平原的南端，砂姜黑土是主要土壤类型。黄土高原区的主要土类是黄绵土、黑垆土和堘土。蒙新地区主要是栗钙土、棕钙土和灰钙土，这些土壤类型分布区主要是草原牧场，但也是耕垦的重要农业土壤。东北平原区主要土壤类型为黑土、黑钙土和草甸土。

在统计不同区域每个土壤类型的面积时，计算的是该土壤类型的耕种面积，土壤类型的分布面积要比耕种面积大，另外，四个区域的划分基本上是以行政区为依据的，而不同土壤类型的分布不限于某一行政区，特别是潮土和草甸土在全国各地都有分布，黑土也不限于东北地区，在新疆、内蒙古也有分布。因此，在一个区域内也不限于所列出的土壤类型，也可有其他土壤类型的分布。在所统计的四个区域内，列出的土类是该区的主要土壤类型，主要土类的分布面积并不完全用于农业。我国北部四个农业区主要土壤类型的耕种面积达 5964.3 万 hm^2（表 10.5），占全国耕地面积的 51.8%（表 10.4）。

从我国北部四个主要农业区耕地面积和不同土壤类型耕种面积的统计数据,可以得到以下几点重要信息。

(1)北部主要农业区的耕地面积占全国耕地总面积的 61.63%,区域内主要土壤类型的耕种面积占全国耕地总面积的51.8%,两种方法都表明,适合于施用液体氮肥的我国北部耕地面积占全国耕地总面积的一半以上。

(2)北部四个主要农业区的土壤分布区年降水量大多在 500~650 mm 或 100~400 mm,分别属半干旱-半湿润和干旱气候带。旱作农业需要灌溉,而我国的水资源日趋紧缺,液体氮肥正是一类适合于施肥与灌溉一体化,并且实现节水、节氮、节省劳动力的氮肥。

(3)四个主要农业区的土壤酸碱度除东北黑土外,pH 一般都在 7~8 或 8 以上。高pH 土壤施用氨基氮肥(尿素、碳酸氢铵、硫酸铵、硝酸铵和磷酸铵等),NH_3 挥发损失都很严重。

从我国北部地区耕地占全国耕地面积的 50%以上的比例,主要耕地土壤所处的半干旱、干旱气候条件和土壤的高 pH 来看,发展液体氮肥可能是因地制宜实现我国农田氮素良性循环的一项重要举措。

10.3　问题与展望

考虑到液氨的使用在我国已有一定基础,氮溶液的生产和使用刚刚起步,也缺乏系统的研究,本节主要讨论氮溶液在我国大规模使用需要进一步研究的问题。美国氮溶液的生产和使用始于 1961 年,且发展很快,2012 年美国氮溶液的生产已达到 1363 万 t,法国也达到 204 万 t(冯元琦,2015a,2015b)。尽管 2014 年我国氮溶液的产量仅为 8 万 t,但预计未来发展前景广阔,产能很快也将达到美国同等水平。

氮溶液肥料在我国推行,除工业生产、罐装设备、运输和施用机械等配套并尽可能降低产品成本外,亟待开展如下研究。

(1)在我国北部地区不同土壤条件下,氮溶液肥料与我国氮肥主产品尿素的增产效益、经济效益的对比分析。

(2)氮溶液肥料对于减少氮肥用量、提高利用率、减少氮素损失的效果及其环境影响评价。

(3)随农业集约化经营和水肥一体化、机械化的普及,氮溶液肥料适宜的作物及其配套施用技术体系。

(4)氮溶液肥料作为一种单养分氮肥品种,与磷肥、钾肥如何配合施用。

(5)已知氮溶液肥料分为有压和常压两个品种,统筹考虑,在我国发展哪一种品种为好。

(6)液体氮素的包装(罐装)、运输和施用都不同于固体氮肥,要求土地经营面积大,地势平坦,便于机械化操作,在我国推行液体氮肥,在土地经营体制上如何同步发展。

参 考 文 献

段武德,陈印军,翟勇,等.2011.中国耕地质量调控技术集成研究.北京:中国农业科学技术出版社:1-59.

冯元琦. 1992. 碳铵和液氨. 肥料设计, 30（6）: 8-11.

冯元琦. 2001. 美国高浓度液体肥料——无水液氨. 化肥设计, 39（1）: 59-60.

冯元琦. 2012. 关于我国推广液氨和氮溶液肥料之管窥. 化肥设计, 50（5）: 1-5.

冯元琦. 2015a. UAN 将成发展水溶肥的主力军. 中国农资,（16）: 21.

冯元琦. 2015b. 液体氮肥系列报道之氮溶液（下）氮溶液发展恰逢其时. 中国农资,（17）: 22.

黄德明, 崔士博. 1981. 液氨施肥的肥效、机制及使用技术. 化肥工业,（4）: 7-10.

贾然然. 2015. 优斯美液体氮肥荣获马铃薯大会肥料产品优胜奖. 中国农资,（13）: 18.

巨晓棠, 刘学军, 张丽娟. 2010. 华北平原小麦-玉米轮作体系中的氮素循环及环境效应//朱兆良, 张福锁, 等. 主要农田生态系统氮素行为与氮肥高效利用的基础研究. 北京: 科学出版社: 55-106.

沈悦林, 马威. 1980. 用液氨直接作肥料. 科技简报,（4）: 11.

伍宏业, 冯元琦, 李志坚, 等. 2012. 我国多生产和使用液体氮肥的时机已到. 化学工业, 30（4）: 5-7+16.

伍宏业, 李志坚. 2011. 我国氮肥工业应该启动大手笔——施用液体氮肥 实现粮食增产与节能. 化工设计通讯, 37（2）: 1-6.

奚振邦, 黄培钊, 段继贤. 2013. 现代化学肥料学（增订版）. 北京: 中国农业出版社: 91-100.

席承藩, 朱克贵, 杜国华, 等. 1998. 中国土壤. 北京: 中国农业出版社.

邢星, 马旭. 2015. 硝铵尿素液肥在酱用番茄上的田间肥效试验. 新疆农垦科技,（2）: 40-41.

杨君林, 崔云玲, 张立勤, 等. 2015. 优斯美液体氮肥在制种玉米上的膜下滴灌量研究. 甘肃农业科技,（8）: 23-25.

杨秀珍, 何德怀. 1982. 液氨施肥的经济效果及推广建议. 现代化工,（3）: 25-28.

张鑫. 1995a. 液氨直接施肥技术的研究与应用（一）——农用液氨的贮运、输配、供应站. 新疆农机化,（4）: 15-22.

张鑫. 1995b. 液氨施肥与液氨施肥技术（2）. 石河子科技,（5）: 32-37.

张鑫. 1996. 液氨直接施肥技术的研究与应用（七）田间液氨直接施肥主要机械和设备——液氨施肥机. 新疆农机化,（4）: 11-12 + 19.

赵秉强, 许秀成, 武志杰, 等. 2013. 新型肥料. 北京: 科学出版社: 64-95.

朱英浩. 1985. 无水液氨直接施肥的新设备和新技术——LAQ 型液氨施肥计量器. 化肥工业,（1）: 15-17+23.

Carlier L, Baert J, Vliegher A D. 1990. Use and efficiency of a liquid nitrogen fertilizer on grassland. Fertilizer Research, 22（1）: 45-48.

Graziano P L, Parente G. 1996. Response of irrigated maize to urea-ammonium nitrate and ammonium thiosulphate solutions on a sulphur deficient soil. Nutrient Cycling in Agroecosystems, 46（2）: 91-95.

Hanson B R, Simunek J, Hopmans J W. 2006. Evaluation of urea-ammonium-nitrate fertigation with drip irrigation using numerical modeling. Agricultural Water Management, 86（1）: 102-113.

Kiest L J. 2014. Anhydrous ammonia fertilizer liquid and vapor separator. United States Patent: US 8667916.

Schrock M D, Oard D L, Taylor R K, et al. 2001. Pulse-width modulation metering system for ammonia fertilizer. The American Society of Agricultural Engineers 2001 Annual International Meeting Paper.

Wilson C E, Wells B R, Norman R J. 1994. Fertilizer nitrogen uptake by rice from urea-ammonium nitrate solution vs. granular urea. Soil Science Society of America Journal, 58（6）: 1825-1828.

第四篇
生物地球化学氮循环研究的方法学

第 11 章　^{15}N 示踪剂在生物地球化学氮循环研究中的应用

氮元素是自然界活跃的生命元素之一,在其生物地球化学氮循环过程中涉及地球的各个圈层。氮元素及氮氧、氮氢和氮氢氧碳化合物在土壤圈中的迁移转化十分复杂,其中大部分过程是微生物驱动的。由于各种物理、化学和生物等因素的控制,以及人为活动影响,研究氮素迁移转化过程的难度很大。幸运的是氮有两个稳定性同位素:^{15}N 和 ^{14}N,两者在自然界含氮物质中有固定的原子百分组成,^{15}N 为 0.366 atom %,^{14}N 为 99.634 atom %。通过化学分离方法,可以改变两者的原子百分数。常用的 ^{15}N 分离浓缩方法为 NO(气态)—NO$_3^-$(液态),通过分馏塔的化学交换反应,可使 ^{15}N 从 0.366 atom% 富集到 99 atom %,从而得到富集 ^{15}N 的物质。根据试验的需求可制成不同丰度的 ^{15}N 标记化学制品,如各种形态的化学氮肥、各种 ^{15}N 标记的氨基酸及其他 ^{15}N 标记的化学制剂,通常称这种 ^{15}N 物质为富集 ^{15}N(enriched-^{15}N)示踪剂。还有一种是作为生产富集 ^{15}N 示踪剂的副产品,即 99.9 atom % 的 ^{14}N 物质,这种物质称为贫化 ^{15}N 示踪剂,因其产量相对高于富集 ^{15}N 示踪剂,而且成本比富集 ^{15}N 示踪剂低得多,也可以作为一些研究项目的示踪剂。以下将分别论述富集 ^{15}N 示踪剂和贫化 ^{15}N 示踪剂的应用。

11.1　富集 ^{15}N 示踪剂及其应用

11.1.1　一些基本概念

富集 ^{15}N 示踪剂是指 ^{15}N 丰度大于 0.366 atom % 的标记氮化物,通常使用的富集 ^{15}N 示踪剂的丰度普遍都在 5 atom % 以上,视试验目的而异。富集 ^{15}N 示踪剂是氮循环研究中最常用的同位素示踪剂,一般用于研究土壤氮素转化过程和去向分配。

稳定性同位素作为示踪剂不同于放射性同位素,它是以质量数的差异作为记号的。首先假定自然物质中氮的稳定性同位素 ^{14}N 和 ^{15}N 的原子百分组成是不变的,通过化学工程分离和浓缩改变了示踪物质的 ^{14}N、^{15}N 的原子百分组成,使 ^{15}N 的原子百分数相对增加,而 ^{14}N 的原子百分数相对降低,这样用作示踪的各种 ^{15}N 标记物就等于是做了记号的含氮物质,从而可以追踪其进入土壤-植物体系的行踪。另外,假定 ^{15}N 标记示踪剂进入土壤-植物体系后 ^{14}N 和 ^{15}N 参与反应的生物化学行为是一致的。

1. 氮同位素

元素的同位素是指在元素周期表中有相同的位置,即质子数相同,而中子数不同的元素。任一元素的原子都由带正电荷的原子核与带负电荷的电子组成,原子核又由质子和中子组成。元素在周期表中的位置决定了它的质子数,元素的质子数与元素周期表中的原子序数是一致的。氮元素有 7 个同位素，依次为 ^{12}N、^{13}N、^{14}N、^{15}N、^{16}N、^{17}N 和 ^{18}N，其中 ^{14}N、^{15}N 具有稳定性，其他 5 个都是放射性同位素，半衰期都很短，半衰期最长的 ^{13}N 也只有约 10 min。在土壤氮循环过程的研究中应用 ^{13}N 很难得到理想的结果。

2. 标记物的 ^{15}N 丰度

常说的 ^{15}N 丰度，是指用作示踪剂的 ^{15}N 标记物的 ^{15}N 原子百分数。市场上 ^{15}N 标记物的丰度一般在 5 atom %～99 atom %，以供不同试验需求。

3. ^{15}N 原子百分超

^{15}N 原子百分超（atomic percent excess，APE）是一个很有用的术语，在计算 ^{15}N 示踪试验结果时要用到它。原子百分超一般是 ^{15}N 示踪试验中测得的土壤、植株或其他含氮物质的 ^{15}N 丰度扣除空气氮 ^{15}N 自然丰度本底值（0.366 atom %）后剩下的 ^{15}N 丰度值。在具体试验中，也可根据试验目的在试验开始前将供试物质实测得到的 ^{15}N 自然丰度值作为本底值扣除。由于自然界不同物质 ^{15}N 自然丰度分异值与富集 ^{15}N 丰度值相比不在一个量级（见 12.1 节），因此上述两种本底值的选择对研究结果影响不大。用下式表达更为简明：

^{15}N 原子百分超 = 测得的供试物质的 ^{15}N 原子百分数–本底 ^{15}N 自然丰度原子百分数

4. NDFF 和 NDFS

^{15}N 标记物（示踪剂）用来研究肥料氮的作物吸收是最常见的用途，因为通过计算可以得到作物吸收的氮素有多少来自 ^{15}N 标记的氮肥、有多少来自土壤。表达这两个数值的英文缩写通常为 NDFF（nitrogen derived from fertilizer）和 NDFS（nitrogen derived from soil），分别代表来自肥料的氮和来自土壤的氮。

$$NDFF(\%) = \frac{样品中的原子百分超(\%)}{肥料中的原子百分超(\%)} \times 100$$

$$NDFS(\%) = 100\% - NDFF(\%)$$

NDFF 表征植物吸收的氮有多少来自肥料，不表示利用率，因为其计算与生物量无关。NDFF 也可用于表述 ^{15}N 示踪法研究生物固氮，因为生物固氮也有两种氮源，^{15}N 标记氮和土壤来源氮。

5. 氮肥利用率

^{15}N 示踪法研究作物对氮肥的利用率，涉及作物地上部分烘干重量和各自的含氮量。其算式如下：

$$肥料氮利用率(\%) = \frac{NDFF(\%) \times 植物全氮量(kg / hm^2)}{施氮量(kg / hm^2)}$$

6. 土壤 A 值

由于同位素示踪技术如 ^{32}P 和 ^{15}N 应用于土壤-植物体系，研究者就用它们来作为研究土壤中作物可利用态有效磷和有效氮绝对值的一种方法。其符号为"A 值"，取自英文单词"available"的第一个字母。这一方法首先由 Fried 和 Dean（1952）利用放射性同位素 ^{32}P 在研究土壤有效磷时提出，A 值作为测定土壤有效磷绝对值的标准方法而被广泛应用。Broadbent 和 Mikkelsen（1968）应用 ^{15}N 标记硫酸铵和尿素进行水稻对肥料氮和土壤氮吸收的试验，为 ^{15}N 标记法研究土壤氮 A 值提供了基础。其基本原理是设定作物的氮有两种来源，一是肥料，二是土壤，作物每个来源营养物质分别与这两个来源的数量成正比，只要分别测定出作物吸收的每个来源氮的数量，就可计算出来自土壤的有效氮。按下列算式计算出 A 值：

$$A \text{ 值} = \frac{\text{NDFS}(\%)}{\text{NDFF}(\%)} \times \text{施氮量}(\text{kg} / \text{hm}^2)$$

11.1.2　富集 ^{15}N 示踪法应用举例

Hauck（1971）统计了 1942～1968 年在应用 ^{15}N 的各个研究领域分布的 460 篇论文（表 11.1），虽然这些都是早期的统计结果，但可以看出，^{15}N 示踪剂早在 20 世纪 40 年代初已作为一种有用工具广泛应用于氮循环研究。20 世纪中期前后，氮循环研究重点是生物固氮、肥料 ^{15}N 的回收和方法学，在氮损失和移动的研究上相对少，反映了 20 世纪中期农田氮循环研究的关注点。

表 11.1　早期（1942～1968 年）用富集 ^{15}N 研究氮循环的概况　　（单位：篇）

研究领域	论文数量				
	1942～1955 年	1956～1960 年	1961～1965 年	1966～1968 年	合计
矿化-固定	11	8	7	23	49
作物对加入氮的回收	3	6	38	53	100
N$_2$ 的生物固定	50	36	29	38	153
NH$_4^+$ 保持	—	2	5	3	10
氮损失	2	3	11	11	27
氮移动	—	1	2	—	3
氮平衡	—	1	4	13	18
方法学	24	19	31	26	100

注：引自 Hauck（1971）。

关于 ^{15}N 示踪技术的应用方法学，Hauck（1973）曾进行过专题评述。邢光熹等对 ^{15}N 示踪方法在土壤-作物氮营养研究中的应用和 ^{15}N 测定方法技术也进行过较系统的介绍（邢光熹和曹亚澄，1983；王福钧，1989；曹亚澄，1992）。自 20 世纪 70 年代以来，^{15}N 示踪方法在农业和环境研究领域都取得了许多重要进展，助推了应用领域新知识的产生，揭示了某些反应机理。以下列举典型案例，以期为今后研究工作中恰当和有效地应用 ^{15}N 示踪技术提供一些启示。

1. ^{15}N 标记法揭示土壤施入矿质氮引起的激发效应

在氮循环研究领域，一般都知道激发效应（priming effect）这个术语。就氮来说，激发效应就是在加入氮肥后与不施氮相比，观察到植物可吸收更多的土壤氮。简单地解释为肥料氮的加入刺激了土壤氮分解，植物可利用的氮（来源于土壤）增加，我国一些学者也将这一现象称为起爆效应。

事实上，土壤中存在的激发效应是一个十分复杂的问题，不只是矿质氮的加入引起土壤矿质氮的增加，易分解的有机物质加入土壤中也可使土壤易分解的有机碳和 CO_2 通量增加（Dalenberg and Jager，1989）。长期以来，这一课题一直被研究者关注。Kuzyakov等（2000）详细论述了 C、N、S、P 和其他元素的无机态及易分解的有机物质加入土壤中引发的激发效应，重点总结了激发效应的机制和对激发效应产出物来源与定量方面的进展。

在施入氮的激发效应方面，Jenkinson 等（1985）通过 ^{15}N 标记的无机氮肥试验得出结论：氮肥加入并非由于激发了土壤有机氮的释放，而是加入的 ^{15}N 含氮物质替代（substitution）了非标记土壤氮的生物固定，因此，他们把加入氮后引发的土壤氮的这种反应机制称为加入的肥料氮（^{15}N）与土壤氮的交换作用（added nitrogen interaction，ANI）。其后，沈善敏（1986）应用 ^{15}N 示踪技术通过 20 d 的培养实验得出结果：净矿化氮的增加量与添加氮的固持量几乎相等，表明土壤净矿化氮的增加是土壤矿化氮的固持量减少所致，即矿化氮生物固持减少是由于加入的标记氮替补，进一步支持 Jenkinson 等（1985）的结论。然而，Kuzyakov 等（2000）认为，把加入氮引起的激发效应称为交换作用并不精确，他们认为应通过 ^{13}C、^{15}N 标记，同时监测 C 和 N 的释放，才有可能解释清楚加入氮后释放出的 C 和 N 的来源。同时进行与 C、N 矿化和固定相关的微生物活性及行为的比较，才能有助于澄清激发效应的起因。

2. ^{15}N 标记法研究土壤硝化和反硝化过程 N_2O 排放贡献

土壤团聚体中存在好氧和厌氧微域（microsites），土壤中的N_2O可由硝化和反硝化过程同时产生。Stevens等（1997）首先报道了通过加入^{15}N标记的NH_4^+或NO_3^-测定土壤产生的N_2O的^{15}N丰度，计算硝化、反硝化作用对N_2O排放贡献大小的方法。假设加入^{15}N后形成的土壤$^{15}NH_4^+$和$^{15}NO_3^-$库是均匀的，硝化作用和反硝化产生N_2O的^{15}N丰度分别与土壤NH_4^+和NO_3^-库的^{15}N丰度相同，则根据质量平衡法，土壤排放的N_2O的^{15}N原子百分超（a_m）理论上可通过下式计算：

$$a_m = da_d + (1-d) a_n$$

式中，d和a_d分别表示土壤反硝化作用产生N_2O的比例和反应底物NO_3^-的^{15}N原子百分超，$1-d$和a_n分别表示土壤硝化作用产生N_2O的比例和反应底物NH_4^+的^{15}N原子百分超。

根据上式，可得到反硝化作用产生N_2O的比例：

$$d = (a_m-a_n)/(a_d-a_n)$$

Stevens等（1997）设置了两组室内培养试验进行验证。在一组试验中，土壤中加入$(NH_2)_2CO + K^{15}NO_3$和$(^{15}NH_2)_2CO + KNO_3$，在40%～60%（重量含水量，Wg）土壤水分下培养，同步测定土壤 NH_4^+ 和 NO_3^- 库中 ^{15}N 丰度。发现 N_2O 的 ^{15}N 丰度与土壤 NH_4^+ 和 NO_3^- 库的 ^{15}N 丰度均不相同，根据 N_2O ^{45}R 和 ^{46}R（离子质量为44和45的离子束流）计算的 ^{15}N 原子百分数也不一致，表明 ^{15}N 在产生的 N_2O 分子中的分布是非随机的，N_2O 在硝化和反硝化过程同时产生。当 ^{15}N 标记 NH_4^+ 库时，N_2O 中的 ^{15}N 除来自 $^{15}NH_4^+$ 硝化外，也来自 $^{15}NH_4^+$ 发生硝化作用产生 $^{15}NO_3^-$ 的反硝化，以及土壤原有非标记的 NO_3^- 的反硝化，不能同时区分硝化和反硝化作用对 N_2O 排放贡献。在另外一组试验中，分别加入 $^{15}NH_4NO_3$ 和 $NH_4^{15}NO_3$，并添加葡萄糖（增加碳源促进反硝化），设置不加和加乙炔（C_2H_2；抑制硝化作用）处理，在60%土壤含水量下培养并同步测定土壤 N_2O、NH_4^+、NO_3^- 库中 ^{15}N 丰度。发现 $NH_4^{15}NO_3$ 下无论加或者不加乙炔，^{45}R 和 ^{46}R 计算的 N_2O ^{15}N 原子百分数接近，说明 N_2O 分子中的 ^{15}N 是随机分布的，证明 NO_3^- 库是进行反硝化的唯一库，^{15}N 标记 NO_3^- 库定量反硝化作用产生 N_2O 贡献更合适。这也是当前区分硝化和反硝化作用排放 N_2O 的最常用的方法。

在此方法基础上，可通过 ^{15}N 单独标记 NO_3^-、同时标记 NH_4NO_3、同时标记 NH_4NO_3 + 乙炔抑制处理，进一步区分自养硝化、异养硝化和反硝化作用对 N_2O 排放的贡献（Bateman and Baggs, 2005）。然而，这些方法并不考虑 NO_3^- 异化还原为 NH_4^+ 及 NO_3^- 同化再矿化过程的影响。近年来，基于三氮库源（NH_4^+、NO_3^- 和有机氮）土壤 N_2O 来源区分的 ^{15}N 成对标记技术也已建立起来，并发展出以 ^{15}N 成对标记技术 + MCMC（Markov Chain Monte Carlo）数值分析模型定量土壤氮素主要转化过程初级转化速率和土壤氮转化与 N_2O 排放关系的新方法（Müller et al., 2014；Zhang et al., 2015），推进了当前对土壤氮转化过程和 N_2O 产生机制的深入理解。

3. ^{15}N 同位素稀释法研究大气干湿沉降氮

早已知道，植物地上部分可直接吸收大气中的氮氢和氮氧化物。然而，被植物直接吸收的大气沉降中的氮化物占多大分量并不清楚，已往测定大气沉降氮的方法不包括被植物吸收的这部分氮。德国科学家应用 ^{15}N 稀释法原理，设计了一种土壤/植物系统氮沉降集成装置。Russow 等（2002）用这一方法系统测得的大气干湿沉降氮量远远高于不包括植物直接吸收的大气沉降氮量，与在德国同一观测地点的比较，ITNI 方法测得的大气沉降氮高于普通方法测得的大气沉降氮量近 1 倍。本书 3.4 节对此已有详细叙述。^{15}N 稀释法应用于大气沉降氮观测得到的结果，是对大气沉降氮认知的一个重要推进。

4. ^{15}N 示踪法揭示 NH_3 挥发过程中肥料氮与土壤氮的交换反应

Zhao 等（2016）在一个施用 30 atom % ^{15}N 尿素，面积为 $1m^2$ 渗漏池的长期试验中，连续 6 个稻麦季田间实测挥发 NH_3 的 ^{15}N 丰度时发现，其丰度在第 1 季低于标记尿素（30 atom%；首季施用），后 5 季又高于非标记尿素（0.366 atom%；后 5 季施用），表明土壤与氮肥的交换反应实质参与了 NH_3 挥发损失过程。以往对交换反应的认识主要在作物氮肥利用率计算方面，其常导致氮肥利用率的差减法计算结果（通过施氮和不施氮处理下植株累积氮差值为基础计算）和 ^{15}N 示踪法计算的结果不一致，前者一般要高于后者，主要原因是前者计算中包含了因施氮而导致植物多吸收的土壤氮。重新区分得到肥料氮和土壤氮对挥发 NH_3 的贡献：稻季为 76% 和 24%，麦季为 88% 和 12%。该发现表明土壤氮也是稻田 NH_3 挥发的重要来源，强调了科学论著中准确表述农田 NH_3 挥发的重要性，例如，基于差减法得到的肥料 NH_3 挥发数量可以称为肥料引起（induced），而不是肥料来源（sourced 或 contributed）。这一结果暗示农田 NH_3 挥发过程不仅是肥料 NH_4^+ 和土壤吸附态 NH_4^+、土壤溶液中的 NH_4^+ 和土壤中的 NH_3 与大气 NH_3 的交换与平衡过程，也涉及肥料氮进入土壤后的生物固持与矿化反应过程。

5. ^{15}N 标记法区分反硝化和厌氧氨氧化过程

自然界中硝化-反硝化作用是活性 NH_4^+ 和 NO_3^- 最终转变为惰性氮（N_2），重返大气圈的重要途径。从农田氮素损失角度出发，这一氮素转化过程显然是无益的。然而，这一过程也可以清除氮污染水体和污泥中过量的 NH_4^+ 和 NO_3^-，减轻环境压力。20 世纪 90 年代人们又发现了另一个可把活性氮 NH_4^+ 在不需要转变为 NO_3^- 的厌氧环境中直接氧化为 N_2 的过程，这一氮素转化过程称为厌氧氨氧化。鉴于这一科学发现的新颖性和可能的现实意义，蔡祖聪（2001）就此发表了专题述评。1977 年，Broda 根据反应自由能计算，预测自然界存在两种尚未发现的矿质营养菌（Broda，1977）。其中一种就是以 O_2、NO_3^- 或 NO_2^- 为电子受体把 NH_4^+ 还原为 N_2 的自养细菌。后来，van de Graaf（1995）用 ^{15}N 标记的 NH_4^+ 研究时发现，厌氧氨氧化过程中 NH_4^+ 是电子供体，NO_2^- 是电子受体。

自然界厌氧氨氧化的机制已被确认，人们自然开始关注河口、海湾、淡水底泥及自然湿地反硝化及厌氧氨氧化机制、脱氮（NH_4^+、NO_3^- 转化为 N_2）能力的验证和评估。要实现这一目标，需要过程区分的新方法。Kana 等（1994）开发了一种膜进样质谱仪（membrane inlet mass spectrometer，MIMS）。该仪器实质上是一种价格便宜、结构简单的四极杆质谱仪，配上一个与质谱仪真空系统相连接的膜进样系统。所用的膜是一种具有毛细孔的硅酮（silicone）管。在真空条件下，水样中的 N_2、O_2、Ar 等气体自动分离进入离子源。这样水样分析就不需要脱气步骤了。该仪器具有快速和测量精度高等优点，对于 N_2、O_2 和 Ar 的浓度，测量变异系数小于 0.5%，对于 N_2/Ar、O_2/Ar，测量变异系数小于 0.05%。Kana 等（1994）认为，MIMS 具有气相色谱（gas chromatography，GC）和质谱（mass spectrometer，MS）两种仪器的功能，可得到气体浓度，也可得到气体同位素比率。该仪器可测定水样中 N_2、O_2 和 Ar 的比率。温度和盐度（海水）显著影响溶解在水中的 N_2、O_2 和 Ar 浓度，但对 N_2/Ar 和 O_2/Ar 无明显影响，即水中的 N_2/Ar 和 O_2/Ar 还是相对稳定的。（Kana et al.，1994）。因此，可通过测得的 N_2/Ar 来计算水样中 N_2 的浓度（Li et al.，2014）。赵永强（2014）用 MIMS ^{15}N 成对标记法，即分 $^{15}NH_4^+$、$^{15}NH_4^+ + ^{14}NO_3^-$ 和 $^{15}NO_3^-$ 三组处理，通过 MIMS 检测 $^{28}N_2$、$^{29}N_2$ 和 $^{30}N_2$ 的质谱离子峰，验证了太湖地区一些河流底泥厌氧氨氧化机制的存在，并测定了该地区多条河流水样中反硝化和厌氧氨氧化过程产生的 N_2 的通量，计算了脱氮率。Shan 等（2016）在 MIMS 结合 ^{15}N 成对标记法区分反硝化和厌氧氨氧化基础上，又借助 $^{15}NH_4^+$ 化学氧化法，配合室内泥浆 ^{15}N 加标和土柱近似原位培养手段，实现了水稻土反硝化、厌氧氨氧化和硝酸盐异化还原为铵过程的区别，明确了各个过程的速率及贡献大小和影响因素。这一工作对深入理解稻田土壤氮素转化过程、可靠评价稻田生态系统硝酸根还原过程的环境效应及寻找潜在氮素调控措施具有重要意义。

6. ^{15}N 示踪法研究农田肥料氮总损失

进入农田的氮肥去向为植物吸收、土壤残留和各种途径的损失（NH_3 挥发、反硝化、淋溶和径流）。氮肥利用率虽可用 ^{15}N 标记氮肥来测定和计算，但加入的 ^{15}N 与土壤氮会进行交换反应，^{15}N 示踪法研究氮肥利用率并不是一种完善的方法。近来主张用 ^{15}N 作示踪剂，配合田间微区设施研究肥料氮的总损失，即不区分 NH_3 挥发、反硝化、淋溶和径流等氮损失途径对肥料氮总损失的贡献，而是算氮素总的损失量。从肥料氮的总损失可以了解到单位肥料氮进入环境的氮量。施入的 ^{15}N 肥料量是已知的，作物利用的 ^{15}N 和土壤残留的 ^{15}N 是可以直接测定和计算的。总损失可用下式求得：

$$肥料氮总损失量 = 加入 ^{15}N 量 - （作物吸收 ^{15}N 量 + 土壤残留 ^{15}N 量）$$

这一方法虽然比较粗略，但可用作不同处理的相对比较。笔者曾用这一方法比较了非包膜 ^{15}N 尿素和包膜控释 ^{15}N 尿素的总损失率、作物利用率和土壤残留率，作为评价不同包膜氮肥效果的指标（9.3 节）。

7. ^{15}N 示踪法直接定量反硝化

迄今观测稻田反硝化过程中的气态氮损失量只有两种方法。一种是常用的表观法，即差减法，差减法是从利用 ^{15}N 示踪方法得到的肥料氮总损失中，相应扣除 NH_3 挥发、径流、淋溶等可测肥料氮损失后剩下的部分即反硝化氮损失（Zhao et al.，2009，2012）。另一种便是以 ^{15}N 标记的尿素或硝态氮作为示踪物质，直接观测反硝化过程中主要气态产物（$N_2 + N_2O$）的数量。早在 20 世纪 80 年代末，Mosier 等（1989）曾用高丰度 ^{15}N 示踪法研究过稻田反硝化产生的 N_2 和 N_2O。20 世纪 80～90 年代，国内外对应用 ^{15}N 示踪法测定稻田氮反硝化产生的 N_2 和 N_2O 进行过不少研究，详见 Buresh 和 Datta（1990）的论著，对此进行了详细的文献评述。

总结 ^{15}N 标记的尿素或 NO_3^- 试验直接观测稻田反硝化过程产物 $N_2 + N_2O$ 的结果，大概有如下几点认识：①直接观测得到的反硝化损失氮量要比差减法低 2～3 倍；②使用 ^{15}N 标记的 $^{15}NO_3^-$ 得到的 $N_2 + N_2O$ 量比 ^{15}N 标记的尿素要高，^{15}N 标记的尿素测得的 $N_2 + N_2O$ 量仅为 0.1%～2.2%，$^{15}NO_3^-$ 测得的结果可达施入 ^{15}N 肥料的 12%～25%；③有水稻植株时收集到的 $N_2 + N_2O$ 量高于没有水稻植株，可达 22%～35%，暗示水稻植株也是反硝化产生气体的排放通道。在应用高丰度 ^{15}N 示踪法研究水稻季氮肥的反硝化损失中，Mosier 等（1989）做过周密的设计，观测到排放到大气中的 $^{15}N_2$ 和 $^{15}N_2O$ 分别占施入尿素氮量的 3.6% 和 0.02%，田面水和土壤孔隙水中的溶解性 $^{15}N_2$ 和 $^{15}N_2O$ 为 0.028% 和 0.002%。然而，进入大气的 N_2、N_2O 和由田面水、土壤孔隙水保持的 N_2 总和也只占加入氮量的 3.65%，表明稻田反硝化过程中产生的 $N_2 + N_2O$ 量很低。但他们发现包括水稻植株和不包括水稻植株时 $N_2 + N_2O$ 量差异很小，包括水稻植株时 $N_2 + N_2O$ 量稍高一点，约占施入氮的 4.4%，不包括水稻植株时，$N_2 + N_2O$ 占施入氮的 3.4%。

^{15}N 示踪的 $N_2 + N_2O$ 直接观测法和差减法测定稻田水稻生长季反硝化损失量结果相

差很大，究竟是什么原因？Buresh 和 Datta（1990）在其文献综述中虽有了一些推测，但这一问题至今仍未彻底解决。Li 等（2014）参照 Kana 等（1994）建立的研究厌氧氨氧化的膜进样质谱法，通过田间采集土柱室内培养方法，首次直接测定了淹水稻田反硝化主要产物 N_2 的排放速率，以此计算了施肥 21 d 内稻田累计 N_2 损失占施氮量的 5.3%～7.8%。这一数值落在 ^{15}N 示踪的 $N_2 + N_2O$ 直接观测法和差减法结果之间。

当前，由于过量的人为活化氮对生态环境产生的不利影响日趋严重，目前对反硝化观测研究的兴趣已不限于农田反硝化所引起的肥料氮损失，人们越来越多地关注陆地或海洋反硝化过程对环境盈余氮的去除作用（Sgouridis et al.，2016；Kulkarni et al.，2014；Lewicka-Szczebak et al.，2013；Yang et al.，2014）。因此，如何准确实现反硝化通量的直接观测是氮循环研究的热门问题。

关于反硝化通量观测方法，主要有三种：第一种是大家熟知的乙炔阻止（acetylene block）法，也称乙炔抑制技术（acetylene inhibition technique，AIT）。其原理是抑制或阻断 N_2O 还原酶的作用，不让 N_2O 进一步还原为 N_2，通过不加乙炔作对照。优点是成本低，最主要的缺点是受土壤湿度影响很大，土壤水分过高，不利于乙炔扩散，不能完全抑制 N_2O 转变为 N_2，使测得的结果偏低，不适用于淹水稻田或水体反硝化测定。现在该方法已逐渐淡出人们的视线（Sgouridis et al.，2016）。第二种是模拟通量法。该方法主要从田间采回土样或土柱，在实验室进行严格控制条件的培养实验，直接测定 N_2O 和 N_2。在实验前要把土样放入一个密闭的玻璃容器内，先用 95%He 和 5%O_2 的混合气体流动冲洗土体内和顶部空间密闭容器的 N_2 和 N_2O，至少一小时，对于质地黏重土壤流动冲洗的时间要更长，密闭容器分别连接到两台检测器不同的气相色谱仪上，一台为电子捕获检测器（electron capture detector，ECD），测定 N_2O，一台为热导检测器（thermal conductivity detector，TCD），测定 N_2。它们能分别检测通量低于 0.21 μg (N)/(m^2·h) 的 N_2O 和 175 μg (N)/(m^2·h) 的 N_2。目前用于反硝化研究的各种类型土壤气体自动采集-分析系统（robotized continuous flow incubation system）（Butterbach-Bahl et al.，2002；Molstad et al.，2007）一般均是基于这一原理，只是在气密及进样方式、检测器、检测精度等方面有所不同。这种方法一般多用于反硝化潜势及因子研究。第三种是 ^{15}N 标记直接测定法。仍是以高丰度 ^{15}N 标记物原位施入后，反硝化过程发生的气体产物 $N_2 + N_2O$ 的直接捕获和测定为主，若在野外实地进行，受大气高 N_2 浓度、作物生长周期长等复杂环境的干扰，对样品采集、分析条件及观测设备要求极高，并不常用。

Myrold（1990）把 ^{15}N 示踪法应用于反硝化研究气体产物 N_2O 和 N_2 的分析方法概括为四个途径：①通过气相色谱测定 N_2O，质谱测定 $^{15}N_2$（Colbourn et al.，1984；Mosier et al.，1986）；②在分离了干扰气体后，通过气相色谱分离由质谱测定 $^{15}N_2O$ 和 $^{15}N_2$（Focht et al.，1980）；③除去干扰气体如 O_2、CO_2 和冷冻捕获的 $^{15}N_2O$ 后，先测定 $^{15}N_2$，随后将释放出的 $^{15}N_2O$ 还原为 $^{15}N_2$ 进行测定（Mulvaneg and Kurtz，1982，1984）；④在钨电极间通过高压电弧把 $^{15}N_2O$ 和 $^{15}N_2$ 转化为 ^{15}N-氮氧化物后再转化成 $^{15}NH_4^+$，用次溴酸锂把 $^{15}NH_4^+$ 转变为 $^{15}N_2$，由质谱测定（Buresh and Austin，1988；Craswell et al.，1985）。

Kulkarni 等（2014）参照 Swerts 等（1995）、Wang 等（2011）、Burgin 和 Groffman（2012）的直接气体通量法（氦气吹扫）和 ^{15}N 示踪法测定了森林土壤反硝化产物（N_2、N_2O）的

通量，并对两个方法进行了比较。¹⁵N 示踪法与直接气体通量法不同，虽然不可避免地采用了田间密闭箱（或称采样箱），但密闭箱埋设在田块内，也称为原位测定。所用的田间密闭箱直径为 287 mm，高 40 mm，插入土层 30 mm。第一次采样前（至少两天）加入 99 atom %的 K¹⁵NO₃ 溶液，以喷雾器均匀加入，并加入相当于 0.25 cm 降水量的去离子水，使喷在表面的 K¹⁵NO₃ 均匀渗入土层。两种方法测得的结果如表 11.2 所示。

表 11.2　直接气体通量法和 ¹⁵N 示踪法测量土壤 N₂ 和 N₂O 排放量　　（单位：kg/hm²）

方法	观测天数	N_2	N_2O	$N_2 : N_2O$
直接通量法	184 天	100	1.4	71
	2cm 降水后 15 天	8	0.11	73
	3cm 降水后 7 天	4	0.054	74
¹⁵N 示踪法（估算富集度计算）	184 天	110	1.3	85
	0.25cm 降水后 59 天	36	0.42	86
¹⁵N 示踪法（扩散富集度计算）	184 天	570	2.7	211
	0.25cm 降水后 59 天	180	0.87	207

注：引自 Kulkarni 等（2014），$N_2 : N_2O$ 比原表计算略有出入，根据通量做了重新计算；0.25cm 降水相当于 ¹⁵N 示踪剂随水加入量。

　　¹⁵N 示踪法采用了两种方法计算 N₂ 和 N₂O 排放量，即估算富集度计算（estimated enrichment calculation）法和扩散富集度计算（diffusion enrichment calculation）法，用这两个方法计算 N₂ 和 N₂O 的排放量都需要一个基本参数：X_N，X_N 是指反硝化过程中 ¹⁵N 标记的 NO₃⁻ 的丰度或富集度（enrichment）。确定这一参数有两种方法：一种是估算法，根据所研究的地区土壤中的 NO₃⁻ 浓度确定加入高丰度 K¹⁵NO₃ 的量，使土壤 NO₃⁻ 库 ¹⁵N 丰度维持在 3%～6%；另一种方法是实测土壤 NO₃⁻ 的 ¹⁵N 富集度。根据这两种 X_N 值，计算了 ¹⁵N 示踪法得到的 N₂ 和 N₂O 排放量，并与直接气体通量法进行了比较，发现估算 NO₃⁻ 库 ¹⁵N 富集度计算的 N₂、N₂O 排放量、N₂/N₂O 都具有可比性。但通过实测 NO₃⁻ 库 ¹⁵N 富集度得到的 N₂、N₂O 排放数值和 N₂/N₂O 都比直接气体通量法高得多。¹⁵N 示踪法最大的问题是反硝化过程中土壤 NO₃⁻ 库 ¹⁵N 的均匀分布程度和富集度的测量。

　　在 ¹⁵N 示踪的 N₂ + N₂O 直接观测法中，¹⁵N 土壤标记的均匀性直接影响结果可靠性。一般认为，¹⁵N 标记添加物丰度越高，添加量越大，有利于 ¹⁵N 在土壤氮库的均匀分布。因为要施肥，这在农田生态系统相对容易实现。然而，对于不施肥的自然生态系统，过高的添加量可能会改变土壤环境，不能真实反映土壤反硝化产生 N₂ + N₂O 数量。需要找到微量 ¹⁵N 添加同时满足高精度测量 N₂、N₂O 排放通量及 ¹⁵N 丰度的方法。Sgouridis 等（2016）应用 ¹⁵N 气流法（¹⁵N gas-flux method），通过改进同位素比值质谱仪（isotope ratio mass spectrometry，IRMS）的进气系统，实现了微量（N₂ 4 μL、N₂O 4 mL）样品注射和 ¹⁵N 分析，测定了泥炭地、林地和草地等自然和半自然陆地生态系统土壤反硝化产生的 N₂ 和 N₂O 通量，并与乙炔抑制法进行了对比。用 98 atom %的 K¹⁵NO₃ 作示踪剂，田间施加量仅为 0.04～0.5 kg(¹⁵N)/hm²，但可检测到 4 μg(N)/(m²·h)N₂ 和 0.2 μg(N)/(m²·h)N₂O 的低通量，克服了大气高氮气背景对结果的干扰，比乙炔抑制法得到的结果更准确。

　　考虑到海洋，特别是海岸带、海湾地区是全球 N_2O 的重要源（Nevison et al.，1995），海岸带 N_2O 通量与溶解无机氮的输入相关联（Seitzinger and Kroeze，1998），研究这些地区 N_2O 的源和汇对于了解全球 N_2O 源和汇是重要的。Punshon 和 Moort（2004）用 ^{15}N 标记的 NH_4^+、NO_3^- 和 N_2O 通过培养实验测定了海岸带海水通过硝化反硝化产生的 N_2O 通量和通过反硝化消耗的 N_2O 通量。该方法有以下特点：①装备了一系列除去 CO_2、H_2O 的净化管和冷阱的色谱-质谱联用仪（简称 P + T GC/MS，P 为净化管，T 为冷阱）。所用质谱仪为四极杆质谱计，费用相对低，可以设在船上进行现场取样测定。②采用了双标记的 $^{15}N_2^{18}O$ 作内标。$^{15}N_2^{18}O$ 内标物质由实验室制备，先用溶液态 98 atom% ^{15}N 氯化铵和 95 atom% ^{18}O 的硝酸钠溶液制成 $^{15}NH_4N^{18}O_3$，再经过热解反应制成 $^{15}N_2^{18}O$（$NH_4NO_3 \rightarrow N_2O + H_2O$），产生的 $^{15}N_2^{18}O$ 经过一系列净化后使用。关于这一方法的更多细节参阅 Punshon 和 Moort（2004）的论文。这一方法值得推荐，也可推广到陆地河湖淡水体系。

8. ^{15}N 示踪法用于研究单位肥料氮进入农田后长期的农学和环境效应

　　合成氮肥的大量使用，在一些地区引发了许多生态环境问题，使人们更加关注单位肥料氮进入农田后，不仅对当季，而且对长期持续的农学和环境的影响。要回答这一科学问题，非 ^{15}N 示踪技术莫属。至今，这方面的研究不多，因为要投入很高的成本。

　　法国学者 Sebilo 等（2013）在一个甜菜-冬小麦轮作体系中，通过 2m×2m×2m 原状土渗漏池研究了 ^{15}N 标记肥料氮（KNO_3）的去向。从 1982 年开始，第一季甜菜和第一季冬小麦分别一次施入 150 kg(N)/hm² 和 120 kg(N)/hm² 的 3.87 atom % 的 ^{15}N 标记 $K^{15}NO_3$，以后各季施用相同数量非标记化肥连续观测了 30 年。研究发现，30 年间 61%～65% 的标记肥料氮被作物吸收，12%～15% 作为残留与土壤有机质结合，8%～12% 迁移到水体系。他们预测，1982 年施用的 ^{15}N 标记的 KNO_3 肥料对水体的影响至少还要持续 50 年。

　　笔者在江苏常熟农田生态系统国家野外科学观测研究站本部建立了直径为 1.14m、高 1m 的原状土柱渗漏池，也进行了 ^{15}N 标记尿素去向的长期追踪（图 11.1）。该试验采用水稻-小麦轮作，水稻和小麦施氮量分别为 300 kg/hm² 和 250 kg/hm²；2004 年首个水稻季施用 30 atom% ^{15}N 标记尿素，之后各季施用普通尿素。图 11.2 为稻麦轮作农田 ^{15}N 标记尿素施入后，连续 10 年每季 ^{15}N 利用率和土壤 ^{15}N 残留率变化。结果表明，施入 ^{15}N 肥料当季，^{15}N 利用率最高，为 27.3%，土壤残留率为 15.1%；然而之后第 2～21 季，土壤残留 ^{15}N 仍能被后季作物吸收利用，各季利用率在 0.10%～2.32%，随作物季延续呈现逐渐降低趋势，且稻季利用率要高于麦季。土壤 ^{15}N 残留率呈缓慢下降趋势，10 年后由第 1 季的 15.1% 下降至 6.47%，降低 8.63 个百分点。将每季 ^{15}N 利用率累加，可得到 10 年肥料氮的累积利用率，为 37.6%（图 11.3），这一数值比当季利用率 27.3% 要高出 10.3 个百分点。根据作物利用 ^{15}N 和土壤残留 ^{15}N，可以估算出 ^{15}N 损失率。与利用率和残留率不同，^{15}N 累积损失率较稳定，随轮作周期延长始终稳定在 55% 左右。这是因为稻麦系统肥料氮的损失以当季为主，而残留土壤的 ^{15}N 可能极少再参与后季损失过程而进入环境，主要是被后季作物直接吸收利用。10 年后作物 ^{15}N 累积利用率提高 10.3%，与土壤 ^{15}N 残留率降幅 8.63% 非常接近也能证明这一点。此外，Zhao 等（2016）也曾连续 5 季观测了残留土壤的肥料 ^{15}N 又参与后季作物氨挥发的数量，仅为施入 ^{15}N 的 0.11%。他们对该试验 1 m

深处的渗漏液进行了长期收集，10 年累计测得的 ^{15}N 淋溶量仅占最初施入 ^{15}N 量的 **2.79%**（含当季 ^{15}N 淋溶 **1.64%**）。这些结果均说明稻麦系统肥料氮的损失和环境影响主要发生在当季，后期影响较小，但肥料氮土壤残留作物后效至少可以持续 10 年。这一水旱轮作系统单位肥料氮的去向与 Sebilo 等（2013）报道的甜菜-冬小麦轮作农田完全不同，^{15}N 累积利用率要低得多，而损失要高得多。因此，该系统土壤肥料氮残留的周转机制值得研究，这对于区域水旱轮作农田减少当季肥料氮损失和提高肥料氮土壤保持和供应有着重要意义。

(a) 2004年　　　　　　　　　　　　　(b) 2018年

图 11.1　稻麦农田肥料氮去向 ^{15}N 示踪原状土柱长期试验

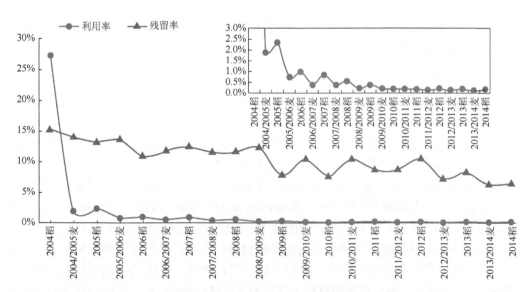

图 11.2　稻麦轮作农田 ^{15}N 标记尿素施入后，连续 10 年每季 ^{15}N 利用率和土壤 ^{15}N 残留率变化

首季 2004 年稻季施入 30% 丰度标记尿素，之后每季均施非标记尿素；利用率和残留率为占首季施入 ^{15}N 量的百分数；土壤残留考虑 0～20cm 耕层；右上角为纵坐标调小后第 2 季至第 21 季作物 ^{15}N 利用率变化

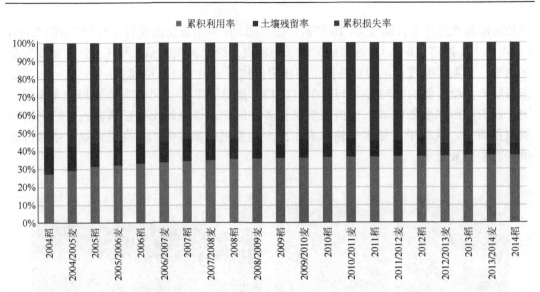

图 11.3　稻麦轮作农田 ^{15}N 标记尿素施入后，连续 21 季 ^{15}N 累积利用率、土壤 ^{15}N 残留率及累积损失率变化

首季 2004 年稻季施入 30% 丰度标记尿素，之后每季均施非标记尿素；累积利用率为相应作物季与前季作物 ^{15}N 利用率之和；累积损失率根据 ^{15}N 累积利用率和相应作物季土壤残留率估算

11.2　贫化 ^{15}N 示踪剂及其应用

贫化 ^{15}N 是分离浓缩 ^{15}N 的副产品，由于其 ^{14}N、^{15}N 的原子百分组成已经不同于自然含氮物质，它也可用作示踪剂。

11.2.1　贫化 ^{15}N 示踪剂优缺点

由于 20 世纪 70 年代初实现的低温蒸馏柱（cryogenic distillation column）技术可高效分离 ^{15}N，大大增加了富集 ^{15}N 的产量，从而也得到了分离 ^{15}N 后的公斤乃至吨量级的 ^{14}N。用 99.99 atom% 的纯 ^{14}N 作示踪剂，其示踪效率约相当于 0.7 atom% 的富集 ^{15}N 物质。但是贫化 ^{15}N 的价格只有富集 ^{15}N 的 30%（Broadbent and Carlton，1980）。显而易见，贫化 ^{15}N 虽然丰度低，但产量高，价格便宜，因此可用于田间小区规模的试验研究。

当时农业中化学氮肥使用的热点问题是作物对化学肥料氮的利用率和 NO_3^- 向水体迁移的数量，贫化 ^{15}N 示踪剂应用于这方面的研究可行。然而，贫化 ^{15}N 存在两个致命弱点：一是作为 ^{15}N 示踪剂，易受到环境自然丰度氮如土壤氮的稀释，不可能用来研究复杂的氮素迁移转化问题，只能作为富集 ^{15}N 示踪方法的补充。二是其生产成本低，是生产富集 ^{15}N 示踪剂的副产品，其产量受制于富集 ^{15}N 示踪剂的产量，富集 ^{15}N 示踪剂价格高昂，受市场需求牵引，因此贫化 ^{15}N 示踪剂不可能离开富集 ^{15}N 示踪剂而独自大量生产，这就限制了它的应用范围。

11.2.2　贫化 ^{15}N 示踪剂应用举例

20 世纪 70 年代起有学者把贫化 ^{15}N 作示踪剂应用于土壤氮素研究。例如，Edwards 和 Hauck（1974）、Starr 等（1974）通过种植黑麦草的温室盆栽或土柱试验，比较了施用富集 ^{15}N 硫酸铵（^{15}N 丰度为 0.73 atom%和 9.32 atom%）和贫化 ^{15}N 硫酸铵（^{15}N 丰度为 0.031 atom%和 0.005 atom%）下作物 ^{15}N 回收率，结果证明贫化 ^{15}N 示踪得到作物 ^{15}N 回收率与富集 ^{15}N 示踪法结果一致。至今，贫化 ^{15}N 作为示踪剂应用的研究报告并不多。然而，贫化 ^{15}N 示踪剂只要数量允许，应用于田间小区规模的作物对肥料氮的回收和肥料氮以 NO_3^- 形态向水体迁移的数量要比现在用富集 ^{15}N 示踪剂在微区尺度所得结果要精确得多。另外，贫化 ^{15}N 示踪剂也可用于某些特殊目的。例如，要得到 ^{15}N 丰度很低的作物材料或土壤材料，连续施用贫化 ^{15}N 可达此目的。

11.3　^{15}N 标记物制备和 ^{15}N 丰度测定

11.3.1　土壤、植物、动物排泄物 ^{15}N 标记

常用的 ^{15}N 示踪剂一般是工厂直接销售 ^{15}N 标记的各类化学制品，包括氨基酸和不同类型的化学氮肥。而在农业应用中还有 ^{15}N 标记的土壤、^{15}N 标记的作物秸秆和各类绿肥，以及作为有机肥的 ^{15}N 标记的动物排泄物。

1. 富集 ^{15}N 标记土壤的制备

富集 ^{15}N 标记的土壤是为专门研究目标而制备的，如研究土壤非共生固氮和研究土壤残留 ^{15}N 矿化分解及有效性等。土壤非共生固氮量，是农田特别是淹水稻田氮平衡的一个重要收入项。据现有文献报道，农田土壤非共生固氮定量已发展了许多方法，如氮素平衡法、乙炔还原法、$^{15}N_2$ 喂养法和 ^{15}N 标记土壤法（Ventura and Watanabe，1982）。其中 $^{15}N_2$ 喂养法显然是最合理的方法，可排除其他来源氮的干扰。但因其需要特殊的设备，而且也难以用来测定整个作物生长季的固氮量及其对作物吸氮量的贡献，在实际应用上受到了限制。^{15}N 标记土壤法所需设备简单，可用以观测作物全生长季的非共生固氮量和对作物吸氮的贡献。朱兆良等（1986）在总结了前人应用这一方法存在的一些不足之处并加以改进后，进行了稻田土壤水稻生长季非共生固氮量的测定。考虑到这一方法的关键是参比样品的选择，当时以反复淹水培养 ^{15}N 标记的土壤，使记土壤矿化出的 ^{15}N 达到高度稳定后作为计算土壤非共生固定量的参比值。当时选用了太湖地区分布比较广的三种性质不同的水田土壤：砂壤土（排水良好）、黄泥土（爽水型）和青紫泥（囊水型）作为供试土壤，施入 ^{15}N 丰度为 21.2 atom%的尿素及磷钾肥后种植水稻。约 70 d 后在水稻孕穗期，拔出植株，把植株和土壤风干后，粉碎混匀再装盆，淹水腐解约 2 个月，落干后种小麦，但不再施肥，使小麦生长充分利用土壤矿化出的 ^{15}N。至小麦拔节孕穗期再收割掉植株。土壤干燥粉碎，尽可能挑出肉眼可见的根系和有机残体，再进行土壤淹水、落干的反复交替，

使土壤有机态 ^{15}N 充分矿化。将经过这样处理的标记 ^{15}N 的土壤进行矿化培养,测定 ^{15}NH$_4^+$ 的 ^{15}N 丰度值(表 11.3)。三个不同时期培养、三种土壤矿化出的 NH$_4^+$ 的 ^{15}N 丰度差异很小,显示出经上述处理的土壤有机氮矿化已达到稳定状态。

表 11.3　^{15}N 标记土壤经腐解矿化后 ^{15}NH$_4^+$ 的 ^{15}N 丰度变化

培养时间 /周	^{15}N 丰度/atom%		
	砂壤土	黄泥土	青紫泥
2	2.55	2.64±0.05	2.95±0.23
4	2.97	2.66±0.02	3.03±0.12
8	2.74	2.74±0.01	3.12±0.01

注:引自朱兆良等(1986)。

　　以淹水培养 4 周、8 周测得的 NH$_4^+$ 的 ^{15}N 丰度平均值作为参比值,计算得出太湖地区三种常见水稻土平均非共生固氮量占水稻生长季吸收氮的百分数为 21.7%,表明稻田非共生固氮是水稻生长季的重要氮源之一。

　　笔者曾参照朱兆良等(1986)制备 ^{15}N 标记土壤的方法,选择了湖南隆回羊角坳超级稻高产基地肥沃水稻土作为标记 ^{15}N 土壤的供试土壤,使用了 ^{15}N 丰度为 50 atom% 的尿素作示踪剂,经过种稻,孕穗期稻秆压入土壤,让其腐解以增加土壤 ^{15}N 丰度,冬季种小麦,此举是让小麦充分吸收掉矿化出的 ^{15}N,至孕穗期小麦地上部分收割弃去。土壤经 6 次干湿交替培育处理,以加速土壤 ^{15}N 的腐解、矿化、反硝化,清除矿化出的无机氮,使土壤矿化出的 ^{15}N 稳定下来。从第 1 次干湿交替至第 5 次干湿交替后,土壤 ^{15}N 丰度逐次下降,至第 6 次干湿交替处理后,土壤 ^{15}N 丰度与第 5 次干湿交替测得的 ^{15}N 丰度值只差 0.01 atom%,在处理重复误差范围内(表 11.4)。表明这一标记 ^{15}N 土壤的方法是可行的。

表 11.4　不同干湿交替处理 ^{15}N 标记土壤 ^{15}N 丰度的变化　　(单位:atom%)

干湿交替次数	重复	土壤 ^{15}N 丰度	平均丰度
第 1 次	a	3.15	3.15
	b	3.14	
	c	3.16	
第 2 次	a	3.01	3.02
	b	—	
	c	3.03	
第 3 次	a	2.99	2.99
	b	2.98	
	c	2.99	
第 4 次	a	2.95	2.94
	b	2.92	
	c	2.94	

续表

干湿交替次数	重复	土壤^{15}N丰度	平均丰度
第5次	a	2.87	
	b	2.87	2.87
	c	2.88	
第6次	a	2.86	
	b	2.88	2.86
	c	2.85	

　　研究土壤残留 ^{15}N 的矿化和后续有效性的 ^{15}N 土壤标记相对简单,只要适当提高施入 ^{15}N 标记肥料的 ^{15}N 丰度,例如,使用 20 atom% ^{15}N 丰度左右的标记氮肥,并在作物生长盛期收割压入土壤,让其腐解,以增加土壤 ^{15}N 残留。为提高土壤微生物 ^{15}N 生物量也可加入适量碳源物质进行培育。

　　2. 贫化 ^{15}N 土壤和植物的制备

　　为了适应某一试验的要求,笔者曾用 99.99 atom% 纯 ^{14}N 即贫化 ^{15}N 制备了贫化 ^{15}N 标记的土壤。制备贫化 ^{15}N 土壤样品时选择土壤全氮低的土壤非常重要,只有减少土壤供氮,才能使作物充分利用贫化 ^{15}N 的肥料氮。为此,笔者选择了江西鹰潭第三纪红砂岩发育的全氮含量很低(0.039%)的红壤亚表层土壤,作为供试土壤种植水稻,施磷、钾肥和贫化 ^{15}N-(NH$_4$)$_2$SO$_4$,以保证作物正常生长。设置了 5 个重复。经过两季作物后,得到了贫化 ^{15}N 的水稻茎秆和籽粒的 ^{15}N 丰度(表 11.5)。土壤 ^{15}N 值也出现了贫化现象,低于自然丰度值(0.366 atom%)(表 11.6)。从水稻茎秆、籽粒全氮来看,含氮量正常,表明在这样贫瘠的土壤上小麦水稻生长所需的 N、P、K 营养主要靠施入的肥料供应,而两季施入贫化 ^{15}N 氮肥的土壤含氮量仅 0.049 %,来自土壤的氮很有限。

表 11.5　两季作物施用贫化 ^{15}N 后水稻茎秆、籽粒的 ^{15}N 丰度

样品	重复	全氮/%	δ^{15}N/‰	^{15}N/atom%
水稻茎秆	a	0.868	−658.59	0.122 6
	b	0.817	−604.84	0.142 5
	c	0.914	−674.50	0.116 7
	d	0.811	−649.32	0.126 1
	e	0.796	−655.10	0.123 9
	平均	0.841	−648.47	0.127 0
籽粒	a	1.340	−688.16	0.111 7
	b	1.356	−682.13	0.113 9
	c	1.319	−683.89	0.113 3
	d	1.368	−689.71	0.111 1
	e	1.268	−687.60	0.115 2
	平均	1.330	−686.30	0.113 0

表 11.6　两季作物施用贫化 ^{15}N 后土壤 ^{15}N 丰度

样品	重复	全氮/%	δ^{15}N/‰	^{15}N/atom%
土壤	a	0.050	−108.61	0.326 1
	b	0.046	−88.33	0.333 6
	c	0.050	−101.30	0.328 8
	d	0.049	−89.60	0.333 1
	e	0.051	−128.49	0.318 8
	平均	0.049	−103.27	0.328 1

如果要得到更为贫化 ^{15}N 的植物和土壤样品,可继续再种几季作物,继续施用贫化 ^{15}N 和相应的磷、钾肥,视试验要求而定。

3. ^{15}N 标记的植物材料的制备

常用 ^{15}N 标记的植物材料有两种,一种是绿肥,包括水生绿肥,另一种是作物秸秆,通常是稻草,当然也可以是其他作物秸秆,视研究目的而定。

1) ^{15}N 标记的旱生绿肥制备

以常见旱生绿肥紫云英(通称红花草)为例,首先要选择比较贫瘠的土壤,或以土:砂 = 1:3 的比例配入土壤,加入丰度比较高的 ^{15}N 标记化学氮肥,以及磷、钾肥混匀备用的 ^{15}N 标记氮肥也可在绿肥生长期间追施,使绿肥正常生长,尽可能增加绿肥生物量。在盛花期收获,清洗掉可能沾上的土壤和 ^{15}N 肥料,烘干备用。增加绿肥的 ^{15}N 丰度,常施用 25 atom%～30 atom% 的 ^{15}N 标记肥料,在绿肥正常生长情况下,一般可得到 10 atom% 以上 ^{15}N 丰度绿肥标记物。若想得到更高丰度的 ^{15}N 标记绿肥,可再提高 ^{15}N 标记化学氮肥的丰度。

2) ^{15}N 标记的水生绿肥制备

太湖地区和南方稻田放养的绿萍曾经是常用的水生固氮绿肥,现以绿萍 ^{15}N 标记为例。将绿萍放养在盆中,加入 30 mg/L ^{15}N-N 的培养液中,让其繁殖。条件适宜,3～5 d 即可分盆繁殖,加入新鲜含 ^{15}N 培养液,分盆的次数视需要制备的 ^{15}N 标记绿肥量而定。收集 ^{15}N 标记绿萍时,将萍体移至 100 目的筛子上,用去离子水冲洗附着在萍体上的 ^{15}N 溶液。50～60℃ 烘干,粉碎过 40 目备用。若使用 ^{15}N 的氮肥的丰度在 30 atom%,可得到 20 atom% 左右的 ^{15}N 标记绿萍。

3) ^{15}N 标记的作物秸秆制备

稻草、麦秆和玉米秆是我国南北方秸秆还田的主要材料。秸秆还田也是施用有机肥料的一部分,秸秆还田后其含氮物质的转化去向,特别是作物有效性常受研究者关注。以稻草为例, ^{15}N 标记稻草的制备与旱生绿肥相同,首先要选择比较贫瘠的土壤,通常选用亚表土。水稻所需营养物质通过增施肥料来解决,除施用 ^{15}N 氮肥外,应施入磷、钾肥。水稻成熟后收获,若只需要 ^{15}N 标记秸秆而不需要 ^{15}N 标记稻米,可在水稻灌浆前收获,以免体内 ^{15}N 向稻米转移,以提高稻秆全氮浓度和 ^{15}N 丰度。收获后烘干、粉碎备用。

4) ^{15}N 标记的饲养动物排泄物制备

畜、禽排泄物是一类重要的含氮有机肥料,畜、禽排泄物作为肥料进入土壤后的化学行为和作物利用已有许多研究，但应用 ^{15}N 标记的畜、禽排泄物的田间研究则很少。我国学者 He 等（1994）首次报告了猪粪、羊粪和猪尿 ^{15}N 标记的方法技术。他们首先用 ^{15}N 尿素标记水稻和绿肥，加入猪、羊饲料中，然后收集猪、羊排泄物。选择成年健康清瘦的猪和羊作为供试动物。为取得 ^{15}N 标记的猪、羊排泄物，试验分三期进行。第一期为预备试验期，6～7d，使供试动物适应试验环境；第二期为试验期，2～3d，除供给正常饲料外，加入 ^{15}N 标记的稻草和绿肥，用于喂养羊和猪；第三期为后试验期，6～7d，连续分别收集猪、羊排泄物。

施用高丰度 ^{15}N 尿素，得到的稻草 ^{15}N 丰度可达到 22.55 atom%，绿肥 ^{15}N 丰度为 10.11 atom%。将这样 ^{15}N 丰度的稻草和绿肥分别加入羊和猪的饲料，猪和羊饲料是按家畜营养标准配置的。得到猪粪和尿的 ^{15}N 丰度分别为 6.285 atom% 和 5.610 atom%，羊粪的 ^{15}N 丰度为 6.823 atom%。用这样 ^{15}N 丰度的猪、羊排泄物和 ^{15}N 标记的稻草、绿肥及 ^{15}N 尿素进行田间对比试验，得到了不同处理 ^{15}N 利用率结果（He et al.，1994）。

11.3.2 ^{15}N 标记气体制备

一些研究需要不同形态的 ^{15}N 标记的气体，如 $^{15}N_2$、$^{15}N_2O$。

1. ^{15}N 标记的 N_2 制备

研究生物共生固氮和土壤微生物非共生固氮都需要 ^{15}N 标记的 N_2。其制备的方法原理是 ^{15}N 标记的铵态氮肥如 $(NH_4)_2SO_4$，在真空条件下与碱性次溴酸钠（NaOBr）反应，使 NH_4^+ 氧化生成 N_2。在这一反应中会产生 NH_3、NO、NO_2、N_2O 等一系列产物。为得到纯 N_2，必须把这些氮氢化物和氮氧化物清除掉，因为除植物能否直接吸收 N_2O 尚未确定外，NH_3、NO、NO_2 都可被植物直接吸收。为清除这一反应产生的其他含氮气体（NH_3、NO、NO_2），除了设置液氮冷阱，还设置了 2.5%碱性焦性没食子酸和 2.5%酸性高锰酸钾两个化学阱（图 11.4）。

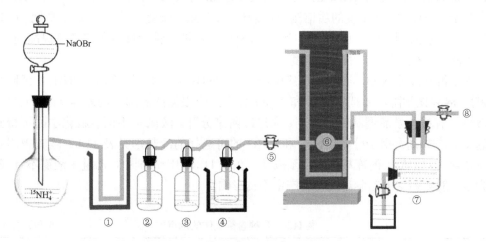

图 11.4 ^{15}N 标记 N_2 的制备装置

①液氮冷阱；②2.5%碱性焦性没食子酸；③2.5%酸性高锰酸钾；④水，外加水套可升温或降温；⑤活塞；⑥滤气球；⑦储气瓶；⑧储气瓶出口，接真空泵

2. ^{15}N 标记的 N$_2$O 制备

在 N$_2$O 生物地球化学循环中，^{15}N 标记的 ^{15}N$_2$O 制备也很重要。笔者参照 Laughlin 等（1997）把 ^{15}NH$_4^+$ 转变为 ^{15}N$_2$O 进行微量 ^{15}NH$_4^+$ 质谱测定的方法原理，特别设计了一个在真空条件下把 ^{15}NH$_4^+$ 转化为 ^{15}N$_2$O 的反应装置（图 11.5）。目标是得到供试验用的高产率和高纯度 ^{15}N$_2$O 气体。

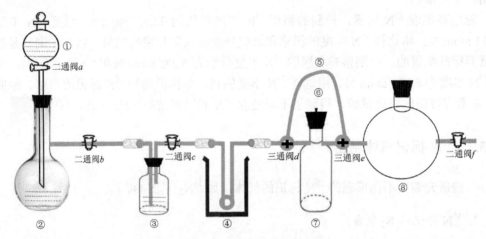

图 11.5　^{15}N$_2$O 的制备系统

①碱性 NaOBr；②反应瓶，高丰度 ^{15}N-(NH$_4$)SO$_4$+CuSO$_4$；③化学阱，2%硼酸溶液；④冷阱，液氮+正戊烷；⑤左右均连接三通阀的硬橡胶管；⑥^{15}N$_2$O 取气孔；⑦^{15}N$_2$O 储气瓶；⑧预备真空瓶

至今，把 ^{15}NH$_4^+$ 转变为 ^{15}N$_2$ 和 ^{15}N$_2$O 的方法都离不开经典的 ^{15}NH$_4^+$ 与碱性 NaOBr 反应生成 ^{15}N$_2$、^{15}N$_2$O 和 ^{15}NO 等的方法原理，其中主要气态产物为 N$_2$。N$_2$O、NO 产率不高，N$_2$O 一般只占 1%～3%（Hauck，1983）。Laughlin 等（1997）为了能进行土壤 KCl 提取液中微量 ^{15}NH$_4^+$ 的 ^{15}N 丰度的质谱测定，设计了将 ^{15}NH$_4^+$ 转变为 ^{15}N$_2$O，而不是把 ^{15}NH$_4^+$ 转变为 ^{15}N$_2$，其方法是在 ^{15}NH$_4^+$ 溶液中加入 CuSO$_4$ 作为催化剂，^{15}N$_2$O 的产率可提高到 25%，成功地测定了微量 ^{15}NH$_4^+$ 的 ^{15}N 丰度。

为了得到高纯 N$_2$O，必须把反应中产生的 ^{15}NH$_3$ 和 ^{15}NO 清除掉。^{15}NH$_3$ 的清除采用 2%硼酸溶液化学阱，要把 ^{15}N$_2$O 和 ^{15}NO 分开，应根据两者沸点的差异（表 11.7），使用液氮 + 有机化学品调制的冷却剂，通过冷阱来分开。液氮 + 不同有机化学品可得到不同温度的冷却剂。用于分开 ^{15}N$_2$O 和 ^{15}NO 的可选择的冷却剂见表 11.8。笔者曾用正戊烷 + 液氮（–131℃）的冷却剂取得了成功。在表 11.8 的冷却剂中，乙醚 + 液氮不宜采用。因为在一般实验室中乙醚对人体会产生不良影响。

表 11.7　几种含氮气体的沸点　　　　　　　　　　　　　　　　（单位：℃）

气体	N$_2$	N$_2$O	NO	NH$_3$	NO$_2$
沸点	–195.8	–88.5	–151.8	–33	21

表 11.8 几种冷却剂可达到的温度 （单位：℃）

冷却剂	四氟甲烷+液氮	正戊烷+液氮	乙醚+液氮	乙醇+液氮	环己烷+液氮	丙酮+干冰
温度	−128	−131	−116	−116	−104	−78

^{15}N$_2$O 制备系统的操作如下：向碱性 NaOBr 储存瓶①注入足够量的碱性 NaOBr；把高丰度 ^{15}N-(NH$_4$)SO$_4$ 溶液和 CuSO$_4$ 溶液加入反应瓶②中；将 2% 的硼酸溶液加入化学阱③，以除去 ^{15}NH$_3$，因为 ^{15}NH$_4^+$ 与过量碱性 NaOBr 反应会产生 ^{15}NH$_3$，必须清除掉；截留产物 ^{15}N$_2$O 的冷阱④为螺旋状的不锈钢管（内径为 2～3mm），冷却剂为正戊烷+液氮（−196℃），在杜瓦瓶中调成糊状（−131℃），使沸点为−88.5℃的 ^{15}N$_2$O 被不锈钢管冷阱截留，使沸点为−151.8℃的 NO 被抽走。

全系统设置了 6 个阀门，a、b、c、d、e 和 f，其中 d、e 为三通阀，组成两路抽真空系统。一路为多个二通阀和两个三通阀中的两通组成主真空系统，一路是两个三通阀由硬橡胶管连接并与预备真空瓶连接的副真空系统。预备真空瓶⑧的体积应大于反应瓶、化学阱、冷阱和连接管道总体积的 2～3 倍。

开始时，除关闭控制 NaOBr 滴入量的阀门 a 外，打开主副真空系统所有阀门，套上 −131℃的杜瓦瓶，抽真空至真空度达到 10^{-2} mm Hg 后，关闭阀门 b，缓缓打开阀门 a，打开 NaOBr 储存瓶顶部塞子滴入 NaOBr 溶液。反应完毕后，关闭阀门 a，缓缓打开阀门 b、c、d 和 e，让 ^{15}NH$_3$ 被化学阱吸收，^{15}N$_2$O 被冷阱截留，^{15}NO 被抽走。几分钟后，关闭阀门 c 和 d，脱去杜瓦瓶，让截留在冷阱中的 ^{15}N$_2$O 气化，关闭阀门 e，打开阀门 d，让纯净的 ^{15}N$_2$O 进入储气瓶⑦。

考虑到反应瓶和管道中还残留 ^{15}N$_2$O 等气体，利用预置真空瓶的负压，再次套上杜瓦瓶，打开阀门 b、c、d 和 e，使整个系统形成负压，让反应瓶及管道中残留的 ^{15}N$_2$O 再次被截留。然后关闭阀门 d，打开阀门 e，抽真空，使预备真空瓶及储气瓶处于负压。再次脱去杜瓦瓶，使截留 ^{15}N$_2$O 气化，打开阀门 d，关闭阀门 e，收集 ^{15}N$_2$O 进入储气瓶⑦。如此反复 3 次，使高纯度 ^{15}N$_2$O 全部进入储气瓶。储气瓶⑦顶部安置了一个硅胶塞，作为 ^{15}N$_2$O 转移口，用注射器将产生的 ^{15}N$_2$O 及时转移到预先抽好真空的安瓿瓶中备用。通过气相色谱法测定每瓶的 N$_2$O 浓度，并贴上标签，注明 ^{15}N$_2$O 浓度和制备日期备用。

11.3.3 ^{15}N 标记包膜控释尿素制备

为研究 ^{15}N 标记的包膜控释尿素施入土壤后的化学行为及作物利用和土壤残留，笔者开发了从 ^{15}N 尿素造粒到包膜的一套技术和设备。^{15}N 尿素高昂的价格，决定了造粒和包膜技术设备必须适应于小剂量（500～1000g）的制备。

1. ^{15}N 尿素造粒

市场上的 ^{15}N 尿素一般是粉状，首先必须造粒，制成直径为 3mm 左右的颗粒 ^{15}N 尿素，以便包膜。采用的方法是油温造粒，常用食用油或轻矿油。关键技术是在将固态 ^{15}N 尿素转化为熔融态时，一定要控制熔化不超过 120℃，温度过高易生成缩二脲，缩二脲对作物有伤害。通过温控元件设定温度自动控制，要既能使固态尿素熔化，又能通过固定直径出口以均一速度滴入油浴中，自动冷却成为大小均匀光整的尿素颗粒（图 11.6）。造粒结束，从油浴中取出颗粒 ^{15}N 尿素，摊放在吸油纸上，吸去大部分油脂后再用二甲苯清洗两次，再摊开，让二甲苯蒸发，即可用于包膜。

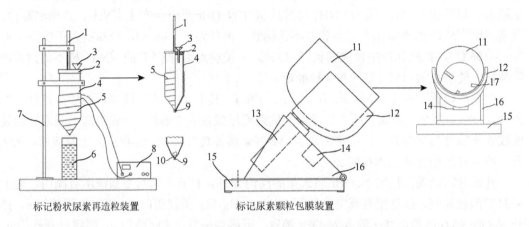

图 11.6　^{15}N 尿素造粒和包膜装置结构示意图

1.温度计；2.密封盖；3.进料漏斗；4.熔融腔体；5.电加热带；6.冷凝液（植物油）；7.支架；8.时间继电控制器；9.微滴孔；
10.温度计感温头；11.回转圆盘；12.半圆弧形电炉；13.调速电机；14.调速器；15.底座；16.机架；17.搅拌条齿

2. 颗粒 ^{15}N 尿素包膜

为 ^{15}N 尿素包膜设计了一个微型调速和斜卧式圆形转盘，转盘可通过调速齿轮进行调整（图 11.6）。转盘底部安置了加热电炉，电炉温度可控，当温度升至 80℃时加入热固性树脂进行包膜，配合转盘转动，不断搅动，待包膜颗粒尿素完全分开后进行下一次包膜，包膜次数取决于所要求的包膜厚度及释放速率，包膜次数越多（膜越厚），土壤中持续释放的时间越长，经过几次包膜后就可得到光亮的颗粒 ^{15}N 尿素。若要包膜的 ^{15}N 尿素量小于 500 g，可采用染色的普通尿素与 ^{15}N 尿素一起包膜，待按要求的包膜次数完成包膜后，把染色的普通包膜尿素分拣出来。

如图 11.7 所示的 ^{15}N 尿素的造粒和包膜装置，获得了国家专利。具体可参见专利（王慎强等，2011a，2011b，2011c）内容。

11.3.4　^{15}N 分析样品的前处理

任何一种 ^{15}N 示踪试验固态样品在进行质谱或光谱分析前都必须转变为 $^{15}N_2$。固态样品转变为 N_2 有两种经典方法，一种是湿氧化法，通称凯氏法（Kjeldahl 法），另一种是干氧化法，也称杜马法（Dumas 法）。当前 ^{15}N 样品的分析前处理基本都遵循这两种处理原理。

图 11.7 ^{15}N 尿素的造粒与包膜装置

1. 湿氧化法

湿氧化法只能把各种有机结合态氮转变为 NH_4^+，还要在高真空条件下加入碱性 NaOBr 转变为 N_2，这就需要一套把 NH_4^+ 转变为 N_2 的装置。

1) 固态 ^{15}N 示踪样品转变为 NH_4^+

土壤等 ^{15}N 标记样品转变为 NH_4^+ 的原理和步骤虽与全氮测定一样，但供质谱分析用的 ^{15}N 样品的消煮要求更为严格苛刻，消煮时间要在 $12\sim18$ h，才能使样品中的乙胺、二乙胺和甲胺等氮化物彻底分解。否则，它们在质谱计离子源中将形成质荷比（m/z）为 45、31 和 29 的碎片离子峰，影响 m/z 为 $29[^{14}N^{15}N]^+$ 的测定，并污染离子源。样品经消解、蒸馏后被硼酸溶液吸收，再加入硫酸酸化固定，低温浓缩至干后备用。

2) $^{15}NH_4^+$ 转变为 $^{15}N_2$

质谱分析中 NH_4^+ 转变为 N_2 的步骤是在高真空气化装置中与碱性 NaOBr 反应发生的：

$$NH_4^+ + NaOBr + OH^- \longrightarrow NaBr + H_2O + N_2$$

在用碱性 NaOBr 氧化 NH_4^+ 为 N_2 时，存在两个困难：一是 NaOBr 易分解成 NaBr 和 O_2，二是 NaOBr 使 NH_4^+ 转化为 N_2 的反应不是定量的。在新配置的 NaOBr 溶液中加入 0.1% 的 KI 可阻止 NaOBr 分解。NH_4^+ 与 NaOBr 反应会产生 $1.5\%\sim3.0\%$ 的 N_2O，N_2O 会干扰 N_2 的质谱分析，但 N_2O 与 N_2 的汽化温度不同，可通过液氮冷阱来消除。

3) $^{15}NH_4^+$ 转变为 $^{15}N_2$ 的高真空气化装置

该真空装置是一个独立的高真空气化系统，由机械泵和高真空扩散泵组成，并与质谱计的高真空进样系统连接，通过阀控制。$^{15}NH_4^+$ 样品气化系统有两种类型，一种是 Y 形瓶，一臂盛样本，另一臂盛碱性 NaOBr。另一种是直立型反应瓶，真空被诸阀分隔为两部分，上半部分盛碱性 NaOBr，下半部分盛样品。两种形式的反应容器，在抽真空时均要套上液氮冷阱，当样品真空系统达到预定真空度（0.1 Pa）时，移去冷阱，加暖风，使样品融化。转动 Y 形瓶，让碱性 NaOBr 倒入盛样品的一臂，使之汽化。对于直立型反应瓶，打开阀门，滴入碱性 NaOBr，使之汽化。汽化后均再次套上液氮冷阱，只允许 $^{15}N_2$ 进入质谱进样系统，使水汽和氮氧化物冷冻在反应瓶中或管壁上（曹亚澄，1992，2000）。

2.干氧化法

以前干氧化法主要用于光谱法分析 ^{15}N，质谱法鲜有应用。最近由于质谱仪器的进步，出现了多元素（C、N 等）定量分析仪与同位素质谱计联用仪器，配上专用燃烧炉、还原炉和色谱柱，实现了土壤、植物样品 C、N 定量分析与同位素比值同时分析的新技术体系。

11.3.5　^{15}N 质谱分析法

^{15}N 分析可以利用质谱、发射光谱、红外吸收光谱和 ^{15}N 核磁共振谱仪等多种仪器和方法，唯有质谱法应用最为普遍且长盛不衰，特别是高精度、高灵敏度同位素质谱计的开发与元素分析仪、色谱仪联用的各类同位素质谱计的出现，更展示出它的优越性。但是 ^{15}N 发射光谱法在 ^{15}N 分析发展史上仍留下了它的足迹。^{15}N 红外吸收光谱法和 ^{15}N 核磁共振法多用于研究有机化合物的分子结构，在常规的土壤、植株、水体和气体样品 ^{15}N 定量分析中并不常见。当今，包括 ^{15}N 在内的稳定性同位素分析法是随着高精度同位素质谱计推陈出新而发展起来的。商用同位素质谱仪器型号很多，目前的气体同位素质谱计可用于 C、H、O、N 等元素的轻同位素分析，各种土壤、植株、水和气体样品的 ^{15}N、^{13}C、^{2}H、^{18}O 和 ^{17}O 分析，富集同位素丰度分析，以及自然丰度同位素组成分析，分析精度很高，分析灵敏度也在不断提高。大多数同位素质谱计可以分析含氮 30～50 μg 级的样品。

1. ^{15}N 质谱分析法基本原理

^{15}N 质谱分析法基本原理是 N_2 分子进入质谱离子源后经电子轰击产生不同质荷比的分子离子峰，其中强度较强的单电荷分子离子峰为 m/z 28$[^{14}N^{14}N]^+$、29$[^{14}N^{15}N]^+$和30$[^{15}N^{15}N]^+$。m/z 30 离子流强度视示踪样品 ^{15}N 丰度而定。这些不同质荷比的离子束在磁式质谱计磁场力的作用下进行了分离，可被分别记录。^{15}N 原子百分数（^{15}N atom%）可用下式计算：

$$^{15}N\ atom\% = \frac{1}{2R+1} \times 100$$

式中，$R = \dfrac{m/z\ 28离子流强度}{m/z\ 29离子流强度}$。

2.现代 ^{15}N 质谱分析举例

现代 ^{15}N 质谱分析方法与质谱计功能类型密切相关，现以土壤与农业可持续发展国家重点实验室分析中心所拥有的两种现代同位素质谱计和相应 ^{15}N 等稳定性同位素分析方法为例。这两种同位素质谱计代表了两种样品前处理方法。

1）富集 ^{15}N、贫化 ^{15}N 示踪样品和 ^{15}N 自然丰度样品测定

该类分析是由 MAT-251 精密同位素质谱计执行的。该仪器要求 ^{15}N 标记土壤、植株

和水样品首先转变为 $^{15}NH_4^+$，然后通过高真空汽化装置把 $^{15}NH_4^+$ 转变为 $^{15}N_2$。测量富集 ^{15}N 示踪样品可用单束法测量，用 ^{15}N atom% 表示。分析贫化 ^{15}N 示踪样品和 ^{15}N 自然丰度样品用双路双束比较测量的方法，用 $\delta^{15}N$ ‰ 表示。表达式为

$$\delta^{15}N \text{ ‰} = \frac{R_{样品} - R_{标准}}{R_{标准}} \times 1000$$

式中，R 为样品或标准中 m/z 28 和 m/z 29 离子流强度比值。通常采用大气 N_2 作为标准，其 ^{15}N 丰度为 0.3663 atom%。MAT-251 精密同位素质谱计对 ^{15}N 的分析精度为 ±0.01%，但对样品含氮量有一定要求（不宜低于 2 mg）。

2）C、N 元素分析仪与同位素质谱计联用分析方法

因为与 C、N 元素分析仪联用，所以土壤、植株等固体样品测定不需要化学前处理。只需要将粉碎均匀的样品准确称量后包在一个小锡箔杯中放入样品转换盘，由仪器自动送入燃烧炉中。

现以土壤与农业可持续发展国家重点实验室分析中心的 FLASH-EA-DELTA-V 联用仪为例，来叙述分析方法。该仪器除了 DELTA V advantage 同位素质谱仪、Flash 2000 元素分析仪和 ConFlo IV 接口，还配置了自动进样盘和清除水分及 CO_2 的化学阱。氧化炉和还原炉是元素分析仪的主要部件。氧化炉是一根内装 Cr_2O_3 的石英玻璃氧化管，还原炉内装有无氧铜丝的石英玻璃管。氧化炉和还原炉的控制温度分别为 960℃ 和 680℃。通过高纯 He 载气清除氧化管和还原管空间的残留空气。此外，He 载气把 $^{15}N_2$ 导入色谱柱和质谱仪。这一联用技术具有许多优点，所需样品量少，土壤样为 20～30 mg，植株样为 2～3 mg，两者相当于 30～50 μg(N)，样品不需要化学前处理，省时省工。一次样品分析可同时得到固体样品全氮百分含量和氮同位素比值两个数据。^{15}N 分析精度为 ±0.05%，略逊于 MAT-251（±0.01%），全氮含量可根据已知氮含量的参比物质通过元素分析仪进行测定。

DELTA V advantage 同位素质谱仪也具有双路进样系统，可进行双路比较和连续流模式精密测量。整体看来，20 世纪 80 年代研发的 MAT-251 精密同位素质谱计与后来的元素分析仪-同位素质谱仪联用技术相比，后者更具广阔应用前景。然而，进入 21 世纪后发展起来的 MAT-253 配备微量气体预浓缩装置后可专用于 $^{13}CO_2$、$^{13}CH_4$、$^{15}N_2O$ 直接分析，也可通过将氮氧化物转化为 $^{15}N_2O$ 进而实现 ^{15}N 标记氮氧化物的分析。

11.3.6 ^{15}N 发射光谱分析法

^{15}N 发射光谱分析法是 Hoch 和 Weisser（1950）首先提出的。现在虽然已很少使用，但历史上曾有过辉煌。20 世纪 60～70 年代，由于 ^{15}N 发射光谱仪器成本低，高灵敏度，不受 CO_2、NO 干扰等优点，曾一度受到重视，德国和日本生产了专用于 ^{15}N 分析的商品光谱仪器，包括德国的 NOI-5 型 ^{15}N 分析仪和日本的 NIA-1 型 ^{15}N 分析仪。为进一步提高 ^{15}N 发射光谱分析的灵敏度，Cook 等（1967）进行了技术改进，在含有微量氮的放电管中，

引入稀有气体（He、Ne、Kr、Xe）作为支持剂（sustainer）可使分析灵敏度大大提高，可分析 $0.5 \sim 5\mu g$ 的 ^{15}N 丰度。Goleb 和 Middelboe（1968）发现在微量放电管中引入稀有惰性气体，不仅可以支持 $^{15}N_2$ 放电，还可有效堵塞石英管的表面，阻止微量 ^{15}N 被石英玻璃放电管表面吸附，从而提高分析灵敏度。

^{15}N 光谱分析法与 ^{15}N 质谱分析法相比，分析精度低（分析误差为 $\pm 2\% \sim 5\%$）。但值得称道的是，^{15}N 光谱分析法灵敏度很高，这一优点是迄今的质谱分析法仍难超越的。^{15}N 光谱分析法在一些特殊的 ^{15}N 示踪研究只能得到极微量的 N 和 ^{15}N 样品的情况下，融入一些能提高分析精度的技术应该仍有应用前景。

1. ^{15}N 发射光谱分析法基本原理

同位素光谱分析法基本原理与普通元素光谱分析法相同。已经确认，对某一元素中的每个同位素都有表征这一同位素的组元线，这些组元线由普通谱线分裂或由同位素位移而成，某一同位素组元线的强度随样品中该同位素浓度增加而增强。同位素谱线结构中的组元线数目等于该元素中所含同位素的数目。

^{15}N 发射光谱分析法测定 ^{15}N，主要利用 ^{15}N 发射光谱的同位素位移。^{15}N 分析波长带的选择通常是从谱线强度和同位素位移效果两方面考虑的。利用改变曝光时间产生谱线强度差异，密封在放电管中的 $^{15}N_2$，经高频发生器激发后产生了 $^{14}N^{14}N$、$^{14}N^{15}N$ 和 $^{15}N^{15}N$ 三种分子的混合气体。适合于 ^{15}N 分析的光谱带是 1-0 带和 2-0 带，在 1-0 带三种分子相应的波长分别为 3159Å、3162Å 和 3165Å，在 2-0 带相应的波长分别为 2976.8Å、2982.9Å 和 2988.6Å。两个光谱带都已用于 ^{15}N 发射光谱分析，但 2-0 带分辨率和灵敏度均优于 1-0 带。根据所选定的光谱带测量记录不同分子的谱线强度，计算 $^{14}N^{15}N / ^{14}N^{14}N$ 的值，然后按质谱法计算样品 ^{15}N atom %。

2. ^{15}N 光谱分析

^{15}N 光谱分析体系分两部分：第一部分是 ^{15}N 光谱分析体系。主要由下列部件组成：①发射光谱仪；②激发光源——高频振荡器；③光学聚焦镜；④光电倍增管信号放大器；⑤光谱信息记录仪。第二部分是土壤、植株含氮样品转变为 $^{15}N_2$ 的真空气化装置和 $^{15}N_2$ 石英玻璃放电管。土壤、植株等固态样品转变为 $^{15}N_2$ 的方法，一般采用干氧化法，在一个放电管内进行。样品首先与 CuO 和 CaO 粉末按 1∶1 比例均匀混合，压成一个小棒，放入石英玻璃放电管内。CuO 作为氧化剂，CaO 作为清除 H_2O 和 CO_2 的吸附剂。放电管与真空系统连接后抽真空。为了清除放电管壁可能吸附的 N_2 等气体，边抽真空边加温，到达预定真空后将放电管封切下来。放电管为哑铃形，两头体积大，中间细，内径为 $1 \sim 2$ mm，利于激发放电，切割下来的批量放电管送入高温电炉加热氧化，炉温设置在 $560°C$。加热时间为 $0.5 \sim 5$ h。对于 $1\mu g$ 以下的样品，Cook 等（1967）、Goleb 和 Middelboe（1968）提出了放电管内导入惰性气体 Xe 和 He，一方面可阻塞放电管壁的毛细孔，阻止微量 $^{15}N_2$ 被吸附，另一方面可延长放电时间，此举是为了增强灵敏度和谱线强度（曹亚澄，1992；邢光熹，1975）。

参 考 文 献

蔡祖聪. 2001. 氮形态转化途径研究的新进展——厌气铵氧化及其应用前景. 应用生态学报, 12 (5): 795-798.

曹亚澄. 1992. 稳定性同位素 ^{15}N 示踪原子法//顾光炜, 董家伦. 农业应用核技术. 北京: 原子能出版社: 106-127.

曹亚澄. 2000. 同位素质谱分析//鲁如坤. 土壤农业化学分析方法. 北京: 中国农业科技出版社: 547-572.

沈善敏. 1986. 无机氮对土壤氮矿化与固定的影响——兼论土壤氮的"激发效应". 土壤学报, 23 (1): 10-16.

王福钧. 1989. 同位素示踪法在土壤肥料研究中的应用//王福钧. 农学中同位素示踪技术. 北京: 农业出版社: 243-279.

王慎强, 邢光熹, 赵旭, 等. 2011a. 包膜 ^{15}N 尿素的造粒装置及其制备方法. 中国: 102126901A.

王慎强, 赵旭, 邢光熹, 等. 2011b. ^{15}N 尿素造粒装置. 中国: 201971753U.

王慎强, 赵旭, 邢光熹, 等. 2011c. ^{15}N 尿素包膜装置. 中国: 201971754U.

邢光熹. 1975. ^{15}N 示踪及其测定方法的进展. 土壤农化参考资料, 5: 1-5.

邢光熹, 曹亚澄. 1983. 同位素示踪法在土壤肥料研究中的应用//陈子元, 温贤芳, 胡国辉. 核技术及其在农业科学中的应用. 北京: 科学出版社: 466-507.

赵永强. 2014. 太湖地区河网湿地脱氮能力研究. 南京: 中国科学院南京土壤研究所: 27-40.

朱兆良, 陈德立, 张绍林, 等. 1986. 稻田非共生固氮对当季水稻吸收氮的贡献. 土壤, 18 (5): 225-229.

Bateman E J, Baggs E M. 2005. Contributions of nitrification and denitrification to N$_2$O emissions from soils at different water-filled pore space. Biology and Fertility of Soils, 41 (6): 379-388.

Broadbent F E, Carlton A B. 1978. Field trials with isotopically labeled nitrogen fertilizer. Nitrogen Behavior in Field Soil, 185: 1-41.

Broadbent F E, Carlton A B. 1980. Methodology for field trials with nitrogen-15-depleted nitrogen. Journal of Environmental Quality, 9 (2): 236-242.

Broadbent F E, Mikkelsen D S. 1968. Influence of placement on uptake of tagged nitrogen by rice. Agronomy Journal, 60 (6): 674-677.

Broda E. 1977. Two kinds of lithotrophs missing in nature. Zeitschrift Für Allgemeine Mikrobiologie, 17 (6): 491-493.

Buresh R J, Austin E R. 1988. Direct measurement of dinitrogen and nitrous oxide flux in flooded rice fields. Soil Science Society of America Journal, 52 (3): 681-688.

Buresh R J, Datta S K D. 1990. Denitrification losses from puddled rice soils in the tropics. Biology and Fertility of Soils, 9 (1): 1-13.

Burgin A J, Groffman P M. 2012. Soil O$_2$ controls denitrification rate and N$_2$O yield in a riparian wetland. Journal of Geophysical Research Biogeosciences, 117 (G1): 1010.

Butterbach-Bahl K, Willibald G, Papen H, et al. 2002. Soil core method for direct simultaneous determination of N$_2$ and N$_2$O emissions from forest soils. Plant and Soil, 240 (1): 105-116.

Colbourn P, Harper I W, Iqbal M M, et al. 1984. Denitrification losses from ^{15}N-labelled calcium nitrate fertilizer in a clay soil in the field. Journal of Soil Science, 35 (4): 539-547.

Cook G B, Goleb J A, Middelboe V. 1967. Optical nitrogen-15 analysis of small nitrogen samples using a noble gas to sustain the discharge. Nature, 216 (5114): 475-476.

Craswell E T, Byrnes B H, Holt L S, et al. 1985. Nitrogen-15 determination of nonrandomly distributed dinitrogen in air. Soil Science Society of America Journal, 49 (3): 664-668.

Dalenberg J W, Jager G. 1989. Priming effect of some organic additions to ^{14}C-labelled soil. Soil Biology and Biochemistry, 21: 443-448.

Edwards A P, Hauck R D. 1974. Nitrogen-15-depleted versus nitrogen-15-enriched ammonium sulfate as tracers in Nitrogen Uptake Studies. Soil Science Society of America Journal, 38 (5): 765-767.

Focht D D, Valoras N, Letay J. 1980. Use of interfaced gas chromatography-mass spectrometry for detection of concurrent mineralization and denitrification in soil. Journal of Environmental Quality, 9 (2): 218-223.

Fried M, Dean L A. 1952. A concept concerning the measurement of available soil nutrients. Soil Science, 73: 263-272.

Goleb J A, Middelboe V. 1968. Optical nitrogen-15 analysis of small nitrogen samples with a mixture of helium and xenon to sustain the discharge in an electrodeless tube. Analytica Chimica Acta, 43 (1): 229-234.

Hauck R D, Kilmer V J. 1976. Cooperative research between the tennessee valley authority and land-grant universities on nitrogen fertilizer use and water quality. Proceedings of the Second International Conference on Stable Isotopes: 655.

Hauck R D. 1971. Quantitative estimates of nitrogen-cycle processes: Concepts and review. Vienna: Atomic Energy Agency: 65-80.

Hauck R D. 1973. Nitrogen tracers in nitrogen cycle studies past use and future needs. Journal of Environmental Quality, 2 (3): 317-327.

Hauck R D. 1983. Nitrogen-isotope-ratio analysis//Page A L. Methods of Soil Analysis: Part 2 Chemical and Microbiological Properties: 735-779.

Hauck R D. 1975. Genesis and stability of nitrogen in peat and coal. Abstracts of Papers of the American Chemical Society, (169): 27.

He D Y, Liao X L, Xing T X, et al. 1994. The fate of nitrogen from ^{15}N-labeled straw and green manure in soil-crop-domestic animal systems. Soil Science, 158 (1): 65-72.

Hoch M, Weisser H R. 1950. Reaktionen mit ^{15}N. Ⅱ. Eine spektroskopische mikromethode zur bestimmung von ^{15}N. Helvetica Chimica Acta, 33 (7): 2128-2134.

Jenkinson D S, Fox R H, Rayner J H. 1985. Interactions between fertilizer nitrogen and soil nitrogen-the so-called "priming" effect. Journal of Soil Science, 36 (3): 425-444.

Kana T M, Darkangelo C, Hunt M D, et al. 1994. Membrane inlet mass spectrometer for rapid high-precision determination of N_2, O_2 and Ar in environmental water samples. Analytical Chemistry, 66: 4166-4170.

Kulkarni M V, Burgin A J, Groffman P M, et al. 2014. Direct flux and ^{15}N tracer methods for measuring denitrification in forest soils. Biogeochemistry, 117 (2/3): 359-373.

Kuzyakov Y, Friedel J K, Stahr K. 2000. Review of mechanisms and quantification of priming effects. Soil Biology and Biochemistry, 32 (11/12): 1485-1498.

Laughlin R J, Stevens R J, Zhou S. 1997. Determining nitrogen-15 in ammonium by producing nitrous oxide. Soil Science Society of America Journal, 61 (2): 462-465.

Lewicka-Szczebak D, Well R, Giesemann A, et al. 2013. An enhanced technique for automated determination of ^{15}N signatures of N_2, (N_2+N_2O) and N_2O in gas samples. Rapid Communications in Mass Spectrometry, 27 (13): 1548-1558.

Li X, Xia L, Yan X. 2014. Application of membrane inlet mass spectrometry to directly quantify denitrification in flooded rice paddy soil. Biology and Fertility of Soil, 50 (6): 891-900.

Molstad L, Dörsch P, Bakken LR. 2007. Robotized incubation system for monitoring gases (O_2, NO, N_2O, N_2) in denitrifying cultures. Journal of Microbiological Methods, 71 (3): 202-211.

Mosier A R, Chapman S L, Freney J R. 1989. Determination of dinitrogen emission and retention in floodwater and porewater of a lowland rice field fertilized with ^{15}N-urea. Fertilizer Research, 19 (3): 127-136.

Mosier A R, Guenzi W D, Schweizer E E. 1986. Soil losses of denitrogen and nitrous oxide from irrigated crops in northeastern Colorado1. Soil Science Society of America Journal, 50 (2): 344-348.

Mulvaney R L, Kurtz L T. 1982. A new method for determination of ^{15}N-labeled nitrous oxide. Soil Science Society of America Journal, 46 (6): 205-211.

Mulvaneg R L, Kurtz L T. 1984. Evolution of dinitrogen and nitrous oxide from nitrogen-15 fertilized soil cores subjected to wetting and drying cycles. Soil Science Society of America Journal, 48 (3): 596-602.

Müller C, Laughlin R J, Spott O, et al. 2014. Quantification of N_2O emission pathways via a N-15 tracing model. Soil Biology and Biochemistry, 72: 44-54.

Myrold D D. 1990. Measuring denitrification in soils using ^{15}N techniques//Revsbech N P, Sorensen J. Denitrification in soil and sediment. Boston: Springer: 181-197.

Nevison C D, Weiss R F, Erickson III D J. 1995. Global oceanic emission of nitrous oxide. Journal of Geophysical Research, 100 (C8): 15809-15820.

Patrick W H, Delaune R D, Peterson F J. 1974. Nitrogen utilization by rice using ^{15}N-depleted ammonium sulfate. Agronomy Journal, 66 (6): 819-820.

Punshon S, Moort R M. 2004. A stable isotope technique for measuring production and consumption rate of nitrous oxide in coastal waters. Marine Chemistry, 86: 159-168.

Russow R, Kupka J, Götz A, et al. 2002. A new approach to determining the content and ^{15}N abundance of total dissolved nitrogen in aqueous samples: TOC analyser-QMS coupling. Isotopes in Environmental and Health Studies, 38 (4): 215-225.

Sebilo M, Mayer B, Nicolardot B, et al. 2013. Long-term fate of nitrate fertilizer in agricultural soils. Proceedings of the National Academy of Science of the United Stated of America, 110 (45): 18185-18189.

Seitzinger S P, Kroeze C. 1998. Global distribution of nitrous oxide production and N inputs in freshwater and coastal marine ecosystems. Global Biogeochemical Cycles, 12 (1): 93-113.

Sgouridis F, Stott A, Ullah S. 2016. Application of the ^{15}N gas-flux method for measuring in situ N_2 and N_2O due to denitrification in natural and semi-natural, terrestrial ecosystems and comparison with the acetylene inhibition technique. Biogeosciences, 13 (6) 1821-1835.

Shan J, Zhao X, Sheng R, et al. 2016. Dissimilatory nitrate reduction processes in typical Chinese paddy soils: Rates, relative, contributions, and influencing factors. Environmental Science and Technology, 50: 9972-9980.

Starr J L, Broadbent F E, Stout P R. 1974. A comparision of ^{15}N-depleted and ^{15}N-enriched fertilizers as tracers. Journal of Environmental Quality, 266-267.

Stevens R J, Laughlin R J, Burns L C, et al. 1997. Measuring the contributions of nitrification and denitrification to the flux of nitrous oxide from soil. Soil Biology and Biochemistry, 29 (2): 139-151.

Swerts M, Uytterhoeven G, Merckx R, et al. 1995. Semicontinuous measurement of soil atmosphere gases with gas-flow soil core method. Soil Science Society of America Journal, 59 (5): 1336-1342.

van de Graaf A A V. 1995. Anaerobic oxidation of ammonium is a biologically mediated process. Applied and Environmental Microbiology, 61: 1246-1251.

Ventura W, Watanabe I. 1982. ^{15}N dilution technique of assessing nitrogen fixation in association with rice. Philippine Journal of Crop Science, 44-50.

Wang R, Willibald G, Feng X, et al. 2011. Measurement of N_2, N_2O, NO and CO_2 emissions form soil with the gas-flow-soil-core technique. Environment Science and Technology, 45 (14): 6066-6072.

Yang W H, McDowell A C, Brooks P D, et al. 2014. New high precision approach for measuring ^{15}N$_2$ gas fluxes from terrestrial ecosystems. Soil Biology and Biochemistry, 69: 234-241.

Zhang J B, Müller C, Cai Z C. 2015. Heterotrophic nitrification of organic N and its contribution to nitrous oxide emissions in soils. Soil Biology and Biochemistry, 84: 199-209.

Zhao X, Xie Y X, Xiong Z Q, et al. 2009. Nitrogen fate and environmental consequence in paddy soil under rice-wheat rotation in the Taihu Lake region, China. Plant and Soil, 319 (1/2): 225-234.

Zhao X, Yan X Y, Xie Y X, et al. 2016. Use of nitrogen isotope to determine fertilizer-and soil-derived ammonia volatilization in a rice/wheat rotation system. Journal of Agricultural and Food Chemistry, 64 (15): 3017-3024.

Zhao X, Zhou Y, Wang S Q, et al. 2012, Nitrogen balance in a highly fertilized rice-wheat double-cropping system in southern China. Soil Science Society of America Journal, 76 (3): 1068-1078.

第 12 章　^{15}N 自然丰度变异在生物地球化学氮循环研究中的应用

12.1　稳定性同位素分馏效应和自然丰度变异

过去曾把 ^{15}N 自然丰度变异（用 δ^{15}N 表示）作为氮循环某些过程和反应机制的指示，称为"天然示踪剂"。在许多相关论文中可见到一个新名词"stable isotopic signatures"，译为"稳定性同位素印记"。这个名词不仅用于 δ^{15}N，也用于 δ^{13}C、δ^{18}O 等。不同于富集 ^{15}N、^{13}C 等示踪剂和贫化 ^{15}N 示踪剂，这两者都是化学制剂，同位素自然丰度变异，是不同自然条件下氮、碳和氧等元素转化过程中由于同位素分馏效应（isotope fractionation effect）留下的印记。

12.1.1　稳定性同位素质量分馏效应

物质迁移转化过程中，同位素分馏效应是由两个同位素的质量差异引起的，又称质量歧视效应（mass discrimination effect）。在物质的物理、化学和生物转化过程中，轻同位素如 ^{14}N、^{12}C、^{16}O 优先参与反应，当某一反应没有完成时，生成物相对富集轻同位素，而反应基质相对富集重同位素如 ^{15}N、^{13}C、^{18}O。大量事实证明，与生命活动有关的 C、H、O、N、S 元素和其他与组成矿物岩石有关的一些元素都存在稳定性同位素分馏效应。Nier 和 Gulbransen（1939）较早观测到碳同位素分馏作用，他们发现植物同化 CO_2 时，^{12}C 优先于 ^{13}C 参与反应，未反应的 CO_2 相对富集 ^{13}C。Craig（1953）报道，海藻进行光合作用时，从溶解在海水中的 CO_2 和 CO_3^{2-} 选择性地同化了 ^{12}C。虽然 Schoenheimer 和 Rittenberg（1939）提到反应过程中氮的轻同位素也优先参与反应，但对氮同位素分馏的了解和确认相对晚一些。Wellman 等（1968）通过假单胞菌属的 *Pseudomonas stutzeri* 以 NO_3^- 和 NO_2^- 作基质的反硝化纯培养试验发现 ^{14}N 快于 ^{15}N 参与反硝化反应，进一步确认了氮同位素的分馏效应。其后报道，在微生物驱动的许多氮转化过程中如有机氮矿化（Nadelhoffer and Fry，1994）、硝化（Delwiche and Steyn，1970；Mariotti et al.，1981）和反硝化（Choi et al.，2001）都存在氮同位素分馏。

Högberg（1997）曾根据前人结果汇总了氮素矿化、硝化、反硝化、挥发、同化等过程发生时伴随的氮同位素分馏效应的差异，给出了各过程相应分馏系数（fractionation factor）或富集系数（enrichment factor）的计算方法和数值，并讨论了 δ^{15}N 值变化用于揭示氮转化规律的可能性。然而，不同于溶液纯培养体系，土壤中氮素的各转化过程是同时发生的，反应底物和产物在不同过程中也有互换，由此引起了氮同位素分馏效应也相互叠加，很难单独通过土壤中各形态氮素 δ^{15}N 值变化来区分氮转化过程，开展定量研究。但是，也有一些学者在相对封闭的土壤环境和特定条件下，研究了土壤氨挥发、硝化或反硝化等特定过程发生时的氮同位素分馏效应和土壤氮 δ^{15}N 值变化规律（Delwiche and Steyn，1970；Choi and Ro，2003）。以硝化过程为例，氮同位素的分馏系数和富集系数可以根据底物 NH_4^+ 和产物 NO_3^- 的含量和 δ^{15}N 值模拟计算（Mariotti et al.，1981）：

$$\varepsilon_{p/s} \ln f = 10^3 \ln[(10^{-3}\delta_s + 1)/(10^{-3}\delta_{s,0} + 1)]$$

$$\delta_p - \delta_{s,0} = \varepsilon_{p/s}[-f\ln f/(1-f)]$$

$$a_{s/p} = 10^3/(10^3 + \varepsilon_{p/s})$$

式中，$a_{s/p}$ 是分馏系数；$\varepsilon_{p/s}$ 是产物 NO_3^- 相对于底物 NH_4^+ 的富集系数；f 是在硝化过程中 t 时刻底物中剩余的 NH_4^+ 含量；δ_s 和 $\delta_{s,0}$ 是硝化过程中 t 时刻和初始时刻底物 $\delta^{15}NH_4^+$ 值；δ_p 是硝化过程中产物 $\delta^{15}NO_3^-$ 值；下角标 p/s 表明是产物 NO_3^- 相对于底物 NH_4^+ 的系数；下角标 s/p 表明是底物 NH_4^+ 相对于产物 NO_3^- 的系数。

笔者也曾利用好气培养试验，观测了外源氮施加对不同农田土壤硝化作用的影响及 $\delta^{15}NH_4^+$ 和 $\delta^{15}NO_3^-$ 的变化。研究发现，硝化作用较强的土壤上同位素分馏效应明显，可导致 $\delta^{15}NH_4^+$ 值在培养期间显著上升，$\delta^{15}NO_3^-$ 则先降低再升高（后期升高是因为参与硝化的剩余反应底物 NH_4^+ 本身很高的 δ^{15}N 值）；$\delta^{15}NH_4^+$ 与土壤 NO_3^- 含量变化呈正相关关系，而与 NH_4^+ 含量变化呈负相关关系，且同位素分馏效应大小（同位素分馏系数）也与各土壤硝化潜势有一定关联。这些结果表明，氮同位素分馏效应可能会为研究当前氮肥大量输入背景下土壤硝化的响应提供佐证。具体内容可参阅 Zhao 和 Xing（2009）以及 Song 等（2014）。

12.1.2 同位素自然丰度变异

同位素分馏效应的后果是产生了同位素自然丰度变异（variation in natural isotope abudance），通常以 δ 表示，以 ^{15}N 为例，氮同位素的这种变异叫作 δ^{15}N，以千分差（‰；permill）为单位。δ^{15}N 值用下列算式计算：

$$\delta^{15}N = \frac{\text{样品}{}^{15}N\text{原子百分数} - \text{标准}{}^{15}N\text{原子百分数}}{\text{标准}{}^{15}N\text{原子百分数}} \times 1000 \text{ 或 } \delta^{15}N = \frac{R_{\text{样品}} - R_{\text{标准}}}{R_{\text{标准}}} \times 1000$$

R 是同位素比值，即 m/z 28$[{}^{14}N{}^{14}N]^+$ 与 m/z 29$[{}^{14}N{}^{15}N]^+$ 离子峰的比值。通常以大气 N_2 的 ^{15}N 自然丰度 [（0.366 3±0.000 1）atom%] 为标准，因此在早期文献中有时可见 $\delta^{15}N_{Air}$ 用法，即表示以大气 N_2 为参比标准的样品 ^{15}N 自然丰度值，往往也可以略去，意思不变。δ^{15}N 值可以是正值，也可以是负值，$+\delta^{15}$N 表示样品的 ^{15}N 自然丰度高于标准的 ^{15}N 自然丰度，$-\delta^{15}$N 表示样品的 ^{15}N 自然丰度低于标准的 ^{15}N 自然丰度值。一个单位的 δ^{15}N 值近似相当于 0.000 37 个 ^{15}N 原子百分数（atom% ^{15}N）（Hauck，1973）。虽然 ^{15}N 自然丰度变异的数值很小，但自然丰度变异是有规律的变化，可用它指示自然界氮循环的许多过程和反应生成物的起源。δ^{13}C、δ^{18}O 等的计算公式与 δ^{15}N 相同，只是用各自标准测量值来计算，^{13}C 的标准为美国南卡罗来纳州白垩系皮狄组美洲拟箭石，英文名简称 PDB。^{18}O 为维也纳标准平均海水，英文名简称 VSMOW。

12.2 不同物质 ^{15}N 自然丰度值

12.2.1 不同自然含氮物质 $\delta^{15}N$ 值

Hoering（1955）首先报道了不同来源自然含氮物质，如植物蛋白质、动物蛋白质、泥炭和煤、油气和天然气、岩石和矿物以及无机氮共 37 个样品的 $\delta^{15}N$ 值，范围在–13.0‰～13.0‰（表 12.1）。

表 12.1 不同来源含氮物质的 $\delta^{15}N$ 值

自然含氮物质	样品	来源	$\delta^{15}N_{Air}$/‰
植物蛋白质	白苜蓿叶		–6.5
	蒲公英叶		–2.8
	红橡木叶		–0.9
	雪松叶		1.3
	美国榆树叶		1.9
	野草		4.3
	燕麦		6.2
	海藻	日本东京湾	8.1
动物蛋白质	饲养鸡蛋		5.8
	蛤肉	大西洋	7.3
	羊肉		5.0
	牛奶		5.1
	白鼠脑组织		5.4
	白鼠肺组织		7.5
	白鼠肝组织		4.5
	白鼠血液		5.2
	白鼠皮肤、毛发、胸		5.0
泥炭和煤	泥炭	爱尔兰	119
	泥炭	Junius，纽约州	–2.8
	褐煤	Bowman，纽约州	–1.2
	烟煤	Pittsburgh，宾夕法尼亚州	–0.9
	烛煤	Cannel City，肯塔基州	1.6
	无烟煤	Gunnison，科罗拉多州	–1.2
	无烟煤	Lehigh，宾夕法尼亚州	–1.4
石油和天然气	Ella Well	Hunton Lime Formation，俄克拉何马州	–8.1
	Plaised NO.1	Marchand Formation，俄克拉何马州	–3.5
	Steve NO.1	Upper Bradley Formation，俄克拉何马州	–8.2
	Steve NO.1	Lower Bradley Formation，俄克拉何马州	2.9
	Fletcher NO.10	Marchand Formation，俄克拉何马州	–7.6
	Bitt NO.1	Hart Formation，俄克拉何马州	–11.5
	Matheson 96%甲烷		–13.0
	天然气	Washington County，阿肯色州	–5.9

续表

自然含氮物质	样品	来源	$\delta^{15}N_{Air}$/‰
岩石和矿物	花岗岩	Chelmsford，马萨诸塞州	−0.2
	花岗岩	Milford，马萨诸塞州	−0.9
	沥青铀矿	Great Bear Lake，加拿大	−2.3
无机氮	智利硝石	Tarapaca，智利	−2.6
	氯化铵（卤砂）	Paracutin，墨西哥	13.0

注：来源一栏中的小地名未译出，按原文；引自 Hoering（1955）。

Hauck（1973）汇集了不同作者提供的 21 种自然含氮物质的 $\delta^{15}N$ 值，范围大多为−13‰～28‰。只有两种含氮物质，来自美国科罗拉多州和加拿大的沥青铀矿（pitchblende 或 uraninite），$\delta^{15}N$ 值分别为 719.0‰和 953.0‰，大大高于其他自然含氮物质（表 12.2）。

表 12.2 某些自然物质的 $\delta^{15}N$ 值

样品	$\delta^{15}N_{Air}$/‰	数据来源
NH₃（来自炼焦炉）	−9.0	Bokhoven 和 Theeuwen（1966）
森林土壤（A₀ 层）	−7.0	Riga 等（1971）
煤（怀俄明州）	−5.0	Bokhoven 和 Theeuwen（1966）
吡啶（炼焦炉气体）	0.0	Bokhoven 和 Theeuwen（1966）
N₂（大气圈）	0±1	Junk 和 Svec（1958）
煤（荷兰）	2.0	Bokhoven 和 Theeuwen（1966）
煤（俄拉克荷马州）	11.4	Smith 和 Hudson（1951）
天然气（荷兰）	18.0	Bokhoven 和 Theeuwen（1966）
动物蛋白质精氨酸	19.0～28.0	Schoenheimer 和 Rittenberg（1939）
沥青铀矿（科罗拉多州）	719.0	White 和 Yagoda（1950）
沥青铀矿（加拿大）	953.0	White 和 Yagoda（1950）

注：引自 Hauck（1973）；其中来自 Hoering（1955）和 Cheng 等（1964）的数值与表 12.1 和表 12.4 重复，予以删除。

Wada 等（1975）报告了 41 种来源不同的自然含氮物质的 $\delta^{15}N$ 值，范围从−9.7‰～＋17.3‰。大体上可以看出各类植物和雨水的 $\delta^{15}N$ 值多数为负值，低于动物、土壤和河流（表 12.3）。

表 12.3 自然物质的 $\delta^{15}N$ 值

自然物质（采集地）	$\delta^{15}N_{Air}$/‰	自然物质（采集地）	$\delta^{15}N_{Air}$/‰
植物（陆地）		车轴草属	0.0
芒属植物	−1.0	蒲公英	1.2
野蔷薇	2.2	卷耳属植物	5.9

续表

自然物质（采集地）	$\delta^{15}N_{Air}$/‰	自然物质（采集地）	$\delta^{15}N_{Air}$/‰
蕨类植物	−0.6	猪舌	7.9
苔藓	−0.4	猪肠	6.8
松叶	1.1	猪心	8.2
松嫩枝	0.4	牛奶	7.7
松树干（新西兰）	2.6	蛋白	8.8
松外皮（新西兰）	0.6	蛋黄	7.0
Sun tree*	2.7	土壤（陆地）	
日本柳杉	1.0	Yamanak 湖附近 1	4.6
雨水		Yamanak 湖附近 2	4.6
NH_3（东京，1966 年 5 月收集）	−9.7	东京附近 1	4.9
NO_3^-（东京，1966 年 5 月收集）	4.3	东京附近 2	5.8
NH_3（东京，1966 年 7 月收集）	−8.3	东京附近 3	8.5
NH_3（东京，1966 年 9 月收集）	−3.2	油田盐水	
原油		Sarukawa，日本秋田县	1.1
Sarukawa 1，日本秋田县	5.1	Barato，日本北海道	3.4
Sarukawa 2，日本秋田县	4.9	Seigo，日本新潟县	4.1
Sarukawa 3，日本秋田县	3.1	河流（日本）	
Sarukawa 4，日本秋田县	2.3	Tone 河	8.6
Barato 1，日本北海道	3.6	Yodo 河	7.6
Barato 2，日本北海道	4.6	Asahi 河	17.3
动物（陆地）		Yoshino 河	1.9

注：引自 Wada 等（1975）；小地名未译出，按原文；*按原文。

　　Cheng 等（1964）首先分析了美国 25 种不同质地土壤 $\delta^{15}N$ 值，变异范围为 −1‰～17‰。（表 12.4）。

表 12.4　不同土壤全氮 $\delta^{15}N$ 值

土壤类型	采样深度/cm	全氮/%	$\delta^{15}N_{Air}$/‰
Edina 粉砂壤土	0～15	0.30	2
Edina 粉砂壤土	0～15	0.17	1
Grundy 粉砂壤土	0～15	0.35	16
Grundy 粉砂壤土	0～15	0.20	10
Hayden 粉砂壤土	0～15	0.28	2

续表

土壤类型	采样深度/cm	全氮/%	$\delta^{15}N_{Air}$/‰
Hayden 粉砂壤土	0～15	0.16	7
Sable 粉砂黏壤土	0～15	0.21	11
Sable 粉砂黏壤土	15～30	0.20	12
Sable 粉砂黏壤土	30～45	0.14	14
Sable 粉砂黏壤土	0～15	0.24	4
Sable 粉砂黏壤土	15～30	0.21	11
Sable 粉砂黏壤土	30～45	0.13	16
Cisne 粉砂壤土	0～15	0.11	3
Cisne 粉砂壤土	15～30	0.05	6
Cisne 粉砂壤土	30～45	0.06	5
Cisne 粉砂壤土	0～15	0.15	3
Cisne 粉砂壤土	15～30	0.11	7
Cisne 粉砂壤土	30～45	0.07	5
Fargo 粉砂黏土	0～15	0.30	−1
Harpster 黏砂壤土	0～15	0.36	0
Sceptre 黏土	0～15	0.32	1
Naicam 砂壤	0～15	0.30	2
Clinton 粉砂壤土	0～15	0.18	4
Houston 粉砂黏土	0～15	0.19	8
Promise 黏土	45～75	0.09	17

注：表中英文为土壤种类名，未译出。引自 Cheng 等（1964）。

Cheng 等（1964）也发表了美国五种不同土壤包括全氮，水解氮中的水解全氮、铵态氮、己糖胺、氨基酸氮、羟基氨基酸，以及非水解氮、可矿化态氮、固定态铵等的 δ^{15}N 值，范围为−3‰～25‰，各种形态氮与土壤全氮 δ^{15}N 值存在一定差异。表明在土壤氮素形态转化过程中产生了同位素分馏，而且不同形态氮转化过程中同位素分馏效应的强弱不同（表 12.5）。

表 12.5　土壤不同形态氮的 δ^{15}N 值 　　　　（单位：$\delta^{15}N_{Air}$/‰）

氮的形态	土壤类型				
	Grundy 粉砂黏壤土	Hayden 粉砂壤土	Austin 黏土	Clarion 粉砂壤土	Glencoe 粉砂黏壤土
全氮	16	7	5	3	2
水解全氮	18	10	7	5	4
铵态氮	7	7	3	6	5
己糖胺	25	8	0	2	−2
氨基酸氮	16	14	12	5	8
羟基氨基酸	19	11	8	7	3

续表

氮的形态	土壤类型				
	Grundy 粉砂黏壤土	Hayden 粉砂壤土	Austin 黏土	Clarion 粉砂壤土	Glencoe 粉砂黏壤土
非水解氮	−3	−2	−1	0	−4
*可矿化态氮	6	2	1	1	1
固定态铵	6	6	4	2	0

*可矿化态氮指土壤在 30℃和 50%田间持水量培养两周后，矿化出的无机氮（原作者注）；引自 Cheng 等（1964）。

12.2.2　我国土壤、肥料、植物 ^{15}N 自然丰度值变化

我国不同气候带土壤类型多样，土地利用方式也各不相同，土壤 ^{15}N 自然丰度的变异范围到底有多大？不同土壤气候带植物的 δ^{15}N 值有什么差异？笔者曾进行了较为系统的调查。

1.土壤全氮 δ^{15}N 值

在全国采集了包括红壤、赤红壤、砖红壤、紫色土、黑土、淋溶黑钙土、白浆土、塿土、黑垆土、黄绵土、沼泽土、暗棕壤、棕色针叶林土、漂灰土、灰色森林土、栗钙土、棕钙土、棕漠土、灰漠土、荒漠土、盐土、高山草甸土、亚高山草甸土、苔原土和分布在不同地区的水稻土的 27 大类或亚类的 70 个土壤剖面（包括 0~4m 或 0~5cm 的苔原土），不同层次的 352 个样本，分析了土壤全氮的 δ^{15}N 值，可以认为是目前土壤全氮 δ^{15}N 值变异的一份较为完整和具有代表性的研究结果（表 12.6）。

表 12.6　我国土壤全氮 δ^{15}N 值

序号	土壤	采集地点	母质	利用	层次/cm	全氮/%	$\delta^{15}N_{Air}$/‰
1	红壤	江西余江	第四纪红色黏土	旱地	0~15	0.082	6.732
					15~113	0.039	7.858
					113~203	0.030	7.747
2	红壤	江西余江	第四纪红色黏土	荒地	0~30	0.044	9.734
					30~126	0.040	9.146
					126~150	0.032	7.397
3	红壤	江西余江	第四纪红色黏土	林地	0~4	0.142	2.408
					4~21	0.044	6.621
					21~50	0.032	8.679
					50~105	0.037	8.582
					105~170	0.036	7.769
					170~190	0.027	8.251

续表

序号	土壤	采集地点	母质	利用	层次/cm	全氮/%	$\delta^{15}N_{Air}$/‰
3	红壤	江西余江	第四纪红色黏土	林地	190~245	0.032	4.326
					245~350	0.021	4.256
					350~420	0.033	4.665
					420~500	0.025	4.972
4	红壤	广西柳州	砂页岩	林地	0~4	0.439	2.014
					4~25	0.142	7.275
					>25	0.033	8.130
5	赤红壤	广东萝岗	花岗岩	旱地	0~14	0.102	6.448
					14~26	0.078	7.737
					26~56	0.048	8.785
					56~80	0.033	8.822
6	赤红壤	广东萝岗	花岗岩	林地	0~5	0.181	6.673
					5~37	0.119	6.157
					37~85	0.060	7.216
					85~120	0.031	9.197
7	黄壤	四川峨眉山	白云岩	林地	0~16	0.212	4.423
					16~60	0.123	6.917
					60~100	0.082	7.194
8	黄壤	四川夹江	第四纪冲积物	林地	0~16	0.071	6.982
					16~34	0.052	5.080
					34~83	0.066	4.477
					83~130	0.040	5.176
9	石灰性紫色土	四川简阳	石灰性紫砂岩	荒地	0~18	0.098	1.951
					18~32	0.054	1.813
					32~49	0.072	2.698
					>49	0.012	3.825
10	石灰性紫色土	四川简阳	石灰性紫砂岩	旱地	0~20	0.075	4.675
					20~67	0.056	4.165
					67~90	0.050	4.071
11	紫色土	四川乐山	红砂岩	林地	0~15	0.094	6.226
					15~28	0.067	4.002
					>28	0.025	4.931
12	紫色土	四川乐山	红砂岩	林地	0~7	0.168	2.653
					7~22	0.116	3.628
					22~40	0.046	8.309
					40~80	0.066	6.885

续表

序号	土壤	采集地点	母质	利用	层次/cm	全氮/%	$\delta^{15}N_{Air}$/‰
12	紫色土	四川乐山	红砂岩	林地	>80	0.012	3.093
13	砖红壤	云南勐海	第四纪红色黏土	原始林	0~1	0.508	19.637
					1~4	0.334	6.831
					4~20	0.194	8.302
					20~50	0.126	8.594
					50~65	0.090	7.606
					65~90	0.086	7.323
					90~110	0.081	7.728
					110~140	0.070	8.600
					140~160	0.062	8.552
14	砖红壤	云南勐海	花岗岩	橡胶林	0~20	0.221	5.878
					20~40	0.132	6.351
					40~60	0.157	6.202
					60~85	0.098	7.390
					85~100	0.085	7.599
					100~125	0.064	7.807
					125~160	0.064	7.757
15	砖红壤	云南勐海	花岗岩	旱地	0~30	0.141	6.831
					30~50	0.129	8.302
					50~73	0.102	8.594
					73~105	0.071	8.287
16	砖红壤	云南昆明	第四纪红色黏土	旱地	0~15	0.109	8.814
					15~23	0.082	8.609
					23~45	0.049	8.244
					45~63	0.040	7.734
					63~95	0.046	8.041
17	砖红壤	云南勐养	玄武岩	旱地	0~10	0.142	6.127
					10~18	0.125	7.612
					18~40	0.049	7.275
					40~70	0.083	7.828
					70~100	0.075	7.987
18	砖红壤	云南勐腊	石灰岩	原始林	0~1	0.678	18.604
					1~9	0.288	6.129
					9~24	0.177	7.477
					24~47	0.086	7.714
					47~72	0.080	8.502

续表

序号	土壤	采集地点	母质	利用	层次/cm	全氮/%	$\delta^{15}N_{Air}$/‰
18	砖红壤	云南勐腊	石灰岩	原始林	72～97	0.082	8.591
					97～125	0.069	7.194
					125～153	0.088	8.159
19	砖红壤	云南勐腊	石灰岩	旱地	0～10	0.288	7.579
					10～25	0.147	7.986
					25～60	0.083	8.159
					60～90	0.034	8.611
20	黄棕壤	江苏句容	下蜀黄土	林地	0～4	0.203	1.791
					4～10	0.087	5.160
					10～35	0.061	5.316
					35～60	0.040	7.631
					60～130	0.033	7.723
					130～300	0.031	7.337
					300～400	0.028	6.615
					400～700	0.026	7.317
21	棕壤	山东泰安	片麻岩	林地	0～1	0.247	0.164
					1～16	0.111	2.775
					16～25	0.074	5.420
					25～40	0.034	7.044
					40～60	0.024	3.463
					60～93	0.036	5.267
					93～110	0.023	4.754
22	棕壤	辽宁沈阳	黄土状冲积物	荒地	0～12	0.199	5.796
					12～40	0.078	6.513
					40～67	0.075	7.645
					67～84	0.048	6.782
					84～120	0.034	5.571
23	黑土	吉林长春	第四纪冲积物	旱地	0～15	0.161	6.653
					15～40	0.103	7.536
					40～72	0.084	7.597
					72～92	0.067	7.350
					92～120	0.034	7.607
					120～140	0.048	7.371
24	黑钙土	吉林前郭	第四纪冲积物	旱地	0～20	0.141	6.090
					20～35	0.162	6.141
					35～50	0.084	6.795

续表

序号	土壤	采集地点	母质	利用	层次/cm	全氮/%	$\delta^{15}N_{Air}$/‰
24	黑钙土	吉林前郭	第四纪冲积物	旱地	50~65	0.078	7.375
					65~77	0.060	7.350
					77~90	0.055	7.131
					90~100	0.075	7.440
					100~110	0.031	5.639
25	白浆土	黑龙江宝庆	第四纪冲积物	旱地	0~19	0.480	6.591
					19~40	0.049	7.778
					40~66	0.073	6.261
					66~98	0.069	6.418
26	墣土	陕西杨陵	黄土	旱地	0~18	0.093	4.123
					18~26	0.073	5.121
					26~68	0.052	5.592
					38~108	0.053	6.071
					108~129	0.053	6.030
					129~185	0.031	6.081
					185~225	0.033	5.724
					>225	0.031	5.382
27	黑垆土	甘肃西峰	黄土	旱地	0~20	0.101	5.822
					20~30	0.065	5.878
					30~60	0.056	6.533
					60~130	0.067	6.553
					130~150	0.052	6.488
					150~175	0.032	6.557
					175~250	0.032	5.653
28	黄绵土	陕西延安	黄土	旱地	0~17	0.049	5.116
					17~34	0.030	5.439
					34~72	0.028	5.971
					72~110	0.026	5.227
					110~130	0.024	4.871
					130~150	0.019	3.385
29	潮土	河南封丘	黄河冲积物	旱地	0~19	0.079	7.437
					19~30	0.052	7.914
					30~46	0.068	7.343
					46~73	0.029	5.789
					73~107	0.027	5.915
					107~136	0.020	5.949

续表

序号	土壤	采集地点	母质	利用	层次/cm	全氮/%	$\delta^{15}N_{Air}$/‰
29	潮土	河南封丘	黄河冲积物	旱地	136～153	0.033	5.827
30	黑土	内蒙古牙克石	黄土残积物	旱地	0～38	0.283	7.078
					38～56	0.054	6.716
					56～90	0.048	6.522
					90～110	0.033	6.513
31	淋溶黑钙土	内蒙古牙克石	第四纪冲积物	旱地	0～12	0.275	6.365
					12～25	0.272	6.183
					25～65	0.204	7.358
					65～100	0.090	8.016
					100～130	0.036	8.117
32	草甸沼泽土	内蒙古扎兰屯	花岗岩坡积物	旱地	0～16	0.304	4.919
					16～30	0.479	3.020
					>30	0.068	2.482
33	暗棕壤	内蒙古扎兰屯	花岗岩	林地	0～1	1.542	0.291
					1～9	0.461	3.936
					9～26	0.140	8.135
					26～54	0.059	8.410
					54～89	0.054	6.866
34	棕色针叶林土	内蒙古满归	花岗岩	林地	0～4	1.015	0.534
					4～10	0.248	5.706
					10～20	0.103	6.630
					20～34	0.046	8.013
					34～50	0.023	7.963
35	漂灰土	内蒙古满归	花岗岩	林地	0～4	1.425	0.644
					4～8	0.845	0.724
					8～16	0.091	6.305
					16～42	0.022	8.741
36	灰色森林土	内蒙古牙克石	花岗岩	林地	0～5	1.593	2.451
					5～20	0.482	6.291
					20～52	0.388	7.482
					52～70	0.035	7.435
37	黑褐色森林土	新疆天池	黄土状沉积物	原始林	0～5	1.210	−0.710
					5～10	0.470	3.030
					10～20	0.350	5.520
					20～35	0.210	6.300
38	栗钙土	内蒙古锡林郭勒	洪积物	草地	0～20	0.160	6.713

序号	土壤	采集地点	母质	利用	层次/cm	全氮/%	$\delta^{15}N_{Air}$/‰
38	栗钙土	内蒙古锡林郭勒	洪积物	草地	20～44	0.102	6.592
					44～77	0.091	7.212
					77～106	0.072	5.836
					106～136	0.024	4.761
					136～160	0.018	6.028
39	棕钙土	新疆阜康	黄土状沉积物	荒地	0～6	0.119	4.663
					6～15	0.068	3.221
					15～26	0.053	0.428
					26～43	0.042	2.381
					43～70	0.023	7.392
40	棕漠土	新疆吐鲁番	第三纪红色沉积物	荒地	0～10	0.025	10.630
					10～26	0.023	9.396
					26～32	0.016	9.117
					32～36	0.021	9.890
					36～42	0.017	9.251
					42～67	0.018	8.292
					67～85	0.011	18.257
41	灰漠土	新疆阜康	黄土状沉积物	荒地	0～12	0.038	9.759
					12～42	0.028	10.242
					42～59	0.033	12.187
					59～85	0.020	10.000
					85～105	0.025	10.539
					105～138	0.016	8.458
42	灰漠土	新疆阜康	黄土状沉积物	荒地	0～4	0.080	11.785
					4～15	0.040	10.433
					15～31	0.035	8.751
					31～46	0.031	6.845
					46～72	0.028	9.888
					72～99	0.023	6.279
43	荒漠土	新疆阜康	黄土状沉积物	荒漠林	0～7	0.081	11.152
					7～13	0.164	5.442
					13～24	0.161	2.835
					24～41	0.039	1.124
					41～69	0.016	0.328
					69～105	0.015	−3.788
44	荒漠土	新疆精河	冲积物	荒漠	0～20	0.013	8.948

续表

序号	土壤	采集地点	母质	利用	层次/cm	全氮/%	$\delta^{15}N_{Air}$/‰
44	荒漠土	新疆精河	冲积物	荒漠	20~40	0.018	9.065
					40~60	0.009	7.889
45	盐土	新疆疏附	冲积物	荒地	0~15	0.283	1.724
					15~40	0.104	6.070
					40~70	0.060	7.810
					70~100	0.051	7.440
					100~200	0.064	5.939
46	残余盐土	新疆艾丁湖	冲积物	荒地	0~1	0.064	13.355
					1~13	0.100	16.025
					13~27	0.072	15.695
					27~38	0.047	13.186
					38~60	0.035	11.189
					60~75	0.031	10.245
					75~125	0.030	9.112
47	盐土	新疆疏附	冲积物	荒地	0~3	0.159	2.546
					3~15	0.080	8.220
					15~28	0.064	8.723
					28~45	0.046	8.861
					45~65	0.041	8.250
					65~80	0.028	4.168
					80~170	0.044	6.269
48	石膏棕漠土	新疆疏附	冲积物	荒地	0~10	0.011	13.070
					10~40	0.005	28.260
					40~120	0.010	17.520
					120~135	0.003	27.370
49	盐土	新疆疏附	冲积物	荒地	0~3	0.037	18.320
					3~15	0.027	20.470
					15~28	0.032	15.500
					28~45	0.030	14.640
					45~65	0.041	14.680
					65~80	0.025	11.240
					80~110	0.034	10.870
50	梭梭林土	新疆疏附	冲积物	荒漠稀疏林	0~1	0.037	10.860
					1~10	0.022	11.390
					10~40	0.030	7.260
					>40	0.016	10.200

序号	土壤	采集地点	母质	利用	层次/cm	全氮/%	$\delta^{15}N_{Air}$/‰
51	潮土	西藏曲水		草地	0~18	0.115	7.057
					18~36	0.080	7.191
					36~58	0.030	6.965
					58~100	0.034	6.670
52	高山草甸土	西藏拉萨		草地	0~8	0.399	5.795
					8~20	0.254	10.904
					20~30	0.080	17.055
					30~50	0.085	13.235
53	亚高山草甸土	西藏墨竹工卡		草地	0~5	0.544	4.036
					5~20	0.255	7.724
					20~37	0.091	5.584
					37~69	0.069	5.219
					69~90	0.056	5.141
54	亚高山湿草甸土	西藏拉萨		草地	0~8	0.476	5.254
					8~20	0.169	6.565
					20~38	0.113	5.500
					38~65	0.101	5.369
					>65	0.087	5.609
55	高山草甸土	新疆天山		草地	0~15	0.275	0.115
					15~35	0.126	2.432
					35~45	0.064	4.006
56	苔原土	南极长城站			0~4	0.890	1.351
57	苔原土	南极智利站			0~5	0.880	5.726
58	水稻土	云南昆明	第四纪红色黏土	稻田	0~20	0.162	4.401
					20~30	0.066	4.746
					30~50	0.037	6.229
					50~75	0.051	4.644
					75~100	0.060	5.746
					100~115	0.060	5.403
59	水稻土	广东广州	花岗岩	稻田	0~20	0.176	2.509
					20~30	0.078	4.082
					30~60	0.059	4.562
					60~100	0.038	7.876
60	水稻土	江西余江	第四纪红色黏土	稻田	0~15	0.216	1.643
					15~22	0.145	1.873
					22~45	0.074	6.798

续表

序号	土壤	采集地点	母质	利用	层次/cm	全氮/%	$\delta^{15}N_{Air}$/‰
60	水稻土	江西余江	第四纪红色黏土	稻田	45～72	0.037	6.792
61	水稻土	四川乐山	酸性红砂岩	稻田	0～15	0.165	1.805
					15～40	0.153	1.627
					40～67	0.151	1.564
					67～80	0.145	1.723
62	水稻土	四川简阳	石灰性紫砂岩	稻田	0～16	0.087	5.219
					16～52	0.056	4.165
					52～100	0.050	4.071
63	水稻土	江苏溧阳	下蜀黄土	稻田	0～17	0.100	3.575
					17～31	0.036	5.700
					31～45	0.031	6.201
					45～70	0.035	7.107
					70～100	0.034	7.042
64	水稻土	江苏江宁	下蜀黄土	稻田	0～17	0.171	5.582
					17～28	0.113	6.323
					28～65	0.061	6.806
					65～100	0.057	7.162
					100～128	0.052	5.160
65	水稻土	江苏江宁	下蜀黄土	稻田	0～17	0.255	3.883
					17～34	0.164	3.166
					34～60	0.083	3.105
					60～87	0.087	1.938
					87～105	0.089	3.141
					105～120	0.054	4.593
66	水稻土	江苏常熟	湖积物	稻田	0～14	0.230	3.135
					14～29	0.136	4.387
					29～48	0.068	5.440
					48～72	0.068	3.784
					72～100	0.050	5.162
					100～115	0.053	5.354
67	水稻土	江苏太仓	长江冲积物	稻田	0～15	0.130	4.969
					15～25	0.089	5.019
					25～56	0.048	6.483
					56～78	0.039	4.841
					78～105	0.013	4.189
					105～120	0.044	4.824

续表

序号	土壤	采集地点	母质	利用	层次/cm	全氮/%	$\delta^{15}N_{Air}$/‰
68	水稻土	山西晋祠	黄土	稻田	0～20	0.292	7.015
					20～42	0.195	4.999
					42～67	0.206	5.522
					67～85	0.136	5.245
					85～108	0.029	4.735
					108～140	0.095	5.196
69	水稻土	山西晋祠	黄土	稻田	0～14	0.314	7.335
					14～20	0.264	6.970
					20～43	0.254	6.553
					43～58	0.200	5.994
					58～86	0.043	4.997
70	水稻土	辽宁沈阳	黄土残积物	稻田	0～17	0.102	6.735
					17～25	0.061	8.218
					25～56	0.066	8.207
					56～109	0.029	7.510
					109～150	0.021	5.072

注：南极苔原土由中国科技大学孙立广教授提供。

　　我国 352 个土壤全氮 $\delta^{15}N$ 值的变异范围从 -3.788‰ 到 28.260‰。99% 为正值，只有两个为负值，最高值为新疆疏附的石膏棕漠土，最低值是新疆阜康的荒漠土。75.8 % 的 $\delta^{15}N$ 值在 3.8‰～9.4‰，88.4% 在 1.9‰～11.3‰（图 12.1）。

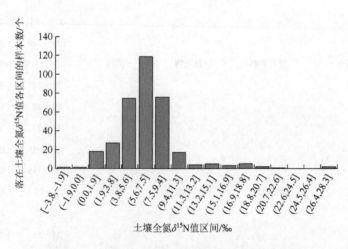

图 12.1　我国 352 个土壤全氮 $\delta^{15}N$ 值频度分布图

　　我国土壤全氮 $\delta^{15}N$ 值的范围及频度分布与美国土壤很接近，Shearer 等（1978）研究了从美国阿拉斯加州到路易斯安那州，再从缅因州到犹他州共计 20 个州，124 个表层土壤全氮 $\delta^{15}N$ 值，发现 90%分布在 5.1‰～12.3‰，75%在 7.1‰～11.1‰。

从我国不同类型土壤全氮 $\delta^{15}N$ 值的范围来看，可得到下列认识。

（1）我国土壤全氮 $\delta^{15}N$ 值平均为 6.75‰。一个 $\delta^{15}N$ 值相当于 0.000 37 atom%¹⁵N，表明土壤中 ¹⁵N 自然丰度一般要高于大气背景值，即便按土壤 $\delta^{15}N$ 值为 10‰计算，也只有 0.369 7 atom%¹⁵N（10×0.000 37 + 0.366）。来自美国 20 个州的 124 个土壤表层全氮 $\delta^{15}N$ 值平均为 7.75‰（Shearer et al.，1978），只相当于 0.369 1 atom%¹⁵N。看来稳定性同位素分馏效应引起的土壤全氮 $\delta^{15}N$ 值变异，对富集 ¹⁵N 示踪试验结果，不会产生很大影响。然而，Wellman 等（1968）曾提出用富集 ¹⁵N 示踪剂进行长期试验还应考虑同位素分馏效应中 ¹⁴N 优先于 ¹⁵N 参与反应的积蓄效应。

（2）不同类型土壤 $\delta^{15}N$ 值在剖面中常随剖面深度增加而增高，与全氮含量随深度增加而降低的特点相反。然而，也有例外，在新疆荒漠地区采集的灰漠土、荒漠土、残余盐土（表 12.6，序号分别为 42、43 和 46）的 $\delta^{15}N$ 值从表层或亚表层向下，随剖面深度增加而下降。

（3）从土壤类型来看，东北至山东、江苏和新疆未遭受侵蚀的森林土壤，酸性稻田土壤 $\delta^{15}N$ 值都比较低，西北和新疆等干旱地区的灰漠土、荒漠土、棕漠土和石膏盐土、残余盐土，都有比较高的 $\delta^{15}N$ 值。同一母质的旱地和荒地土壤 $\delta^{15}N$ 值常高于稻田。

2. 土壤不同含氮组分 $\delta^{15}N$ 值变化

土壤及剖面中不同含氮组分 ¹⁵N 自然丰度变异是一定自然和人为条件下氮素迁移转化留下的印记。提取这些信息有助于解读不同土壤、不同土壤性质、不同利用方式、不同剖面深度 $\delta^{15}N$ 值差异的原因，从而更有效地利用 $\delta^{15}N$ 自然丰度变异，诠释氮循环过程。

笔者曾分析了不同土壤表层有机含氮组分，如水解氮、非水解氮和氨基酸氮、土壤胡敏酸、富里酸和胡敏素（分离胡敏酸和富里酸后的残渣氮），土壤不同粒级含氮组分（黏粒、粉砂粒和细砂粒），土壤可矿化态氮（矿化出的 NH_4^+），以及被土壤矿物晶格固定的固定态 NH_4^+ 的 $\delta^{15}N$ 值，国际上对这些工作的研究很少。

1）土壤不同有机含氮组分的 $\delta^{15}N$ 值

对 19 种土壤水解氮、非水解氮和氨基酸氮的研究表明，除 3 种酸性和强酸性土壤（广东徐闻砖红壤、四川乐山酸性紫色土和内蒙古满归漂灰土）外，非水解氮的 $\delta^{15}N$ 值低于水解氮的 $\delta^{15}N$。土壤氨基酸氮的 $\delta^{15}N$ 值的高低与土壤 pH 有关，酸性和强酸性土壤氨基酸氮的 $\delta^{15}N$ 值明显低于中性和碱性土壤全氮和水解氮；微酸性土壤氨基酸氮的 $\delta^{15}N$ 值与土壤全氮和水解氮接近；而 pH 较高特别是碱性土壤氨基酸氮的 $\delta^{15}N$ 值明显高于全氮和水解氮（表 12.7）。

表 12.7 土壤水解氮、非水解氮、氨基酸氮和全氮的 $\delta^{15}N$ 值

土壤	地点	pH	$\delta^{15}N_{Air}$/‰			
			水解氮	非水解氮	氨基酸氮	全氮
砖红壤	广东徐闻	4.91	8.33	8.41	2.15	8.72
赤红壤	广东广州	4.28	6.95	3.90	2.01	6.29

续表

土壤	地点	pH	$\delta^{15}N_{Air}/‰$			
			水解氮	非水解氮	氨基酸氮	全氮
红壤	江西余江	4.22	2.49	1.53	0.62	2.02
酸性紫色土	四川乐山	4.02	1.69	3.41	1.11	2.27
漂灰土	内蒙古满归	5.84	0.30	0.88	1.22	0.34
棕色针叶林土	内蒙古满归	4.89	5.45	5.30	1.80	5.32
水稻土	江西余江	5.53	1.37	1.08	1.10	1.26
水稻土	广东广州	5.71	2.57	1.02	0.21	2.32
灰色森林土	内蒙古牙克石	5.92	6.23	3.08	0.87	5.90
暗棕壤	内蒙古扎兰屯	6.25	4.04	2.00	2.20	3.55
棕壤	山东泰安	6.55	2.50	1.38	2.58	2.39
淋溶黑钙土	内蒙古牙克石	6.89	7.00	4.83	5.30	5.98
沼泽土	内蒙古扎兰屯	6.24	4.67	2.64	5.36	4.53
栗钙土	内蒙古锡林浩特	6.83	7.39	4.66	8.08	6.23
壤土	陕西杨陵	8.53	4.20	3.00	7.24	3.74
黑垆土	甘肃西峰	8.66	6.12	3.33	6.48	5.43
潮土	河南封丘	8.82	7.55	4.28	7.84	7.05
石灰性紫色土	四川简阳	8.33	4.89	3.67	8.88	4.68
水稻土	江苏南通	7.92	6.69	4.84	7.19	5.66

　　另一些不同 pH 土壤对酸水解分离出的氨基酸氮的影响与表 12.7 一致，强酸性土壤氨基酸氮的 $\delta^{15}N$ 值低于全氮，微酸性、中性、碱性土壤氨基酸氮的 $\delta^{15}N$ 值高于或略高于全氮 $\delta^{15}N$ 值（表 12.8）。

表 12.8　土壤水解液中氨基酸氮和全氮的 $\delta^{15}N$ 值

土壤	母质	pH	$\delta^{15}N_{Air}/‰$	
			氨基酸氮	全氮
漂灰土	花岗岩	5.84	−1.22	0.34
棕色针叶林土	花岗岩	4.89	1.80	5.42
棕色石灰土	石灰岩	6.00	6.70	6.39
黄棕壤	下蜀黄土	6.53	2.15	1.40
栗钙土	黄土堆积物	6.83	8.08	6.23
黑垆土	黄土	8.53	6.48	5.43
水稻土	冲积物	7.92	7.19	5.60

注：引自 Shi 等（1992）。

　　土壤氨基酸是土壤有机氮中分子结构相对简单、最易分解的有机氮化物。酸性和强酸性土壤中氨基酸氮的 $\delta^{15}N$ 值低于相应的全氮 $\delta^{15}N$ 值，表明氨基酸氮在这类土壤中稳定性相对较高，不易遭受微生物的分解，或强酸性土壤环境不利于微生物活动。而中性或碱性土壤中矿化出的氨基酸易被微生物利用,分解形成氮氧化物和氮氢化物或 N_2 离开土壤进入环境,使残留的氨基酸氮相对富集 ^{15}N。

对土壤的胡敏酸、富里酸和胡敏素的 δ^{15}N 值进行分离和鉴定。结果表明,三种组分 δ^{15}N 值与其全氮的 δ^{15}N 值相差很小,与土壤 pH 和土地利用无明显关系(表 12.9)。这进一步证明土壤腐殖质氮是土壤有机氮中最稳定的含氮组分。

表 12.9　不同土壤胡敏酸、富里酸和胡敏素的 δ^{15}N 值

| 土壤 | pH | $\delta^{15}N_{Air}$/‰ | | | | | | |
		胡敏酸	富里酸	胡敏素	全氮	全氮-胡敏酸	全氮-富里酸	全氮-胡敏素
棕色针叶林土	4.89	5.41	7.28	5.30	5.32	−0.09	−1.96	2.02
暗棕壤	6.25	3.63	3.65	3.20	3.55	−0.08	−0.10	0.35
灰色森林土	5.92	5.55	6.00	4.57	5.43	−0.12	−0.57	0.86
淋溶黑钙土	6.29	6.08	5.30	5.71	5.98	−0.10	0.68	0.27
草甸沼泽土	6.24	4.06	4.30	4.97	4.53	0.47	0.23	−0.44
塿土	8.53	3.25	4.33	4.02	3.74	0.49	−0.59	−0.28
黑垆土	8.66	5.42	5.68	4.57	5.43	0.01	−0.25	0.86
灰漠土	8.97	9.47	10.69	8.83	9.37	−0.10	−1.32	0.54
黄棕壤	6.53	0.79	1.53	1.82	1.40	0.61	−0.13	−0.42
砖红壤	6.23	5.14	5.55	5.51	5.49	0.35	−0.06	−0.02
赤红壤	4.28	5.94	6.54	6.28	6.29	0.35	−0.25	0.01

水稻土是灌水和施化肥氮比较多的土壤,不同地区的腐殖质三个组分的 δ^{15}N 值与全氮的差异也很小(表 12.10),表明稻田土壤中腐殖质三个组分也是相当稳定的,受人为活动影响很小,也不受土壤 pH 的影响。

表 12.10　不同地区水稻土中胡敏酸、富里酸和胡敏素的 δ^{15}N 值

| 土壤 | 地点 | pH | $\delta^{15}N_{Air}$/‰ | | | | | | |
			胡敏酸	富里酸	胡敏素	全氮	全氮-胡敏酸	全氮-富里酸	全氮-胡敏素
水稻土	广东广州	5.10	2.31	2.28	1.93	2.22	−0.09	−0.06	0.29
水稻土	江西余江	5.09	1.76	1.08	1.20	1.26	−0.5	0.18	0.06
水稻土	江苏吴中区	5.56	5.25	4.69	5.27	5.2	−0.05	0.51	−0.07
水稻土	江苏吴中区	6.40	3.28	3.55	3.22	3.5	0.22	−0.05	0.28
水稻土	江苏常熟	7.28	4.38	4.14	3.90	4.18	−0.2	0.04	0.28
水稻土	辽宁苏家屯区	6.09	6.45	5.77	6.08	6.35	−0.1	0.58	0.27
水稻土	山西晋祠	7.80	6.02	7.05	7.34	6.95	0.93	−0.1	−0.39
水稻土	山西晋祠	7.83	6.48	5.19	6.94	6.63	0.15	1.44	−0.31

2)土壤固定态铵的 δ^{15}N 值

土壤固定态铵是土壤除去有机质后的残渣,用氢氟酸破坏层状硅酸盐矿物晶格释出的

NH_4^+。Shi 等（1992）研究了 12 种不同地区土壤表层和 2 个剖面不同层次中黏土矿物固定态铵的 $\delta^{15}N$ 值及其相对应的土壤全氮 $\delta^{15}N$ 值。除两种水稻土外，固定态铵的 $\delta^{15}N$ 值都不同程度显著高于相对应土壤全氮的 $\delta^{15}N$ 值（表 12.11）。

表 12.11　土壤固定态铵的 $\delta^{15}N$ 值

土壤	母质	有机质/(g/kg)	$\delta^{15}N_{Air}$/‰	
			固定态铵	全氮
漂灰土	花岗岩	466.6	5.64	0.34
暗棕壤	花岗岩	94.7	5.05	3.55
灰色森林土	玄武岩	101.3	6.46	5.90
棕壤	片麻岩	23.0	3.43	2.39
草甸沼泽土	花岗岩堆积物	65.0	7.43	4.53
黑钙土	酸性紫砂岩	55.1	7.32	5.98
栗钙土	黄土堆积物	24.3	8.55	6.23
水稻土	第四纪红色黏土	34.1	6.11	1.26
水稻土	酸性紫砂岩	25.7	3.60	0.70
水稻土	冲积物	44.2	5.21	4.19
水稻土	洪积物	27.6	5.26	5.60
水稻土	黄土状堆积	29.7	4.57	5.20

注：引自 Shi 等（1992）。

两个土壤剖面不同层次土壤中固定态铵的 $\delta^{15}N$ 值除水稻土剖面中 45～72cm 土层外，均明显高于相对应层次土壤全氮 $\delta^{15}N$ 值（表 12.12）。固定态铵的 $\delta^{15}N$ 值为什么高于相对应土壤层次全氮的 $\delta^{15}N$ 值，目前还难以解释。

表 12.12　土壤剖面中固定态铵的 $\delta^{15}N$ 值

土壤	地点	母质	深度/cm	$\delta^{15}N_{Air}$/‰	
				固定态铵	全氮
水稻土	江西余江	第四纪红色黏土	0～15	6.11	1.26
			15～22	7.10	1.49
			22～45	6.62	6.41
			45～72	6.29	6.40
棕色针叶林土	江西余江	花岗岩	0～4	*	0.53
			4～10	5.74	5.32
			10～20	10.06	6.24
			20～34	11.98	7.63
			34～50	8.81	7.58

注：*0～4cm 为枯枝落叶层，未测定固定态铵的 $\delta^{15}N$ 值；引自 Shi 等（1992）。

3）土壤有机氮矿化出的 $NH_4^+\ \delta^{15}N$ 值

Shi 等（1992）研究了不同土壤可矿化态氮即有机氮矿化出的 NH_4^+ 的 $\delta^{15}N$ 值，同样发现，其明显受土壤 pH 的影响，这与不同土壤氨基酸氮的 $\delta^{15}N$ 值受 pH 影响的结果一致。酸性、强酸性土壤可矿化态氮的 $\delta^{15}N$ 值大大低于相对应土壤全氮的 $\delta^{15}N$ 值（表 12.13）。

表 12.13　酸性土壤可矿化态氮的 $\delta^{15}N$ 值

土壤	母质	pH	$\delta^{15}N_{Air}$/‰	
			可矿化态氮	全氮
红壤	第四纪红色黏土	4.22	−0.92	2.02
赤红壤	花岗岩	4.28	4.33	6.28
砖红壤	玄武岩	4.91	1.55	5.49
黄壤	白云岩	4.98	1.54	5.18
酸性紫色土	酸性紫色砂岩	4.02	−0.49	2.27
水稻土	第四纪红色黏土	5.53	0.19	1.26
水稻土	花岗岩	5.71	0.15	2.11

注：引自 Shi 等（1992）。

弱酸性和中性土壤可矿化态氮的 $\delta^{15}N$ 值高于全氮的 $\delta^{15}N$ 值（表 12.14）。

表 12.14　弱酸性和中性土壤可矿化态氮的 $\delta^{15}N$ 值

土壤	母质	pH	$\delta^{15}N_{Air}$/‰	
			可矿化态氮	全氮
暗棕壤	花岗岩	6.25	5.88	3.57
黑土	花岗岩残积物	6.16	7.64	6.69
草甸沼泽土	花岗岩残积物	6.24	5.95	4.53
淋溶黑钙土	冲积物	6.29	9.71	5.97
栗钙土	黄土堆积物	6.83	10.87	6.23
水稻土	黄土状堆积物	6.36	13.82	6.37
棕壤	片麻岩	6.55	10.05	2.39
黄棕壤	下蜀黄土	6.53	5.89	1.40
水稻土	下蜀黄土	7.34	14.06	5.37

注：引自 Shi 等（1992）。

在碱性土壤中可矿化态氮的 $\delta^{15}N$ 值高于土壤全氮 $\delta^{15}N$ 值的趋势更为明显（表 12.15）。

表 12.15　碱性土壤可矿化态氮的 $\delta^{15}N$ 值

土壤	母质	pH	$\delta^{15}N_{Air}$/‰	
			可矿化态氮	全氮
黑垆土	黄土	8.66	21.03	5.43
塿土	黄土	8.53	4.40	3.74
灰漠土	黄土状堆积物	8.40	15.26	9.37
棕漠土	第三纪红色泥岩	8.19	19.11	10.22
残余盐土	黄土堆积物	8.95	13.84	12.96
水稻土	石灰性紫砂岩	8.35	6.38	4.88

注：引自 Shi 等（1992）。

中性、碱性及弱酸性土壤可矿化态氮的 $\delta^{15}N$ 值高于土壤全氮 $\delta^{15}N$ 值，可由土壤 NH_3 挥发导致 NH_4^+ 的 $\delta^{15}N$ 值升高得到解释。图 12.2 是易挥发的碳酸氢铵肥料放置在通风良好的室内 12 周观测试验得到的结果，起始 $\delta^{15}N$ 值为负值，由于 NH_3 挥发过程中的同位素分馏效应，$\delta^{15}N$ 值急剧升高。

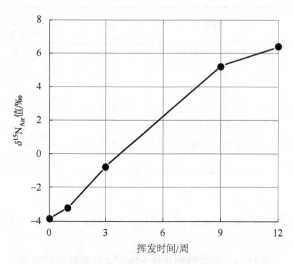

图 12.2　碳酸氢铵肥料 NH_3 挥发过程中 $\delta^{15}N$ 值的变化

引自 Cao 等（1991）

4）土壤不同粒级中全氮的 $\delta^{15}N$ 值

笔者也观测了森林土壤（暗棕壤、棕色针叶林土）、草原土壤（淋溶黑钙土）和稻田土壤（水稻土）4 个土壤剖面不同层次、不同粒级中全氮的 $\delta^{15}N$ 值（表 12.16）。4 个土壤剖面不同层次、不同粒级全氮含量高低依次为黏粒＞粉砂粒＞细砂粒，这是可以理解的，因为土壤中腐殖质 52%～98% 与黏粒结合（Greenland，1965）。而土壤有机氮（腐殖质态氮）占土壤全氮的 95%，腐殖质态氮的 $\delta^{15}N$ 值与同一层次全氮的 $\delta^{15}N$ 值接近（表 12.9 和表 12.10）。

表 12.16　土壤不同粒级中全氮的 $\delta^{15}N$ 值

土壤类型	母质	深度 /cm	全氮/（g/kg）			$\delta^{15}N_{Air}$/‰		
			黏粒	粉砂粒	细砂粒	黏粒	粉砂粒	细砂粒
暗棕壤	花岗岩	1～9	6.7	4.6	3.7	4.01	3.83	2.20
		9～26	2.8	1.7	1.2	7.45	5.41	2.89
		26～54	1.3	0.7	0.2	6.06	5.77	4.12
		54～89	1.1	0.5	0.2	4.81	3.60	/
棕色针叶林土	花岗岩	0～4	—	—	—	—	—	—
		4～10	4.7	4.0	1.3	4.58	3.95	2.97
		10～20	3.0	1.5	0.3	4.80	4.51	3.48
		20～34	1.9	0.9	0.2	5.13	4.62	4.26
		34～50	1.6	0.4	0.1	5.03	3.12	/

续表

土壤类型	母质	深度/cm	全氮/(g/kg)			$\delta^{15}N_{Air}$/‰		
			黏粒	粉砂粒	细砂粒	黏粒	粉砂粒	细砂粒
淋溶黑钙土	洪积物	0～12	7.9	3.6	1.4	6.36	6.08	5.07
		12～25	5.5	3.5	2.8	6.58	5.71	4.18
		25～65	5.5	3.3	1.5	6.66	6.03	4.70
		65～100	5.0	2.9	1.1	7.25	6.58	6.36
		100～130	3.3	1.3	0.1	6.72	/	/
水稻土	第四纪红色黏土	0～15	4.5	1.9	1.6	1.81	1.24	0.77
		15～22	3.0	1.4	1.0	1.85	1.25	0.75
		22～45	1.1	0.6	0.3	5.41	4.76	0.74
		45～72	0.8	0.3	0.1	3.66	3.02	/

注:"/"表示样品氮量<0.1 mg,不能满足质谱分析的要求;"—"表示棕色针叶林土 0～4 cm 为枯枝落叶层,不能分出微团聚体粒级。

3. 化学合成氮肥和有机肥料的 $\delta^{15}N$ 值

1)化学合成氮肥的 $\delta^{15}N$ 值

化学合成氮肥和有机肥料 $\delta^{15}N$ 值有助于判断它们加入农田后对氮素迁移转化的影响。对于化学合成氮肥的 $\delta^{15}N$ 值已有一些研究(Hoering,1955;Kohl et al.,1971;Shearer et al.,1974;Freyer and Aly,1974)。Cao 等(1991)从我国的主要化学氮肥厂收集了尿素、硫酸铵、氯化铵、硝酸铵和碳酸氢铵不同类型的化学氮肥,检测了这些物料的 $\delta^{15}N$ 值。在所研究的化学氮肥品种中,易挥发的碳酸氢铵的 $\delta^{15}N$ 值虽略高于其他氮肥品种,但也很低,只有硝酸铵中的 NO_3^- 为正值,而且可高达 21.33‰,其中的 NH_4^+ 很低,可达–4.78‰(表 12.17～表 12.20)。

表 12.17 不同来源尿素的 $\delta^{15}N$ 值

样品来源	$\delta^{15}N_{Air}$/‰
大庆石油公司化肥厂	–0.42
辽河化肥厂	–0.66
沧州化肥厂	–0.32
齐鲁石油公司第二化肥厂	–0.69
乌鲁木齐石油厂化肥厂	–4.48
湖北化肥厂	–0.77
四川化肥总厂	–0.58
绿州天然气化工厂	–1.51
安庆石油总厂化肥厂	–0.29
吉林石油公司旗下小化肥厂	–0.68

样品来源	$\delta^{15}N_{Air}$/‰
镇海石化总厂化肥厂	−4.73
东亭氮肥厂	−0.80
赤水天然气化肥厂	−0.94
广州石化总厂化肥厂	−0.11
云南天然气化工厂	0.24

注：引自 Cao 等（1991）；相关化肥样品来源厂家均按照原文中当时的名称。

表 12.18 不同来源硫酸铵和氯化铵的 $\delta^{15}N$ 值

样品名	样品来源	$\delta^{15}N_{Air}$/‰
硫酸铵	大连化工公司化肥厂	−3.01
硫酸铵	宝山钢铁公司炼焦厂	1.23
硫酸铵	巨州化工公司	−2.67
氯化铵	大连化学公司制碱厂	−1.07
氯化铵	天津碱厂	−4.62
氯化铵	应城化工厂	−5.61
氯化铵	红河化工总厂	−0.57
氯化铵	新都县氮肥厂	0.10
氯化铵	浦东化肥厂	1.53
氯化铵	杭州龙山化工厂	0.82

注：引自 Cao 等（1991）；相关化肥样品来源厂家均按照原文中当时的名称。

表 12.19 不同来源硝酸铵中 NH_4^+ 和 NO_3^- 的 $\delta^{15}N$ 值

样品来源	$\delta^{15}N_{Air}$/‰	
	NH_4^+	NO_3^-
黑龙江化肥厂	−0.40	4.09
大庆石油总公司炼油厂	−0.43	5.99
吉林化学公司化肥厂	−1.65	11.29
乌拉山化肥厂	0.90	3.08
大连化工公司化肥厂	−2.64	21.33
新疆化肥厂	−4.27	1.91
兰州化工公司化肥厂	−1.26	6.26
兴平化肥厂	−4.78	3.37
太原化肥厂	−0.75	6.17
泸州化肥厂	1.15	17.31
开封化肥厂	−0.21	5.61
淮南化肥总厂	−0.90	15.51
南京化学公司化肥厂	−0.20	12.23

续表

样品来源	$\delta^{15}N_{Air}$/‰	
	NH$_4^+$	NH$_3^-$
邵武化肥厂	−0.02	15.53
柳州化肥厂	−0.60	6.71
云南天然气化工厂	0.09	3.42
云南 PLA 化肥厂	−0.69	7.85

注：引自 CaO 等（1991）；相关化肥样品来源厂家均按照原文中当时的名称。

表 12.20 不同来源碳酸氢铵的 δ^{15}N 值

样品来源	$\delta^{15}N_{Air}$/‰
铁岭化工厂	1.25
宣化化肥厂	0.71
正定县化肥厂	1.15
淮安化肥厂	1.30
铜县化肥厂	1.67
帆志化肥厂	1.47
银安化肥厂	0.62
德州化肥厂	1.80
滨州化肥厂	1.67
郭镇化肥厂	0.10
文县化肥厂	0.66
开封化肥厂	2.13
梅山氮肥厂	3.98
枣阳化肥厂	2.19
武昌化肥厂	0.87
安徽化肥厂	3.36
亳州化肥厂	2.43
浏河化肥厂	−1.31
东台县化肥厂	0.98
崇明化肥厂	0.56
巨州化工公司	−1.61
湖州化肥厂	−0.27
浏阳氮肥厂	−1.21
信阳氮肥厂	−1.53
三明化工总厂合成氨车间	0.42
韶关合成氨厂	0.31

注：引自 Cao 等（1991）；相关化肥样品来源厂家均按照原文中当时的名称。

2）有机肥料的 δ^{15}N 值

已有一些研究指出动物排泄物和人排泄物的 δ^{15}N 值很高，排泄物存在很高的 NH$_3$ 挥发，导致同位素分馏效应，使排泄物残留氮的 $\delta^{15}N$ 值升高（Wassenaar，1995；Kim et al.，2008）。但动物排泄物由于存放时间即腐熟时间及存放方法不同，$\delta^{15}N$ 值可以有很大不同。笔者收集了南京郊区几个大规模饲养场的新鲜鸡粪、猪粪、人粪及秸秆测定了全氮和 NO_3^- 的 $\delta^{15}N$ 值，全氮的 $\delta^{15}N$ 值很高，NO_3^- 的 $\delta^{15}N$ 值更高（表 12.21）。

表 12.21　新鲜动物、人排泄物及秸秆全氮和 NO_3^- 的 $\delta^{15}N$ 值

物料	$\delta^{15}N_{Air}$/‰	
	全氮	NO_3^-
鸡粪	14.87	18.64
猪粪	7.47	13.06
人粪	13.30	45.46
秸秆	10.57	—

4. 我国不同气候土壤带的植物 $\delta^{15}N$ 值

Handley 等（1999）汇总了全球不同区域（北美、欧洲、亚洲、大洋洲）和太平洋中部的一些海岛如夏威夷岛等已发表的植物叶子 $\delta^{15}N$ 值数据，发现许多冷湿生态系统植物和土壤高度贫化 ^{15}N，植物叶子 $\delta^{15}N$ 值与水分等环境条件有很高的相关性。他们认为，这一发现为观察陆地氮循环提供了一个新视角。

笔者曾对我国不同气候土壤带一些典型地区的植物 $\delta^{15}N$ 值进行调查研究，选择的地区是东北寒温带大兴安岭、新疆天山天池地区，东部湿润北亚热带的黄山地区，西藏、南极高寒地区，西南部西双版纳的热带雨林地区，以及新疆荒漠地区。

大兴安岭的森林区是典型的冷湿生态系统，年均温度为–6～–2℃，年降水为 400～550 mm。新疆虽然是荒漠地区，但因海拔的差异，天山天池的局地气候条件与荒漠地区有很大的差异，天山天池的年均温为 2.55℃，年降水可达 512 mm，也被称为冷湿生态系统。几种代表性林木的叶子中的氮都具有贫化 ^{15}N 的特点，与 Handley 等（1999）的结论相同（表 12.22）。

表 12.22　我国大兴安岭、新疆天山天池地区主要林木（叶子）的 $\delta^{15}N$ 值

地点	年降水/mm	年均温/℃	土壤名称	植物名	拉丁名	植物叶子 $\delta^{15}N_{Air}$/‰
大兴安岭	400～550	–6～–2	漂灰土	樟子松	*Pinus sylvestris* var. *mongolica* Litv.	–3.86
			棕色森林土	落叶松	*Larix gmelinii*（Rupr.）Kuzen.	–2.41
			暗棕壤	蒙古栎	*Quercus mongolica* Fisch.ex Ledeb.	–0.34
新疆天山天池	512	2.55	黑褐色森林土	雪岭杉	*Picea schrenkiana* Fisch. et Mey.	–0.71

　　黄山地区属北亚热带季风气候，年均温 15～16℃，年降水量为 1864 mm，是温湿地区，从黄山三个地区采集了分属 28 科的 62 种植物叶子的 $\delta^{15}N$ 值，除壳斗科小叶青冈叶子的 $\delta^{15}N$ 值为（11.53±0.54）‰外，其余 61 种植物叶子的 $\delta^{15}N$ 值都很低，从（−4.92±0.43）‰～（2.27±0.87）‰，其中 52 个为负值（表 12.23）。看来不仅冷湿生态系统植物叶子贫化 ¹⁵N，温湿气候条件下也贫化 ¹⁵N。

表 12.23　黄山地区植物的 $\delta^{15}N$ 值

序号	植物名	拉丁名	科属	$\delta^{15}N_{Air}$/‰
1	黄山松	*Pinus taiwanensis* Hayata	松科	−3.008±0.18
2	金钱松	*Pseudolarix amabilis* (J.Nelson) Rehder	松科	−1.08±0.51
3	青冈	*Cyclobalanopsis glauca* (Thunb.) Oerst.	壳斗科	0.08±0.43
4	小叶青冈	*Cyclobalanopsis myrsinifolia* (Blume) Oersted	壳斗科	11.53±0.54
5	苦槠	*Castanopsis sclerophylla* (Lindl.) Schottky	壳斗科	−0.89±0.24
6	柯	*Lithocarpus glaber* (Thunb.) Nakai	壳斗科	−0.88±0.39
7	茅栗	*Castanea seguinii* Dode	壳斗科	−0.92±0.05
8	短柄枹栎	*Quercus serrata* var. *brevipetiolata* (A.DC.) Nakai	壳斗科	2.27±0.87
9	甜槠	*Castanopsis eyrei* (Champ. ex Benth.) Tutch.	壳斗科	−0.12±0.25
10	杉木	*Cunninghamia lanceolata* (Lamb.) Hook.	杉科	1.69±0.78
11	水杉	*Metasequoia glyptostroboides* Hu et W. C. Cheng	杉科	0.68±0.12
12	浙江楠	*Phoebe chekiangensis* C. B. Shang	樟科	−2.84±0.14
13	橉木	*Padus buergeriana* (Miq.) Yü et Ku	蔷薇科	−4.00±0.17
14	山茶	*Camellia japonica* Linn	山茶科	−0.59±0.10
15	大叶杨桐	*Adinandra megaphylla* Hu	山茶科	−1.27±0.43
16	白栎	*Quercus fabri* Hance	壳斗科	−1.88±0.09
17	冬青	*Ilex chinensis* Sims	冬青科	−2.12±0.27
18	马银花	*Rhododendron ovatum* (Lindl.) Planch.	杜鹃花科	0.08±0.23
19	杜鹃	*Rhododendron simsii* Planch.	杜鹃花科	−3.39±0.12
20	南烛	*Vaccinium bracteatum* Thunb.	杜鹃花科	−1.51±0.11
21	薄叶山矾	*Symplocos anomala* Brand	山矾科	−2.92±0.04
22	老鼠矢	*Symplocos stellaris* Brand	山矾科	−0.60±0.06
23	香果树	*Emmenopterys henryi* Oliv.	茜草科	−2.76±0.31
24	日本粗叶木	*Lasianthus japonicus* Miq.	茜草科	−0.45±0.31
25	木莲	*Manglietia fordiana* Oliv.	木兰科	0.18±0.04
26	海金子	*Pittosporum illicioides* Mak.	海桐花科	−2.55±0.08
27	石斑木	*Rhaphiolepis indica* (L.) Lindl.	蔷薇科	−0.75±0.05
28	蓝果树	*Nyssa sinensis* Oliv.	蓝果树科	−2.24±0.13
29	牛鼻栓	*Fortunearia sinensis* Rchd. et Wils.	金缕梅科	−1.48±0.11
30	枫香树	*Liquidambar formosana* Hance	金缕梅科	−3.63±0.32
31	檵木	*Loropetalum chinense* (R. Br.) Oliver	金缕梅科	−3.53±0.07
32	三尖杉	*Cephalotaxus fortunei* Hook.	三尖杉科	−0.38±0.23
33	肾蕨	*Nephrolepis cordifolia* (L.) C. Presl	肾蕨科	−1.94±0.28
34	狗脊	*Woodwardia japonica* (L. f.) Sm.	乌毛蕨科	−1.04±0.49
35	大叶贯众	*Cyrtomium macrophyllum* (Makino) Tagawa	鳞毛蕨科	−0.22±0.25
36	红茴香	*Illicium henryi* Diels	木兰科	−1.86±0.39

续表

序号	植物名	拉丁名	科属	$\delta^{15}N_{Air}$/‰
37	赤车	*Pellionia radicans* (Sieb. et Zucc.) Wedd.	荨麻科	−0.41
38	蘘荷	*Zingiber mioga*(Thunb.) Rosc.	姜科	−3.72±0.06
39	海金沙	*Lygodium japonicum* (Thunb.) Sw.	海金沙科	0.80±0.46
40	山茱萸	*Cornus officinalis* Sieb. et Zucc.	山茱萸科	0.20±1.35
41	南五味子	*Kadsura longipedunculata* Finet et Gagnep.	五味子科	−5.53±0.36
42	黄精	*Polygonatum sibiricum* Redouté	百合科	−2.80±0.02
43	紫金牛	*Ardisia japonica* (Thunberg) Blnme	紫金牛科	−4.92±0.43
44	胡颓子	*Elaeagnus pungens* Thunb.	胡颓子科	−1.68±0.28
45	山槐	*Albizia kalkora* (Roxb.) Prain	豆科	−1.01±0.23
46	肉荚云实	*Caesalpinia digyna* Rottler	豆科	−2.01±0.01
47	野扁豆	*Dunbaria villosa* (Thunb.) Makino	豆科	−3.08±0.05
48	野大豆	*Glycine soja* Sieb. et Zucc.	豆科	−2.87±0.36
49	木蓝	*Indigofera tinctoria* Linn.	豆科	−1.48±0.12
50	河北木蓝	*Indigofera bungeana* Walp.	豆科	0.22±0.21
51	塞州黄檀	*Dalbergia cearensis* Ducke	豆科	−1.85±0.42
52	小槐花	*Ohwia caudata* (Thunberg) H. Ohashi	豆科	−1.35±0.13
53	小叶三点金	*Desmodium microphyllum* (Thunb.) DC.	豆科	−2.57±0.53
54	东京银背藤	*Argyreia pierreana* Bois	旋花科	−1.56±0.42
55	杭子梢	*Campylotropis macrocarpa* (Bge.) Rehd.	豆科	−2.58±0.30
56	美丽胡枝子	*Lespedeza thunbergii* subsp. *Formosa* (Vogel) H.Ohashi	豆科	−3.22±0.18
57	短梗胡枝子	*Lespedeza cyrtobotrya* Miq.	豆科	−3.35±0.36
58	绿叶胡枝子	*Lespedeza buergeri* Miq.	豆科	−2.66±0.03
59	铁马鞭	*Lespedeza pilosa* (Thunb.) Sieb. et Zucc.	豆科	−1.28
60	中华胡枝子	*Lespedeza chinensis* G. Don	豆科	−3.46±0.16
61	截叶铁扫帚	*Lespedeza cuneata* (Dum.-Cours.) G. Don	豆科	−2.69±0.21
62	拟绿叶胡枝子	*Lespedeza maximowiczii* C. K. Schneid.	豆科	−3.02±0.07

从西藏、南极高寒苔原土壤地区采集的苔藓、地衣、红景天和四川嵩草，除南极长城站的苔藓有较高的 $\delta^{15}N$ 值（6.975±0.228）‰外，其余都比较低（表 12.24）。

表 12.24　西藏、南极高寒地区苔藓等植物的 $\delta^{15}N$ 值

地点	年降水/mm	年均温/℃	植物中文名	拉丁名	$\delta^{15}N_{Air}$/‰
南极长城站	630	−2.5	苔藓	Bryophyte	6.975±0.228
西藏	<500	−3～12	地衣	Lichenum	1.338±0.761
西藏	<500	−3～12	红景天	*Rhodiola rosea* Linn.	0.442±0.266
西藏	<500	−3～12	四川嵩草	*Kobresia setchwanensis* Handel-Mazzetti	−0.565±0.328

注：南极长城站、西藏植物样品分别由孙立广、王浩清提供。

然而，从云南西双版纳热带雨林原始林区不同地点采集的植物出现了完全不同的情况。采样地云南勐海和勐腊的年降水量为 1200～1600 mm，年均温为 21.7～27.1℃，植物叶子（除崖姜外）出现了很高的 δ^{15}N 值（表 12.25）。关于植物 δ^{15}N 值增高的现象有两种解释。Handley 和 Scrimgeour（1997）认为可能与土壤氮反硝化和 NO_3^- 淋洗有关，因为 NO_3^- 反硝化和 NO_3^- 淋洗都可以导致残留 NO_3^- 富集 ^{15}N。也有人认为植物体气态氮损失可导致植物叶子 δ^{15}N 富集（Näsholm，1994）。因为植物既可排放 NH_3（Jan Schjoerring and Mattsson，2001），也可排放 N_2O（陈冠雄等，1990；杨思河等，1995）。从表 12.25 中表层土壤也有很高的 δ^{15}N 值来看，植物叶子高度富集 ^{15}N 可能是植物本身凋落物在土壤中腐殖化再被吸收的原因。这两种解释均有一定的可信度。然而这里只在两个地区采集了 4 种植物，西双版纳地区的植物有 230 个科，对热带雨林地区植物 δ^{15}N 值做出可靠的评论还需要对更多的地区和植物种类进行研究比对。

表 12.25 我国热带雨林地区主要植物叶子及土壤的 δ^{15}N 值

地点	年降水量/mm	年均温/℃	土壤名称	植物名	拉丁名	植物叶子 $\delta^{15}N_{Air}$/‰	土壤 $\delta^{15}N_{Air}$/‰
云南勐海	1221	27.1	砖红壤	大果楠	*Phoebe macrocarpa* C. Y. Wu	19.97	19.68
				崖姜	*Aglaomorpha coronans* (Wall.ex Mett.)Copel.	0.76	
云南勐腊	1200～1600	21.7	砖红壤	望天树	*Parashorea chinensis* Wang Hsie	13.30	18.22
				巢蕨	*Asplenium nidus* L.	18.59	

来自南疆和北疆的荒漠植物，除几种豆科植物和具有固氮能力的植物外，都富集 ^{15}N（表 12.26）。北疆的荒漠植物主要采自阜康、精河，南疆的植物主要采自疏附、乌帕尔。

表 12.26 新疆荒漠地区植物地上部分的 δ^{15}N 值

序号	植物名称	拉丁名	茎秆 $\delta^{15}N_{Air}$/‰	叶子 $\delta^{15}N_{Air}$/‰
1	中亚滨藜	*Atriplex centralasiatica* Iljin	3.78±0.08	7.49±0.27
2	花花柴	*Karelinia caspia* (Pall.) Less.	8.78±1.00	8.49±0.98
3	芦苇	*Phragmites australis* (Cav.) Trin. ex Steud.	4.50±0.29	5.91±0.76
4	多枝柽柳	*Tamarix ramosissima* Ledeb.	1.35±0.28	−2.58±0.10
5	叉毛蓬	*Petrosimonia sibirica* (Pall.) Bunge	4.16±0.25	5.08±0.11
6	苦豆子	*Sophora alopecuroides* Linn.	−1.88±0.07	−1.15±0.10
7	角果藜	*Ceratocarpus arenarius* Linn.	4.96±0.46	7.60±0.88
8	骆驼刺	*Alhagi sparsifolia* Shap. ex Keller & Shap.	−3.04±0.25	−2.15±0.19
9	骆驼蓬	*Peganum harmala* Linn.	5.17±0.11	6.87±1.00

续表

序号	植物名称	拉丁名	茎秆 $\delta^{15}N_{Air}$/‰	叶子 $\delta^{15}N_{Air}$/‰
10	奇异碱蓬	*Suaeda paradoxa* Bunge	4.08	4.95±0.86
11	盐穗木	*Halostachys caspica* C. A. Mey. ex Schrenk	9.62±0.24	10.17
12	钻天杨	*Populus nigra* var. *italica* (Moench) Koehne	6.24±0.28	—
13	紫翅猪毛菜	*Salsola affinis* C. A. Mey.	6.05±0.01	6.12±0.09
14	无叶假木贼	*Anabasis aphylla* Linn.	6.11±0.09	4.40±0.33
15	碱蓬	*Suaeda glauca* (Bunge) Bunge	3.31±0.35	4.70±0.09
16	尖果沙枣	*Elaeagnus oxycarpa* Schlechtend.	0.06±0.53	−1.56±0.97
17	胡杨	*Populus euphratica* Oliv.	6.93±0.71	6.59±0.75
18	野西瓜苗	*Hibiscus trionum* Linn.	6.02±0.29	10.17±0.01
19	白梭梭	*Haloxylon persicum* Bunge ex Boiss. et Buhse	7.94±1.18	8.38±0.15
20	紫苜蓿	*Medicago sativa* Linn.	−0.18±0.28	0.74±0.19
21	红砂	*Reaumuria songonica* (Pall.) Maxim.	3.57±0.11	4.53±0.02
22	木碱蓬	*Suaeda dendroides* (C. A. Mey.) Moq.	7.83±0.11	9.19±0.21
23	芦苇	*Phragmites australis* (Cav.) Trin. ex Steud.	6.85	7.19±0.69
24	盐爪爪	*Kalidium foliatum* (Pall.) Moq.	7.55	15.33±1.91
25	白刺	*Nitraria tangutorum* Bobr.	7.34±0.51	11.46±0.02

总结我国不同生物气候带植物 $\delta^{15}N$ 值的差异，可得到下列几点初步认识。

（1）我国不同生态系统，如冷湿森林生态系统、温湿生态系统、高寒苔原生态系统、热带雨林生态系统和荒漠生态系统植物的 $\delta^{15}N$ 值存在很大的差异，代表了不同生态系统自然生物地球化学氮循环留下的印记。

（2）水分是植物 $\delta^{15}N$ 值差异的主要控制因素。冷湿森林生态系统或温湿生态系统和高寒苔原生态系统，植物都表现出贫化 ^{15}N 的趋势。

（3）固氮植物保持了植物基因的特性，高度贫化 ^{15}N，绝大多数为负值。即使不是豆科植物，但具有固氮能力的植物也贫化 ^{15}N，如多枝柽柳叶子 $\delta^{15}N$ 值为（−2.58±0.10）‰。

（4）热带雨林地区植物 ^{15}N 富集。

（5）不同生态系统植物 ^{15}N 贫化或富集与土壤 ^{15}N 自然丰度也有一定趋同规律。

12.3　^{15}N 自然丰度变异在氮循环研究中的应用

Michener 和 Lajtha（2007）在 *Stable Isotopes in Ecology and Environmental Science* 一书中曾对包括 ^{15}N、^{18}O、^{17}O 和 ^{13}C 等在内的同位素自然丰度应用于生态系统的过程研究做了详细的介绍。因此，本节提到的 ^{15}N 自然丰度在氮循环研究中的应用，仅以笔者开展过的研究工作举例。

12.3.1　应用 ^{15}N 自然丰度变化研究生物共生固氮

研究豆科植物共生固氮目前至少有四种方法可供选择，即富集 ^{15}N 稀释法、^{15}N 自然丰度法、乙炔乙烯法和差减法。这四种方法各有优缺点（Thomas and Patterson，1981；Yoneyama et al.，1986）。用 ^{15}N 自然丰度法研究我国亚热带地区草本和木本植物的固氮量，这些草本和木本植物在我国氮磷贫乏的红壤地区曾作为改良土壤的先锋植物普遍应用。

^{15}N 自然丰度法的基本原理是豆科作物有两种氮源，即土壤氮和空气氮，而这两种氮源的 ^{15}N 自然丰度（δ^{15}N 值）不同，空气源的 δ^{15}N 值低，而土壤源的 δ^{15}N 值高。要进行这一研究还需另外两个参数，即只能利用土壤源的非固氮植物的 δ^{15}N 值和只供给大气（N_2）不供给任何其他氮源的豆科植物的 δ^{15}N 值。满足下列公式就可计算出豆科植物从空气中固定的氮（%Ndfa）：

$$\%Ndfa = \frac{\delta^{15}N_n - \delta^{15}N_f}{\delta^{15}N_n - \delta^{15}N_a} \times 100$$

式中，$\delta^{15}N_n$ 为非固氮植物（参比植物）的 δ^{15}N 值，其氮源来自土壤氮；$\delta^{15}N_f$ 为豆科固氮植物的 δ^{15}N 值；$\delta^{15}N_a$ 为通过不供给其他氮源的砂培试验得到的豆科固氮植物的 δ^{15}N 值。

1. δ^{15}N 法研究草本固氮植物的固氮量

曹亚澄等（1995）研究了豇豆、短豇豆、大豆（黑小豆）、绿豆、猪屎豆、落花生和田菁的固氮量。草本豆科植物固氮量的参比植物选择了当地普遍生长的禾本科植物苏丹草、马唐、牛鞭草、狗尾草和绞股蓝。7 种固氮植物的 δ^{15}N 值见表 12.27；5 种参比植物的 δ^{15}N 值见表 12.28；不供给其他氮源砂培试验测得的 7 种固氮植物的 δ^{15}N 值见表 12.29。

表 12.27　固氮植物的含氮量和 δ^{15}N 值

固氮植物	拉丁名	地上部分		根	
		含氮量/(g/kg)	$\delta^{15}N_{Air}$/‰	含氮量/(g/kg)	$\delta^{15}N_{Air}$/‰
豇豆	*Vigna unguiculata* (L.) Walp.	40.7±1.9	−0.89±0.08	34.1±0.1	2.23±0.19
短豇豆	*Vigna unguiculata* subsp. *cylindrica* (L.) Verdc.	33.9±0.9	−1.42±0.14	28.6±0.22	2.72±0.51
大豆（黑小豆）	*Glycine max* (L.) Merr.	22.7±1.3	−1.55±0.31	18.6	1.1
绿豆	*Vigna radiate* (L.) Wilczek	25.5±1.7	−1.25±0.19	29.7±0.63	3.22±0.62
猪屎豆	*Crotalaria pallida* Ait.	22.5±3.8	−3.09±0.35	18.1±1.3	−2.45±0.21
落花生	*Arachis hypogaea* Linn.	22.5±1.2	−1.42±0.15	20.5±0.7	−1.59±0.33
田菁	*Sesbania cannabina* (Retz.) Poir.	8.8±0.4	−1.62±0.34	13.8±2.8	−1.12±0.41

注：引自曹亚澄等（1995）。

表 12.28　参比植物的含氮量和 $\delta^{15}N$ 值

参比植物	拉丁名	地上部分		根	
		含氮量/(g/kg)	$\delta^{15}N_{Air}$/‰	含氮量/(g/kg)	$\delta^{15}N_{Air}$/‰
苏丹草	*Sorghum sudanense* (Piper) Stapf	6.2±0.2	−0.188	6.9	−0.032
马唐	*Digitaria sanguinalis* (Linn) Scop.	8.9±2.5	0.09	6.5	−0.712
牛鞭草	*Hemarthria sibirica* (Gand.) Ohwi	4.0±0.2	0.035	5.8	−0.092
狗尾草	*Setaria viridis* (Linn) P. Beauv.	0.83	−0.195	—	—
绞股蓝	*Gynostemma pentaphyllum* (Thunb.) Makino	17.4	−0.019	18.9	−0.052

注：引自曹亚澄等（1995）。

表 12.29　砂培试验固氮植物的含氮量和 $\delta^{15}N$ 值

固氮植物	地上部分		根	
	含氮量/(g/kg)	$\delta^{15}N_{Air}$/‰	含氮量/(g/kg)	$\delta^{15}N_{Air}$/‰
豇豆	42.7±3.3	−1.69±0.21	39.9±1.1	1.65±0.31
短豇豆	36.3±2.3	−1.67±0.24	38.1±1.2	2.32±0.17
大豆（黑小豆）	32.9±6.3	−2.36±0.24	25.9±2.3	1.11±0.26
绿豆	18.7±1.6	−2.49±0.14	27.9±1.6	1.38±0.56
猪屎豆	9.6±1.3	−3.43±0.21	12.1	−2.81
落花生	16.9±0.5	−1.93±0.91	21.9±1.3	−1.91±0.67
田菁	44.5±5.4	−2.36±0.18	16.3	−1.47

注：引自曹亚澄等（1995）。

根据表 12.27～表 12.29 的 $\delta^{15}N$ 值，依据公式计算了 7 种固氮植物的固氮百分率，如表 12.30 所示。

表 12.30　以不同参比植物计算的不同固氮植物的固氮百分率　（单位：%）

固氮植物	参比植物					平均值
	苏丹草	马唐	牛鞭草	狗尾草	绞股蓝	
豇豆	47.1±5.1	55.5±4.4	52.9±5.1	46.7±5.2	42.6±4.0	48.9±5.1
短豇豆	83.0±9.3	84.2±6.6	85.2±8.0	82.8±9.3	84.7±8.3	84.0±1.0
大豆（黑小豆）	62.9±14.1	69.7±11.5	66.4±12.8	67.31±10.7	65.1±13.0	66.3±2.5
绿豆	42.2±8.5	52.0±7.6	52.2±5.8	46.0±8.5	49.9±7.8	48.9±3.6
猪屎豆	89.4±10.8	90.2±9.9	90.1±10.1	89.4±10.8	89.3±10.3	89.8±0.39
落花生	70.7±8.8	74.9±7.6	74.0±7.8	70.5±8.8	73.3±8.0	72.6±1.8
田菁	66.0±15.6	69.9±13.9	69.2±14.2	65.9±15.7	68.4±14.5	67.9±1.8

注：引自曹亚澄等（1995）。

5 种参比植物计算的 7 种固氮植物平均固氮率的标准偏差很小，为 0.4～5.1，但是同一种固氮植物用同一参比植物计算的固氮率的标准偏差较大，最低为 4.0，最高为 15.7。Shearer 等（1982）报告，用 ¹⁵N 自然丰度法测定固氮植物的固氮百分率时，相对标准偏差在 5%～10%，最高可达 19%。表 12.30 结果表明，7 种固氮植物的固氮能力是不同的，以猪屎豆固氮能力最强，其次依次为短豇豆、落花生、田菁、大豆（黑小豆），豇豆和绿豆两者接近。根据豆科植物的固氮百分率、全氮含量及干物重可以计算出每种植物从空气中固定的总氮量和单株固氮量（表 12.31）。

表 12.31　7 种豆科植物地上部分的固氮量

固氮植物	含氮量/（g/kg）	干物重/（g/盆）	总氮量/mg	固氮量/（mg/盆）	单株固氮量/（mg/株）
豇豆	40.7±1.9	8.7±0.8	354.1±24.2	173.2	34.7
短豇豆	39.9±0.9	18.6±1.6	630.7±78.1	529.7	105.8
大豆（黑小豆）	22.7±1.3	13.8±1.0	313.3±22.5	207.7	29.6
绿豆	25.5±1.7	9.1±1.4	237.1±43.1	113.5	16.2
猪屎豆	28.5±3.8	69.0±3.1	1552.8±270.9	1394.1	77.5
落花生	25.5±1.2	26.7±1.8	600.8±49.1	436.1	72.7
田菁	8.8±0.4	8.7±0.4	76.7±1.4	52.1	2.9

注：引自曹亚澄等（1995）。

从表 12.30 和表 12.31 可以看出，猪屎豆由于固氮百分率和每盆干物重量均居于 7 种固氮植物之首，因此它从空气中固定的总氮量也居第一。但单株固氮率以短豇豆为最高。虽然田菁和大豆（黑小豆）固氮百分率几乎相等，但前者的含氮量和干物重大大低于后者，因此，大豆（黑小豆）的固氮总量和单株固氮量分别高出田菁约 3 倍和 9 倍。绿豆与豇豆的固氮百分率与干物重均较接近，但豇豆的总氮量高于绿豆，因此，它的固氮量和单株固氮量均高于绿豆。落花生由于其干物重和固氮百分率比较高，它的固氮量、单株固氮量仅次于猪屎豆和短豇豆。研究的 7 种固氮植物中，猪屎豆和短豇豆的固氮能力最强。猪屎豆也是以往红壤利用改良的优良先锋作物。

2. δ^{15}N 法研究木本固氮植物的固氮量

国内外研究者应用 ¹⁵N 自然丰度法对木本豆科植物固氮能力进行的研究不多。以发育于第四纪红黏土的红壤为供试土壤（全氮量为 0.96 g/kg，δ^{15}N 值为 6.32‰），通过盆栽试验（每盆钵盛 5 kg 土），用 ¹⁵N 自然丰度法比较了广泛分布于江西、浙江和云南红壤区内的美丽胡枝子、木豆和马棘等灌木豆科植物的固氮能力，以重阳木、喜树和大黄栀子为参比植物，以便更好地了解这些木本豆科植物在提高红壤氮素肥力中的作用。

根据固氮植物和参比植物的 δ^{15}N 值（表 12.32 和表 12.33）分别以三种参比植物计算了 5 种木本固氮植物的固氮百分率（表 12.34）。以三种参比植物分别计算的 1992 年 10 月第一次收割的 5 种灌木豆科植物固氮百分率不同产地的胡枝子、木豆和马棘有很大的不同，马棘固氮能力最强，其次依次为美丽胡枝子和木豆，而三种不同产地的美丽胡枝子灌木的固氮能力差异很小。第二次收割后即第三年采样的 5 种灌木豆科植物的固氮百分率除以大黄栀子为参比植物计算得到的美丽胡枝子（浙江）的数值外，均有不同程度的降低（表 12.32）。这主要是两次采样中分析得到的灌木豆科植物茎叶 $\delta^{15}N$ 升高（表12.32）、而参比植物茎叶 $\delta^{15}N$ 下降（表 12.33）所致。多年生灌木豆科植物 $\delta^{15}N$ 值随树龄增大，茎叶 $\delta^{15}N$ 值趋正变化，可能与豆科植物根系的生长量增加后利用土壤氮的比例增加有关，因为供试土壤有较高的 $\delta^{15}N$ 值。参比植物随树龄增长而呈趋负的趋势，可能与盆栽试验中连续三年都是自来水浇灌有关，参比植物自身不能固氮，一方面利用土壤氮，另一方面利用灌溉水中的氮，而雨水中的 NH_4^+ $\delta^{15}N$ 值一般为负值（Wada et al.，1975）。

表 12.32　灌木豆科植物茎秆和叶子的 $\delta^{15}N$ 值　　　　　　（单位：‰）

固氮植物	拉丁名	$\delta^{15}N_{Air}$	
		采样时间 1992.10	采样时间 1994.10
美丽胡枝子（江西）	*Lespedeza thunbergii* subsp. *Formosa* (Vogel) H.Ohashi	−2.67	−2.31
美丽胡枝子（云南）	*Lespedeza thunbergii* subsp. *Formosa* (Vogel) H.Ohashi	−2.71	−1.51
美丽胡枝子（浙江）	*Lespedeza thunbergii* subsp. *Formosa* (Vogel) H.Ohashi	2.38	2.45
木豆	*Cajanus cajan* (Linn.) Millsp.	0.18	—
马棘	*Indigofera pseudotinctoria* Matsum.	−2.83	−1.33

注：引自 Xing 等（1998）；"—"表示未采样。

表 12.33　参比灌木植物茎秆和叶子的 $\delta^{15}N$ 值　　　　　（单位：‰）

参比植物	拉丁名	$\delta^{15}N_{Air}$	
		采样时间 1992.10	采样时间 1994.10
重阳木	*Bischofia polycarpa*	2.71	0.54
喜树	*Camptotheca acuminata*	3.33	1.26
大黄栀子	*Gardenia sootepensis* Hutchins.	3.45	3.35

注：引自 Xing 等（1998）。

表 12.34　灌木豆科植物固氮百分率　　　　　　　　（单位：%）

固氮植物	参比植物					
	采样时间 1992.10			采样时间 1994.10		
	重阳木	喜树	大黄栀子	重阳木	喜树	大黄栀子
美丽胡枝子（江西）	75.9	77.9	78.2	57.9	63.3	73.2
美丽胡枝子（云南）	76.5	78.3	78.7	42.9	50.2	63.4
美丽胡枝子（浙江）	75.9	78.0	78.3	66.3	70.9	79.2
木豆	68.5	71.4	71.9	—	—	—
马棘	90.2	91.1	91.3	47.1	55.2	69.0

注：引自 Xing 等（1998）；"—"表示未采样。

综上所述，应用 ^{15}N 自然丰度法估算豆科固氮植物的固氮能力时，采用豆科植物哪个部位的 δ^{15}N 值以及如何选择参比植物都是十分重要的，特别是多年生灌木还必须考虑其固氮百分率随树龄增大而降低的这种趋势。

为了验证盆栽试验结果，评定田间条件下不同豆科植物的固氮能力，在发育于第四纪红黏土的红壤上对几种草本和灌木豆科固氮植物的固氮能力进行了比较研究。选择了两种草本豆科植物和两种灌木豆科植物，相应选择了 1 种草本和 1 种灌木非固氮植物作参比进行了盆栽和田间对比试验。两种参比植物的含氮量和 δ^{15}N 值如表 12.35 所示。

表 12.35　参比植物的含氮量和 δ^{15}N 值

参比植物	盆栽		田间	
	含氮量/（g/kg）	$\delta^{15}N_{Air}$/‰	含氮量/（g/kg）	$\delta^{15}N_{Air}$/‰
狗尾草	8.3	−0.20	7.4	−0.38
大黄栀子	11.6	3.45	11.3	5.64

两种草本豆科植物即豇豆和猪屎豆田间和盆栽试验结果如表 12.36 所示，豇豆盆栽和田间试验的固氮百分率分别为（46.7±5.2）%和（58.0±5.3）%，田间结果高于盆栽；猪屎豆盆栽和田间试验的固氮百分率分别为（89.4±10.8）%和（69.8±4.3）%，盆栽结果高于田间，这可能是由于两种固氮植物在不同栽培条件下利用土壤氮的能力不同。然而盆栽和田间试验都一致表明，猪屎豆的固氮能力大于豇豆，证明 ^{15}N 自然丰度法可用于区分不同固氮植物的固氮能力并对固氮量做出相对评估。

表 12.36　草本豆科植物的 δ^{15}N 值和固氮百分率

固氮植物	盆栽		田间	
	$\delta^{15}N_{Air}$/‰	固氮百分率/%	$\delta^{15}N_{Air}$/‰	固氮百分率/%
豇豆	−0.89±0.08	46.7±5.2	−1.14±0.45	58.0±5.3
猪屎豆	−3.09±0.35	89.4±10.8	−2.48±0.15	69.8±4.3

表 12.37 是两种灌木豆科植物，即美丽胡枝子（江西）和木豆的盆栽和田间试验结果。美丽胡枝子（江西）盆栽和田间试验的固氮百分率分别为（78.2±11.0）%和 72.1%，田间试验结果低于盆栽。木豆盆栽和田间试验的固氮百分率分别为（73.1±3.5）%和 76.7%，田间试验的固氮百分率高于盆栽。可以看出美丽胡枝子（江西）与木豆的固氮能力差异不大，同时也可观察到田间试验与盆栽试验结果差异不大，表明通过盆栽试验，应用 ^{15}N 自然丰度法来研究不同固氮植物以及灌木豆科植物的固氮能力是可行的。

表 12.37　灌木豆科植物的 δ^{15}N 值和固氮百分率

固氮植物	盆栽		田间	
	$\delta^{15}N_{Air}$/‰	固氮百分率/%	$\delta^{15}N_{Air}$/‰	固氮百分率/%
美丽胡枝子（江西）	−2.67±0.63	78.2±11.0	−1.50±0.46	72.1
木豆	−1.80±0.25	73.1±3.5	−1.51±0.19	76.7

12.3.2　应用 ^{15}N 自然丰度变化指示水体氮污染源

早在 20 世纪 70 年代，Kohl 等（1971）首次报告了美国伊利诺伊州南部盆地农田淋出的 NO_3^- 浓度与 $\delta^{15}N$ 值存在负相关关系，即 NO_3^- 浓度增加，$\delta^{15}N$ 值降低。他们认为这种关系能用于区分从土壤腐殖质矿化出的 NO_3^- 与来自肥料的 NO_3^-，并根据来自土壤 NO_3^- 的 $\delta^{15}N$ 值（13‰）和来自肥料的 NO_3^- 的 $\delta^{15}N$ 值（3‰），推测排出水中的 NO_3^- 应在 3‰~13‰，通过插值法计算，可有（55±10）% 的 NO_3^- 来自肥料。这一尝试受到了 Hauck 等（1972）和 Edwards（1973，1975）的质疑，他们认为要精确地确定进入土壤后的肥料氮的同位素组成，似乎是不可能的，因为肥料进入土壤后经过一系列化学和生物学转化过程，势必产生一系列氮素交换过程和同位素分馏效应，而且这些不同转化过程引起的分馏效应常常是叠加的。仅仅根据土壤 NO_3^- 的 $\delta^{15}N$ 值和肥料中 NO_3^- 的 $\delta^{15}N$ 值的差异进行农田淋出水中 NO_3^- 来源定量计算难以认同。

Xing 等（2002）曾根据不受人、畜、禽排泄物和生活污水影响的农田地下水 NO_3^- 的 $\delta^{15}N$ 值和河流水体 NH_4^+ 的 $\delta^{15}N$ 值结合河水中 NH_4^+ 和 NO_3^- 的浓度定性判断了农田地下水 NO_3^- 和河水中 NH_4^+ 的来源，确认当前我国经济发达地区河湖水体 NH_4^+ 和 NO_3^- 的污染源主要来自未经处理的人、畜、禽排泄物和其他生活污水向水体的迁移。

12.3.3　应用 ^{15}N 自然丰度变化指示大气沉降 NH_4^+ 来源

2003~2005 年笔者在长江三角洲地区设置了观测雨水中沉降氮的 3 个观测点，这一地区稻麦两季化学氮肥的施用量常在 550~600 kg(N)/hm^2。大气沉降氮在人口密集地区既可来源于农田化学氮肥，也可来源于人和动物的排泄物及氮污染水体。3 个观测点的降水中，均观测到了雨水中铵态氮自然丰度（$\delta^{15}N$）的季节性变化。常熟、南京和杭州三地雨水 NH_4^+ 的 $\delta^{15}N$ 值的季节性变化有相似的趋势（图 12.3）。

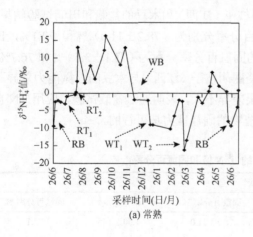

(a) 常熟

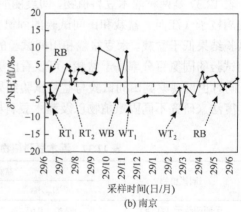

(b) 南京

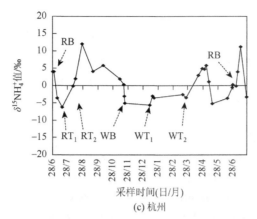

图 12.3 2003～2004 年三地雨水中 NH$_4^+$ 的 δ^{15}N 值的季节性变化

W 为小麦；R 为水稻；B 为施基肥；T$_1$ 为第一次追肥；T$_2$ 为第二次追肥。引自邢光熹等（2010）

从图 12.3 可以看出，各地不仅季节性变化的总趋势相似，而且不同观测点的 NH$_4^+$ 的 δ^{15}N 正负值出现的时间也基本相同。6 月下旬至 7 月上旬 NH$_4^+$ 的 δ^{15}N 值为负值；8 月至 11 月为正值；12 月至第二年 3 月或 4 月 NH$_4^+$ 的 δ^{15}N 值又为负值，5 月后 NH$_4^+$ 的 δ^{15}N 值又出现正值，6 月中旬后又为负值。据报告，氨基化学氮肥的 NH$_4^+$ 的 δ^{15}N 值较低，通常为负值（表 12.17～表 12.20）（Cao et al.，1991；Freyer and Aly，1974）。3 个观测点雨水中 NH$_4^+$ 的 δ^{15}N 值的季节性变化指示了雨水中 NH$_4^+$ 的来源（Xie et al.，2008）。6 月下旬至 7 月上旬，雨水中 NH$_4^+$ 的 δ^{15}N 值为负值，这一时期正值水稻移栽、施用基肥和第一次追肥，基肥和第一次追肥施氮量占水稻全生育期施氮总量的 70%，即在约 3 周时间内施氮量达 210 kg/hm^2。雨水中 NH$_4^+$ 的 δ^{15}N 值为负值，表明这一时期大气降水中的 NH$_3$ 主要来自农田氨基氮肥挥发到大气中的 NH$_3$。8 月至 11 月中旬雨水中的 NH$_4^+$ 的 δ^{15}N 值转变为正值，其间除 8 月 20 日前后水稻第二次追施氮肥外，不再施用化学氮肥，这期间气温很高，生物活动强烈，有利于人、畜、禽排泄物，生活垃圾，以及氮污染水体中有机氮的矿化和 NH$_3$ 挥发。有的报告也表明，人、畜、禽排泄物及氮污染水体有相对高的 NH$_4^+$ 的 δ^{15}N 值（表 12.38）（Xing et al.，2001，2002；Freyer and Aly，1974）。11 月上中旬虽然是小麦播种施用基肥的时期，然而小麦是旱作，不同于水稻生长季，NH$_3$ 挥发要比水稻生长季低得多，低温抑制了化学氮肥的 NH$_3$ 挥发。12 月至第二年的 3 月或 4 月为冬季和早春季节，气温最低，人、畜、禽排泄物及氮污染水体中有机氮的矿化和 NH$_3$ 挥发受到了显著抑制，雨水中的 NH$_4^+$ 的 δ^{15}N 值又转变为负值（图 12.3）。5～6 月，已是小麦成熟期，不再施肥，但是此时气温已升高，有利于人、畜、禽排泄物，氮污染水体，以及其他有机氮源的矿化和 NH$_3$ 挥发，从而导致 5～6 月的雨水中 NH$_4^+$ 的 δ^{15}N 值又转变为正值。自 6 月中旬起，雨水中 NH$_4^+$ 的 δ^{15}N 值又转变为负值，这显然与新一季的水稻移栽大量施用化学氮肥有关。

表 12.38 不同氮源的 δ^{15}N 值

氮源	分类	δ^{15}N$_{Air}$/‰	参考文献
化学氮肥	尿素	−4.73～+0.24	Cao 等（1991）
		−2.20～+0.10	Li 等（2007）

续表

氮源	分类	$\delta^{15}N_{Air}$/‰	参考文献
化学氮肥	碳酸氢铵中的 NH_4^+	$-1.53\sim+3.98$	Cao 等（1991）
		$+2.70\sim+5.10$	Li 等（2007）
	硫酸铵中的 NH_4^+	$-3.01\sim+1.23$	Cao 等（1991）
		$-3.50\sim-1.00$	Freyer 和 Aly（1974）
人、畜、禽排泄物	动物排泄物和家禽粪肥	$+8.00\sim+25.00$	Fogg 等（1998）
	畜棚附近气溶胶中 NH_4^+	$+4.00\sim+22.00$	Yeatman 等（2001）
	猪粪和鸡粪尿	$+7.47\sim+14.87$	Xing 等（2002）
	人粪尿中的 NH_4^+	$+49.70$	Xing 等（2002）
	羊粪尿中的 NH_3	$+21.50\sim+27.50$	Moore（1977）
河水中 NH_4^+	阳澄湖	$+19.30\sim+28.30$	Xing 等（2001）
	太湖	$+7.20\sim+25.70$	Xing 等（2001）

注：引自 Zhao 等（2009）。

12.3.4　^{15}N 自然丰度作为综合指示指标研究生态系统氮循环

Robinson（2001）发表了一篇题为 $\delta^{15}N$ as an integrator of the nitrogen cycle 的论文，首次提出了把 $\delta^{15}N$ 作为综合指示指标来研究生态系统的氮循环的理念，其含义大体是把土壤（包括不同形态氮）和植物的 ^{15}N 自然丰度值变异与纬度、气候、土地利用等影响因素联系起来，同时考虑输入生态系统中的大气沉降、生物固氮等的 ^{15}N 自然丰度值，以及氮素气态损失等过程引起的 ^{15}N 分馏效应，配合模型应用于区域生态系统氮循环研究。

Robinson（2001）指出，通过不同含氮源的混合同位素分馏作为综合指示指标应用于生态系统氮循环研究，不同于传统的富集 ^{15}N 示踪剂，要有一些新的技术和概念。首先要对不同氮源的 $\delta^{15}N$ 值有精确的测量，并与不同的模型方法结合。他总结了 20 世纪末以来这方面为数不多的大尺度氮循环过程的研究结果，给出了一些案例。例如，Handley 等（1999）通过全球范围已发表的植物叶子的结果分类梳理，通过模型拟合，发现不同生态系统植物叶子 $\delta^{15}N$ 值的高低与降水量和温度密切相关；又如，Evans 和 Ehleringer（1993）应用瑞利模型（Rayleigh model）在美国犹他州的干旱森林区分析了树冠下和树冠间土壤剖面不同深度全氮含量和 ^{15}N 自然丰度变化的关系，明确了树冠间土壤氮素净损失大是导致其 ^{15}N 自然丰度升高的主要原因，揭示了蓝藻、地衣、苔藓等生物土壤结皮在提供干旱森林生态系统氮源中的重要作用，指出对人为频繁活动破坏生物土壤结皮，最终将导致生态系统退化的趋势应予以特别关注。

本章总结和讨论了土壤等自然物质 $\delta^{15}N$ 值的变化及其在氮循环研究中的某些应用。然而，由于土壤中进行的许多生物驱动的氮化物转化过程常常是叠加的，同位素转化过程产生的分馏效应留下的印记也是叠加的，因此对试图依靠单一同位素（^{15}N）自然丰度变化来区分某一过程的机制或转化产物的定量造成了很大的困扰。氮循环过程中最受关注的一些氮氧化物如 N_2O、NO_3^- 是氮和氧双元素组成的。近十多年来，国际上应用双元素（N、O）的三种同位素（^{15}N、^{18}O、^{17}O）丰度变化来指示 N_2O 和 NO_3^- 的产生机理和来源取得了创新性进展。然而，目前国内这方面的研究工作仍较缺乏。第 13 章将总结和介绍这些结果。

参 考 文 献

曹亚澄，施书莲，杜丽娟，等. 1995. 应用 ¹⁵N 自然丰度法测定固氮植物固氮量 I . 草本豆科固氮植物固氮量的测定. 土壤学报，32（增刊）：217-225.

陈冠雄，商曙辉，于克伟，等. 1990. 植物释放氧化亚氮的研究. 应用生态学报，1（1）：94-96.

邢光熹，谢迎新，熊正琴，等. 2010. 水稻-小麦轮作体系中土壤氮素循环、氮素的化学行为和生态环境效应//朱兆良，张福锁. 主要农田生态系统氮素化学行为与氮肥高效利用的基础研究. 北京：科学出版社：29-54.

杨思河，陈冠雄，林继惠，等. 1995. 几种木本植物的 N₂O 释放与某些生理活动的关系. 应用生态学报，6（4）：337-340.

Bokhoven C，Theeuwen H J. 1966. Determination of the abundance of carbon and nitrogen isotopes in dutch coals and natural gas. Nature，211（5052）：927-929.

Cao Y C，Sun G Q，Xing G X，et al. 1991. Natural abundance of ¹⁵N in main N-containing chemical fertilizers of China. Pedosphere，1（4）：377-382.

Cheng H H，Bremner J M，Edwards A P. 1964. Variations of nitrogen-15 abundance in soils. Science，146（3651）：1574-1575.

Choi W J，Lee S M，Yoo S H. 2001. Increase in δ^{15}N of nitrate through kinetic isotope fractionation associated with denitrification in soil. Agricultural Chemistry and Biotechnology，44（3）：135-369.

Choi W J，Ro H M. 2003. Differences in isotopic fractionation of nitrogen in water-saturated and unsaturated soil. Soil Biology Biochemistry，35：483-486.

Craig H. 1953. The geochemistry of stable carbon isotopes. Geochimica et Cosmochimica Acta，3：53-92.

Delwiche C C，Steyn P L. 1970. Nitrogen isotope fractionation in soils and microbial reactions. Environmental Science and Technology，4（11）：929-935.

Edwards A P. 1973. Isotopic tracer techniques for identification of sources of nitrate pollution. Journal of Environmental Quality，2（3）：382-387.

Edwards A P. 1975. Isotope effects in relation to the interpretation of ¹⁴N/¹⁵N ratios in tracer studies//Isotope ratios as pollutant source and behavior indicators. International Atomic Energy Agency，Vienna：455-468.

Evans R D，Ehleringer J R. 1993. A break in the nitrogen cycle in arid lands? Evidence from δ^{15}N of soils. Oecologia，94：314-317.

Freyer H D，Aly A I M. 1974. Nitrogen-¹⁵N variations in fertilizer nitrogen. Journal of Environmental Quality，3（4）：405-406.

Fogg G E，Rolston D E，Decker D L，et al. 1998. Spatial variation in nitrogen isotopic values beneath nitrate contamination sources. Ground Water，36：418-426.

Greenland D L. 1965. Interactions between clays and organic compound in soils. Soil Fertility，28（5）：415-425.

Handley L L，Scrimgeour C M. 1997. Terrestrial plant ecology and ¹⁵N natural abundance：The present limits to interpretation for uncultivated systems with original data from a Scottish old field. Advances in Ecological Research，27：134-199.

Handley L L，Austin A Y，Robinson D，et al. 1999. The ¹⁵N natural abundance（δ^{15}N）of ecosystem samples reflects measures of water availability. Australian Journal of Plant Physiology，26（2）：185-199.

Hauck R D. 1973. Nitrogen tracers in nitrogen cycle studies：Past use and future needs. Journal of Environmental Quality，2（3）：317-327.

Hauck R D，Bartholomew W V，Bremmer J M，et al. 1972. Use of variation in natural nitrogen isotope abundance for environmental studies：A questionable approach. Science，177（4）：453-454.

Hoering T. 1955. Variations of nitrogen-15 abundance in naturally occurring substances. Science，122（3182）：1233-1234.

Högberg P. 1997. Tansley review No. 95 ¹⁵N natural abundance in soil-plant systems. New Phytologist，137：179-203.

Jan Schjoerring K，Mattsson M. 2001. Quantification of ammonia exchange between agricultural cropland and the atmospheric：Measurements over complete growth cycles of oilseed rape，wheat，barley and pea. Plant and Soil，228：105-115.

Junk G, Svec H J. 1958. The absolute abundance of the nitrogen isotopes in the atmosphere and compressed gas from various sources. Geochimica et Cosmochimica Acta, 14 (3): 234-243.

Kim Y J, Choi W J, Lim S S, et al. 2008. Changes in nitrogen isotopic compositions during composting of cattle feedlot manure: Effects of bedding material type. Bioresource Technology, 99 (13): 5452-5458.

Kohl D H, Shearer G B, Commoner B. 1971. Fertilizer nitrogen: Contribution to nitrate in surface water in a corn belt watershed. Science, 174 (4016): 1331-1334.

Li X D, Masuda H, Koba K, et al. 2007. Nitrogen isotope study on nitrate-contaminated groundwater in the Sichuan Basin, China. Water, Air, and Soil Pollution, 178: 145-156.

Mariotti A, Germon J C, Hubert P, et al. 1981. Experimental determination of nitrogen kinetic isotope fractionation: Some principles: illustration for the denitrification and nitrification processes. Plant and Soil, 62 (3): 423-430.

Michener R, Lajtha K. 2007. Stable Isotopes in Ecology and Environmental Science. 2nd edition. London: Blackwell.

Moore H. 1977. The isotopic composition of ammonia, nitrogen dioxide, and nitrate in the atmosphere. Atmospheric Environment, 11: 1239-1243.

Nadelhoffer K J, Fry B. 1994. Nitrogen isotope studies in forest ecosystems// Lajth K, Michener R H. Stable Isotopes in Ecology and Environmental Science. London: Blackwell: 23-24.

Näsholm T. 1994. Removal of nitrogen during needle senescence in Scots pine (Pinus sylvestris L). Oecologia, 99: 290-296.

Nier A Q, Gulbransen E A. 1939. Variations in the relative abundance of the carbon isotopes. Journal of the America Chemistry Society, 61: 697-698.

Robinson D. 2001. $\delta^{15}N$ as an integrator of the nitrogen cycle. Trends in Ecology and Evolution, 16: 153-162.

Riga A, Vanpraay A, Brigode N, et al. 1971. Natural isotope ratios in some forest and agricultural soils in Belgium subjected to various fertility treatments. Geoderma, 6: 213-222.

Schoenheimer R, Rittenberg D. 1939. Studies in protin metabolism I. General considerations in the application of isotopes to the study of protein metabolism the normal abundance of nitrogen isotopes in amino acids. Biology Chemistry, 27: 285-291.

Shearer G B, Feldman L, Bryan B A, et al. 1982. ^{15}N abundance of nodules as an indication of N metabolism in N_2-fixing plants. Plant Physiol, 70 (2): 465-468.

Shearer G B, Kohl D H, Chien S H. 1978. The nitrogen-15 abundance in a wide variety of soils. Soil Science Society of America Journal, 42 (6): 899-902.

Shearer G B, Kohl D H, Commoner B. 1974. The precision of determinations of the natural abundance of nitrogen-15 in soils, fertilizer and shelf chemicals. Soil Science, 118 (5): 308-316.

Shi S L, Xing G X, Zhou K Y, et al. 1992. Natural nitrogen-15 abundance of ammonium nitrogen and fixed ammonium in soils. Pedosphere, 2 (3): 265-272.

Smith P V, Hudson B E. 1951. Abundance of ^{15}N in the nitrogen present in crude oil and coal. Science, 113 (2942): 577.

Song G, Zhao X, Wang S Q, et al. 2014. Nitrogen isotopic fractionation related to nitrification capacity in agricultureal soils. Pedosphere, 24 (2): 186-195.

Thomas A L, Patterson T G. 1981. How much nitrogen do legumes fix? Advances in Agronomy, 34: 15-38.

Wada E, Kadonaga T, Matsuo S, et al. 1975. ^{15}N abundance in nitrogen of naturally occurring substances and global assessment of denitrification from isotopic viewpoint. Geochemical Journal, 9: 139-148.

Wassenaar L I. 1995. Evaluation of the origin and fate of nitrate in the Abbotsford aquifer using the isotopes of ^{15}N and ^{18}O in NO_3^-. Applied Geochemistry, 10: 391-405.

Wellman R P, Cook F D, Krouse H R. 1968. Nitrogen-15: Microbiological alteration of abundance. Science, 161 (3838): 269-271.

White W C, Yagoda H. 1950. Abundance of ^{15}N in the nitrogen occluded in radioactive minerals. Science, 111 (2882): 307-308.

Xie Y X, Xiong Z Q, Xing G X, et al. 2008. Source of nitrogen in wet deposition to a rice agroecosystem at Tai Lake region. Atmospheric Environment, 42 (21): 5182-5192.

Xing G X, Cao Y C, Shi S L, et al. 2001. N pollution sources and denitrification in water bodies in Taihu Lake region. Science in

China Chemistry，44（3）：304-314.

Xing G X，Cao Y C，Shi S L，et al. 2002. Denitrification in underground saturated soil in a rice paddy region. Soil Biology and Biochemistry，34（11）：1593-1598.

Xing G X，Shi S L，Cao Y C，et al. 1998. Evaluation of N_2-fixing capacities of herbaceous and shrub legumes under field condition. Pedosphere，8：33-36.

Yoneyama T，Nakano H，Kuwahara M，et al. 1986. Natural ^{15}N abundance of field grown soybean grains harvested in various locations in Japan and estimate of the fractional contribution of nitrogen fixation. Soil Science and Plant Nutrition，32（3）：443-449.

Yeatman S G，Spokes L J，Dennis P F，et al. 2001. Comparisons of aerosol nitrogen isotopic composition at two polluted coastal sites. Atmospheric Environment，35：1307-1320.

Zhao X，Xing G X. 2009. Variation in the relationship between nitrification and acidification of subtropical soils as affected by the addition of urea or ammonium sulfate. Soil Biology and Biochemistry，41：2584-2587.

Zhao X，Yan X Y，Xiong Z Q，et al. 2009. Spatial and temporal variation of inorganic nitrogen wet deposition to the Yangtze River Delta Region，China. Water，Air，and Soil Pollution，203：277-289.

第 13 章　氮氧双同位素及非质量同位素分馏效应在生物地球化学氮循环研究中的应用

当前，全球生物化学氮循环对生态环境产生了严重的负面影响。最引人注目的是两种氮氧化合物（N_2O 和 NO_3^-）循环产生的后果。其中，N_2O 的产生机制和大气 N_2O 源汇平衡，以及进入水体的 NO_3^- 来源和分配成了两个聚焦点。20 世纪 80 年代前，学者应用富集 ^{15}N 或贫化 ^{15}N 示踪剂（第 11 章）和 ^{15}N 同位素分馏效应产生的自然丰度变异作为印记研究了一系列的生物地球化学氮循环问题（第 12 章）。然而，由于陆地、水体中微生物驱动的氮素转化过程是相互叠加的，同位素分馏效应产生的印记（$\delta^{15}N$ 自然丰度变异）也是叠加的。因此，影响了单独应用氮元素同位素自然丰度变异（$\delta^{15}N$）来指示氮循环过程的可靠性。

20 世纪 80 年代中后期起，相关学者考虑到 N_2O、NO_3^- 是双元素组成的氮氧化物，开始同时应用 $\delta^{15}N$ 和 $\delta^{18}O$ 双同位素来指示 N_2O 和 NO_3^- 产生途径，并尝试用 N_2O 双同位素 ^{15}N 和 ^{18}O 的收支来限定（constrain）大气 N_2O 收支和区分水体 NO_3^- 的源和分配。

20 世纪 90 年代末至 21 世纪初，非质量差异引起的氮氧同位素分馏效应也被相继发现。目前这一发现包括两个方面的内容，一是 N_2O 是一个直线型氮同位素不对称排列（$^{14}N^{15}NO$、$^{15}N^{14}NO$）的分子。^{15}N 在 N_2O 分子内排列位置不同引起了 $\delta^{15}N$ 值分馏差异，并把这一差异值称为点位优势值（site preference，SP）。二是大气 NO_3^-、N_2O 氧同位素中 $\delta^{17}O$ 的不正常富集，以 $\Delta^{17}O$ 标注。大气 NO_3^-、N_2O 中 ^{17}O 丰度的不正常富集，起源于大气层中 O_3 化学反应产生的氧原子向大气中氮氧化合物的传递（impart），使大气 NO_3^-、N_2O 中的 ^{17}O 不同于陆地源 NO_3^-、N_2O。这种非质量差异的氮、氧同位素分馏效应的发现及相应的测定和计算方法的建立，为同位素分馏过程留下的印记在氮氧化物循环研究中的应用增添了新技术。

13.1　^{15}N、^{18}O 双同位素方法应用

13.1.1　^{15}N、^{18}O 在指示水体 NO_3^- 源中的应用

20 世纪 80 年代初应用 $\delta^{15}N$、$\delta^{18}O$ 值变异研究淡水体系、土壤源和大气沉降源 NO_3^- 的贡献已有一些报道。Spoelstra 等（2001）报告了在加拿大 Turkey Lakes 流域应用 $\delta^{15}N$ 和 $\delta^{18}O$ 值作指示研究来自大气沉降和森林土壤的 NO_3^- 对该湖输出水体中硝酸盐的相对贡献。测得该流域来自大气沉降 NO_3^- 的 $\delta^{18}O$ 值为 35‰～59‰，加权平均为 50.2‰；$\delta^{15}N$ 值为 -4‰～-0.8‰，加权平均为 -2.1‰。得出了该流域水体输出的 NO_3^- 主要来自土壤源，占 70%～92%，其余来自大气沉降源的结论。

　　Spoelstra 等（2007）在田间条件下，通过加棚盖阻止大气沉降硝酸盐进入渗漏池，测定了土壤淋出的 NO_3^- 的 $\delta^{18}O$ 值，得到土壤 NO_3^- 的 $\delta^{15}N$ 值和 $\delta^{18}O$ 值与大气沉降的不同，特别是 $\delta^{18}O$ 值差异很大，对区分土壤和大气沉降 NO_3^- 源有很好的指示意义。Mayer 等（2002）应用 $\delta^{15}N$ 值和 $\delta^{18}O$ 值对美国东北部 16 个集水区河流水中 NO_3^- 的来源和分配进行了较大规模的研究，从 1999 年 1 月至 12 月对河水 NO_3^- 浓度和 $\delta^{15}N$、$\delta^{18}O$ 值进行了全年性测定，他们把所研究的流域分为以森林、农田为主和以城市土地利用为主的两类集水区。同时把进入水体的 NO_3^- 源归纳为四种：①大气沉降 NO_3^-；②含 NO_3^- 氮肥；③土壤硝化产生的 NO_3^-；④厩肥与生活污水中的 NO_3^-。他们首先对已发表的与四种 NO_3^- 源有关的 $\delta^{15}N$ 值和 $\delta^{18}O$ 值进行了整理，确定了不同 NO_3^- 源 $\delta^{15}N$ 值和 $\delta^{18}O$ 值的范围，如图 13.1 所示。他们把所研究集水区河水中的 NO_3^- 的 $\delta^{15}N$ 值和 $\delta^{18}O$ 值分为三组：1 组用方块（■）表示，NO_3^- 平均 $\delta^{15}N$ 值低于 5‰，$\delta^{18}O$ 值低于 14‰；2 组用三角形（▲）表示，$\delta^{15}N$ 值与 1 组相似，$\delta^{18}O$ 值略高于 1 组（16‰～19‰）；3 组用圆形（●）表示，$\delta^{18}O$ 值在 15‰以下，$\delta^{15}N$ 值高于 6‰。

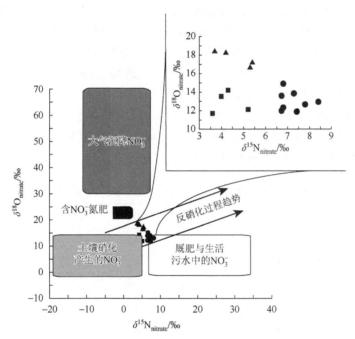

图 13.1　美国东北部 16 个集水区河流出口采集河水 NO_3^- 平均 $\delta^{15}N$ 值和 $\delta^{18}O$ 值

引自 Mayer 等（2002）

　　图 13.1 揭示了来自土壤硝化过程产生的 NO_3^- 在反硝化过程中 $\delta^{15}N$ 值与 $\delta^{18}O$ 值呈增高趋势。从 1 组同位素组成来看，Mayer 等（2002）认为硝化过程是河水 NO_3^- 的主要源，而 2 组和 3 组是土壤 NO_3^- 与其他源的混合（大气沉降、氮肥、厩肥与生活污水）。他们也发现不同土地利用集水区河水 NO_3^- 浓度与 $\delta^{15}N$、$\delta^{18}O$ 值有关，在以森林为主的集水区当河水 NO_3^- 平均浓度低于 0.4 mg(N)/L 时，则 $\delta^{15}N$ 值低于 5‰，$\delta^{18}O$ 值在 12‰～19‰，结果表示河水 NO_3^- 主要来自土壤硝化和少量大气沉降的 NO_3^-。而在以农田和城市土地利用为主的集水区河水 NO_3^- 浓度达到 2.6 mg/L，$\delta^{15}N$ 值比较高，为 5‰～8‰，$\delta^{18}O$ 值在 15‰

以下，可以认为这类集水区河水中的 NO_3^- 主要来自土壤硝化，厩肥与生活污水有一定的贡献，而大气沉降的 NO_3^- 和含 NO_3^- 氮肥的贡献不大。虽然土壤源 NO_3^- 的 $\delta^{18}O$ 值受 H_2O 和大气 O_2 源 ^{18}O 值影响很大，但 Mayer 等（2002）认为，通过排出 NO_3^- 的 $\delta^{15}N$ 值和 $\delta^{18}O$ 值的综合分析，可以区分输入水体的 NO_3^- 的来源。大气沉降 NO_3^- 的 $\delta^{18}O$ 值为 25‰～70‰（Mayer et al.，2002），而含 NO_3^- 氮肥的 $\delta^{18}O$ 值为 22.3‰（Wassenaar，1995），来自土壤 NO_3^- 的 $\delta^{18}O$ 值为 0～14‰（Mayer et al.，2002），厩肥与生活污水 NO_3^- 的 $\delta^{18}O$ 值低于 15‰（Wassenaar，1995；Aravena et al.，1993）。

13.1.2 ^{15}N、^{18}O 在限定大气 N_2O 源汇中的应用

1. 大气 N_2O 的源和汇

大气 N_2O 排放源主要是自然植被下土壤和海洋、农业生产、工农业化石燃料燃烧、生物质燃烧等。N_2O 从对流层迁移和扩散进入平流层之后形成主要汇，再被光解或者被激发态 $O(^1D)$ 原子反应清除。自人们开始注意到 N_2O 以来，源和汇的数量估算一直备受关注，然而，这是一个十分复杂的问题。特别是源的估算，更为复杂，存在很大的不确定性。自 20 世纪 80 年代起，大气 N_2O 每年以 0.25%～0.31% 递增（Bouwman，1995）。已从工业化前的 275 nL/L 增加到 2000 年以后的 325 nL/L（Denman et al.，2007）。Syakila 和 Kroeze（2011）计算了 1500～2006 年全球 N_2O 自然源和人为源的排放（表 13.1），其间自然源几乎没有变动，而人为源从 0.5 Tg(N) 增加到 8.3 Tg(N)。人为源主要来自农业和能源，2006 年两者合计为 6.5 Tg(N)，占人为源的 78.3%。

表 13.1 全球 1500～2006 年全球 N_2O 自然源和人为源的排放 [单位：Tg(N)]

年份	能源	工业	生物燃烧	农业	海洋	表面汇	人为源	自然源	合计	净增加
1500	0.0	0.0	0.1	0.4	0.0	0.01	0.5	11.1	11.6	0.0
1600	0.0	0.0	0.1	0.4	0.0	0.01	0.5	11.1	11.6	0.0
1700	0.0	0.0	0.1	0.5	0.0	0.01	0.6	11.0	11.6	0.0
1800	0.0	0.0	0.1	0.8	0.0	0.01	0.9	10.7	11.6	0.0
1850	0.0	0.0	0.1	1.0	0.0	0.01	1.1	10.5	11.6	0.0
1900	0.0	0.0	0.1	1.2	0.0	0.01	1.3	10.5	11.8	0.2
1930	0.0	0.0	0.2	1.7	0.0	0.01	1.9	10.5	12.4	0.8
1950	0.1	0.0	0.2	2.2	0.0	0.01	2.5	10.5	13.0	1.4
1960	0.2	0.1	0.2	2.6	0.2	0.01	3.3	10.5	13.8	2.3
1970	0.3	0.3	0.3	3.3	0.4	0.01	4.5	10.5	15.0	3.4
1975	0.4	0.3	0.3	3.7	0.5	0.01	5.2	10.5	15.7	4.1
1980	0.5	0.4	0.3	4.1	0.6	0.01	5.9	10.5	16.4	4.8
1985	0.6	0.4	0.4	4.4	0.7	0.01	6.6	10.5	17.1	5.5

续表

年份	能源	工业	生物燃烧	农业	海洋	表面汇	人为源	自然源	合计	净增加
1990	0.7	0.5	0.5	4.6	0.8	0.01	7.2	10.5	17.7	6.2
1994	0.9	0.3	0.6	4.7	0.9	0.01	7.5	10.5	18.0	6.4
2000	1.2	0.0	0.7	4.9	1.0	0.01	7.8	10.5	18.3	6.8
2002	1.2	0.0	0.7	5.0	1.0	0.01	7.9	10.5	18.4	6.9
2004	1.2	0.0	0.7	5.2	1.0	0.01	8.2	10.5	18.7	7.1
2006	1.2	0.0	0.7	5.3	1.0	0.01	8.3	10.5	18.8	7.2

注：引自 Syakila 和 Kroeze（2011）。

Kim 和 Craig（1993）指出，虽然全球大气 N_2O 的估算存在很大的不确定性，但对于大气 N_2O 存在源和汇不平衡的事实是一致认同的。已有一些源超过汇的估算数值发表。Minschwaner 等（1993）给出了源超过汇 3～4.5 Tg(N)/a 的数值，Forster 等（2007）估算源超过汇约 5 Tg(N)/a。然而源超过汇的数值估计也只能作为参考，因为对源的估算存在极大的不确定性。Syakila 和 Kroeze（2011）认为，目前大气 N_2O 的增加不能通过 IPCC 国家温室气体排放清单指南计算出的数值来解释。他们质疑 IPCC 编制的国家温室气体排放清单指南中很可能漏掉了重要的源。这种被漏掉的源很可能来自深层海洋 N_2O 的排放。

如前所述，大气 N_2O 的主要汇是对流层顶与平流层底交界处 N_2O 受大气紫外线辐射引起的光解和激发态 $O(^1D)$ 原子反应而被清除，其反应式如下（Warneck，1988）：

$$N_2O \xrightarrow{hv} N_2 + O(^1D) \tag{1}$$

$$O(^1D) + N_2O \xrightarrow{hv} N_2 + O_2 \tag{2}$$

$$O(^1D) + N_2O \xrightarrow{hv} NO + NO \tag{3}$$

反应式（1）清除的 N_2O 占 90%（Minschwaner et al.，1993），反应式（2）清除的 N_2O 占 4%，反应式（3）清除的 N_2O 占 6%（Crutzen and Schmailzl，1983）。反应式（3）是平流层底即 20～40 km 高度处 NO 的主要源（Crutzen，1970）。据计算，反应式（1）～（3）除去的 N_2O 为（10.5±3）Tg/a（McElroy and Wofsy，1986）。Minschwaner 等（1993）给出的数值为（12.2±3.7）Tg/a，Denman 等（2007）给出的数值为（12.5±2.5）Tg /a。不同作者给出的数值虽然存在一定的不确定性，但比较接近。全球大气 N_2O 汇除去平流层外，最近也报道土壤和水体表面吸收大气 N_2O，称为表面汇，但这一汇的强度很小，仅为 0.01 Tg/a（Syakila and Kroeze，2011），对于全球大气 N_2O 汇的估算不会造成较大影响。大气 N_2O 源的估算存在很大困难，自然源虽相对稳定，但全球大气 N_2O 人为源变动很大，查清大气 N_2O 源的数量和验证源汇间的平衡对于制定减缓 N_2O 环境影响的对策至关重要。

2. 应用 $\delta^{15}N$、$\delta^{18}O$ 值限定大气 N_2O 源汇

自 20 世纪 80 年代以来，已积累了不少陆地、海洋、大气（对流层、平流层）N_2O 的 $\delta^{15}N$、$\delta^{18}O$ 值的数据，存在差异的事实也已得到确认（表 13.2～表 13.4）。这主要是陆地、

海洋产生 N_2O 的生物驱动作用，以及 N_2O 由大气对流层进入平流层的大气化学反应和平流层 N_2O 向对流层的回流混合效应所致。

表 13.2　大气（对流层、平流层）N_2O 的 $\delta^{15}N$ 和 $\delta^{18}O$ 值

大气层	样品信息			$\delta^{15}N$/‰	$\delta^{18}O$/‰	数据来源
	纬度或地点	高度/km	日期（月/年）			
平流层	68°N	12.8	—	12.8	52.6	Kim 和 Craig（1993）
	68°N	17.8	—	21.1	58.5	
	46°N	17.4	1/88	10.0	48.1	Rahn 和 Wahlen（1997）
	68°N	14.4	2/88	7.9	45.1	
	68°N	22.6	2/88	27.3	62.3	
	39°N	18.3	5/88	10.7	49.1	
	45°N	16.8	5/88	10.0	48.2	
	40°N	15.3	4/89	9.3	47.3	
	48°N	17.0	4/89	13.9	51.6	
	33°N	0	5/94	6.4	45.0	
陆地对流层	美国纽约	—	12/81	/	42.7±0.6	Wahlen 和 Yoshinari（1985）
	美国纽约	—	5/82	/	47.2±10.4	
	美国纽约	—	9/82	/	45.3±0.3	
	美国纽约	—	2/84	/	45.6±0.4	
	美国纽约	—	3/84	/	43.4±0.2	
	美国纽约	—	3/84	/	48.3±0.9	
	日本东京			8.1±1.0	/	Yoshida 和 Matsuo（1983）
	美国科罗拉多州	—	—	5.2±2.0	/	Moore（1974）
	美国加利福尼亚州	—	9/94～3/95	/	41.9±0.7	Cliff 和 Thiemens（1997）
	美国加利福尼亚州		9/95	/	40.3±0.6	
	美国加利福尼亚州		1/93～2/97	/	42.4±0.5	
	哥斯达黎加和巴西热带森林地区		95～98	6.3±1.3	44.5±0.7	Perez 等（2000）
	加拿大艾伯塔省		4/04～7/05	4.6±0.7	48.3±0.2	Rock 等（2007）
海洋对流层	39°N，日本海岸带	—	7/81	7.9±0.7	/	Yoshida 和 Matsuo（1983）
	33°N，日本海岸带		9/82	7.2±0.5	/	
	35°N，日本海岸带		9/79～1/80	8.8±0.9	/	
	3°N～49°N，太平洋沿岸	—	—	7.2±1.1	/	Yoshida 等（1984）
	西北太平洋	—	—	6.8±0.7	/	Yoshida 等（1989）
	太平洋 1°N～30°N	—	—	7.0	44.2	Kim 和 Carig（1990）
	亚热带北部太平洋	—	5/94	7.1	43.8	Dore 等（1998）

注："—"表示原文未列相关信息；"/"表示未测定 $\delta^{15}N$‰或 $\delta^{18}O$‰。

表 13.3　海洋水中溶存 N_2O 的 $\delta^{15}N$ 和 $\delta^{18}O$ 平均值　　　（单位：‰）

样品信息 （区域、纬度、海洋深度）	$\delta^{15}N$	$\delta^{18}O$	数据来源
东部热带太平洋高 O_2 区	5.2±1.3	—	Yoshida 等（1984）
东部热带太平洋低 O_2 区	12.6±1.1	—	
北太平洋西部，10m	3.4	—	Yoshida 等（1989）
太平洋 23°N，300～4900m	6.4～8.9	41.0～50.0	Kim 和 Craig（1990）
太平洋 28°N，200～5000m	6.3～9.7	45.1～55.8	
太平洋 31°N，250～2800m	8.5～9.4	44.8～53.5	
东部热带太平洋和阿拉伯海，300～350m	35.1～37.5	103.4～106.9	Yoshinari 等（1997）

注："—"表示未测数据。

表 13.4　土壤中 N_2O 的 $\delta^{15}N$ 和 $\delta^{18}O$ 值

样品信息 （地点、土地利用）	$\delta^{15}N$/‰	$\delta^{18}O$/‰	数据来源
夏威夷施肥甘蔗地（湿）	0.1	42.7	
夏威夷施肥甘蔗地（干）	−25.0	34.3	
夏威夷施肥甘蔗地（干）	−22.1	34.5	
哥斯达黎加，热带雨林，JA	−22.5	27.1	Kim 和 Craig（1993）
哥斯达黎加，热带雨林，CE1	−7.1	35.8	
哥斯达黎加，热带雨林	−7.8	33.3	
英国，温带草地	−34～−15	—	Yamulki 等（2000）
英国，温带草地	−12～0	34～47	Yamulki 等（2001）
美国加利福尼亚州土壤覆盖的垃圾填埋场	−5.1～19.4	42.5～57.0	Mandemack 和 Rahn（2000）
哥斯达黎加	−26.8±4.5	24.3±5.6	Perez 等（2000）
巴西原始森林	−0.97±2.0	29.7±6.7	
巴西原始森林	−18.95±8.6	31.2±3.5	
巴西原始森林	−7.0±2.3	40.4±1.7	
墨西哥农业土壤	−46.7～5.0	21.0～33.5	Perez 等（2001）
加拿大农业土壤	−28～8.9	29～53.6	Rock 等（2007）
中国水稻土小麦生长季	0.9±2.9	39.3±3.1	Xiong 等（2009）

注："—"表示未测数据。

Wada 和 Ueda（1996）根据已发表的 N_2O 生物地球化学循环在不同自然体留下的同位素印记做了一个示意图（图 13.2）。

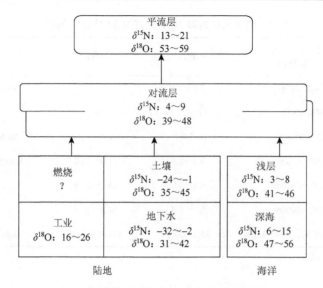

图 13.2　不同环境条件下 N_2O 氮、氧同位素数值（单位：‰）

引自 Wada 和 Ueda（1996）

　　陆地土壤、地下水和工业源的 N_2O 及浅层海洋溶存 N_2O 的 $\delta^{15}N$ 和 $\delta^{18}O$ 值低于大气对流层，深层海洋水溶存 N_2O 的 $\delta^{15}N$ 和 $\delta^{18}O$ 值略高于陆地土壤和地下水 N_2O 的 $\delta^{15}N$ 和 $\delta^{18}O$ 值，以大气平流层 N_2O 的 $\delta^{15}N$ 和 $\delta^{18}O$ 值为最高。这些差异是产生机制不同所致，土壤和地下水的 N_2O 主要由微生物产生，平流层 N_2O 是经受光分解和化学反应后残留的 N_2O 富集重同位素。对流层是陆地和海洋源 N_2O 相对贫化重同位素与平流层 N_2O 富集重同位素的混合。

　　Snider 等（2015）总结了已发表的地球系统不同环境下产生或存在的 N_2O 的 3287 个 $\delta^{15}N$ 和 $\delta^{18}O$ 值的数据（表 13.5），虽然不同环境的 $\delta^{15}N$ 和 $\delta^{18}O$ 值存在较大的不确定性，但具有明显的差异。平流层明显富集 ^{15}N 和 ^{18}O；土壤、淡水、地下水、城市废水和南极 N_2O 的 $\delta^{15}N$ 值为负值，明显贫化 ^{15}N 和 ^{18}O；对流层与海洋 N_2O 的 $\delta^{15}N$ 和 $\delta^{18}O$ 值接近。这一趋势与 Wada 和 Ueda（1996）总结的结果基本一致（图 13.2）。表明几十年来积累的全球不同环境或不同来源 N_2O 的 $\delta^{15}N$ 和 $\delta^{18}O$ 值的差异已经被确认，为通过模型方法计算全球 N_2O 收支提供了不少的基本参数。

表 13.5　全球不同环境条件下 N_2O 的 $\delta^{15}N$ 和 $\delta^{18}O$ 值

分类	数据/个	平均 $\delta^{15}N$/‰	平均 $\delta^{18}O$/‰	相关系数
平流层	288	20.31±20.79	56.39±18.44	0.994 0
对流层	225	6.55±0.47	44.40±0.34	0.375 8
土壤	884	−14.85±12.01	31.23±9.89	0.608 3
淡水	738	−4.65±9.84	41.77±8.79	0.665 6
地下水	530	−13.87±15.46	45.34±17.74	0.455 2
城市废水	92	−11.56±12.70	31.51±14.14	0.292 2
海洋	495	6.63±3.50	47.35±9.54	0.486 6
南极	35	−40.84±30.75	29.03±31.82	0.225 6

注：引自 Snider 等（2015），有所删节；$\delta^{15}N$ 以空气 N_2 为标准，$\delta^{18}O$ 以 VSMOW 为标准。

虽然一些学者和国际评议机构认为当前大气的对流层中 N_2O 收支或源汇处于不平衡状态，但这一说法并未得到有效可靠的方法来验证。只是根据输入大气对流层的各种源的 N_2O 通量，对流层中 N_2O 的储量，对流层向平流层的 N_2O 扩散通量，平流层通过光化学分解、化学反应的 N_2O 消耗量，平流层残留的 N_2O 向对流层的回流通量，以及 N_2O 在大气中停留的寿命等参数，通过不同类型的模型做出估算。这些估算的源汇数值是需要进一步验证的。一些学者发现陆地源、海洋源和大气对流层、平流层 N_2O 的 $\delta^{15}N$ 和 $\delta^{18}O$ 值存在差异（表 13.2～表 13.4），能否利用 N_2O 的 $\delta^{15}N$ 和 $\delta^{18}O$ 值来验证大气 N_2O 源汇平衡是值得尝试的。Kim 和 Craig（1993）首次进行了这种尝试，应用 $\delta^{15}N$ 和 $\delta^{18}O$ 值研究大气 N_2O 收支平衡是基于如下概念：若全球大气 N_2O 源汇负荷估算是平衡的，且主要源年释放计算是正确的，而且平流层消耗 N_2O 量和回流到对流层的 N_2O 通量也是正确的，则对流层大气 N_2O 氮氧同位素比率源汇负荷也应该是平衡的。

Kim 和 Craig（1993）根据当时他们在热带雨林和农田土壤排放 N_2O 的 $\delta^{15}N$ 和 $\delta^{18}O$ 值（表 13.4），68°N 不同高度测得的平流层 N_2O 的 $\delta^{15}N$ 和 $\delta^{18}O$ 值（表 13.2）及海洋对流层 N_2O 的 $\delta^{15}N$ 和 $\delta^{18}O$ 值（Kim and Craig，1990）（表 13.2），计算了对流层 N_2O 的 $\delta^{15}N$ 和 $\delta^{18}O$ 值的收支，结果表明，对流层 N_2O 源汇负荷均不能达到平衡，输入对流层的 N_2O 氮、氧同位素只能平衡平流层回流的富集同位素 N_2O 的 50%。从这一结果看，只有海洋输入对流层的 N_2O 通量达到 200 Tg(N)/a 或其他富含轻同位素 N_2O 源达到相应的通量，才能实现对流层 N_2O 的同位素收支平衡。这一要求显然是难以达到的。据 Syakila 和 Kroeze（2011）的研究表明，2000～2006 年，海洋源 N_2O 通量只有 1 Tg(N-N_2O)/a。Kim 和 Craig（1993）对此也做过一些反思，第一，他们质疑所采集的 68°N 平流层的两个 N_2O 样品同位素值的代表性。第二，近表层海洋水产生的轻同位素 N_2O 影响了大气 N_2O 的同位素组成。客观地说，他们试图通过对进入对流层相对贫化 ^{15}N 和 ^{18}O 的 N_2O 与从平流层回流到对流层富集 ^{15}N 和 ^{18}O 的 N_2O 之间的同位素比率差异作为限定大气 N_2O 源汇是十分复杂的科学问题。目前对进入对流层 N_2O 源的通量虽已做了许多估算，但仍然存在很大的不确定性，特别是陆地土壤源或农业源不确定性更大。海洋源 N_2O 排放通量也不很清楚，有研究学者认为海洋是大气 N_2O 的净源（Nevison et al.，1995），也有研究学者认为，深层海水通过上升流将 N_2O 排放到大气是一个重要的 N_2O 源（Yoshinari et al.，1997），也有研究估算出海洋源 N_2O 通量只有 1 Tg(N-N_2O)/a（Syakila and Kroeze，2011）。虽然平流层 N_2O 代表性的 $\delta^{15}N$ 和 $\delta^{18}O$ 值相对比较容易获得，但土壤代表性 N_2O 的同位素比率的确定是十分困难的，不仅有不同气候带纬度效应存在，而且同一纬度的土壤类型不同，土地利用方式不同，水分和温度等环境条件不同都会影响 N_2O 的产生机制。产生机制不同，致使 N_2O 的 $\delta^{15}N$ 和 $\delta^{18}O$ 值有很大的不同。Perez 等（2006）研究指出，热带亚马孙地区森林土壤排放的 N_2O 的 $\delta^{15}N$ 和 $\delta^{18}O$ 值存在很大的时间和空间变异性，限制了其在大气 N_2O 同位素收支平衡中的应用。总之，利用不同环境（陆地土壤、海洋和大气）N_2O 的 $\delta^{15}N$ 和 $\delta^{18}O$ 差异来修正大气对流层 N_2O 仍有待研究。

13.1.3　$\delta^{15}N$、$\delta^{18}O$ 在指示 N_2O 产生机制中的应用

1. 已知 N_2O 的产生途径

以往人们一直认为自养和异养硝化作用、异养反硝化作用是 N_2O 产生的主要途径，然而，随着对土壤和水体 N_2O 产生机制研究的不断深入，越来越多的可以产生 N_2O 的途径被发现，既有微生物参与的过程，也有非生物过程。已知的 N_2O 产生途径如图 13.3 所示。

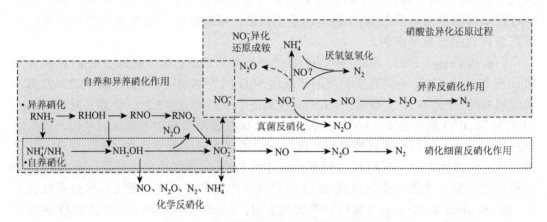

图 13.3　N_2O 产生的主要氮转化过程示意图

在这些途径中，绝大多数仍是多种微生物驱动的生物学反应过程，它们是硝化细菌，反硝化细菌，非反硝化的硝酸还原微生物、真菌、绿藻类、甲烷氧化菌和古菌等。

（1）硝化作用主要分为自养型和异养型。自养型过程中硝化细菌不利用有机碳化物作为碳源和能源，而是从 CO_2、碳酸中得到碳素，所需能量从氧化 NH_4^+ 和 NO_2^- 获得。对于异养型过程，硝化菌则以有机碳为碳源和能源，将 NH_4^+ 和有机氮氧化为 NO_2^- 和 NO_3^-。在酸性土壤上一些真菌、放线菌和细菌等异养微生物能进行明显的硝化作用，对 N_2O 排放也有较大贡献。

（2）反硝化作用包括化学反硝化和生物反硝化过程，以生物反硝化过程最为重要。生物反硝化主要是多种异养微生物在厌氧（＜0.1mL/L，O_2）条件下，NO_3^- 作为电子受体被最终还原为 N_2 的过程。N_2O 是中间产物可进一步还原为 N_2。因此，反硝化作用既产生 N_2O 又消耗 N_2O，具有源汇功能（Charpentier et al.，2007）。虽然在土壤中铁、铜等无机化合物或有机物化合物作用下，羟胺（NH_2OH）、NO_3^-、NO_2^- 等可发生化学反硝化反应产生 N_2O，但其产生量大小受高盐和酸性等特定条件限制，一般在酸性较强或其他不利于微生物和酶活性的环境中有一定贡献，但通常产生量低于 NO 或 N_2，也低于硝化作用和生物反硝化作用 N_2O 产生量（Bremner，1997）。参加生物反硝化的微生物不仅有异养反硝化细菌，还有真菌。一般认为，真菌反硝化因其缺乏 N_2O 还原酶，终极产物为 N_2O，

不产生 N_2。但也有研究报道，真菌反硝化亦可通过共同反硝化反应产生 N_2（Laughlin and Stevens，2002；Shoun et al.，1992）。共同反硝化（Co-denitrification）是指厌氧条件下 NO_2^- 或 NO 在微生物参与下能与其他含氮化合物（NH_4^+、氨基酸、羟胺和联氨等）反应，形成 N_2 或 N_2O（Spott et al.，2011）。

（3）某些硝化微生物在 O_2 胁迫条件下（1 mL/L O_2）能把 NH_4^+ 氧化为 NO_2^-，然后 NO_2^- 又被还原为 N_2O，这一过程称作"硝化菌的反硝化作用"（Poth and Focht，1985）。对这一过程，现在已有一些解释，认为是由 NH_4^+ 氧化细菌进行（Shaw et al.，2006）。进一步的生物化学研究证明这个过程的第 2 步 NO_2^- 被还原为 NO、N_2O 和 N_2 确实与反硝化相符合，可能涉及的酶是相似的，或者 NH_4^+ 氧化细菌的基因组亦存在亚硝酸还原酶和亚硝酸还原基团，允许它们进行硝化菌的反硝化。硝化菌的反硝化过程主要是由硝化细菌完成，其间不产生 NO_3^-，因此不同于硝化细菌和反硝化细菌共同驱动的耦合（联合）硝化反硝化作用，在土壤 N_2O 排放的重要性也引起关注（Wrage et al.，2001）。

（4）NO_3^- 异化还原为 NH_4^+ 作用是硝酸盐异化还原过程的一类，是硝酸和亚硝酸还原酶依次将 NO_3^- 作为电子受体还原为 NO_2^-，再还原为 NH_4^+ 的过程。NO_3^- 异化还原为 NH_4^+ 过程受氧化还原状况和环境中 C/NO_3^- 值的影响，因此过程发生时常伴有短暂的 NO_2^- 积累，因此也有 N_2O 的排放（Baggs，2008）。此外，有报道指出，厌氧氨氧化（anammox）反应（$NH_4^+ + NO_2^- \longrightarrow N_2 + 2H_2O$）发生时，往往也伴随着少量 N_2O 的副产品产生，但 N_2O 并不是这一反应的产物，而是因为 NO 是厌氧氨氧化的反应中间体，厌氧氨氧化菌或其他细菌在完成 NO 的解毒作用（detoxification）时所产生（Strous et al.，2006；Kartal et al.，2007）。

2. 应用 $\delta^{15}N$ 和 $\delta^{18}O$ 值指示 N_2O 产生途径的复杂性

N_2O 的 $\delta^{15}N$、$\delta^{18}O$ 值变异主要依赖于其反应底物的同位素组成，但产生 N_2O 的诸多途径可同时发生，且不同底物、不同微生物和环境条件下 N_2O 产生过程的同位素分馏效应也往往叠加在一起，因此很难通过 N_2O 的 $\delta^{15}N$ 和 $\delta^{18}O$ 值变异来准确溯源 N_2O 产生途径。虽然利用纯培养可以得到绝大多数图 13.3 所示的这些生物过程不同转化阶段形成的 N_2O 同位素组成的数值，但在土壤和水体中这些过程是很难区分的。即使同一反应，不同微生物纯培养产生的 N_2O 同位素分馏效应也不同。Sutka 等（2003）在两个不同氧化细菌（*Nitrosomonas europaea* 和 *Methylococcus capsulatus*）的同一反应底物——NH_2OH 的纯培养中，就发现当 NH_2OH 氧化时，两者 ^{15}N 同位素富集有很大的不同。*Nitrosomonas europaea* 下产生 N_2O 的 $\Delta^{15}N$ 值（反应底物与产物 ^{15}N 自然丰度值之差）为 26.0‰，*Methylococcus capsulatus* 则为 -2.3‰。尝试用 $\delta^{18}O$ 值指示 N_2O 产生机制则更为复杂。这是因为 N_2O 的氧可来自 NH_2OH、H_2O 和土壤空气的 O_2，微生物呼吸可使残留 O_2 富集 ^{18}O。土壤 H_2O 来自降水和灌溉水，由于蒸发可使土壤水富集 ^{18}O。反硝化过程会形成一些中间产物（NO_2^-，NO），这些中间产物形成过程都存在氧的交换（图 13.4；Snider et al.，2013），也使 ^{18}O 富集，均会对生成 N_2O 中 O 来源信息造成干扰。因此，Perez 等（2006）认为利用 $\delta^{15}N$ 和 $\delta^{18}O$ 值直接指示 N_2O 产生机制本身就存在缺陷。

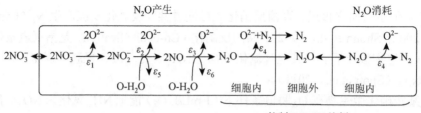

图 13.4　反硝化过程 O 同位素的交换和分馏

引自 Snider 等（2013）；$\varepsilon_1 \sim \varepsilon_6$ 指示 N_2O 产生和消耗过程各步骤发生的同位素分馏效应

13.1.4　大气 N_2O 浓度下 $\delta^{15}N$ 和 $\delta^{18}O$ 的质谱测定

　　N_2O、CH_4 和 CO_2 是重要温室气体，但在大气中其浓度均较低。鉴于利用碳、氮、氧稳定性同位素自然丰度变异也是研究这些温室气体排放规律和源汇功能的手段之一，$\delta^{15}N$、$\delta^{18}O$ 和 $\delta^{13}C$ 值的质谱分析方法显得十分重要。最近 10 多年来，已有许多报告发表。曹亚澄等（2008）使用 MAT-253 质谱计建立了大气浓度下 N_2O、CH_4 和 CO_2 中氮、氧和碳稳定性同位素的质谱测定方法。以往大气浓度下这些气体的测定是很困难的，需要大量气体样品，以 CH_4 为例，一个样品要采集 50 L 气体。而现有带微量气体全自动预浓缩装置（PreCon）的 MAT-253 同位素质谱只要 100 mL 气体样就能测定 N_2O、CH_4 和 CO_2 中氮、氧和碳的同位素比率。该质谱分析方法的要点是带有与质谱连接的微量气体全自动预浓缩装置（图 13.5）。

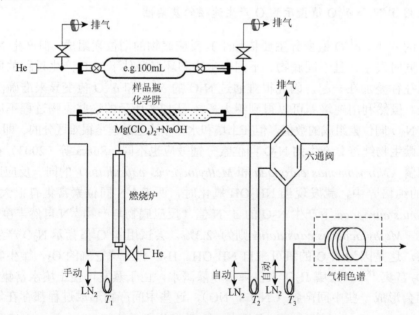

图 13.5　微量气体预浓缩装置示意图

引自曹亚澄等（2008）；$T_1 \sim T_3$ 为液氮冷阱，其中 T_1 和 T_2 分别用于防止 CO_2 冷凝结冰和冻结 N_2O 及 CO_2，T_3 用于被分析气体的次冷冻；LN2，liquid nitrogen，即液氮

该测定方法所用的参比气体与国际通行，$\delta^{15}N$ 的相对标准为空气氮，$\delta^{18}O$ 相对标准为 VSMOW（维也纳标准平均海水），$\delta^{13}C$ 的相对标准是 PDB（南卡罗来纳州白垩系皮狄组美洲拟箭石）。N_2O 参比气体的 $\delta^{15}N$ 和 $\delta^{18}O$ 以日本 SHOKO 有限公司生产的 N_2O 为标准气体，分析步骤见曹亚澄等（2008）的研究。N_2O 气体先通过化学阱除去杂质气体，在进入预浓缩装置后，经两个液氮冷阱的捕获、吹扫和浓缩，然后由 He 气流带入色谱柱做进一步的分离，最后进入同位素比值质谱仪的离子源进行同位素比值测量，记录 m/z 44、m/z 45 和 m/z 46 峰的强度，计算 N_2O 样品的 $\delta^{15}N$ 和 $\delta^{18}O$ 值。

13.2　N_2O 分子内非质量同位素分馏效应（SP 值）应用

20 世纪 90 年代末，科学家成功测定了 N_2O 分子内 ^{15}N 同位素所处不同位置造成的丰度值差异，有力推动了氮同位素在大气 N_2O 源汇和 N_2O 产生机制研究中的深入发展。

13.2.1　N_2O 分子内 ^{15}N 分馏效应的概念及表征

N_2O 是由两个氮原子和一个氧原子组成的氮氧化物。它的分子结构呈不对称的线性排列（N—N—O）。Toyoda 和 Yoshida（1999）首次应用改进的 IRMS 测定了 N_2O 分子中称为 isotopomers 的 $^{15}N^{14}N^{16}O$ 和 $^{14}N^{15}N^{16}O$ 的同位素比值。这两者质量数相同，只是 ^{15}N 在分子结构中排列的位置不同，前者（$^{15}N^{14}N^{16}O$）^{15}N 排在 N_2O 分子结构外端（末端），称为 $\delta^{15}N^\beta$，后者（$^{14}N^{15}N^{16}O$）^{15}N 排在 N_2O 分子结构靠近氧原子（中心），称为 $\delta^{15}N^\alpha$。由 IRMS 测得的 N_2O 分子的总 $\delta^{15}N$ 值命名为 $\delta^{15}N^{bulk}$。$\delta^{15}N^{bulk}$、$\delta^{15}N^\alpha$ 和 $\delta^{15}N^\beta$ 三者的数量关系用下式表达：

$$\delta^{15}N^{bulk} = \frac{\delta^{15}N^\alpha + \delta^{15}N^\beta}{2}$$

因为 $^{15}N^{14}N^{16}O$ 和 $^{14}N^{15}N^{16}O$ 质量数相同，不能由 IRMS 同时测定，IRMS 只能测得 $\delta^{15}N^{bulk}$ 和 $\delta^{15}N^\alpha$ 值，而 $\delta^{15}N^\beta$ 值由理论计算得到。上式也可以改写为

$$\delta^{15}N^\beta = 2 \times \delta^{15}N^{bulk} - \delta^{15}N^\alpha$$

在同一年，Brenninkmeijer 和 Röckmann（1999）也发表了用质谱碎片离子法测定 isotopomers 的研究论文，并对 N_2O 的 isotopomers 做了同样的表述。

^{15}N 在 N_2O 分子结构内排列位置（site）不同导致了 $\delta^{15}N^\alpha$ 和 $\delta^{15}N^\beta$ 的丰度值不同，这种差异可以用 $\delta^{15}N^\alpha$-$\delta^{15}N^\beta$ 表示，即 SP 值。这里似可将其理解为非质量差异引起的分子内氮同位素分馏效应，以便于与轻、重同位素因热力学、动力学导致的同位素分馏效应概念相区分。它既是一个计算出的数值，又是一个科学概念的表征。

13.2.2　与 N_2O 分子内同位素非质量分馏效应有关的术语解释

在 N_2O 分子内同位素非质量分馏效应的相关文献中出现了一些新的术语名词，如

isotopomer、isotopologue 和 isotopocule 等。目前国内对这些名词的翻译和解读，除曹亚澄等（2018）把"isotopomer"译为"同位素异位体"外，尚未见更多的中文译解。这里笔者对这些新名词只做一些解读，不译成中文。

关于 N_2O 的 isotopomers，Toyoda 和 Yoshida（1999）已给出了初步的表述，isotopomers 是一组同位素替换分子，对于一个由确定的元素数构成的化合物，如 N_2O 的 isotopomers 的数目，理论上有 12 个。然而，N_2O 只有 $^{14}N^{14}N^{16}O$、$^{15}N^{14}N^{16}O$、$^{14}N^{15}N^{16}O$、$^{14}N^{14}N^{17}O$ 和 $^{14}N^{14}N^{18}O$ 五个同位素组分可检测出其明显的自然丰度。考虑到在文献中频频出现这些名词，而且不同作者甚至同一作者前后表述不一，2013 年，Toyoda 等（2013）根据国际纯粹与应用化学联合会（International Union of Pure and Applied Chemistry，IUPAC）关于相似组成和相似构型但同位素不同的分子命名法，定义了 isotopomer、isotopologue 和 isotopocule 三个名词。

1）isotopomer

在 Toyoda 和 Yoshida（1999）的最初论文中，把 $^{14}N^{14}N^{16}O$、$^{15}N^{14}N^{16}O$、$^{14}N^{15}N^{16}O$、$^{14}N^{14}N^{17}O$ 和 $^{14}N^{14}N^{18}O$ 都称为 N_2O 的 isotopomers，然而根据 IUPAC 的命名定义，一种元素的重同位素原子被分配在相同组成和相同结构分子的不同位置上的两种分子，称为 isotopomers。这样，N_2O 同位素分子中只有 $^{15}N^{14}N^{16}O$ 和 $^{14}N^{15}N^{16}O$ 是 isotopomers。

2）isotopologue

一种元素的同位素原子相互替代，替代数和同位素组成不同的化合物分子，如 $^{14}N^{14}N^{16}O$、$^{14}N^{14}N^{17}O$、$^{14}N^{14}N^{18}O$，似可称为 isotopologues。而例如 $^{14}N^{15}N^{16}O$ 和 $^{14}N^{14}N^{18}O$，则既不属于 isotopomers，也不属于 isotopologues。

3）isotopocule

Toyoda 等（2013）把 isotopocule 称为集合名词（collective term），Wolf 等（2015）认为 isotopocules 是包括 isotopomers 和 isotopologues 在内的总称，英文称之为"the various isotopically different molecules of N_2O"（各种不同同位素组成的 N_2O 分子）。

13.2.3　N_2O 的 SP 值差异及其应用

N_2O 产生过程中，首先要结合形成中间体连二次硝酸盐，即 O—N≡N—O，然后一侧 N—O 键再断裂形成 N_2O 分子。N_2O 再进一步还原时，另一侧 N—O 键也发生断裂形成 N_2。由于 ^{14}N 和 ^{15}N 与 O 的结合能大小不一样，N_2O 产生或消耗（还原为 N_2）的各个过程受微生物或酶调控作用也不同，因此 N—O 键的断裂位置不同，由此造成了 ^{15}N 在分子结构中排列的位置不同，进而导致了不同途径产生 N_2O 在 SP 值上的差异（Ostrom and Ostrom，2012）。N_2O 的 SP 值基本不受反应底物本身氮氧同位素组成以及反应过程同位素质量分馏效应的影响，即便整个 N_2O 分子 $\delta^{15}N$ 发生显著变化，SP 值（$\delta^{15}N^\alpha$-$\delta^{15}N^\beta$）也可保持不变，这就为运用 SP 值进行 N_2O 的不同产生机制揭示以及源汇解析提供了重要的帮助。近年来，应用 N_2O 的 SP 值（$\delta^{15}N^\alpha$-$\delta^{15}N^\beta$）研究不同环境条件下 N_2O 的产生和消耗机制已积累了比较丰富的数据。

1. 基于纯培养和土壤培养的不同途径产生 N_2O 的 SP 值差异

表 13.6 列出了一些学者研究得到的不同微生物参与硝化、反硝化和硝化菌反硝化过程中产生 N_2O 的 SP 值。这些值均通过纯培养方法得到，可以发现不同微生物作用途径产生 N_2O 的 SP 值确实存在一定的差异。

表 13.6　不同微生物参与过程产生 N_2O 的 SP 值

微生物	拉丁名	反应	SP 值/‰	参考文献
氨氧化细菌	*Nitrosomonas europaea*	$NH_2OH \longrightarrow N_2O$	14.9±3.7	Sutka 等（2003）
	Nitrosomonas europaea	$NH_2OH \longrightarrow N_2O$	33.5±1.2	Sutka 等（2006）
	Nitrosospira multiformis	$NH_2OH \longrightarrow N_2O$	32.5±0.6	
	Nitrosomonas europaea	$NH_3 \longrightarrow N_2O$	31.4±4.2	
氨氧化古菌	*Ammonia-oxidizing archaeon CN25*	$NH_3 \longrightarrow N_2O$	30.3±1.2	Santoro 等（2011）
甲烷氧化菌	*Methylococcus capsulatus*	$NH_2OH \longrightarrow N_2O$	30.8±5.9	Sutka 等（2003）
	Methylosinus trichosporium	$NH_2OH \longrightarrow N_2O$	35.6±1.4	Sutka 等（2006）
反硝化细菌	*Pseudomonas chlororaphis*	$NO_3^- \longrightarrow N_2O$	−0.5±1.9	Sutka 等（2006）
	Pseudomonas chlororaphis	$NO_2^- \longrightarrow N_2O$	−0.6±1.9	
	Pseudomonas aureofaciens	$NO_3^- \longrightarrow N_2O$	−0.5±0.6	
	Pseudomonas aureofaciens	$NO_2^- \longrightarrow N_2O$	−0.5±1.9	
	Paracoccus denitrificans	$NO_3^- \longrightarrow N_2O$	−5.1±1.8	Toyoda 等（2005）
硝化细菌反硝化	*Nitrosospira multiformis*	$NO_2^- \longrightarrow N_2O$	0.1±1.7	Sutka 等（2006）
	Nitrosomonas europaea	$NO_2^- \longrightarrow N_2O$	−0.8±5.8	Sutka 等（2003）
真菌反硝化	*Fusarium oxysprum*	$NO_3^- \longrightarrow N_2O$	37.1±2.4	Sutka 等（2008）
	Cylindrocarpon tonkineuse	$NO_3^- \longrightarrow N_2O$	36.9±2.8	
	Hypocreales	$NO_3^- \longrightarrow N_2O$	35.1±1.7	Rohe 等（2014）
	Sordariales	$NO_2^- \longrightarrow N_2O$	21.9±1.4	
	67 fungal strains	$NO_2^- \longrightarrow N_2O$	30.0±4.8	Meada 等（2015）

Decock 和 Six(2013)曾总结了已知的除异养硝化和 NO_3^- 异化还原为 NH_4^+ 外的绝大多数生物和非生物（化学）途径产生 N_2O 的 SP 值范围（表 13.7）。可以看出，纯培养试验下硝化细菌、甲烷氧化菌、古菌等驱动的硝化过程，以及真菌反硝化和化学反硝化过程

产生的 N_2O 具有较高的 SP 值；而细菌异养反硝化、硝化细菌反硝化过程产生 N_2O 的 SP 值较低。

表 13.7　已知 N_2O 产生途径中 N_2O 的 $\delta^{15}N^{bulk}$ 和 SP 值

反应过程		$\delta^{15}N^{bulk}$/‰	SP 值/‰
氨氧化细菌氧化羟胺（自养硝化）	NH$_2$OH-oxidation by AOB	−0.3±3.4	33.0±1.6
甲烷氧化菌氧化羟胺	NH$_2$OH-oxidation by methanotrophs	1.9+1.9	32.7±5.0
细菌氨氧化	NH$_4^+$ oxidation by AOB	−45.5±2.3	31.4±4.2
真菌反硝化	Fungal denitrification	−9.9±6.7	35.2±4.3
化学反硝化	Abiotic N$_2$O production	−5.8±9.2	29.9±1.5
氨氧化古菌产 N$_2$O（古菌氨氧化）	N$_2$O produced by AOA	8.7±1.5	30.3±1.2
细菌异养反硝化（传统反硝化）	Denitrification	−13.8±4.9	−2.2±3.2
硝化细菌反硝化	Nitrifier-denitrification	−29.0±6.0	−1.0±4.3

注：引自 Decock 和 Six（2013）；AOA，氨氧化古菌；AOB，氨氧化细菌。

　　尽管纯培养体系中不同 N_2O 产生途径具有一定的特征值范围，但是在实际土壤控制培养中测得 N_2O 的 SP 值与纯培养体系下的结果却有很大不同（表13.8）。例如，Well等（2006）测得一种温带农田土壤在75%和85%土壤孔隙含水量（WFPS）培养条件下反硝化主导生成 N_2O 的 SP 值为8.6‰和15.3‰（表13.8），但在55%WFPS硝化作用逐渐增强下，则降低为1.9‰。这些数值与纯培养体系下测得的各种硝化和反硝化途径产生 N_2O 的 SP 值结果均不符合（表13.7），似可看成是不同途径SP值相互干扰和叠加的结果，这是因为上述不同含水量下硝化和反硝化等多种过程都有发生，均对 N_2O 的产生有贡献，只是贡献程度不同。在另外一组试验中，Well等（2008）观测了更低含水量（30%～55% WFPS）条件和硝化过程绝对主导下产生的 N_2O（硝化过程贡献率＞80%）的 SP 值范围为18.8‰～36.3‰，此时其上限与纯培养体系硝化结果较为接近，但是下限相差较多。这同样不排除具有低SP值的细菌反硝化过程的影响。结合乙炔抑制法抑制硝化和 N_2O 进一步还原为 N_2，Well和Flessa（2009）观测了两种温带农田土壤在70% WFPS反硝化产生 N_2O 的 SP 值，发现不施氮和施氮（ NO_3^- ）处理下 N_2O 的 SP 值范围在3.1‰～8.9‰，高于纯培养中细菌异养反硝化的结果，可能又受到真菌反硝化作用的影响。在热带土壤培养研究硝化和反硝化产生 N_2O 的 SP 值时也发现了同样与纯培养体系的结果相差甚远的现象。例如，结合乙炔抑制法和 ^{15}N 标记法，Perez等（2006）和Park等（2011）报道的反硝化产生 N_2O 的 SP 值为9.4‰，硝化产生 N_2O 的 SP 值却只有−16.4‰，他们推测反硝化产生 N_2O 的 SP 值较高是因为乙炔抑制下NO还原为 N_2O 过程中由于NOR酶的作用，N_2O 分子内 β 位（beta）^{14}N 富集和 $\delta^{15}N^\beta$ 降低；而硝化产生 N_2O 的 SP 值较低可能是硝化菌反硝化作用产生 N_2O 的缘故。以上研究结果表明，在土壤培养中，多种 N_2O 产生的途径可能同时存在，使得不同途径

产生 N_2O 的 SP 值也存在相互干扰和叠加,造成用 SP 值解析具体 N_2O 途径上的困难。这也是引起土壤培养与纯培养试验结果有明显不同的主要原因。看来,要真正实现利用 N_2O 的 SP 值进行准确溯源和定量,仍需要结合 N_2O 产生途径区分的 ^{15}N 标记法、抑制剂法或分子生物学,以及氮氧同位素自然丰度信息等多角度分析验证。N—O 键的断裂和 N_2O 的 SP 值主要受微生物或酶调控作用控制,所以需要加强对所有 N_2O 产生途径中功能微生物群落组成特征及其 SP 特征值研究。

表 13.8　基于土壤控制培养试验硝化和反硝化过程产生 N_2O 的 SP 值

反应过程	SP 值/‰	参考文献
反硝化	8.6±8.1	Well 等(2006)
	15.3±5.4	
	9.4±8.1	Perez 等(2006);Park 等(2011)
	3.1~8.9	Well 和 Flessa(2009)
硝化	18.8~36.3	Well 等(2008)
	−16.4±8.4	Perez 等(2006);Park 等(2011)

注:引自 Decock 和 Six(2013);其中 Well 和 Flessa(2009)报道反硝化过程 N_2O 的 SP 值是抑制 N_2O 还原为 N_2 条件下的结果。

2. SP 值在大气 N_2O 源汇和产生机制研究中的应用

上一部分概述了不同机制产生 N_2O 的 SP 值,这些数值都是纯微生物培养或土壤培养条件下得到的数值。众所周知,自然条件下的土壤和水环境,特别是土壤是相当复杂的。虽然不同土壤生态系统,有其占优势的微生物种群,然而,土壤中的微生物种群往往是混杂的,所驱动的氮素转化过程也是混杂的和相互叠加的。因而取得不同土壤 N_2O 产生过程中的氮氧同位素自然丰度信息,包括 $\delta^{15}N^{bulk}$、$\delta^{18}O$ 和 SP 值是十分有必要的。最近十多年来,众学者已进行了不同 N_2O 产生过程同位素印记的原位观测和应用研究,积累了不少数据,以下举例说明。

Kato 等(2013)在中国青藏高原高原生态系统的草甸、灌丛和湿地三个观测点,原位采集了 70cm 深处土壤 N_2O 气样,分析了 $\delta^{15}N^{bulk}$、$\delta^{18}O$ 和 SP 值,结合相关参考文献的纯培养数值,认为 N_2O 产生主要是真菌反硝化和细菌反硝化。通过统计模拟方法计算出草甸、灌丛和湿地 3 个观测点真菌反硝化产生的 N_2O 的贡献分别为 40.7%、40.0% 和 23.2%,草甸和灌丛 N_2O 还原为 N_2 所占的贡献分别为 87.6% 和 82.9%(表 13.9)。

表 13.9　中国青藏高原不同生态系统土壤深层真菌和细菌反硝化对 N_2O 排放的贡献及 N_2O 还原为 N_2 的比例

青藏高原(Qinghai-Tibetan plateau)	$\delta^{15}N^{bulk}$/‰	SP 值/‰	真菌反硝化占比/%	细菌反硝化占比/%	N_2O 还原为 N_2 的比例%
高山草甸系统(Alpine meadow)	−12.7	33.7	40.7±22.6	59.3	87.6±14.8
高山灌丛系统(Alpine shurb)	−17.6	30.1	40.0±21.3	60.0	82.9±18.5
高山湿地(Alpine weltland)	−2.4	23.1	23.2±17.2	76.8	92.7±10.0

注:根据 Kato 等(2013)论文数据制表。

Toyoda 等（2011）分析了日本温带农业区施用化学氮肥和有机肥两种处理的冲积土（Fluvisols）和火山灰土（Andisols）上 N_2O 的 $\delta^{15}N^{bulk}$、$\delta^{18}O$ 和 SP 值，根据文献报告的由硝化细菌反硝化产生的同位素印记和反硝化细菌 N_2O 还原时 $\delta^{15}N^{bulk}$ 和 SP 值之间的特征性质，计算了来自硝化（羟胺氧化）和反硝化（NO_2^- 还原）产生 N_2O 的贡献，认为硝化和反硝化对 N_2O 的贡献与土壤类型及施肥处理有关。在施铵态氮肥的火山灰土上，硝化贡献高达40%～70%，施用鸡粪的同一类土壤，表层土壤反硝化占主导，占 50%～90%。而容重较高的冲积土上，硝化、硝化细菌反硝化以及反硝化产生的 N_2O 进一步还原为 N_2 作用强烈。

Opdyke 等（2009）测定了美国密歇根州西南部农田土壤排放的 N_2O 的 $\delta^{15}N^{bulk}$、$\delta^{18}O$ 和 SP 值，讨论了反硝化过程（硝化细菌反硝化和细菌异养反硝化）对于 N_2O 产生的贡献。N_2O 的 SP 值在 2.9‰～14.6‰，根据已发表的反硝化产生的 N_2O 的 SP 值为 0‰，硝化和真菌反硝化产生 N_2O 的 SP 值为 37‰，计算得到的该地区农田土壤反硝化过程产生的 N_2O 占 61%～92%，是土壤源 N_2O 的主要产生途径。发现 N_2O 进一步还原为 N_2 的比例在 0～50%，由此认为反硝化过程对 N_2O 排放的贡献可能仍被低估，这是因为 N_2O 转化为 N_2 往往导致 N_2O 的 SP 值增加。

Park 等（2011）分别在巴西和委内瑞拉的热带森林土壤和玉米农田土壤上观测了排放 N_2O 的同位素组成，结果表明巴西亚马孙地区森林土壤和委内瑞拉农田土壤排放到大气的 N_2O 均主要由反硝化产生，他们发现 $\delta^{15}N^{bulk}$ 对于区分农业土壤和自然土壤（森林）N_2O 很有用。前者 N_2O 的 $\delta^{15}N^{bulk}$ 值为–18‰（$n=6$），后者则为–34.3‰（$n=17$），表现出明显的差异。他们还发现 SP 值与 $\delta^{18}O$ 值呈正相关关系，因为 N_2O 还原要断裂 N^{α}—O 键，使残留 N_2O 中心位置（α）的 ^{15}N 富集，$\delta^{15}N^{\alpha}$ 值升高，$\delta^{18}O$ 也随之富集，据此可推断 N_2O 还原为 N_2 的比例。但他们认为原位观测 N_2O 的 SP 值用于区分和定量自然源（如自然森林土壤）和人为源（施氮农田土壤）N_2O 的作用不大，但与土壤培养试验结果结合，对于区分如硝化、硝化细菌反硝化和反硝化等微生物产生 N_2O 过程特别有用。

Yano 等（2014）观测了日本稻田水稻种植开始时第一次灌水期间土表 N_2O 排放和土壤孔隙中 N_2O 浓度特征及其同位素组成信息。结果表明，当开始灌溉时，土壤 NO_3^- 还原为 N_2O，N_2O 在浅表土层产生并通过土壤孔隙向上扩散排出，随着淹水时间延长，土表逐渐形成水层，阻断了 N_2O 的扩散，N_2O 在土壤溶液中大量累积，NO_3^- 浓度降低，促进了 N_2O 作为电子受体再被还原为 N_2。根据得到的施肥区或对照区土壤排放 N_2O 通量、土壤孔隙 N_2O 浓度、结合 N_2O 的 $\delta^{15}N^{bulk}$、$\delta^{18}O$ 和 SP 值结果（表 13.10）综合判断稻田第一次灌水过程 N_2O 主要由细菌反硝化产生，且施氮后可提高灌水过程 N_2O 排放。

表 13.10　稻田第一次灌水期间土表 N_2O 排放和土壤孔隙中 N_2O 浓度及其相应同位素组成

处理	日期	土表 N_2O 排放通量/[μg/(m²·h)]	$\delta^{15}N^{bulk}$/‰	$\delta^{18}O$/‰	SP 值/‰	土壤孔隙 N_2O 浓度/(mg/m³)	$\delta^{15}N^{bulk}$/‰	$\delta^{18}O$/‰	SP 值/‰
施肥	2010.4.30	118.5±145.3	−22.4～14.5	47.5～54.5	5.6～11.8	1.8±1.1	−23.5～−21.6	46.4～56.8	13.3～13.8
对照	2010.4.30	0.3±1.2	—	—	—	22.0±26.2	−9.7～6.1	48.1～65.8	14.6～23.2
对照	2011.4.27	46.4±75.5	−21.4～6.0	28.6～61.0	4.0～24.7	67.1±85.0	−24.0～−2.0	24.3～44.2	5.3～13.9

注：引自 Yano 等（2014）；"—"表示未测定。

　　Zou 等（2014）研究了日本酸性茶园土壤在不同时期、不同剖面深度、不同土壤水分和施肥条件下产生 N_2O 的同位素印记（$\delta^{15}N^{bulk}$、$\delta^{18}O$ 和 SP 值）变化，揭示了细菌反硝化（硝化细菌反硝化、异养反硝化）和细菌硝化及真菌硝化对 N_2O 产生的贡献大小与施肥、土壤水分和温度的关系。他们指出田间条件下利用同位素印记区分 N_2O 源存在某些局限性，可能过高估计某个单独过程的贡献，使对 N_2O 源的区分存在很大的不确定性。这主要是因为土壤中反硝化细菌的富集因子范围过大和无机氮库同位素比率的土壤异质性。在大多数情况下细菌反硝化是茶园 N_2O 产生的主要过程。但当施氮肥后，土壤温度升高和土壤水分大量增加时，真菌反硝化和细菌硝化对 N_2O 的贡献会增大，甚至与细菌反硝化贡献率相当。此外他们还指出，很难用 SP 值区分异养反硝化和硝化细菌反硝化、细菌硝化和真菌反硝化。因为即使纯培养条件下这两对过程产生 N_2O 的 SP 值也十分相似（表 13.6 和表 13.7），田间条件下就更难区分了。

　　SP 值和分子生物学技术配合区分 N_2O 产生途径方面也取得了积极进展。Ishii 等（2014）采用 N_2O 的 SP 值测定和功能基因转录分析配合，区分了多种微生物种群体系下同时存在 N_2O 产生的三个途径（NH_2OH 氧化、硝化细菌反硝化和异养细菌反硝化）对 N_2O 排放的贡献。他们发现异养反硝化菌是主要贡献者，NH_2OH 氧化和硝化细菌反硝化只占 20%～30%。这虽然是在一个污水处理系统得到的结果，但同样适合于土壤等微生物混合存在的环境研究。反硝化功能基因及其转录分析是验证关键反硝化微生物的一个有用途径（Philippot and Hallin，2005），可为应用 SP 值区分不同 N_2O 产生机制提供有力佐证。

　　Decock 和 Six（2013）曾写了一篇题为"N_2O 分子内 ^{15}N 分配溯源土壤 N_2O 排放是否可靠？"（How reliable is the intramolecular distribution of ^{15}N in N_2O to source partition N_2O emitted from soil?）的综述文章。他们指出土壤异质性和土壤 N_2O 产生、消耗机制的复杂多样性是影响 SP 值取值范围和应用 SP 值准确溯源 N_2O 产生途径的最主要原因。应当继续加强开展大量纯培养和受控土壤培养研究，明确微生物种群和酶调控各 N_2O 产生途径的 SP 值差异。应当充分结合抑制剂、^{15}N 示踪和分子生物学方法交叉验证 N_2O 的不同产生和消耗途径，特别是尚未明确 SP 值的部分 N_2O 产生途径。更多地测定来自不同生态系统类型、不同土壤和不同途径产生和消耗的 N_2O 的 SP 值，构建包括 N_2O 前体物的 $\delta^{15}N$、$\delta^{18}O$ 值，N_2O 的 $\delta^{15}N^{bulk}$、$\delta^{18}O$ 和 SP 值，以及土壤水分、有效性碳和氮等土壤要素在内的大数据库和数值模型模拟，可减少 SP 值作为 N_2O 产生途径判断的不确定性，对于全球 N_2O 源汇识别也具有重要意义。

　　应用 N_2O 同位素印记（$\delta^{15}N$、$\delta^{18}O$ 和 SP 值）限定全球 N_2O 收支的思路，早在 21 世纪初即被科学家所关注。Yamulki 等（2001）首先研究了施用过牛尿的英国温带草地土壤 N_2O 的同位素（SP 值、$\delta^{15}N^{Bulk}$ 和 $\delta^{18}O$）印记数据，其研究目标首先是验证已有的假定：陆地土壤 N_2O 的 SP 值应低于平流层和对流层 N_2O 相应 SP 值，并用以推断全球 N_2O 的收支。该项研究达到了预期目标，得到的 4 次 SP 测定平均数值为（7.5±1.8）‰，低于平流层的 21.3‰和对流层的 18.7‰。对流层 N_2O 的 SP 值之所以高于土壤和海洋 N_2O 的 SP 值是由于高 SP 值的 N_2O 从平流层返回到对流层，与对流层 N_2O 的混合（Yoshida and Toyoda，2000）。Sowers 等（2002）和 Röckmann 等（2003）

不仅注意到当前陆地和大气 N_2O 的同位素印记，而且研究了记录在冰芯的 N_2O 同位素印记，比较了工业化前和当前人为源 N_2O 的差异，并确认了当前人为源 N_2O 增加主要来自农业生产的事实。

Baggs（2008）曾对 ^{15}N、^{18}O 自然丰度法（$\delta^{15}N$、$\delta^{18}O$），富集 ^{15}N 和 ^{18}O 法和 N_2O 分子内 ^{15}N 分馏法三种稳定性同位素方法分别用于定量溯源土壤 N_2O 排放研究进行了较全面的论述，比较了这些方法的优点和不足之处（表 13.11）。

表 13.11　三种同位素方法溯源 N_2O 的比较

方法	优点	缺点
自然丰度法 （$\delta^{15}N$、$\delta^{18}O$）	简单便捷； 有大尺度区分排放源的潜力； 与富集 ^{15}N 示踪剂相比费用低	定性分析； 有些过程的同位素分馏效应仍不清楚； 同一功能微生物不同菌株参与的过程分馏效应有差异
富集 ^{15}N 和 ^{18}O 法 （^{15}N，^{18}O 原子百分超）	可实现不同来源的定量分析； 可揭示排放规律及其水肥等影响因素； 可在纳米微尺度上溯源产生途径； 可揭示 N_2O 产生与其他物质循环过程的相互作用	小区或田块尺度施用费用高； 田间条件下不适合富集 ^{18}O 示踪技术应用； 不能完全区分硝酸盐异化还原过程； 在自然生态系统不适用，会有施肥效应干扰； 施入土壤中分布是否均匀有不确定性，对结果有影响
N_2O 分子内 ^{15}N 分馏法 （$\delta^{15}N^\alpha$、$\delta^{15}N^\beta$、SP 值）	类似于自然丰度法，但提高了精度； 有识别硝酸盐通过氨化菌产 N_2O 的潜力	尚缺乏定量能力，需结合 ^{15}N 示踪、抑制剂、分子生物学等方法交叉验证； 不能区分反硝化和硝化菌的反硝化； 微生物功能群和菌株复杂多样，相关数据仍不充分； 不同微生物菌种所引起的 SP 特征值变化仍存在不确定性； 不同 N_2O 途径的 SP 值间信息覆盖或干扰，定量溯源受限； 实验室间可比性低，缺乏统一标准验证

13.3　N_2O 的 SP 值测定

至今，N_2O 的 SP 值测定主要方法有两种，一是同位素比质谱法（用 IRMS 测定），二是量子级联激光吸收光谱法（quantum cascade laser absorption spectroscopy，QCLAS）。两种方法原理不同。

13.3.1　IRMS 测定 N_2O 的 SP 值

N_2O 的 SP 值的 IRMS 法测定于 20 世纪末首先由日本和德国科学家提出（Toyoda and Yoshida, 1999; Brenninkmeijer and Röckmann, 1999）。按质谱分析原理，$\delta^{15}N^\beta$（又称 $\delta^{15}N^1$）是针对 $^{15}N^{14}N^{16}O$，$\delta^{15}N^\alpha$（又称 $\delta^{15}N^2$）是针对 $^{14}N^{15}N^{16}O$。同位素离子两者没有质量差异，是不能用质谱测定的。然而，他们根据 Yung 和 Miller（1997）报道在平流层 N_2O 光解反应中，$^{15}N^{14}N^{16}O$ 和 $^{14}N^{15}N^{16}O$ 有不同的分馏系数的结果，改进了 IRMS 的接收系统，用

N_2O^+的分子离子和NO^+碎片离子，得到了 6 种不同 m/z 的信号输出，即 44（$^{14}N^{14}N^{16}O$）、45（$^{14}N^{15}N^{16}O$、$^{15}N^{14}N^{16}O$、$^{14}N^{14}N^{17}O$）、46（$^{14}N^{14}N^{18}O$）、30（$^{14}N^{16}O$）、31（$^{15}N^{16}O$、$^{14}N^{17}O$）和 32（$^{14}N^{18}O$）。

设在 α 和 β 位置的 ^{15}N 原子分数分别为 X_α 和 X_β，则每个位置 ^{15}N 对 ^{14}N 的同位素比率 ^{15}R 可用下列式表示：

$$^{15}R^\alpha = X_\alpha/(1-X)$$
$$^{15}R^\beta = X_\beta/(1-X)$$

isotopomers 的比率可表示为

$$^{15}R^\alpha = [^{14}N^{15}N^{16}O]/[^{14}N^{14}N^{16}O]$$
$$^{15}R^\beta = [^{15}N^{14}N^{16}O]/[^{14}N^{14}N^{16}O]$$

以 $\delta^{15}N$ 值（‰）表示，上式可改写为

$$\delta^{15}N^\alpha = (^{15}N^\alpha_{样品} / ^{15}N^\alpha_{标准} - 1) \times 1000$$
$$\delta^{15}N^\beta = (^{15}N^\beta_{样品} / ^{15}N^\beta_{标准} - 1) \times 1000$$

N_2O 的同位素比率 $^{15}R^{bulk}$ 通过下式计算：

$$^{15}R^{bulk} = (^{15}R^\alpha + ^{15}R^\beta)/2$$

以 $\delta^{15}N$ 值（‰）表示，上式可改写为

$$\delta^{15}N^{bulk} = (^{15}R^\alpha_{标准} \times \delta^{15}N^\alpha + ^{15}R^\beta_{标准} \times \delta^{15}N^\beta)/(^{15}R^\alpha_{标准} + ^{15}R^\beta_{标准})$$

依据 $\delta^{15}N$ 值测定通常以大气 N_2 的 ^{15}N 自然丰度为标准，上式可简化为

$$\delta^{15}N^{bulk} = (\delta^{15}N^\alpha + \delta^{15}N^\beta)/2$$

然后通过 IRMS 测定 $\delta^{15}N^{bulk}$ 和 $\delta^{15}N^\alpha$ 值，$^{15}N^\beta$ 通过公式 $\delta^{15}N^\beta = 2 \times \delta^{15}N^{bulk} - \delta^{15}N^\alpha$ 来计算。

Toyoda 和 Yoshida（1999）所用的 IRMS 是 MAT-252 质谱计，做了一些改进和专门设计，增加了多接收系统，可以同时接收分子离子 N_2O^+ 和碎片离子 NO^+ 的不同 m/z 的信号，不需要改变法拉第接收杯（Faraday collector cup）结构和与杯有关的放大器。这个改进的接收系统包括 5 个杯，其中 3 个杯（#1、#3 和#5）有较宽的接收狭缝，允许测量其他气体，如 N_2、O_2 和 NO。在 N_2O^+测量模式时#1、#2 和#4 杯分别用于检测 m/z 为 44、45 和 46 的离子；在 NO^+测量模式下，#1、#3 和#5 杯分别用于检测 m/z 为 30、31 和 32 的离子（图 13.6）。

Toyoda 和 Yoshida（1999）所用测定 N_2O 分子内 ^{15}N 同位素的工作标准的 N_2O 是通过 NH_4NO_3 热分解得到的。NH_4NO_3 中 NH_4^+ 和 NO_3^- 的同位素比值是独立测定的。他们认为这一制备方法的优点是 N_2O 中 α 位置的氮原子来自 NO_3^- 离子，β 位置的氮原子来自 NH_4^+ 离子。他们还用纯 NO 校正了 N_2O 分子内同位素的工作标准。纯 NO 的 $\delta^{15}N$ 是已知的，能与测定 $\delta^{15}N^\alpha$ 的碎片离子 NO^+比较。商品的 NO 是用分子筛，液氮＋二甲基丁烷（2-methylbutane）/液氮冷浴纯化。取约 4 mL 纯 NO 在 400℃通过铜还原为 N_2，测定 ^{15}N。

Kaiser 等（2004）对 IRMS 测定 N_2O 分子内不同位置 ^{15}N 同位素做了进一步改进，把双标记的 $^{15}N_2O$ 加入 N_2O 样品中作为参比气体。然后测量 m/z 为 30、31、45 和 46 双同位素比值。事实上是利用 IRMS 作为校正工具，代替了 NH_4NO_3 热解产生的 N_2O 作参比标准的烦琐步骤。

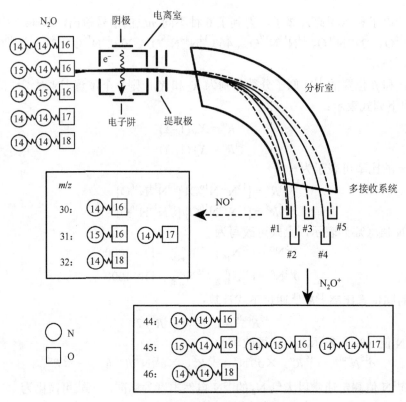

图 13.6　N₂O 同位素的 IRMS 分析简图

引自 Toyoda 和 Yoshida（1999）

13.3.2　QCLAS 法测定 N₂O 的 SP 值

QCLAS 法测定 N₂O 的 SP 值由瑞士科学家 Mohn 团队最早提出（Waechter et al.，2008）。该方法完全不同于 IRMS 法，不需要从田间采样 N₂O，再运回实验室分析，可用于田间原位实时测定，大大降低了时空变异导致的结果不确定性，特别是时间变异性。另外，QCLAS 法可直接测定 N₂O 的 $\delta^{15}N^{\alpha}$ 和 $\delta^{15}N^{\beta}$，不像 IRMS 法通常只能测定 $\delta^{15}N^{\alpha}$，$\delta^{15}N^{\beta}$ 是通过计算得出。

该团队的 Waechter 等（2008）发表了论文"利用量子级联激光吸收光谱法测定 N₂O"（Determination of N₂O isotopomers with quantum cascade laser based absorption spectroscopy）。他们建立了一个多功能、高精度连续同时测定痕量 N₂O 的 $^{14}N^{15}N^{16}O$、$^{15}N^{14}N^{16}O$ 和 $^{14}N^{14}N^{16}O$，而不需要样品预处理的分析测定系统。在 90 μL/L N₂O 浓度时，测量精度能达到 0.5‰。所用仪器的精度和灵敏度足以区分生物源 N₂O 产生的机制。因为已知细菌硝化和细菌反硝化两个主要生物过程 SP 值的差值超过 30‰。对于大气 N₂O 浓度测定常需要附加预浓缩装置。Mohn 等（2010）开发了不需要液氮的预浓缩装置，以适用于低浓度 N₂O 的 QCLAS 测定。他们用的预浓缩装置是一种 HayeSep D 浓缩阱，可将低环境浓度的 N₂O 浓缩到 60 μL/L。具有＞99% 的可靠回收率，浓缩过程同位素分馏效应微弱，测定过程也不受其他气体组分的光谱干扰。在这一基础上，Mohn 等（2010）提出了实时测量（real-time measurement）大气

N₂O 同位素的 QCLAS 技术。Mohn 团队的 Wolf 等（2015）把这一方法应用于瑞士中部的一个集约化管理的草地排放 N₂O 的原位观测。除测定了 $\delta^{15}N^{\alpha}$ 和 $\delta^{15}N^{\beta}$，还测定了 $\delta^{15}N^{bulk}$ 和 $\delta^{18}O$。得到的 N₂O 同位素印记表明，测量期间的主要 N₂O 源是硝化细菌反硝化和细菌反硝化。并讨论了不同管理措施和降水对 SP 值、$\delta^{15}N^{bulk}$ 和 $\delta^{18}O$ 值的影响，原位测得 N₂O 的 SP 值、$\delta^{15}N^{bulk}$ 和 $\delta^{18}O$ 的值分别为（6.9±4.3）‰、（–17.4±6.2）‰ 和（27.4±3.6）‰。他们高度评价这一方法的作用，认为该方法可应用于其他生态系统，进而用于限定全球 N₂O 收支。

QCLAS 法仍是基于红外吸收光谱，只不过所用的是中波段红外光谱，量子级联激光（QCL）实际上是一种高能量辐射光源，可实现高分辨率、高精度 N₂O 分子内同位素测量。这里先回顾一下一般的红外吸收光谱的测定原理：物质的分子按各自固有的频率振动，当波长连续变化的红外光照射分子时，与分子固有的振动频率相同的特定波长的红外光即被吸收。如果将照射分子的红外光用单色器色散，按其波数（或波长）依序排列，并测定不同波数处被吸收的强度，就得到了分子的红外吸收光谱（朱良漪等，1997）。N₂O 分子内同位素的测定是利用波长为 4.6 μm 的中红外光谱，因为 N₂O 在此处有明显的吸收线。按 Waechter 等（2008）提供的 N₂O 同位素的红外吸收光谱图可以看出，$^{15}N^{14}N^{16}O$、$^{14}N^{15}N^{16}O$ 和 $^{14}N^{14}N^{16}O$ 的红外吸收光谱的波数（cm⁻¹）有明显的差别（图 13.7）。

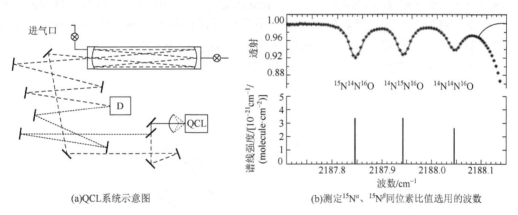

(a)QCL系统示意图　　　　　　　　　　　　(b)测定$^{15}N^{\alpha}$、$^{15}N^{\beta}$同位素比值选用的波数

图 13.7　QCL 系统示意图和测定 $^{15}N^{\alpha}$、$^{15}N^{\beta}$ 同位素比值选用的波数

引自 Waechter 等（2008）

不论是 IRMS 还是 QCLAS 分析都有一个标准气的制备问题。Waechter 等（2008）提出标准气的制备分两个步骤：第一步，同位素纯的（>98%）$^{15}N^{14}N^{16}O$ 和 $^{14}N^{15}N^{16}O$，用高纯合成空气（>99.999%，20.5%O₂）稀释。精确的混合率用重量分析法测定。合成气体圆筒内分别含（359±3）μL/L $^{15}N^{\alpha}$ 和（353±3）μL/L $^{15}N^{\beta}$。钢瓶中同位素纯度和 $^{14}N^{14}N^{16}O$ 的定量由 QCLAS 法测定。第二步，为了覆盖 δ 的范围，制备了 5 个标准气体。这些气体首先用已知体积的医用 N₂O（>98%）稀释，然后补充精确数量的 N₂O 同位素（$^{15}N^{\alpha}$ 和 $^{15}N^{\beta}$），再用一定体积的高纯合成空气稀释，加入的 N₂O 的精确数量用高精度流动测量装置测定。合成空气的稀释是用重量分析法控制的。

关于 IRMS 和 QCLAS 法测定 N_2O 分子内 ^{15}N 分配的各自优点、现状和未来远景及需要解决共同关心的问题，Mohn 等（2014）撰写了一篇评论，在 7 个实验室评比的基础上，认为 IRMS 对于 $\delta^{15}N^{bulk}$ 测定较稳定，而 QCLAS 法对 SP 值的测定结果精确度较高。为了提高实验室间的可比性，研发共同认可的参比物质是大家关心的核心问题。

13.4　氧同位素非质量分馏效应（$\Delta^{17}O$ 值）应用

13.4.1　氧同位素非质量分馏效应的概念及表征

氧原子有三个稳定性同位素，即 ^{16}O、^{17}O 和 ^{18}O，后两者称为微量同位素（minor isotope），^{17}O 和 ^{18}O 的自然丰度分别为 0.038% 和 0.20%（Miller，2002）。$\Delta^{17}O$ 是氧同位素分馏效应中出现的一个新名词，不同于氧同位素中的 $\delta^{17}O$，以 $\Delta^{17}O$ 表示以示与 $\delta^{17}O$ 的区别。

什么是 $\Delta^{17}O$？这必须从同位素分馏效应讲起。以往的稳定性同位素分馏效应都是动力学和平衡反应的质量分馏（mass-dependent fractionation，MDF）效应，即稳定性同位素分馏效应主要基于原子质量不同，其动力是元素同位素的零点能量（zero point energy，ZPE）差异和元素同位素热振动的差异（Lyons，2001）。地球化学和宇宙化学描述 MDF 过程时常以一个同位素比值对另一个同位素比值作图得到一条曲线，称为质量分馏线（mass-dependent line）或陆地质量分馏线（terrestrial fractionation line，TFL），代表同位素分馏规律。对于三个同位素如氧同位素比值常以样品同位素与相应同位素参比标准的比值差异作图（图 13.8），把得到的三个同位素空间非线性分馏曲线（non-linear fractionation curve）视作直线（Young et al.，2002）。

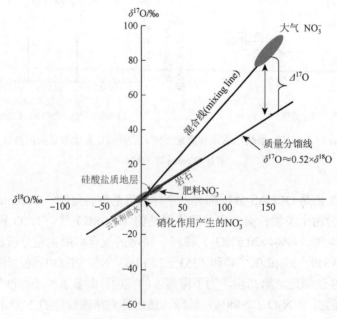

图 13.8　$\delta^{17}O$ 和 $\delta^{18}O$ 关系及 $\Delta^{17}O$ 示意图

根据 Thiemens 等（2001）和 Kendall 等（2007）绘图

氧同位素 MDF 效应曲线如图 13.8 所示。$\delta^{17}O$ 和 $\delta^{18}O$ 分馏效应的线性相关关系常用下式表达：

$$\delta^{17}O = 0.52 \times \delta^{18}O$$

这个关系式称为恒等式（identity）（Miller，2002；Li and Meijer，1998）。式中的 0.52 是 $\delta^{17}O$ 和 $\delta^{18}O$ 之间的一个分馏系数，在质量分馏线图中称为斜率，在一些公式中称为三同位素指数（tree-isotope exponent），用 λ 或 β 表示。λ 或 β 已有许多测定值发表，代表性的数值如 $0.528\,1 \pm 0.001\,5$（Li and Meijer，1998）、$0.524\,7 \pm 0.006\,8$（Miller，2002）和 $0.527\,9 \pm 0.000\,1$（Barkan and Luz，2003）。也可按下列关系式从理论计算得到（Thiemens，1999）：

$$\delta^{17}O/\delta^{18}O = (1/32 - 1/33)/(1/32 - 1/34)$$

计算出 $\delta^{17}O/\delta^{18}O = 0.515$。把这一关系式进行改写，可得到 $\delta^{17}O = 0.515（0.52）\times \delta^{18}O$。这一关系式暗示，$\delta^{18}O$ 分馏 6‰，将伴随 $\delta^{17}O$ 3.1‰的变化，从理论上确认了 $\delta^{17}O$ 和 $\delta^{18}O$ MDF 中的线性关系。在 $\delta^{17}O = 0.52 \times \delta^{18}O$ 的恒等式中系数为什么选择 0.52？按 Miller（2002）的说法，这是陆地岩石和水的实验测量值与理论值之间的一种妥协（compromise）或已成为习惯用法（Kaiser et al.，2007）。

自 20 世纪 80 年代初期以来，已陆续观测到地球大气许多含氧气态物质（O_3、CO_2 和 N_2O）和云、雨水、地球硅酸盐、碳酸盐、硫酸盐岩石及外星球的陨石碳酸盐的 $\delta^{17}O$ 同位素不服从 MDF 规律，^{17}O 出现了不正常的富集，即 $\delta^{17}O \neq 0.52 \times \delta^{18}O$。这种的反常（anomaly）富集是由一种非质量同位素分馏（mass-independent fractionation，MIF）效应引起的。这样以 $\Delta^{17}O$ 表征 ^{17}O 不正常富集就可用下式表达：

$$\Delta^{17}O = \delta^{17}O - 0.52 \times \delta^{18}O$$

$\Delta^{17}O$ 称为非质量分馏的成分（Michalski et al.，2003），通俗地说，也可认为是超出 MDF 恒等式（$\delta^{17}O = 0.52 \times \delta^{18}O$）计算出的数值。

13.4.2　$\Delta^{17}O$ 在研究地球系统氮氧化物循环中的应用

$\Delta^{17}O$ 代表了另一种稳定性同位素分馏规律的新发现。^{17}O 在同位素分馏中出现反常富集现象是由 Thiemens 和 Heidenreich（1983）研究 O_2 形成 O_3 的实验中发现的。这一过程不遵循同位素质量分馏效应，从而设想 $\Delta^{17}O$ 有可能成为探索地球化学、宇宙化学和早期太阳星云演化的一个有用工具（Thiemens and Heidenreich，1983；Thiemens，1999）。

1. $\Delta^{17}O$ 在 N_2O 循环研究中的应用

虽然 Kim 和 Craig（1993）试图通过计算大气 N_2O 氮、氧同位素（^{15}N 和 ^{18}O）收支来限定大气 N_2O 源汇收支，但未达到预期目标。Cliff 和 Thiemens（1997）鉴于全球 N_2O 收支不平衡这一重大现实问题，认为必须探索新途径。他们研究了在美国加利福尼亚州和新墨西哥州 4 个地点收集空气 N_2O 样品，并测定 $\delta^{17}O$ 和 $\delta^{18}O$ 的同位素比值，发现大气 N_2O 样品的 $\Delta^{17}O \neq 0$，即 $\delta^{17}O \neq 0.52 \times \delta^{18}O$，$^{17}O$ 不遵循 MDF 规律，存在 MIF 效应，

出现了 ^{17}O 的不正常富集。他们认为，不能排除大气中存在尚未揭示的新的 N_2O 源、汇和交换反应的存在。Cliff 等（1999）又报道了美国新泽西州到南极洲的低平流层（8～12 km）收集的空气样品中 N_2O 的 $^{18}O/^{16}O$ 和 $^{17}O/^{16}O$ 的值，发现低平流层 N_2O 也存在 MIF 效应。再次确认了大气 N_2O 有一个新的源、汇和交换过程存在，为 $\Delta^{17}O$ 应用于大气 N_2O 源汇研究提供了依据。

　　然而，根据目前已发表的论文报告看来，$\Delta^{17}O$ 应用于大气 N_2O 源、汇和指示 N_2O 产生机制的研究并不多。Mukotaka 等（2013）指出，$\Delta^{17}O$ 可以区分 SP 值不能区分的某些微生物反应过程。例如，土壤硝化细菌反硝化和细菌异养反硝化均产生 N_2O，SP 值是无法区分的（Sutka et al.，2006），但 $\Delta^{17}O$ 能区分这两个过程。因为硝化细菌反硝化产生的 N_2O 的 $\Delta^{17}O = 0$，而由于 NO_3^- 中包含大气沉降的 NO_3^-，大气沉降的 NO_3^- 有很高的 $\Delta^{17}O$ 值，因此 NO_3^- 反硝化产生的 N_2O $\Delta^{17}O$ 是正值（20‰～30.8‰）（Michalski et al.，2003）。另外，大气沉降 NO_3^- 反硝化过程中不发生或很少发生 NO_3^- 氧原子与环境 H_2O 的氧交换，由大气沉降 NO_3^- 产生的 N_2O 的 $\Delta^{17}O$ 可达 20‰左右（Michalski et al.，2003）。由此看来 $\Delta^{17}O$ 对于区分 N_2O 产生过程和反应机制是很有潜力的。

　　2. $\Delta^{17}O$ 在 NO_3^- 循环中的应用

　　$\Delta^{17}O$ 对于区分水体 NO_3^- 来源很有应用价值。进入水体的 NO_3^- 有两种来源，一是陆地土壤 NO_3^-、生活污水和某些工业废水；二是大气沉降的 NO_3^-。大气沉降 NO_3^- 又分为两个来源：一是陆地化石燃料燃烧形成的 NO_x 和农田排放到大气后以雨水和气溶胶的形式降落到陆地和水面的 N_2O；二是大气化学过程形成的 NO_3^-，文献中称为大气 NO_3^-（NO_3^- 大气）。对于水体 NO_3^- 源的区分和数量估算一直受到重视，虽然已有许多学者应用 ^{15}N 自然丰度和 ^{15}N、^{18}O 双同位素研究过水体 NO_3^- 源及其数量分配（见本书 12.3 节和 13.1 节），然而，不论单同位素 ^{15}N 还是双同位素（^{15}N、^{18}O）印记或多或少都存在重叠，或 ^{18}O 与大气 O_2 和 H_2O 中氧的交换反应而受到干扰。近年来 $\Delta^{17}O$ 由于其独特的功能，已被广泛地应用于水体中 NO_3^- 土壤源和大气源的区分及森林系统中 NO_3^- 转化、迁移过程和损失途径研究。这主要是基于陆地土壤 NO_3^- 和大气 NO_3^- 的形成机制不同，氧同位素的分馏效应不同。前者由微生物形成 NO_3^- 是 MDF 效应，后者是与 O_3 有关的大气化学过程形成 NO_3^-，是 MIF 效应，存在 ^{17}O 不正常富集。

　　Michalski 等（2003）首次测定了大气 NO_3^- 的 $\Delta^{17}O$ 并建立了模型。大气 NO_3^- 的形成过程之一是 NO_x 与 O_3 之间的耦合反应。Michalski 等（2004a）在智利阿塔卡马荒漠地区验证了长期作用于大气 NO_3^- 沉积的大气 NO_3^- 源，取得了大气 NO_3^- 存在 MIF 效应的新证据。因为阿塔卡马荒漠是极度干旱无生命的地区，不可能有微生物活动，大气沉降已有 20 万～200 万年的累积。NO_3^- 和 SO_4^{2-} 的 $\Delta^{17}O$ 值分别达到 14‰～21‰和 0.4‰～4‰，为大气源 NO_3^- 富集 ^{17}O 增添了新证据。

　　Michalski 等（2004b）曾用 $\Delta^{17}O$ 在美国加利福尼亚州南部一个半干旱的生态系统中追踪大气沉降 NO_3^- 的行踪。他们从收集的气溶胶、雾和降水样品中测定了 NO_3^- 的同位素组成，发现 $\Delta^{17}O$ 很高，为 20‰～30‰，而且 $\delta^{18}O$ 也高达 60‰～95‰（图 13.9）。他们证实，$\Delta^{17}O$ 是一种可靠的大气 NO_3^- 示踪工具，而且比曾用过的 $\delta^{18}O$ 更为有力。以 $\Delta^{17}O$ 作指示，他们观察到了该地区土壤 NO_3^- 中有很大部分来自大气沉降 NO_3^-，有 4%～40%未被同化的大气源 NO_3^- 通过径流进入水环境，这一数值在魔鬼谷（Devil Canyon）集水区暴雨径流中可达 20%～40%，对陆地生态产生明显影响。Dejwakh 等（2012）通过 $\Delta^{17}O$ 结合 $\delta^{15}N$、$\delta^{18}O$ 和 $\delta^{17}O$ 研究了美国西南部图森盆地的 Santa Cruz and Rillito River 泛滥平原地下水 NO_3^- 的源汇，得出大气源 NO_3^- 输入量占 NO_3^- 总量的 6%，并观察到了地下废水中 $\delta^{15}N$、$\delta^{18}O$、$\delta^{17}O$ 值的增高，由此推断高浓度废水中反硝化的发生。

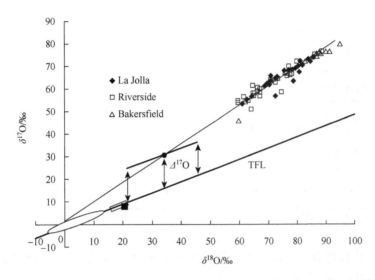

图 13.9　美国加利福尼亚州半干旱生态系统大气沉降中 NO_3^- 的 $\Delta^{17}O$、$\delta^{17}O$ 和 $\delta^{18}O$ 的关系

引自 Michalski 等（2004b）；三个采样点分别为拉霍亚市（La Jolla）、里弗赛德（Riverside）和贝克斯菲尔德（Bakersfield）

Tsunogai 等（2011）用 $\Delta^{17}O$ 研究了日本一个寡营养湖泊（oligotrophic lake）NO_3^- 的来源，得出大气 NO_3^- 占湖水 NO_3^- 总量的（9.7±0.8）%。他们试图用 $\Delta^{17}O$ 指示湖水中 NO_3^- 的去向，但未能如愿，因为湖水中的 NO_3^- 存在生物同化，同化的 NO_3^- 又再矿化、硝化和再被同化，使得湖泊中 NO_3^- 的周转相当复杂。

Fang 等（2015）应用 $\delta^{15}N$、$\delta^{18}O$ 和 $\Delta^{17}O$ 研究了从我国华南（热带）到日本中部（温带）6 个森林生态系统观测点 NO_3^- 的来源和迁移转化。研究得出大气沉降 NO_3^- 的 $\Delta^{17}O$ 值为 13.3‰～24.14‰，溪流水 NO_3^- 的 $\Delta^{17}O$ 值为 0.8‰～1.7‰，土壤源 NO_3^- 的 $\Delta^{17}O$ 值为 0。利用测得的 $\Delta^{17}O$ 和 $\delta^{15}N$ 值及相关通量等参数，通过模型计算得到大气沉降 NO_3^- 对土壤 NO_3^- 库的贡献为 5%～10%，硝化产生的 NO_3^- 为 43～119 kg(N)/(hm²·a)，反硝化损失量为 5.6～30.1 kg(N)/(hm²·a)。反硝化损失占 NO_3^- 总损失量（反硝化 + 淋洗）的 48%～86%。这是一个重要的发现，在以往的研究中只注意到森林生态系统 NO_3^- 的损失主要是淋洗，未见或很少讨论反硝化损失。$\Delta^{17}O$ 是用于区分水体 NO_3^- 起源和贡献特别有用的工具。Fang 等（2015）汇总了这方面的结果，如表 13.12 所示。

表 13.12　森林生态系统降水、河水或土壤提取液中 NO_3^- 的 $\Delta^{17}O$ 值以及大气沉降对土壤 NO_3^- 的贡献

地点	区域	气候	降水 NO_3^- /‰	河水或土壤提取液中 NO_3^- /‰	大气沉降对土壤 NO_3^- 的 贡献/%	数据来源
尖峰岭（原生林）	中国华南	热带	13.3	0.8	6	Fang 等（2015）
尖峰岭（次生林）	中国华南	热带	13.3	0.9	7	
鼎湖山	中国华南	热带	16.5	1.7	10	
FM Ohyasan （old-aged）	日本中部	温带	24.4	1.2	6	
FM Ohyasan （middle-aged）	日本中部	温带	24.4	1.6	7	
FM Tamakyuryo	日本中部	温带	24.4	1.2	5	
Maui	美国夏威夷	热带	15.7	0.4	3	Kaiser 等（2007）
Tahoe	美国加利福 尼亚州	温带	25.0	0.8	3	Alexander 等 （2009）
Upper Neuse River	美国北卡罗 来纳州	温带	21.0	1.6	8	Michalski 和 Thiemens（2006）
Michigan	美国东 北部	温带	23.2	2.4	10	Costa 等（2011）
Rishiri	日本北部	温带	26.1	2.0	8	Tsunogai 等 （2010）

注：引自 Fang 等（2015）；部分外文观测地点未译出，按原文。

关于利用 $\Delta^{17}O$ 区分混合源中大气源 NO_3^- 贡献的计算方法，可参阅 Michalski 等（2002）和 Costa 等（2011）的论文。

13.5　N_2O 和 NO_3^- 氧同位素比值测定和 $\Delta^{17}O$ 值计算

NO_3^- 和 N_2O 的 $\delta^{18}O$ 和 $\delta^{17}O$ 测定和计算包括以下步骤（也适用于 $\delta^{15}N$ 测定）：第一，硝酸盐样品经化学方法转变为 $AgNO_3$，或经不同化学方法分阶段转变 NO_3^- 为 N_2O，或 NO_3^- 经特定种群反硝化细菌转变为 N_2O；第二，$AgNO_3$、气态 N_2O 或硝酸盐经化学、生物方法转化的 N_2O 经高温热解为 $N_2 + O_2$；第三，通过在线（online）和离线（offline）的 IRMS 测定 $^{18}O/^{16}O$ 和 $^{17}O/^{16}O$ 的值；第四，利用不同方法得到的同位素比值数据计算出 NO_3^- 或 N_2O 的 $\Delta^{17}O$ 值。现分述如下。

13.5.1　硝酸盐样品转变为 $AgNO_3$

对于测定液态或固态 NO_3^- 样品的 $\delta^{17}O$，大多数研究者都采用先把硝酸盐转变为 $AgNO_3$。这是一个由 Michalski 等（2002）建立的传统方法，该方法要求不论固体或液体样品都要通过超纯水提取，经一系列纯化过程转变为 $AgNO_3$ 形态。这一方法适合于 NO_3^- 含量为 10~50 μmol 的样品，$NO_3^- < 10$ μmol 要用离子色谱纯化、浓缩和分离。以后许多研究者都承袭了这一方法原理。

13.5.2　硝酸盐样品转变为 N_2O

1. 化学方法转变 NO_3^- 为 N_2O

水中的硝酸盐通过化学方法转变为 N_2O。在 pH 为 8.5 条件下，用金属 Cd 使 NO_3^- 转变为 NO_2^-，加入 NH_2OH 把 NO_2^- 转化为 N_2O。Tsunogai 等（2010，2011）也参照 Lachouani 等（2010）的方法，用三氯化钒（VCl_3）把 NO_3^- 转化为 NO_2^-，再用叠氮化钠（NaN_3）使 NO_2^- 还原为 N_2O。王曦等（2015）和 Fang 等（2015）也按 Lachouani 等（2010）的化学方法把河流水 NO_3^- 转化为 N_2O。

2. 特定种群反硝化细菌转化 NO_3^- 为 N_2O

Kaiser 等（2007）不采用传统的把硝酸盐转变为 $AgNO_3$ 的方法，因为 Michalski 等（2002）的传统方法不适用于 $NO_3^- < 10\ \mu mol$ 的样品，小量样品虽可用离子色谱纯化、分离、浓缩，但又不适用含盐量很高的海水样品，他们开发了利用专门种群反硝化细菌的生物方法把 NO_3^- 转变为 N_2O。他们利用的反硝化细菌为 *Pseudomonas aureofaciens*，因为该类反硝化细菌群与 H_2O 氧交换低于 5%，可用于氧同位素的在线分析。张翠云等（2010）和 Fang 等（2015）也用特定种群反硝化细菌转化 NO_3^- 为 N_2O。

3. 空气不同形态 N（NH_4^+、NO_2^-、NO_3^-）转变为 N_2O

Smirnoff 等（2012）测定了道路附近空气样品中不同形态氮（NH_4^+、NO_2^- 和 NO_3^-）的 $\delta^{15}N$、$\delta^{18}O$ 和 $\delta^{17}O$。他们通过一种新的方法，即先用 BrO^- 将 NH_4^+ 氧化为 NO_2^-，再利用叠氮化钠将其转化为 N_2O。NO_3^- 通过 Cu-Cd 柱转化为 NO_2^-，用叠氮化钠把 NO_2^- 还原为 N_2O。

13.5.3　$AgNO_3$ 或气态 N_2O 高温热解为 $N_2 + O_2$

1. $AgNO_3$ 热解为 $N_2 + O_2$

不同硝酸盐样品转变为 $AgNO_3$ 后，经多次纯化，冰冻干燥或 70℃烘干，装入银箔包裹的小包内，递进与 IRMS 连接的石英管内，在 900℃烘烤，热解产生多种含氮气体。Michalski 等（2002）给出了 $AgNO_3$ 热解的反应式：

$$AgNO_3 \longrightarrow 1/2\,O_2 + NO_2 + 痕量N_2 + NO$$

这些混合气体经过反应管内的 5Å 分子筛分离，O_2 引入 IRMS 分析。

2. 气态 N_2O 样品高温热解为 $N_2 + O_2$

直接采集的气态 N_2O 原样或通过不同方法二次转化为 N_2O 后的样品均可以通过高温热解为 N_2 和 O_2 之后再引入 IRMS 测定。Cliff 和 Thiemens（1994）在首次测定平流层 N_2O 的 $^{18}O/^{16}O$ 和 $^{17}O/^{16}O$ 值时，所用 N_2O 转变为 $N_2 + O_2$ 的方法就是高温热解法，以金（Au）作催化剂，N_2O 通过涂金的石英管，在 800℃高温热解为 $N_2 + O_2$。N_2 和 O_2 通过液氮冷阱分离。Kaiser 等（2007）的 NO_3^- 样品通过反硝化细菌产生 N_2O 后，也是用热解法使 N_2O 转变为 $N_2 + O_2$，通过分子筛分离 O_2 和 N_2。

3. 微波放电热解 N_2O 为 $N_2 + O_2$

Mukotaka 等（2013）开发了一个在线模式，通过微波放电热解 N_2O 为 $N_2 + O_2$ 的新方法，既可测定气态 N_2O 也可测定 NO_3^- 转化为 N_2O 后的氧同位素。该方法 $\delta^{17}O$ 的测量精度为 0.26‰，优于离子碎片法和还原法，但稍逊于离线的热解法。测量精度与 N_2O 样品量有关。在线微波放电热解 N_2O 的纯化和质谱分析如图 13.10 所示。

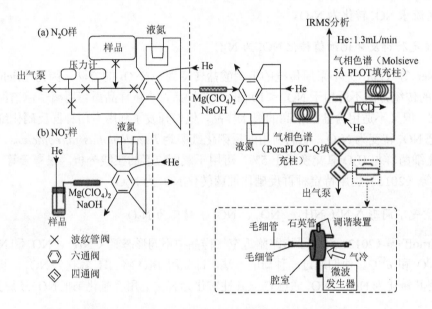

图 13.10　N_2O、NO_3^- 同位素比值分析系统示意图

引自 Mukotaka 等（2013）

13.5.4　$\delta^{18}O$ 和 $\delta^{17}O$ 的 IRMS 分析

已发表的研究报告表明，N_2O 或 NO_3^- 经不同方法转化后的 ^{18}O 和 ^{17}O 都是通过 IRMS 分析的。所用仪器都是采用 20 世纪 90 年代末和 21 世纪初流行的 MAT-251 质谱计。其区别只有在线和离线之别。样品转化单独进行，称为离线。样品转化与质谱计联机，称为在线。在已有的质谱分析方法中，Komatsu 等（2008）开发的连续流动同位素比值质谱计体系（continuous-flow isotope ratio mass spectrometry，CF-IRMS），值得推荐。他们用这一方法测定了大气、水和土壤 N_2O 的 $^{15}N/^{14}N$、$^{17}O/^{16}O$ 和 $^{18}O/^{16}O$ 的值，测量精度分别达到 0.12‰（$\delta^{15}N$）、0.25‰（$\delta^{18}O$）和 0.1‰（$\delta^{17}O$）。他们认为该方法除应用于大气 N_2O $\delta^{15}N$、$\delta^{18}O$ 和 $\delta^{17}O$ 的测定外，也可应用于环境中 NO_3^-、NO_2^- 经转化为 N_2O 后的 $\delta^{15}N$、$\delta^{18}O$ 和 $\delta^{17}O$ 的测定。这一方法的主要特点是，设置了一个样品储存室（sample reservoir），可以分步引入样品至质谱计进行同一样品的多种分析。该方法体系利用超高纯 He（99.999 5%）作载气，通过 5Å 分子筛和 PoraPLOT-Q 填充柱以及一系列的液氮、液氮/乙醇冷阱和各种化学阱纯化大气样品。这个方法体系的另一独到之处在于开发了可自动运行的 N_2O 监控控制系统（图 13.11）。

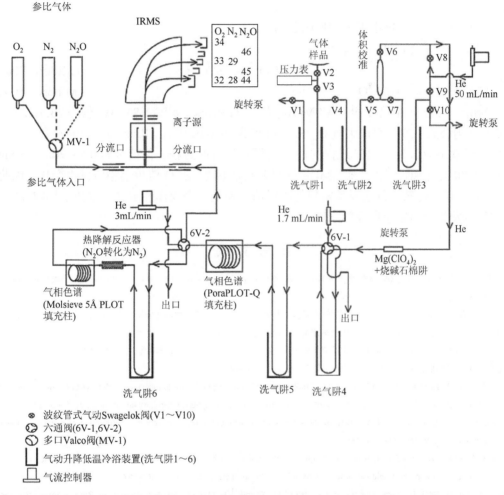

图 13.11　N_2O 自动监控控制系统与热解法结合测定大气 $\delta^{15}N$、$\delta^{18}O$ 和 $\delta^{17}O$ 分析示意图

引自 Komatsu 等（2008）

13.5.5　$\Delta^{17}O$ 值计算

已发表的文献都认同 $\Delta^{17}O = \delta^{17}O - 0.52 \times \delta^{18}O$ 是定义和定量 $\Delta^{17}O$ 的公式。式中的 0.52 是一个共同认可的且习用的 MDF 系数（Kaiser et al., 2007）。$\Delta^{17}O$ 的公式虽然意义一致，但书写和推导形式有所不同，现略举数例如下：

（1）$\Delta^{17}O = \dfrac{1+\delta^{17}O}{(1+\delta^{18}O)^{\beta}}$ （Kaiser et al.，2007）

（2）$\Delta^{17}O = 1000K_{a,b} \cong 1000\ln(1+K_{a,b}) = 1000\ln 1 + \delta^{17}O1000 - \lambda 1000\ln 1 + \delta^{18}O1000$ （Miller，2002）

其中，$K_{a,b}$ 指 a 相对于遵循陆地质量分馏线的 b 的偏移（offset）；λ 指陆地质量分馏线的斜率。

$\ln(1+x)$ 中，若 x 远小于 1，则 $\ln(1+x) \cong x$

因此，上述公式可以改写为

$$\Delta^{17}O \cong \delta^{17}O - \lambda\delta^{18}O$$ （Miller，2002）

（3）$\Delta^{17}O = \delta^{17}O - \lambda\delta^{18}O$ （Miller，2002）

Miller（2002）用已知 $\delta^{17}O$ VSMOW 值为 –11.918‰，$\delta^{18}O$ VSMOW 值为 23.5，λ 值为 0.524 7，用公式（2）计算出大气 O_2 的 $\Delta^{17}O$ 值为 –0.340。然而，Kaiser 等（2007）提出 $\Delta^{17}O$ 值接近于 0 不应认为是 MIF 过程的指示，因不同 MDF 过程 β 值范围为 0.50～0.53（Young et al.，2002）。根据 $\Delta^{17}O$ 公式，MDF 过程 λ 或 β 不同，$\Delta^{17}O$ 值也会相应发生变化。因此，$\Delta^{17}O$ 并不是量化氧同位素反常富集的绝对值，而是一个操作性定义，以便于界定和揭示氧同位素发生反常富集现象的程度。

参 考 文 献

曹亚澄，孙国庆，韩勇，等. 2008. 大气浓度下 N_2O、CH_4 和 CO_2 中氮、碳和氧稳定同位素比值的质谱测定. 土壤学报，45（2）：249-258.

曹亚澄，张金波，温腾，等. 2018. 稳定同位素示踪技术与质谱分析——在土壤生态环境研究中的应用. 北京：科学出版社.

王曦，曹亚澄，韩勇，等. 2015. 化学转化法测定水体中硝酸盐的氮氧同位素比值. 土壤学报，52（3）：558-566.

张翠云，张俊霞，马琳娜，等. 2010. 硝酸盐氮氧同位素反硝化细菌法测试研究. 地球科学进展，25（4）：360-364.

朱良漪，张梁，陈耕燕. 1997. 分析仪器手册. 北京：化学工业出版社：213-229.

Alexander B M G，Habstings D J，Allman J，et al. 2009. Quantifying atmospheric nitrate formation path ways based on global model of the oxygen isotopic composition（$\Delta^{17}O$）of atmospheric nitrate. Atmospheric Chemistry and Physics. 9：5043-5056.

Aravera R，Evans M L，Cherry J A. 1993. Stable isotopes of oxygen and nitrogen in source identification of nitrate from septic systems. Ground Water，31：180-186.

Baggs B M. 2008. A review of stable isotope techniques for N_2O source partitioning in soils：Recent progress，remaining challenges and future considerations. Rapid Communications in Mass Spectrometry，22（11）：1664-1672.

Barkan E，Luz B. 2003. High-precision measurements of $^{17}O/^{16}O$ and $^{18}O/^{16}O$ of O_2 and O_2/Ar ratio in air. Rapid Communications in Mass Spectrometry，17（24）：2809-2814.

Bouwman A F. 1995. Compilation of a global inventory of emissions of nitrous oxide. Wageningen：University of Wageningen：5-10.

Bremner J M. 1997. Sources of nitrous oxide in soils. Nutrient Cycling in Agroecosystems. 49（1-3）：7-16.

Brenninkmeijer C A M，Röckmann T. 1999. Mass spectrometry of the intramolecular nitrogen isotope distribution of environmental nitrous oxide using fragment-ion analysis. Rapid Communications in Mass Spectrometry，13（20）：2028-2033.

Charpentier J，Farias L，Yoshida N，et al. 2007. Nitrous oxide distribution and its origin in the central and eastern south Pacific Subtropical Gyre. Biogeosciences，4：729-741.

Cliff S S，Brenninkmeijer C A M，Thiemens M H. 1999. First measurement of the $^{18}O/^{16}O$ and $^{17}O/^{16}O$ ratios in stratospheric nitrous oxide：A mass-independent anomaly. Journal of Geophysical Research Atmospheres，104（D13）：16171-16175.

Cliff S S，Thiemens M H. 1994. High-precision isotopic determination of the $^{18}O/^{16}O$ and $^{17}O/^{16}O$ ratios in nitrous-oxide. Analytical Chemistry，66（17）：2791-2793.

Cliff S S，Thiemens M H. 1997. The $^{18}O/^{16}O$ and $^{17}O/^{16}O$ ratios in atmospheric nitrous oxide：A mass-independent anomaly. Science，278（5344）：1774-1776.

Costa A W，Michalski G，Schauer A J，et al. 2011. Analysis of atmospheric inputs of nitrate to a temperate forest ecosystem from $\varDelta^{17}O$ isotope ratio measurements. Geophysical Research Letters，38（15）：L15805- L15810.

Crutzen P J.1970. The influence of nitrogen oxides on the atmospheric ozone content. Quarterly Journal of the Royal Meteorological Society，96（408）.

Crutzen P J，Schmailzl U. 1983. Chemical budgets of the stratosphere. Planetary，Space Science，31（9）：1009-10032.

Dejwakh N R，Meixner T，Michalski G，et al. 2012. Using ^{17}O to investigate nitrate sources and sinks in a semi-arid groundwater system. Environmental Science and Technology，46（2）：745-754.

Denman K L，Brasseur G L，Chidthaisong A L，et al. 2007. Coupling between change in the climates system and biogeochemistry// Solomon D，Qin M，Manning M，et al. Climate Change 2007：The physical science basis. Contribution of Working Group I to the Fourth Assessment Report of the Intergovernmental Panel on Climate Change. Cambridge：Cambridge University Press：499-587.

Decock C，Six J. 2013. How reliable is the intramolecular distribution of ^{15}N in N_2O to source partition N_2O emitted from soil? Soil Biology and Biochemistry，65：114-127.

Dore J E，Popp B N，Karl DM. 1998. A Large source of atmospheric nitrous oxide from subtropical North the Pacific surface water. Nature，396（6706）：63-66.

Fang Y T，Koba K，Makabe A，et al. 2015. Microbial denitrification dominates nitrate losses from forest ecosystems. The Proceedings of the National Academy of Sciences，5（112）：1470-1474.

Forster P，Ramaswamy V，Artaxo P，et al. 2007. Changes in atmospheric constituents and in radiative forcing//Solomon D，Qin M，Manning M，et al. Climate Change 2007：The physical science basis. Contribution of Working Group I to the Fourth Assessment Report of the Intergovernmental Panel on Climate Change. Cambridge：Cambridge University Press：500-507.

Ishii S，Song Y，Rathnayake A L，et al. 2014. Identification of key nitrous oxide production pathways in aerobic partial nitrifying granules. Environmental Microbiology，16（10）：3168-3180.

Kaiser J，Hastings M G，Houlton B Z，et al. 2007. Triple oxygen isotope analysis of nitrate using the denitrifier method and thermal decomposition of N_2O. Analytical Chemistry，79（2）：599-607.

Kaiser J S，Park K，Boering C A，et al. 2004. Mass spectrometric method for the absolute calibration of the intramolecular nitrogen isotope distribution in nitrous oxide. Analytical and Bioanalytical Chemistry，378（2）：256-269.

Kato T，Toyoda S，Yoshida N，et al. 2013. Isotopomer and isotopologue signatures of N_2O produced in alpine ecosystems on Qinghai-Tibetau Plateau. Rapid Communications in Mass Spectrometry，27（13）：1517-1526.

Kartal B，Kuypers M，Lavik G. et al. 2007. Anammox bacteria disguised as denitrifiers：Nitrate reduction to dinitrogen gas via nitrite and ammonium. Environmental Microbiology，9（3）：635-642.

Kendall C，Elliott E M，Wankel S D. 2007. Tracing anthropogenic inputs of nitrogen to ecosystems//Michener R，Lajtha K. Stable isotopes in ecology and environmental sciences（2nd edition），Blackwell，375-449.

Kim K P，Craig H. 1993. Nitrogen-^{15}N and Oxygen-^{18}O characterization of nitrous oxide：A global perspective. Science，262（5141）：1855-1857.

Kim K P，Craig H. 1990. Two isotope characterization of N_2O in the Pacific Ocean and constraints on its origin in deep water. Nature，347：58-61.

Komatsu J D D，Ishimura T，Nakagawa F，et al. 2008. Determination of the $^{15}N/^{14}N$，$^{17}O/^{16}O$ and $^{18}O/^{16}O$ ratios of nitrous oxide by using continuous-flow isotope-ratio mass spectrometry. Rapid Communications in Mass Spectrometry，22（10）：1587-1596.

Lachouani P，Frank A H，Wanek W . 2010. A suite of sensitive chemical methods to determine the $\delta^{15}N$ of ammonium，nitrate and total dissolved N in soil extracts. Rapid Communications in Mass Spectrometry，24（24）：3615-3623.

Laughlin R J, Stevens R J. 2002. Evidence for fungal dominance of denitrification and codenitrification in grassland soil. Soil Science Society of America Journal, 66 (5): 1540-1546.

Li W J, Meijer H A J. 1998. The use of electrolysis for accurate $\delta^{17}O$ and $\delta^{18}O$ isotope measurements in water. Isotopes in Environmental and Health Studies, 34 (4): 349-369.

Lyons J R. 2001. Mass-independent fractionation of oxygen-containing radicals in the atmosphere. Geophysical Research Letters, 28 (17): 3231-3234.

Mandemack K W, Rahn T. 2000. The biogeochemical controls of the controls of the $\delta^{15}N$ and $\delta^{18}O$ of N_2O produced in landfill cover soils. Journal of Geophysical Research, 105: 17709-17720.

Mayer B, Boyer E W, Goodale C, et al. 2002. Sources of nitrate in revers draining sixteen watersheds in the northeastern U.S: Isotopic constraints. Biogeochemistry, 52: 171-197.

McEhroy M B, Wofsy S C. 1986. Tropical forests: Interaction with the atmosphere// Prance G T. Tropical rain forests and the world atmosphere, AAA selected symposium 101. Colorado: Westview Press: 33-66.

Meada K, Spor A, Edel-Hemornn V, et al. 2015. N_2O production, a widespread trait in fungi. Scientific Reports, 5: 9697-9704.

Michalski G, Thiemens M H. 2006. The use of Multi-isotope ratio measurements as a new and unique technique to resolve NO_x transformation, transport and nitrate deposition in the lake Tahoe Basin. California Air Resources Board and the California Environmental Protection Agency, San Diego.

Michalski G, Böhlke J K, Thiemens M H. 2004a. Long term atmospheric deposition as the source of nitrate and other salts in the Atacama Desert, Chile: New evidence from mass-independent oxygen isotopic compositions. Geochimica et Cosmochimica Acta, 68 (20): 4023.

Michalski G, Meixner T, Fenn M E, et al. 2004b. Atmospheric nitrate deposition in a complex semiarid ecosystem using $\Delta^{17}O$. Environmental Science and Technology. 38 (7): 2175-2181.

Michalski G, Scott Z, Kabiling M. et al. 2003. First measurements and modeling of $\Delta^{17}O$ in atmospheric nitrate. Geophysical Research Letters, 30: 1870-1874.

Michalski G, Savarino J, Böhlke K. et al. 2002. Determination of the total oxygen isotopic composition of nitrate and the calibration of a $\Delta^{17}O$ nitrate reference material. Analytical Chemistry, 74 (19): 4989-4993.

Miller M F. 2002. Isotopic fractionation and the quantification of ^{17}O anomalies in the oxygen three-isotope system: An appraisal and geochemical significance. Geochimica et Cosmochimica Acta, 66 (11): 1881-1889.

Minschwaner K, Salawitch R J, McElroy M B. 1993. Absorption of solar radiation by O_2: Implications for O_3 and lifetimes of N_2O, $CFCl_3$ and CF_2Cl_2. Journal of Geophysical Research, 98 (D6): 10543-10561.

Mohn J, Wolf B, Toyoda S, et al. 2014. Inter-laboratory assessment of nitrous oxide isotopomer analysis by isotope ratio mass spectrometry and laser spectroscopy: Current status and perspectives. Rapid Communications in Mass Spectrometry, 28 (18): 1995-2007.

Mohn J, Guggenheim C, Tuzson B, et al. 2010. A liquid nitrogen-free preconcentration unit for measurements of ambient N_2O isotopomers by QCLAS. Atmospheric Measurement Techniques and Discussions, 3: 609-618.

Moore H. 1974. Isotopic measurement of atmospheric nitrogen compounds. Tellus. 26 (1-2): 169-174.

Mukotaka A, Toyoda S, Yoshida N, et al. 2013. On-line triple oxygen isotope analysis of nitrous oxide using decomposition by microwave discharge. Rapid Communications in Mass Spectrometry, 27 (21): 2391-2398.

Nevison C D, Weiss R F, Erickson III D J. 1995. Global oceanic emissions of nitrous oxide. Journal of Geophysical Research, 100 (C8): 15809-15820.

Opdyke M R, Ostrom N E, Ostrom P H. 2009. Evidence for the predominance of denitrification as a source of N_2O in temperate agricultural soils based on isotopologue measurements. Global Biogeochemical Cycles, 23: GB4018.

Ostrom N E, Ostrom P H. 2012. The isotopomers of nitrous Oxide: Analytical Considerations and application to resolution of microbial Production Pathways // Handbook of Environmental Isotope Geochemistry. Berlin Heidelberg: Springer: 453-476.

Park S, Perez T, Boering K A. et al, 2011. Can N_2O stable isotopes and isotopomers be useful tools to characterize sources and microbial pathways of N₂O production and consumption in tropical soils? Global Biogeochemical Cycles，25（1）：1-16.

Perez T，Garcia-Montiel D C，Trumbore S E，et al. 2006. Nitrous oxide nitrification and denitrification ^{15}N enrichment factors from Amazon forest soils. Ecological Application，16（6）：2153-2167.

Perez T S E，Trumbore S C，Tyler P A，et al. 2001. Identifying the agricultural imprint on the global N₂O budget using stable isotopes. Journal of Geophysical Research-Atmospheres 106：9869-9878.

Perez T，Trumbore S C，Tylersc P A，et al. 2000. Isotopic of variability of N₂O emissions from tropical forest soils. Global Biogeochemical Cycles，14（2）：525-535.

Philippot L，Hallin S. 2005. Finding the missing link between diversity and activity using denitrifying bacteria as a model functional community. Current Opinion in Microbiology，8（3）：234-239.

Poth M，Focht D. 1985. ^{15}N Kinetic analysis of N₂O production by Nitrosomonas europaea: an examination of nitrifier denitrification. Applied and Environmental Microbiology，49（5）：1134-1141.

Rahn T，Wahlen M. 1997. Stable isotope enrichment in stratospheric nitrous oxide. Science，278（5344）：1776-1778.

Rock L，Ellert B H，Mayer B，et al. 2007. Isotopic composition of tropospheric and soil N₂O from successive depths of agriculture with contrasting crops and nitrogen amendments. Journal of Geophysical Research，112：D18303.

Rohe L，Anderson T H，Braker G，et al. 2014. Fungal oxygen exchange between denitrification intermediates and water. Rapid Communications in Mass Spectrometry，28（4）：377-384.

Röckmann T，Kaiser J，Brenninkmeijer C A M. 2003. The isotopic fingerprint of the pre-industrial and the anthropogenic N₂O source. Rapid Communications in Mass Spectrometry，3（2）：315-323.

Santoro A E，Buchwald C，Mcllvin M R，et al. 2011. Isotopic signature of N₂O produced by marine ammonia-oxidizing archaea. Science，333：1282-1285.

Shaw L J，Nicol G W，Smith Z. et al. 2006. Nitrosospira spp. can produce nitrous oxide via a nitrifier denitrification pathway. Environmental Microbiology，8（2）：214-222.

Shoun H，Kim D H，Uehiyama H，et al. 1992. Denitrification by fungi. FEMS Microbiology Letters，73（3）：277-281.

Smirnoff A，Savard M M，Vet R，et al. 2012. Nitrogen and triple oxygen isotopes in near-road air samples using chemical conversion and thermal decomposition. Rapid Communications in Mass Spectrometry，26（23）：2791-2804.

Snider D，Thompson K，Wagner-Riddle，et al. 2015. Molecular techniques and stable isotope ratios at natural abundance give complementary inferences about N₂O production pathways in an agricultural soil following a rainfall event. Soil Biology and Biochemistry，88：107-213.

Snider D M，Venkiteswaran J J，Schiff S L，et al. 2013. A new mechanistic model of δ^{18}O-N₂O formation by denitrification. Geochimica et Cosmochimica Acta，112：102-115.

Sowers T，Rodebaugh A，Yoshida N，et al. 2002. Extending records of the isotopic composition of the atmospheric N₂O back to 1800 A. D. from air trapped in snow at the South Pole and the Greenland ice Sheet Project Ⅱ ice core. Global Biogeochemical Cycles，16（4）：1129-1138.

Spoelstra J，Schiff S L，Hazlet P W，et al. 2007. The isotopic composition of nitrate produced from nitrification in a hardwood forest floor. Geochimical et Cosmochimical Acta，71（15）：3757-3771.

Spoclstra J，Sherry C，Richard J，et al. 2001. Tracing the sources of exported nitrate in the Turkey lakes watershed using ^{15}N/^{14}N and ^{18}O/^{16}O isotopic ratios. Ecosystems，4（6）：536-544.

Spott O，Russow R，Stange C F. 2011. Formation of hybrid N₂O and hybrid N₂ due to Codenitrification：First review of a barely considered process of microbially mediated N-nitrosation. Soil Biology and Biochemistry，43（10）：1995-2011.

Strous M，Pelletier E，Mangenot S，et al. 2006. Deciphering the evolution and metabolism of an anammox bacterium from a community genome. Nature，440（7085）：790-794.

Sutka R L，Adams G C，Ustrom N E，Ustrom P H. 2008. Isotopologue fractionation during N₂O production by fungal denitrification. Rapid Communications in Mass Spectrometry，22（24）：3989-3996.

Sutka R L，Ostrom N E，Ostrom P H，et al. 2003. Nitrogen isotopomer site preference of N₂O produced by Nitrosomonas europaea and

Methylococcus capsulatus Bath. Rapid Communications in Mass Spectrometry, 17: 738-745.

Sutka R L, Oserom N E, Ostrom P H, et al. 2006. Distinguishing N_2O production from nitrification versus denitrification based on isotopomer abundances. Applied and Environmental Microbiology, 72 (1): 638-644.

Syakila A, Kroeze C. 2011. The global nitrous oxide budget revisited. Greenhouse Gas Measurement and Management, 1 (1): 17-26.

Thiemens M H. 1999. Mass-independent isotope effects in planetary atmospheres and the early solar system. Science, 283 (5400): 341-345.

Thiemens M H, Heidenreich III J E. 1983. The mass independent fractionation of oxygen: A novel effect and its possible cosmochemical implications. Science, 219: 1073-1075.

Thiemens M H, Savarino J F, Bao H. 2001. Mass-independent isotopic compositions in terrestrial and extraterrestrial solids and their applications. Accounts of Chemical Research, 34 (8): 645-652.

Toyoda S, Kutoki N, Yoshida N, et al. 2013. Decadal time series of tropospheric abundance of N_2O isotopomers and isotopologues in the Northern Hemisphere obtained by the Long-term observation at Hateruma Island, Japan. Journal of Geophysical Research Atmospheres, 118 (8): 3369-3381.

Toyoda S, Yano M, Nishimura S, et al. 2011. Characterization and production and consumption processes of N_2O emitted from temperate agricultural soils determined via isotopomer ratio analysis. Global Biogeochemical Cycles, 25 (2): 1-17.

Toyoda S H, Mutobe H, Yamagishi N, et al. 2005. Fractionation of N_2O isotopomers during production by denitrifier. Soil Biology and Biochemistry, 37 (8): 1535-1545.

Toyoda S, Yoshida N. 1999. Determination of nitrogen isotopomers of nitrous oxide on a modified isotope ratio mass spectrometer. Analytical Chemistry, 71 (20): 4711-4718.

Tsunogai U, Daita S, Komatsu D D. 2011. Quantifying nitrate dynamics in an oligotrophic lake using $\Delta^{17}O$. Biogeosciences, 8 (3): 687-702.

Tsunogai U, Komatsu D D, Daita S, et al. 2010. Tracing the fate of atmospheric nitrate deposited on to a forest ecosystem in Eastern Asia using $\Delta^{17}O$. Atmospheric Chemistry and Physics. 10 (4): 1809-1820.

Wada E, Ueda S. 1996. Carbon, nitrogen and oxygen isotope ratios of CH_4 and N_2O in soil ecosystems.Mass Spectrometry of Soils: 177-204.

Waechter H, Mohn J, Tuzson B, et al. 2008. Determination of N_2O isotopomers with quantum cascade laser based absorption spectroscopy. Optics Express, 16 (12): 9239-9244.

Wasserarr L I, 1995. Evaluation of the origin and fate of nitrate the Abbotsford Aquifer using the isotopes of ^{15}N and ^{18}O in NO_3^-. Applied Geochemistry, 10 (4): 391-405.

Warneck P. 1988. Chemistry of the natural atmosphere. The supplements report to the IPPC scientific assessment. Cambridge: Cambridge University Press: 25-46.

Wrage N, Velthof G L, van Beusichema M L, et al. 2001. Role of nitrifier denitrification in the production of nitrous oxide. Soil Biology and Biochemistry, 33: 1723-1732.

Wahlen M, Yoshinari T, 1985. Oxygen isotope ratios in N_2O from different environments. Nature, 313 (6005): 780-782.

Well R, Flessa H, 2009. Isotopologue signatures of N_2O produced by be nitrification in soils. Journal of Geophysical Research, 114: 1-11.

Well R, Flessa H, Xing L, et al. 2008. Isotopologue ratios of N_2O emitted from microcosms with NO_4^+ fertilized arable soils under conditions favoring nitrification. Soil Biology and Biochemistry, 40 (9): 2416-2426.

Well R, Kurganova I, Lopesdegerenyu V, et al. 2006. Isotopomer signatures of soil-emitted N_2O under different moisture conditions-A microcosm study with arable loess soil. Soil Biology and Biochemistry, 38 (9): 2923-2933.

Wolf B, Merhold L, Decock C, et al. 2015. First on-Line isotopic characterization of N_2O above intensively managed grassland. Biogeosciences, 12 (8): 2517-2531.

Xiong Z Q, Khalil M A K, Xing G X, et al. 2009. Isotopic signatures and Concentration Profiles of nitrous oxide in a rice-based ecosystem during the drained crop-growing season. Journal of Geophysical Research, 114: G02012.

Yamulki S，Toyoda S，Yoshida N，et al. 2001. Diurnal fluxes and the isotopomer ratios of N₂O in a temperate grassland following urine amendment. Rapid Communications in Mass Spectrometry，15（15）：1263-1269.

Yamulki S，Wolf I，Bol B，et al. 2000. Effects of dung and urine amendments on the isotopic composition of N₂O released from grasslands. Rapid Communications in Mass Spectrometry，14（15）：1356-1360.

Yano M，Toyoda S，Tokida T，et al. 2014. Isotopomer analysis of production，consumption and soil-to-atmosphere emission processes of N₂O at the beginning of paddy fielder irrigation. Soil Biology and Biochemistry，70：66-78.

Yoshida N，Toyoda S. 2000. Constraining the atmospheric N₂O budget from intramolecular site preference in N₂O isotopomers. Nature，405（6784）：330-334.

Yoshida N，Matsuo S. 1983. Nitrogen isotope ratio of atmospheric N₂O as a key to the global cycle of N₂O. Geochemical Journal，17（5）：231-239.

Yoshida N，Morimoto H，Hirano M，et al. 1989. Nitrification rates and ¹⁵N abundances of N₂O and NO₃⁻ in the western North Pacific. Nature，342（6252）：895-897.

Yoshida N，Hattori A，Saino T，et al. 1984. ¹⁵N/¹⁴N ratio of dissolved N₂O in the eastern tropical Pacific Ocean. Nature，307（5950）：442-444.

Yoshinari T，Altabet M，Naqvi S，et al. 1997. Nitrogen and oxygen isotopic composition of N₂O from suboxic waters of the eastern tropical North Pacific and the Arabian Sea：Measurement by continuous-flow isotope-ratio monitoring. Marine Chemistry，56：253-264.

Young E D，Galy A，and Nagahara H. 2002. Kinetic and equilibrium mass-dependent isotope fractionation Laws in nature and their geochemical and cosmochemical significance. Geochimical et Cosmochimical Acta，66（6）：1095-1104.

Yung Y L，Miller C E. 1997. Isotopic fractionation of stratospheric nitrous oxide. Science，278（5344）：1778-1780.

Zou Y，Hirono Y，Yanal Y，et al. 2014. Isotopomer analysis of nitrous oxide accumulated in soil cultivated with tea（Camellia sinensis）in Shizuoka，central Japan. Soil Biology and Biochemistry，77：276-291.

第 14 章　农田 N_2O、NH_3 排放及氮流失原位观测方法

自从人们关注到全球生物地球化学氮循环对生态环境产生了许多严重影响以来,对排放到大气中的 N_2O、NH_3 及迁入水体的淋溶和径流氮通量的观测受到了空前的重视。近几十年来,虽然应用已有方法加强了对这些氮化合物排放通量的观测,也积累了许多数据,但是仍然存在很大的不确定性。其原因之一,是这些观测氮化合物通量的方法存在很大的缺陷和不合理性,为克服这些缺陷,目前已发展了许多新的方法技术,并在应用中得到了检验。

14.1　N_2O 原位观测方法

14.1.1　现行土壤 N_2O 通量测定方法的发展历程和缺陷

作为重要温室气体之一的 N_2O 主要来自土壤生物源。对这一微量气体的观测始于 20 世纪 70 年代。N_2O 通量的定义是单位面积、单位时间排放的 N_2O 的数量。田间观测时 N_2O 通量常用 $\mu g/(m^2 \cdot h)$ 表示。要得到不同面积和时间尺度 N_2O 的通量可根据田间观测得到的通量进行外推。一个区域或国家尺度 1 年的 N_2O 排放通量的单位常用 Gg($10^9 g$)或 Tg($10^{12} g$)来表示。

现行土壤 N_2O 排放通量通过以下两个步骤来完成:N_2O 气体的采集和 N_2O 浓度的分析,这两个步骤一般是分开进行的。土壤排放的 N_2O 气样的收集,曾用过许多方法。有人通过钢管插入不同深度的土壤取得 N_2O 样品,测定浓度后根据气体扩散理论计算土壤剖面 N_2O 排放通量(Albrech et al.,1970)。但这种方法遭到了质疑,因为土壤中气体通过扩散达到平衡很慢。从理论上讲,微气象技术(micrometeorological technique)应用于收集和测定 N_2O 是最合理的,因为该技术不扰乱土壤和大气环境。然而正如 Denmead(1979)所指出的,在地面以上 $1\sim4$ m 的高度,大气 N_2O 浓度差异只有零点几个 nL/L,这样的差异非现有 N_2O 分析仪器所能检测到。虽有人做过微气象技术测定土壤 N_2O 通量的试验(Mosier and Hutchinson,1981),但事后并未将其作为推荐方法使用。也有人用陷阱技术(trapping technique),即通过冷凝剂或吸附剂富集 N_2O,但因其不确定性达到 4%,相当于正常大气浓度 12 nL/L,该技术也未被广泛使用。最普遍的方法是土壤覆盖法(soil cover method),也称箱室法。土壤覆盖法一般用一个室或盒插入土壤表层 $4\sim5$ cm 覆盖在土壤表面,这种方法形式多种多样,所用材料更是种类繁多,目前室或盒主要用 PVC 板或 PVC 圆筒或不锈钢板、铝板加工制成。箱室法又可分为静态密闭箱法和动态密闭箱法。静态密闭箱法是用于田间人工采样和实验室分析分开的方法。动态密闭箱常与田间原位自动采样和探测器分析配合使用。静态密闭箱室法最大的优点是成本低,移动方便,最大的

缺点是改变了土壤和箱内的温度与土壤和大气间的气体扩散。因为采样和分析分开，带来了一系列问题，其中最大的问题就是采样频率太低，不能捕捉到土壤异质性和施肥不均引起的 N_2O 排放热点效应和土壤微生物活性不一致引起的热时效应。常规采样一般是在白天的 9：00～10：00 进行，而夜间不采样。这种采集样品的方法不包含时间变异性，不可避免地造成了结果的不确定性。关于静态密闭室箱法的优点和缺点早在 20 世纪 80 年代中期 Mosier 和 Heinemeyer（1985）就讨论过。Savage 等（2014）也对静态密闭箱室法的缺点做了严厉的批评。虽然缺陷明显，但相比之下，国际社会仍然普遍使用，要废弃静态密闭箱室法恐怕一时难以做到。

关于 N_2O 浓度测定技术，其所用的仪器设备至今都没超出红外光谱法（infrared spectrometry，IR）和气相色谱法（gas chromatography，GC）的范围。气相色谱仪与静态密闭箱室法配合成为目前最有效的分析 N_2O 的仪器和方法，这首先得益于专用于分析 N_2O 的气相色谱仪的不断改进和分析方法的进步，色谱填充柱的填充材料以 Porapak Q 代替了 Porasil，提高了 N_2O 与 CO_2 的分辨能力，使用电子捕获检测器（electron capture detector，ECD），大大提高了 N_2O 分析的灵敏度。另一重要的技术改进是 Mosier 和 Mack（1980）在气相色谱仪上安装了十通阀，设置了长 1 m 的前置柱和长 3 m 的分析柱，前置柱分离掉气样中的水蒸气和 CO_2，基本消除了 H_2O 和 CO_2 的干扰，分析精度大大提高，大气浓度 N_2O 的 10 个样品的平均分析精度为 1 nL/L。红外光谱仪作为一个检测器，主要用于现场原位自动采样分析。Denmead（1979）较早报告了田间 N_2O 原位测定时用红外光谱仪作检测器，然而由于当时红外光谱仪器的水平所限，测量灵敏度低，未能迅速发展。此后，由于红外光谱仪器的色散元件发展到光栅，之后又出现傅里叶变换红外光谱仪，特别是 10 多年来量子级联激光源与红外光谱仪的结合，使大气 N_2O 浓度的现场原位测定成为可能。

14.1.2　原位测定 N_2O 方法的新进展

虽然目前国内外对于土壤 N_2O 通量的测定方法、技术仍以静态密闭箱收集气样与配置 ECD 和十通阀的气相色谱仪配合的技术为主要手段，然而最近 10 多年来发展起来的各类激光源红外光谱与田间流动覆盖箱原位测定 N_2O、CH_4 等排放通量的新技术都已投入了实际应用，并确认了其应用的可能性。未来 N_2O 等温室气体通量的测定将革除现行方法的弊端而开创出一个崭新的局面。

Lebegue 等（2016）对多种激光源红外光谱仪与当前所用的高精度测定 N_2O 浓度气相色谱仪进行了实验室对比研究，其中参与比较研究的各类红外光谱仪有傅里叶变换红外光谱仪（Fourier transform infrared spectrometer，FTIS）、离轴积分腔输出光谱仪（off-axis integrated cavity out put spectroscopy，OA-ICOS）、共振腔环路衰减光谱仪（cavity ring-down spectroscopy，CRDS）、量子级联可调谐红外激光差分吸收光谱仪（quantum cascade tunable infrared laser differential absorption spectrometer，QC-TILDAS）、差频中红外激光类光谱仪（difference frequency generation based infrared spectrometer，DFG）。参与测试的傅里叶变换红外光谱仪和激光类红外光谱仪 10 min 时间段内测定 N_2O 浓度标准偏差均优于 0.1 nL/L，各类仪器测定 N_2O 浓度十天段平均漂移如下（表 14.1）。

表 14.1　不同 N_2O 分析仪漂移情况比较

红外光谱类型	十天段平均漂移/(nL/L)	最高漂移/(nL/L)
FTIR	0.12	0.23
CRDS	0.07	0.19
DFG	1.02	2.53
ICOS-SD	0.30	0.71
ICOS-EP38	0.76	1.62
ICOS-EP40	0.31	1.08
QC-TILDAS	0.12	0.16

注：引自 Lebegue 等（2016）；ICOS-SD 和 ICOS-EP38 及 ICOS-EP40 分别指标准型和增强型（优化腔体温度控制）。

　　这些新的光学技术因其分析精度很高，维护和运行费用低，不需要载气，Lebegue 等（2016）预言其有可能会取代过去 20 年广泛使用的气相色谱技术。傅里叶变换红外光谱仪、激光源红外光谱仪已成功地用于不同生态系统 N_2O 排放通量的原位测定。

　　Joly 等（2011）开发了一种基于 4.5 μm 的量子级联激光吸收光谱（quantum cascade laser absorption spectrometer，QCLAS）多用途大气 N_2O 传感器。该系统可部署在田间进行原位测定，可在不同环境下测定地面的 N_2O 浓度（图 14.1）。该系统具有许多特点：单色光发射，波长可调性高，激光线宽低于 10 MHz，输出功率为 10～100 MW，很适合于红外吸收光谱仪的气体浓度测量，而且靠近 4.5 μm 波长，对于 N_2O 有很强的转动振动跃迁，适合于对流层底部大气 N_2O 的原位测定。所用的 QCLAS 系统装载在一个带轮子不封闭的框架结构箱内（图 14.1）。顶部白色部分为光学系统，通过一个非球面的 Zn-Se 透镜收集激光束。反射光束与一个干涉仪配合。激光器可调范围为 2236～2239 cm^{-1}，对于 N_2O 测定所选择的吸收线为 2238.36 cm^{-1}，而对 CO_2 的吸收线为 2235.49 cm^{-1}，这样可大大减小 CO_2 的干扰。

图 14.1　适用于田间原位测定的 QCLAS 装置

引自 Joly 等（2011）

Mappé 等（2013）应用 QCLAS 系统在一个养猪场原位测定了 N_2O 和 CH_4 的排放通量。图 14.2 是 Mappé 等（2013）在养猪场应用 QCLAS 系统原位测定 N_2O 和 CH_4 排放通量的场景。左上角是装载在汽车上的 QCLAS 监测平台，现场正中下部是一个埋设在土壤表面的动态密闭箱，直径为 40 cm，高 25 cm，埋入土壤中 5 cm，通过连接动态密闭箱和 QCLAS 系统测量装置的抽气管，让气体在测量系统与动态密闭箱之间密闭循环。选择在波长 4.5 μm 检测 N_2O；在波长 7.9 μm 同时测定 N_2O 和 CH_4。测定时吸收光程为 76 m，温度为 300 K（热力学温度单位，相当于约 26.9℃），压力为 50 mbar（1mbar = 100 Pa），为稳定气样和激光部件的温度，配备了恒温系统 [（25±0.05）℃]，可减少由于环境温度变化而引起的光谱信号漂移。吸收池的压力由压力传感器控制 [（60±0.03）mbar]，进入吸收池内的气体流量控制在 0.5 L/s，由一个可以控制流速的气泵来操作。

图 14.2　在养猪场应用 QCLAS 系统原位测定 N_2O 和 CH_4 排放通量场景

引自 Mappé 等（2013）

Savage 等（2014）应用 QCLAS 系统原位测定了森林湿地和农田生态系统的 N_2O、CH_4 和 CO_2。他们设计了一个原位自动采样的流动密闭室，并以人工采样的静态密闭室作为辅助，对两者原位布设做了周密的考虑，试图通过田间原位高频率采样尽可能消除时间变异和捕捉到 N_2O 排放的热时效应。热时效应指土壤环境或气候条件变化和田间管理措施介入诱发的微生物活动的瞬时变化对 N_2O 产生和消耗的影响。并通过自动密闭箱和静态密闭箱的双重设置，尽可能减少土壤异质性或施肥不均匀等引起的空间变异来捕捉到 N_2O 排放的热点。在根据现场原位观测得到的 N_2O 通量数值外推到大尺度排放通量时，可大大减少不确定性。

Savage 等（2014）设计的流动密闭室与其他学者设计的基本类似，分顶部气室即顶部空间和埋入表层 5 cm 支持气室的套管（collars）以及底座两部分，所用材料为 PVC 圆筒，顶部气室与底座用槽形铝条连接。不锈钢凹型锁用于室顶部和分析器的连接。密闭流动室至分析器的气流进入和回流通过自动阀控制。由泵控制从密闭室至 QCLAS 检测器的气样流速为 0.8 L/min。CO_2 和 N_2O、CH_4 用不同的检测器分析，CO_2 用红外气体分析器（IRGA）分析，N_2O 和 CH_4 用 QCLAS 系统分析。激光器由热电冷却器（thermoelectric cooler，TEC）冷至 32℃，压力为 40 Torr（1Torr=133.3Pa）。对于 3 种气体的测量密闭箱只需覆盖 5 s 或更短的时间，能以每秒 10 次以上的频率测量 N_2O、CH_4。得到的检测灵敏度 N_2O 为 0.3 nL/L，CH_4 为 0.5 nL/L，测量精度 N_2O 为 0.04 nL/L，CH_4 为 0.26～0.31 nL/L。在农田土壤中捕捉到了 N_2O 排放的"热点"和 N_2O、CH_4 排放对降水的短暂响应。

Guimbaud 等（2011）采用一种轻便的红外激光光谱仪（法文简称 SPIRI），研究了陆地-水体-大气界面 N_2O、CH_4 的交换机制。他们认为，SPIRI 是新的红外光谱技术与新的激光技术的结合，能简易、灵敏、准确地应用于各种生态系统 N_2O、CH_4 排放通量的原位观测。其最突出的优点一是有很高的光谱分辨能力（$<1.5\times10^{-4}$ cm^{-1}）；二是有斯特林循环（Stirling cycle）冷却器，QCL 系统可在接近室温的条件下工作，而且省掉了液氮；三是具有多通路的光吸收池（optical cell）。此外还具有整体仪器设备装有轮子可移动的优点，总体重量约 100 kg。将它与动态密闭箱组合，原位测定了泥炭地、施肥农田和水体生态系统 N_2O、CH_4 的排放通量。动态密闭箱的顶部空间通过 Teflon 管与 SPIRI 的激光池连接，动态进气量为 3 L/min，10 次平均测量精度优于 1%，泥炭地由于植物的影响，个别结果测量精度只有 10%。对于河湖水体，采用动态密闭箱加上一个漂浮带，使之浮在水面上，并有足够的顶部空间。

Xiang 等（2013）通过将 QCLAS 系统搭载在 P-3 飞机上，从空中采样自动分析大气 N_2O 的浓度，研究了美国加利福尼亚州中部谷地农业中心地区 N_2O 的排放通量。N_2O 实时测量频率是 1 Hz（周/s），测量精度为 0.09 nL/L，准确度为 0.3 nL/L。他们研究得到了 5～6 月作物生长盛期，施肥等人为管理活动频繁时，N_2O 排放通量要比 N_2O 排放清单方法得出的结果高出 3～4 倍的结论。加利福尼亚州 2009 年的 N_2O 排放量为（0.042±0.011）Tg，也比 N_2O 排放清单方法得到的数值高 1~2 倍，由此得出农业活动是加利福尼亚州 N_2O 最大排放源的结论。

最近十多年，N_2O 研究越来越突出对现有通量观测技术的革新，通量数据的整合分析及模型模拟的动态预测，更着重关注多生态系统转变及大时空尺度间 N_2O 排放的变化规律和格局。随着研究需求和科学技术的进步，地基各类激光源红外光谱观测技术和空基温室气体遥感反演技术（如我国随 FY-3D 卫星搭载的高光谱温室气体监测仪）的新发展在 N_2O 源汇研究中也发挥着越来越重要的作用。

此外，Erler 等（2015）应用一种叫作 i N_2O 同位素分析和一组采集水体 N_2O 气样的装置（图 14.3）原位测定了水体 N_2O 通量，i N_2O 同位素分析实际上是 CRDS 的一种。实现了 N_2O 通量监测和同位素组成分析溯源的结合。

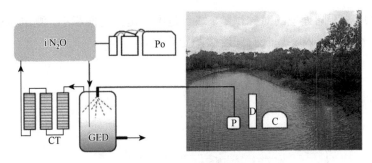

图 14.3　N₂O 抽取及 N₂O 浓度和 δ^{15}N-N₂O 值测定的现场部署

引自 Erler 等（2015）。i N₂O-测定 N₂O 浓度和 δ^{15}N 值的激光光谱体系；Po-动力系统；CT-化学阱；GED-水喷头型气体平衡设备；P-抽水泵；D-水温度、盐度、水深和溶解氧测量记录器；C-流量计

14.2　NH₃ 挥发原位观测方法

14.2.1　现行 NH₃ 挥发测定方法概述

农田中 NH₃ 挥发受到关注的原因有两个：其一，农田 NH₃ 挥发是农业中氮素损失的主要途径之一，在施用氮肥的石灰性土壤和稻田土壤中尤为严重。其二，排放到大气的 NH₃ 及其后续的循环过程会对环境产生重要的影响。地表排放到大气的 NH₃ 可作为干湿沉降的重要组分重返陆地和水体，对陆地和水体生态系统产生不良影响。进入大气的 NH₃ 与酸根离子反应形成的硫酸盐和硝酸盐等成为气溶胶的组分，危及大气质量和人体健康。进入大气的 NH₃ 又与 CH₄ 竞争羟基（OH），减缓 CH₄ 氧化，助推温室效应。因此，观测农田 NH₃ 挥发通量的方法备受关注。目前已有许多田间观测 NH₃ 浓度的方法被发表，通常把它们概括为两类：一是箱室法，二是微气象法。Bai 等（2014）也对测量 NH₃ 挥发的方法做了相同分类，他们把风洞（wind tunnel）法、质量平衡法（mass-balance method）、空气动力通量梯度法（aerodynamic flux-gradient method）、集成水平通量（integrated horizontal flux）法和涡流通量法（eddy-flux method）都归属于微气象法。也有人把 NH₃ 挥发测定方法分为间接法（土壤平衡法）和直接法（箱室法和微气象法）两类（王朝辉等，2002）。这些方法各有应用价值。箱室法一般用于小面积的小区试验，可作为不同处理的相对比较。各类微气象法可作为较大时间和空间尺度 NH₃ 排放通量的观测。

现将 20 世纪 80 年代以来我国学者常用的测定农田 NH₃ 挥发的方法做一简要叙述。根据当前国内学者发表的关于农田 NH₃ 挥发的观测论文和报告，所用方法可归纳为两种，一为箱室法，二为广义的微气象法（Denmead，1983）。箱室法又可分为两种，一是以 Kissel 等（1977）的设计为基础，根据各自研究需要略做修改的抽气法，通气由可控通气速率的抽气泵执行，以此来模拟自然条件下的气体交换，并辅以硼酸阱吸收气体，而 NH₄⁺ 浓度通过化学方法测定，在稻田施肥后的 NH₃ 挥发测定中多见。二是通气法（王朝辉等，2002），空气可自然流通，一般以浸泡过磷酸的海绵塑料作为 NH₃ 吸收剂，NH₄⁺ 的浓度通过化学方法测定，一般在旱作农田氨挥发测定中多见（图 14.4 和图 14.5）。这两种方法以低成本、简便等优点适用于不同处理的对比试验。缺点是由于覆盖的面积小，测定结果空间变异性大，受植物生长影响以及实现长时间连续测定难度较大等。

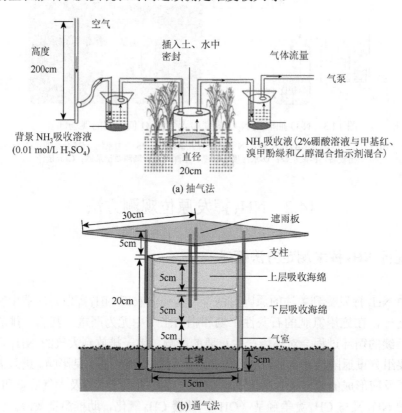

(a) 抽气法

(b) 通气法

图 14.4　抽气法和通气法示意图

（a）图引自 Zhao et al.（2016），略作改动；（b）图由西北农林科技大学王林权教授提供

(a) 抽气法　　　　　　　　　　(b) 通气法

图 14.5　抽气法和通气法田间观测场景

（a）图拍摄于江苏常熟农田生态系统国家野外科学观测研究站宜兴面源污染防控技术研发与示范基地；
（b）图拍摄于西北农林科技大学农场

　　20 世纪后期以来，简化的微气象法用于大面积测定施肥农田的 NH_3 挥发通量，在我国不同区域的施肥农田有广泛应用（图 14.6），如长江流域的苏南稻田（蔡贵信等，1985）、江西红壤区稻田（Cai et al.，1992）、华北平原农田（Cai et al.，1998；Pacholski et al.，2008；张玉铭等，2005）。

图 14.6　微气象法田间观测场景

上图引自 Pacholski 等（2008），图中 MET 为气象站，IHF 指集成水平通量法，不同高度迎风采样器放置于观测区域中心位置（L）或周边（S）的竖杆杆；下面照片由中国科学院南京土壤研究所田玉华和周伟博士提供，地点为江苏常熟农田生态系统国家野外科学观测研究站本部

　　李贵桐等（2001）应用波文比法（Bowen ratio-energy balance）在华北平原旱作农田进行了施肥后 NH_3 挥发的观测。波文比法测定 NH_3 挥发的原理是梯度扩散法中的能量平衡，从广义上讲也可属于微气象法。微气象法不干扰土壤-作物体系，需要在不小于 1 hm^2 的大面积农田使用，应该说是目前准确测定农田 NH_3 挥发通量的公认方法。但该方法受制于气象条件，要求取得精确的气象学参数及获得这些参数的精密仪器设备和元器件，也不适合通常处理对比的小区试验研究。

　　田玉华等（2019a，2019b）曾利用抽气法、通气法及微气象法在同一块稻田开展 NH_3 挥发的结果比较研究，认为微气象法仍是获得农田准确 NH_3 排放通量的参比方法，抽气法虽适合南方淹水稻田 NH_3 挥发的测定，但应特别注意每天测定时间以及换抽气的频率问题，减少人为操作对实验结果的干扰。此外，也应注意植物生长冠层的 NH_3 截留或排放的影响。

14.2.2 原位测定 NH₃ 挥发的红外光声光谱法

何谓"光声光谱"？根据朱良漪等（1997）的论述，做如下简要叙述：经调制的光辐射透过窗口射进光声池，气体样品吸收光辐射的能量后，以非活化的辐射跃迁过程将这种能量转化为热能，这就产生了与调制光频率相同的热效应，由此形成热波。根据热源产生声波的原理，周期性的热波使光声池的气体产生振动，形成声（音）波，通过波音器接收这种声（音）波，转为电信号，经前置放大器放大传送到检测设备，即获得了气体样品的光声光谱。

20 世纪 80 年代以来，研制出了多种光声光谱仪，如傅里叶红外光声光谱仪、可调节激光红外光声光谱仪等。这些技术已应用于农业领域 NH₃ 以及 NH₃、N₂O、CH₄、CO₂ 的同时测定。自 20 世纪 90 年代以来，已发表许多方法应用的论文和报告。按其样品收集方式，大体可分为三类：第一类，以傅里叶变换红外光声光谱仪作为检测器，与田间密闭室组合的人工采样；第二类，光声探测器进入田间与动态密闭室通过管道连接，动态室由泵带入大气，把样品输送到光声池区，原位测定 NH₃ 或 N₂O、CH₄、CO₂ 等气体；第三类，样品收集不采用箱式，而是敞开收集气体，现场检测 NH₃ 或 N₂O 等的浓度。现就这三类观测技术的应用各举一例。

1. 傅里叶变换红外光声光谱法测定 NH₃ 挥发

Du 等（2015）以傅里叶变换红外光声光谱仪作为检测器，结合土壤覆盖箱在我国华北平原封丘的石灰性农田土壤测量施肥后的挥发 NH₃ 浓度。NH₃ 浓度在波数为 850～1200 cm⁻¹ 的吸收带测定。这一方法中他们使用的收集 NH₃ 样品的土壤覆盖箱很简便（图 14.7）。NH₃ 浓度是由光声光谱仪测定的，免除了化学分析。为减少空间变异性，可在田间增加土壤覆盖箱的数量。

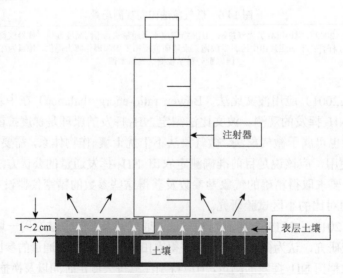

图 14.7　测定挥发 NH₃ 的土壤覆盖箱

引自 Du 等（2015）。土壤覆盖箱顶部空间为 1～2 cm，顶部插入了一个 100 mL 体积的塑料注射器，用于采集气样

光声光谱仪的扫描选择在 500～4000 cm^{-1} 波段，分辨率为 4 cm^{-1}，反射镜的周转速率为 0.32 cm^{-1}。经不同 NH_3 浓度的试验测试，在 250～1200 cm^{-1} 区域有两个典型吸收带（850～1000 cm^{-1}、1000～1200 cm^{-1}），没有出现其他气体成分的干扰。该方法虽不能称为是严格意义上的原位测定，但较目前国内普遍使用的通过箱室收集 NH_3 后再通过化学分析测定的做法已有很大的进步。

2. 红外光声光谱仪与田间自动采样室配合同时测定 NH_3、N_2O 和 CO_2

Adviento-Borbe 等（2010）利用红外光声光谱仪与一个自动采集气样的流动通气室配合，在美国宾夕法尼亚大学的试验场原位测定了一个玉米-紫花苜蓿长期轮作施用化学氮肥和厩肥处理的 NH_3、N_2O、CO_2 的排放通量。流动室高 9 cm，埋入土壤 5 cm，通过管道与红外光声光谱仪检测器连接，室内的气流通过气泵来执行，气流量为 1.8 L/min，采样测量联机自动进行。测量时，样品室每隔 2 s 盖上盖子停留 14 s。进入检测器的气样通过连接管可回到样品室，这样可不改变其他待测气体的浓度。

3. 敞开式傅里叶变换红外光谱技术测定农田 NH_3、N_2O

Bai 等（2014）用敞开收集方式（open-path）的傅里叶变换红外光谱仪结合反向拉格朗日随机扩散模型（backward Lagrangian stochastic dispersion model，BLS model）在澳大利亚维多利亚州施用化学肥料和厩肥的农田原位测定了 NH_3 和 N_2O。观测光谱系统设置在农场的一个 243 m×192 m 围场（paddock）的中央，高出地面 1.2 m，反射器（reflector）距观测系统 98 m。从 2013 年 4 月 11 至 5 月 31 日，每隔 3 s 连续测定 NH_3 和 N_2O。同时设置了一些气象观测记录设备，记录各种气象数据，如风速、风向和大气温度等。通过全球定位系统来协同，用 BLS model 和高分辨率传输分子吸收库的数据作图，得到拟合谱，测量通路中 NH_3、N_2O 浓度范围来自拟合好的计算谱。另外，在围场以外的上风方向取样，取得了 NH_3 和 N_2O 的空气背景浓度，分别为（1.87±0.09）nL/L 和（350±18）nL/L，作为试验期间的背景值。他们认为，傅里叶变换红外光声光谱仪与反向拉格朗日随机扩散模型相结合，是一个适合于同时测量施肥农田 NH_3、N_2O 的很好途径，可连续测量 NH_3 和 N_2O 的数据，消除了用密闭静态箱或其他技术收集的氮损失数据的偏差。而且这个方法不扰动土壤环境，减少了收集和存放样品所造成的误差，是颇具代表性的定量农田系统气态活性氮损失的方法。

14.2.3 量子级联激光红外光谱法测量地面大气 NH_3 浓度

应用量子级联激光红外光谱法原位测定 NH_3 浓度已被学者研究（Whitehead et al.，2008；McManus et al.，2008；Ellis et al.，2010）。虽然这些研究所采用的探测器很先进，灵敏度也很高，但是样品收集仍采用箱室法，限制了精密度和响应时间并涉及很复杂的校正方法。此外，这些设备重量大于 100 kg，还需要抽气泵和温控系统，设备过于庞大笨重。

Miller 等（2014）设计了一种敞开采集大气样品的系统。他们用于观测大气 NH_3 的量子级联激光光谱仪采用中红外波段（9.06 μm），不仅分辨率高、灵敏度高，而且重量轻巧，只有 5 kg，耗电约 5 W。该仪器配置了一个乙烯参比池，为田间迅速改变的环境条件而引起的测量信号漂移提供校正和规范化（图 14.8）。

图 14.8　敞开采样的大气 NH$_3$ 传感器

引自 Miller 等（2014）

这个测量系统的最大特点是革除采样室，自动敞开采样，大大降低了田间 NH$_3$ 浓度原位测量的不确定性，具有 NH$_3$ 排放源鉴别的能力。

14.2.4　人造卫星搭载红外光谱仪空基测量大气 NH$_3$ 浓度

由于全球活化氮的快速增长，由地表排放到大气的 NH$_3$ 也大量增加，与工业化前相比，增加了 1 倍多。然而，由于缺乏有效的观测手段，对全球 NH$_3$ 收支估算的不确定性达 50%（Galloway et al.，2004）。在美国的某些地区，大气微粒中(NH$_4$)$_2$SO$_4$ 和 NH$_4$NO$_3$分别占 60% 和 40%（Malm et al.，2004）。随着 PM$_{2.5}$ 对人体健康影响的知识日益普及，许多国家包括我国已把大气 PM$_{2.5}$ 的数值作为空气质量的重要指标进行每天预报。因此，通过搭载在人造卫星上的各类红外光谱仪从空基观测大气 NH$_3$ 浓度的区域性和全球性研究也已经开展起来。现就相关研究举例说明。

Beer 等（2008）利用 EOS-AURA 号人造卫星搭载的对流层发射光谱仪（tropospheric emission spectrometer，TES）在 2007 年 6 月至 7 月观测比较了中国北京及附近地区（天津、沧州）和美国圣迭戈低层大气（<25 km）中的 NH$_3$ 浓度变化。研究发现两个地区温度和地形相似，但北京及附近地区（天津、沧州）大气中 NH$_3$ 浓度范围为 5～25 nL/L，而圣迭戈为 3～5 nL/L。这是世界上首次从天底视场利用遥感探测大气 NH$_3$ 的研究报道。他们也同时强调了未来全球视野下大气 NH$_3$ 浓度时空变异研究的重要性，这对于大气污染防控具有重要意义。

Clarisse 等（2009）通过搭载在人造卫星上的红外大气探测干涉仪（infrared atmospheric sounding interferometer，IASI）观测了全球 NH$_3$ 的分布，绘制了 2008 年全球空间 NH$_3$ 浓度图，验证了横穿全球中低纬度的 NH$_3$ 浓度"热点"，发现人造卫星测量与全球大气化学传输模型模拟计算结果高度一致。但卫星测量结果表明，30°N 有高的 NH$_3$ 浓度，认为在北半球 NH$_3$ 的浓度被大大低估。

Pinder 等（2011）在美国北卡罗来纳州东部用人造卫星搭载红外光谱探测器得到的大

气 NH$_3$ 浓度和该州的大气 NH$_3$ 原位观测网络数据结合，研究了该地区大气 NH$_3$ 的季节性变异和 10 km 内不同数量动物饲养场 NH$_3$ 排放的空间变异。空基观测（space-based observation）和地基观测（in-situ observation）都一致地分辨出大气 NH$_3$ 浓度的季节和空间变异规律，证明空基观测对于了解一个区域大气 NH$_3$ 浓度的时空变异是一个有用的工具。

Warner 等（2016）利用搭载在 AQUA 卫星上的大气红外探测器（atmospheric infrared sounder，AIRS），从 2002 年 9 月至 2015 年 8 月进行了长达 13 年的全球大气 NH$_3$ 分布的测量。大气红外探测器每天覆盖全球两次，而且在中午穿行赤道。高的表面温度和高的热差（thermal contrast）有利于提高 NH$_3$ 测量的灵敏度。大气红外探测器是光栅光谱计，包括 2378 个通道，范围在 650～2670 cm^{-1}（15.3～3.8 μm），光谱分辨能力达 1200 级。该项研究收集到了全球 NH$_3$ 分布的许多重要信息，首先得到的是主要源的位置及其空间和时间变异。大气红外探测器不仅能捕获到高的生物量燃烧排放，如俄罗斯、美国（阿拉斯加）、南美、非洲和印度尼西亚，而且观测到在各重要河谷流域农业区 NH$_3$ 的高浓度排放，如美国加利福尼亚州的圣华金河谷（San Joaquin）、意大利的波河流域（Po Valley）、乌兹别克斯坦的费尔干纳盆地（Fergana Valley）和中国的四川盆地，甚至观测到全球许多地区的动物饲养和农业生产活动引起的高浓度 NH$_3$ 排放，如阿塞拜疆、埃及的尼罗河沿岸及尼罗河三角洲、美国中西部及北卡罗来纳州、西班牙的东部海岸、荷兰、非洲的莫桑比克、埃塞俄比亚，以及南亚印度恒河地区。大气红外探测器在我国的观测也显示了很高的分辨率，如中东部和四川盆地是我国的主要集约农业区和饲养动物发达区，有很高的大气 NH$_3$ 浓度。在北半球发现了大气 NH$_3$ 浓度的季节性变化规律，春季和夏季（4～7 月）大气 NH$_3$ 浓度高，冬季（11 月到下一年的 1 月）最低；而南半球大气 NH$_3$ 浓度则在 9 月最高。

14.3　农田土壤淋溶和径流氮原位测定的某些改进

农田土壤淋溶和径流氮都随浅层地下水和地表径流迁移到水体，这不仅是农业中氮素损失的重要途径之一，而且对水体生态环境和人类健康产生重大影响。长期以来，虽然已对农田淋溶和径流氮的通量进行过许多原位观测，积累了很多数据，但存在很大不确定性。主要原因是现有原位观测方法存在局限性，其中最主要的是难以获得计算两者通量的主要水量参数。在研究农田土壤 NO$_3^-$ 淋溶时，虽然得到了淋出液中 NO$_3^-$ 的浓度，但缺乏土壤渗漏水量数据，只能给出淋溶出的 NO$_3^-$ 浓度，而不能计算 NO$_3^-$ 淋出通量。同样，当得到了农田径流氮浓度时，由于缺乏农田排水（径流）量的可靠数据，也只能给出每次农田径流中氮的浓度，无法计算径流氮的通量。要计算出淋溶氮通量和径流氮通量也只能引用前人已发表流失水量数据作计算参数，或通过水量平衡法粗略计算。须知，不同土壤渗漏水量是不同的，而且目前测量土壤渗漏水量的方法除原状土柱渗漏池得到的结果可信度较高外，其他方法都不太可靠。径流水量存在较大的时间、空间异质性，不同农地（水田、旱地）、不同季节（稻季、麦季）、不同年份降水量都存在较大差异，这就导致 NO$_3^-$ 淋溶通量和农田径流氮通量存在较大的不确定性。因此，这里主张实时实地测定渗漏水量和径流水量，当一个区域积累了大量数据后，再通过数学模型方法得到一个合理的适宜区域范围的数值。所以，笔者在江苏常熟农田生态系统国家野外科学观测研究站宜兴面源污染防控技术研发与示范基地定点研究农田氮循环的长期试验中，对水旱轮作农田土壤渗漏水量和径流水量的测定方法进行了一些改进。

14.3.1　氮素径流量监测

为了得到比较准确的稻麦轮作稻田排出的水量（径流量），做了如下考虑：首先把稻季和麦季分开。稻季比较复杂，进入稻田的水有灌溉水和自然降水，且当地水稻生长季有多次排水，每次排水的理由不同，有水稻生长中期的烤田排水、成熟后期的落干排水、直播稻播种排水、整地施肥后播种前的排水及强降雨后超过设定的田面水高度的自动排水（径流）。为了分别计量灌溉水量、降水量，以及灌溉水、降水带入的氮量，必须分开计量排出的水量和不同排出水的氮浓度。因此，做了如下设计：在试验区设置了流量计，安装在总排水渠的出水口，用以计量每次人为排水或降水的总排水量。田块的进出水量按面积分摊计量灌溉水量和径流水量，试验小区排水量也按小区面积分摊计量。若有必要也可在小区设置流量计，精确计量小区排出的水量。排水采样分析氮含量，可以计算出排出水（径流）带出的氮量。以 2007 年稻季为例，不同施氮量、不同排水理由排水带走的氮量如表 14.2 所示。

表 14.2　稻季不同施氮量、不同排水理由排水带走的氮量及占排出总量的百分数

田块号*	施入氮量 /(kg/hm²)	排出总氮量 /(kg/hm²)	不同排水理由排水带走的氮量及占排出总量的百分数					
			直播稻播种排水		中期烤田排水		降水径流	
			氮量 /(kg/hm²)	百分数/%	氮量 /(kg/hm²)	百分数/%	氮量 /(kg/hm²)	百分数/%
1	300	17.18	6.83	39.76	4.74	27.42	5.61	32.65
2	200	13.37	2.18	16.27	5.01	37.43	6.18	46.22
3	0	6.81	0.27	3.96	3.72	54.62	2.82	41.41
4	100	8.00	1.43	17.88	2.10	26.25	4.47	55.88

*田块面积为 1～2 亩。

也可以在观测农田进水口设置流量计，结合每次采集的灌溉水样品分析氮浓度，计算出通过灌溉输入农田的氮量。结合试验区设立的长期大气干湿沉降观测体系，也可以计算得到另外一个环境氮来源途径——大气干湿沉降氮的数量。

为满足不同试验小区随径流带走氮量的测定，可在小区排水沟一侧设置两种不同高度的 PVC 排水管。对于长江中下游平原稻田，根据当地耕作管理习惯，稻季排水管入口高度可设置在地表以上 5～10 cm，当降雨导致田面水超过这一高度时可视为稻田降水径流。

由于南方大部分处于热带亚热带地区，有较多冬季降水，越冬旱作季往往需要开沟排涝（图 14.9），防止作物渍害。因此，冬作季排水管须设置为与小区内的排水沟底部等高，一般为地表下 15 cm 左右，可保证旱作季雨水产流外排。这一管道设计同时也可用于稻季人工烤田排水、收获排水等径流观测。排水管出口接向下的弯头，用以采集排出水样，供采样分析氮含量用（图 14.10）。

图 14.9　长江中下游稻麦轮作区农田越冬旱作季开沟排涝景观

照片拍自江苏常熟农田生态系统国家野外科学观测研究站宜兴面源污染防控技术研发与示范基地

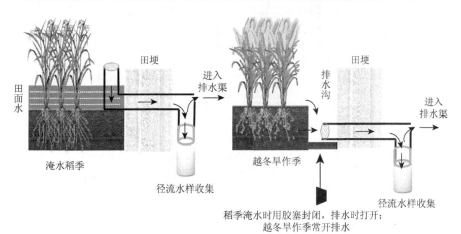

图 14.10　小区径流管设计及径流水量监测设置示意

根据 Zhao 等（2012a，2012b）绘图；照片拍自江苏常熟农田生态系统国家野外科学观测研究站宜兴面源污染防控技术研发与示范基地

为了使各小区埋设在田埂上的排水管不致下陷，一直保持同一高度，在埋设处按统一高度用混凝土和砖头打基础，然后安放排水管。排水管具体高度根据当地农田习惯水分管理调整。

14.3.2 氮素淋溶量监测

要计算出一个试验区淋溶氮（NO_3^-）的通量，必须有两个基本参数，一是淋出水中氮的浓度，二是渗漏水量。

对于长江中下游稻田土壤淋溶氮浓度变化的监测，通常采用土壤剖面不同深度埋管法（图 14.11）。在水稻季可以定期采集土壤溶液，在越冬旱作季则可根据降水情况在雨后采集土壤渗漏液，再根据氮浓度分析了解作物生长季土壤不同深度淋溶氮浓度的变化规律。

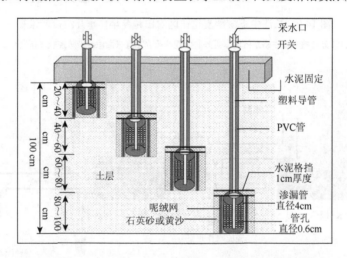

图 14.11　土壤不同深度淋溶液采集

引自 Zhao 等（2012a）；照片拍自江苏常熟农田生态系统国家野外科学观测研究站宜兴面源污染防控技术研发与示范基地

渗漏水量的直接定量在水旱轮作稻田不同作物季方法不同。

对于水稻季，由于水稻土的特性以及长期保持田面水层，可以认为水分向下渗漏是相对均衡的，可以通过田面水土壤下渗速率进行测算。Zhao 等（2012a）曾根据菲律宾水稻所（IRRI，1987）设计的渗漏仪（percolation meter），重新优化设计了一套测定水稻生长季土壤渗漏水量的装置（图 14.12）。这个装置的优点是可以避免农田蒸散作用导致的水量损失，将水分渗漏速率直接反映在刻度管上。在江苏常熟农田生态系统国家野外科学观测研究站宜兴面源污染防控技术研发与示范基地湖积物母质发育的水稻土上的实测结果显示，水分渗漏速率平均值为 2 mm/d，低于通常被引用的苏南稻田水稻季的水分渗漏速率值（3～5 mm/d），表明不同土壤水分渗漏速率不同。这一方法相对于传统水量平衡法估算渗漏水量，所需观测的参数较少，更加简便、直观。

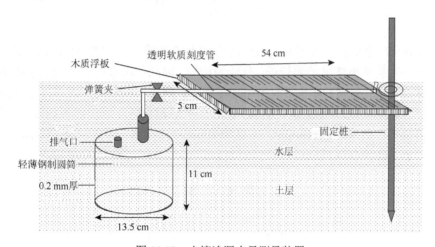

图 14.12　土壤渗漏水量测量装置

稻田越冬旱作季雨水充沛，无灌溉，土壤渗漏主要源于自然降水，且变异很大。传统的淋溶盘等主动收集装置往往无法满足雨水较多时渗漏水量大的需求。为了直接得到越冬作物生长季土壤渗漏速率的参数，Zhao 等（2012a）设计了一种原状土柱来直接定量的方法（图 14.13）。该方法要求取研究区典型土壤原状土柱，具体深度可根据当地地下水位波动确定。之后移至一个地方统一排列。土柱取出后，底部装上石英砂，作为储水层，底部石英砂层有渗水管和补水管接头，每个土柱的一侧设置带刻度的补水管，补水管与土柱底部石英砂层连接（图 14.13）。补水管的作用是不断补充因土柱内土壤蒸发和冬季作物蒸腾而损失的土壤水分，即起到了不下雨时土柱内的土体与大田土体一样，不断地得到"地下水"（上升水）补给，使土柱常年保持与大田土体一样的水分，也可以防止土体干燥收缩而与管壁分离。在土柱内采取与田间一致的耕种和水肥管理方式，同时在土柱上方设置相应的径流排水口。这些做法能保证下雨后土柱下部直接收集的渗漏水量与大田的渗水漏量近似保持一致。

依据不同深度土层氮浓度及渗漏计或原状土柱实测渗漏水量，即可进行水旱轮作农田渗漏氮量的估算。需要指出的是，上述稻田淋溶氮的测定方法目前还存在一些缺陷，如

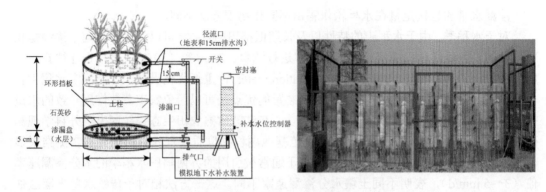

图 14.13　测定旱作季土壤渗漏水量的原状土柱体系

引自 Zhao 等（2012a）；照片拍摄于 2013 年江苏常熟农田生态系统国家野外科学观测研究站宜兴面源污染防控技术研发与示范基地

究竟以多深的土层来定义淋溶氮损失仍然是个问题。根据多年的观测，淹水稻田 40～100 cm 土壤剖面水稻生长季氮浓度普遍较低，且较为均匀，因此在犁底层以下无论按照多深的土层来计算淋溶氮量，差别并不大。对于越冬旱作季，则要依据研究区农田地下水位的实际情况来进行界定淋溶氮。Zhao 等（2012a）在太湖平原稻麦轮作农田的长期监测结果显示，周年氮淋溶量平均值低于 10 kg/hm^2，不足径流氮损失的 1/5。因此，该区域中的氮素水体污染阻控应更关注控制随地表径流损失的氮素。

参 考 文 献

蔡贵信，朱兆良，朱宗武，等. 1985. 水稻田中碳铵和尿素的氮素损失的研究. 土壤，7：25-229.

李贵桐，李保国，陈德立. 2001. 利用 Bowen 比仪测定大面积农田土壤氨挥发的方法研究. 中国农业大学学报，6（2）：56-62.

王朝辉，刘学军，巨晓棠，等. 2002. 田间土壤氨挥发的原位测定——通气法. 植物营养与肥料学报，8（2）：205-209.

田玉华，曾科，姚元林，等. 2019a. 基于不同监测方法的太湖地区水稻穗肥期氨排放研究. 土壤学报，56（3）：693-702.

田玉华，曾科，尹斌. 2019b. 基于不同监测方法的太湖地区稻田基蘖肥期氨排放研究. 土壤学报，56（5）：1180-1189.

张玉铭，胡春胜，黄文旭. 2005. 华北太行山前平原农田氨挥发损失. 植物营养与肥料学报，11（3）：417-419.

朱良漪，孙亦梁，陈耕燕. 1997. 分析仪器手册. 北京：化学工业出版社：256-261.

Adviento-Borbe M A，Kaye J P，Bruns M A，et al. 2010. Soil greenhouse gas and ammonia emissions in long-term maize-based cropping systems. Science Society of America Journal. 74（5）：1623-1634.

Albrech B，Junge C，Zakosek H. 1970. Der N$_2$O-Gehalt der Bodenluft in drei Bodenprofilen. Journal of Plant Nutrition and Soil Science，125（3）：205-211.

Bai M，Suter H，Lam S K，et al. 2014. Use of open-path FTIR and inverse dispersion technique to quantify gaseous nitrogen loss from an intensive vegetable production site. Atmosphere Environment，94：687-691.

Beer R，Shepard M W，Kulawik S S，et al. 2008. First satellite observations of lower tropospheric ammonia and methanol. Geophysical Research Letters，35：L09801.

Cai G X，Peng G H，Wang X Z，et al. 1992. Ammonia volatilization from urea applied to acid paddy soil in southern China and its control. Pedosphere，2（4）：345-354.

Cai G X，Fan X H，Yang Z，et al. 1998. Gaseous loss of nitrogen from fertilizers applied to wheat growing on a calcareous soil in North China Plain. Pedosphere，8（1）：45-52.

Clarisse L，Clerbaux C，Dentener F J，et al. 2009. Global ammonia distribution derived from infrared satellite observations. Nature

Geoscience，2（7）：479-483.

Denmead O T. 1979. Chamber systems for measuring of nitrous oxide emission from soils in the field. Science Society of America Journal，43（1）：89-95.

Denmead O T. 1983. Micro-meteorological methods for measuring gaseous losses of nitrogen in the field// Freney J R，Simpson J R. Gaseous loss of nitrogen from plant-soil systems. Developments in Plant and Soil Sciences：133-158

Du C W，Wang J，Zhou Z J，et al. 2015. In situ measurement of ammonia concentration in soil headspace using fourier transform mid-infrared photoacoustic spectroscopy. Pedosphere，25（4）：605-612.

Ellis R A，Murphy J G，Pattey E，et al. 2010. Characterizing a quantum cascade tunable infrared laser differential absorption spectrometer（QCTILDAS）for measurements of atmospheric ammonia. Atmospheric Measurement Techniques，3（2）：397-406.

Erler D V，Duncan T M，Murray R，et al. 2015. Applying cavity ring-down spectroscopy for the measurement of dissolved nitrous oxide concentration and bulk nitrogen isotopic composition in aquatic systems：Correcting interferences and field application. Limnology and Oceanography：Methods，13（8）：391-401.

Galloway J N，Dentener F J. Capone D G，et al. 2004. Nitrogen cycles：Past，Present，and Future. Biogeochemistry，70（2）：153-226.

Guimbaud C，Catorie V，Gogo S，et al. 2011. A portable infrared laser spectrometer for flux measurements of trace gases at the geosphere-atmosphere interface. Measurement Science and Technology，27（7）：1-17.

IRRI（International Rice Research Institute）. 1987. Physical measurements in flooded rice soil. The Japanese Methodologies：42-44.

Joly L，Decarpenteric T，Dumetie N，et al. 2011. Development of a versatile atmospheric N_2O sensor based on quantum cascade laser technology at 4.5 μm. Applied Physics B，103（3）：717-723.

Kissel D E，Brewer H L，Arkin G F. 1977. Design and test of a field sampler for ammonia volatilization. Soil Science Society of America Journal，41（6）：1131-1138.

Lebegue B，Schmidt M，Ramoner M，et al. 2016. Comparison of nitrous oxide（N_2O）analyzers for high-precision measurements of atmospheric mole fractions. Atmospheric Measurement Techniques，9（3）：1221-1238.

Malm W C，Schichtel B A，Pitchford M L，et al. 2004. Spatial and monthly trends in speciated fine particle concentration in the United States. Journal of Geophysical Research，109：D03306.

Mappé I，Joly L，Durry G，et al. 2013. A quantum cascade laser absorption spectrometer devoted to the in situ measurement of atmospheric N_2O and CH_4 emission fluxes. Review of Scientific Instruments，84（2）：023103.

McManus J B，shorter J H，Nelson D D，et al. 2008. Pulsed quantum cascade Laser instrument with compact design for rapid，high sensitivity measurements of trace gases in air. Applied Physics B，92（3）：387-392.

Miller D J，Sun K，Tao l，et al. 2014. Open-path，quantum cascade-laser-based sensor for high-resolution atmospheric ammonia measurements. Atmospheric Measurement Techniques，7（1）：81-93.

Mosier A R，Heinemeyer O. 1985. Current methods used to estimate N_2O and N_2 emissions from field soils// Golterman H L. Denitrification in the Nitrogen Cycle. New York：Plenum Pub Corp：79-99.

Mosier A R，Mack L. 1980. Gas chromatographic system for precise，rapid analysis of nitrous oxide. Soil Science Society of America Journal，44（5）：1121-1123.

Mosier A R，Hutchinson G L. 1981. Nitrous oxide from cropped fields. Journal of Environmental Quality，10（2）：169-173.

Pacholski A，Ca G X，Fan X H，et al. 2008. Comparison of different methods for the measurement of ammonia volatilization after urea application in Henan province，China. Journal of Plant Nutrition and Soil Science，171（3）：361-369.

Pinder R W，Walker J T，Bash J O，et al. 2011. Quantifying spatial and seasonal variability in atmospheric ammonia with in situ and space-based observations. Geophysical Research Letters，38（4）：L04802.

Savage K，Phillips R L，Davidson E A. 2014. High temporal frequency measurements of greenhouse gas emissions from soils. Biogeosciences，11（10）：2709-2720.

Warner J X，Wei Z，Strow L，et al. 2016. The global tropospheric ammonia distribution as seen in the 13-year AIRS measurement record. Atmospheric Chemistry and Physics，16（8）：5467-5479.

Whitehead J D，Twigg M，Famulari D，et al. 2008. Evaluation of laser absorption spectroscopic techniques for eddy covariance flux measurements of ammonia. Environmental Science and Technology, 42 (6): 2041-2046.

Xiang B, Miller S M, Kort E A, et al. 2013. Nitrous oxide (N₂O) emissions from California based on 2010 CalNex airborne measurements. Journal of Geophysical Research, 118 (7): 2809-2820.

Zhao X, Yan X, Xie Y, et al. 2016. Use of nitrogen isotope to determine fertilizer-and soil-derived ammonia volatilization in a rice/wheat rotation system. Journal of Agricultural and Food Chemistry, 64 (15): 3017-3024.

Zhao X, Zhou Y, Min J, et al. 2012a. Nitrogen runoff dominates water nitrogen pollution from rice-wheat rotation in the Taihu Lake region of China. Agriculture, Ecosystems and Environment, 156: 1-11.

Zhao X, Zhou Y, Wang S, et al. 2012b. Nitrogen balance in a highly fertilized rice-wheat double-cropping system in southern China. Soil Science Society of America Journal, 76: 1068-1078.

结语——未来氮循环研究领域需要更加关注的课题

一、惰性氮（N_2）转变为活化氮（NH_3）的生物固氮

把 N_2 转变为 NH_3 有两条途径：一是常温常压和生物酶的作用下，把 N_2 转变为 NH_3，称为生物固氮；生物固氮并不是一个新鲜议题，但它是一个难题。近半个世纪以来，人们做着不懈的努力，目前在固氮酶和固氮基因研究方面已取得长足进展。二是高温高压和催化剂的作用下，把 N_2 转变为 NH_3，称为合成 NH_3，并可以此为原料制成各种含氮化学肥料。一个多世纪以来，人类社会已充分享受到使用化学氮肥带来的效益，但是氮肥过量生产和使用又给生态环境带来了许多负面影响。人们已认识到，化学氮肥的消耗量必须降下来，但粮食生产量不仅不能降下来，而且必须有足够的氮素营养供给作物，以促进粮食生产。生物固氮途径理所当然地受到更多的关注。然而，至今生物固氮主要由原核生物才能完成。几十年来，科学家一直设想把原核生物的固氮基因转移到为人类提供粮食的主要禾本科作物上，如水稻、玉米和小麦等，让这些作物也能固氮。若能获得成功，则可大大减少对化学氮肥的依赖。

二、活化氮（NH_3）转变为惰性氮（N_2）的反硝化和厌氧氨氧化脱氮过程

微生物可把活性氮（NH_3）氧化为 NO_3^-，NO_3^- 再通过微生物的反硝化作用还原为 N_2 返回大气。20 世纪 90 年代又发现 NH_4^+ 以亚硝酸根为电子受体在微生物参与下也可直接氧化成 N_2（厌氧氨氧化）。这样，土壤和水环境中过量的活化氮（NH_4^+ 和 NO_3^-）可以通过两条途径转化为 N_2。从农业角度来讲，这两条途径显然是无益的，因为会造成农田肥料氮损失。从环境角度，人们又希望通过它们有效去除进入水环境的冗余活化氮，减少其对生态环境的负面影响。除此之外，一些微生物又可以将 NO_3^- 直接还原为 NH_4^+（NO_3^- 异化还原为 NH_4^+）。当前上述三个途径均已在农田土壤中被证实，然而，如何有效调控硝酸盐异化还原（反硝化、NO_3^- 异化还原为 NH_4^+）和厌氧氨氧化过程还有很长的路要走，这可能是未来协调农田氮素农学和环境效应的重要突破口。

三、如何实现氮素在土壤中的有效保持

我国农田氮肥投入以铵态或酰胺态氮肥为主，其进入土壤后首先转化为 NH_4^+。NH_4^+ 在土壤氮素转化过程中处于重要地位，它既是植物氮素营养的一种重要氮形态，又是转化后进入大气和水体的活化氮（NH_3、NO_3^-、N_2O 等）的前体。若能通过化学制剂或物理方法

控制其转化速率，可有效减少氮化物进入水气环境的数量。目前，虽然有一些化学抑制方法，如硝化抑制剂、脲酶抑制剂和水田抑氨分子膜等可以利用，但由于经济因素和一些技术原因未能普及；氮肥包膜等物理方法虽然可以起到一定的肥料 NH_4^+ 缓控释作用，但距离真正实现养分供应和作物需求相匹配仍有差距。因此，如何实现 NH_4^+ 在土壤中的有效保持是未来研究的重要议题，这对于水稻、薯类等相对喜铵作物提高氮吸收利用有重要作用。对于喜硝作物，控制 NH_4^+ 向 NO_3^- 的转化速率使其维持在作物需要的水平，避免土壤过度累积是关键。然而，我国不同农业区土壤类型和种植类型各异，耕作管理方式不同，肥料氮利用效率和损失程度也存在显著差异。通常，在同一区域相同气候和耕作管理等条件下，土壤中不同氮库的各种转化决定了肥料氮素的固持、释放及其在各形态氮库中的分配。因此，明确土壤理化和生物属性如何决定肥料氮土壤转化及作物吸收和关键损失过程就显得尤为重要。肥料氮施入后，直接参与土壤不同氮库间的转化，其有效性和长效性取决于同时发生的各形态氮复杂转化过程的速率大小。因此，利用新的技术方法对复杂土壤氮素周转过程进行同时准确量化，揭示肥料氮在不同土壤中的转化规律及其控制不同土壤-作物体系作物氮吸收与损失的关键机制，可能是未来从土壤/肥料供氮形态方面进行定向调控，进而实现大面积农田氮肥增产增效的有效途径。

四、氮高效作物培育

目前，我国在水稻、玉米和小麦育种方面已取得很大的成功。超级杂交水稻和玉米均超过亩产 1000 kg。根据笔者近年对超级杂交水稻氮肥施用的调查和田间小区、温室盆栽试验了解到的情况得知，超级杂交水稻施氮量并不很高，但它的根系分泌物都大大超过普通稻，具有很强的利用土壤氮能力和联合固氮能力。选用氮高效作物品种，既能大幅提高作物产量又能减少化学氮肥用量，从而减少对环境的影响。因此，绿色高产氮高效作物新品种培育也是未来解决我国粮食安全和资源、环境问题的重要途径之一。围绕氮高效作物种植农田的土壤供氮、氮肥利用、损失及其环境效应研究也越来越受到重视。

五、氮循环观测方法的改革与创新

生物地球化学氮循环研究中对氮循环过程中形成的过量氧化态和还原态氮化合物通量的估算仍存在很大的不确定性，这是因为所用的原位观测方法存在很大的缺陷和局限性。氮素迁移转化过程和源汇关系的准确定量，对于评估氮对环境的影响及应采取的对策是非常重要的。生物地球化学氮循环中观测氮通量要求实地实时连续进行，而现有方法只能将不同试验处理做相对比较，达不到这一要求。值得欣喜的是，近年来，N_2O、NH_3 的原位观测取得了长足进展，气态氮化合物通量监测面临的困难将有望克服。

笔者对未来氮循环研究领域应予以关注的科学技术问题提出如上几点粗浅看法，作为本书发出的"追梦之声"。

致 谢

氮循环研究涉及质谱分析，色谱分析，大量的土壤、植株和水样化学分析，示踪标记物制备，室内和田间试验，等等。这些工作是由一批资深研究技术人员和青年研究技术人员共同承担的，他们分别是施书莲、曹亚澄、沈光裕、杜丽娟、乙榴玉、孙国庆、孙德玲、周克瑜、史陶钧、张宗侯、王庆乾、李晓、杨绒、邓美华、张淑利、王海云、王春燕、黄艳、李阳、毛丽华等。曾在团队工作过的颜晓元研究员、徐华研究员、熊正琴教授、谢迎新教授和宋歌博士，也做出了出色的工作；浙江省农业科学院陈义研究员、吴春艳副研究员，江苏省原吴县农业科学研究所金继生高级农艺师与笔者合作研究，参与了艰苦的田间试验观测和河湖水样采集工作。

笔者有幸与中国氮循环研究领域的学术引领人朱兆良先生长期共事，共同研究农田氮循环问题，受益匪浅！在两次国家重大自然科学基金项目合作期间，有机会与中国农业大学张福锁、陈新平、巨晓棠和刘学军等教授合作，领略了他们在农田氮素优化管理方面的学术成绩，本书中也多次引用了他们已发表成果。长期以来，相关研究得到了国家自然科学基金项目（30390080、41771338、41271312）、国家重点研发计划项目（2017YFD0200100、2017YFD0200700）、中国科学院青年创新促进会会员基金（2015249、Y201956）以及河南心连心化学工业集团股份有限公司和金正大生态工程集团股份有限公司所企联合项目等支持。

朱兆良先生审阅了本书第 7 章，曹亚澄老师审阅了第 11、第 12 和第 13 章。中国农业大学刘学军教授和南京农业大学王保战教授分别提供了氮沉降和硝化过程研究的部分资料。江苏省中国科学院植物研究所吴宝成副研究员审校了本书中相关植物学名。中国科学院南京土壤研究所同事夏永秋、张广斌、单军、周虎、贾楠、王曦、汪玉、申亚珍、徐灵颖、逄超普和团队研究生蔡思源、赵进、何莉莉、马志盼、毕玉翠、李青山、陈浩、陈光蕾、袁佳慧、刘宇娟、谢威、马芸芸、杨广、杨秉庚等参与了本书文献查阅和校稿工作。贾仲君研究员和科学出版社南京分社周丹女士给予了大力支持，在此一并致谢。

邢光熹 赵 旭 王慎强

2020 年 8 月于南京